高等学校交通土建类专业规划教材

混凝土结构设计原理

主　编　王海彦　刘训臣

副主编　邢世玲　金立国

西南交通大学出版社

·成 都·

图书在版编目（CIP）数据

混凝土结构设计原理 / 王海彦，刘训臣主编. 一成都：西南交通大学出版社，2018.8（2022.8 重印）
ISBN 978-7-5643-6338-3

Ⅰ. ①混… Ⅱ. ①王… ②刘… Ⅲ. ①混凝土结构－结构设计－高等职业教育－教材 Ⅳ. ①TU370.4

中国版本图书馆 CIP 数据核字（2018）第 189304 号

混凝土结构设计原理

主编 / 王海彦　刘训臣

责任编辑 / 柳堰龙　姜锡伟
封面设计 / 墨创文化

西南交通大学出版社出版发行
（四川省成都市金牛区二环路北一段 111 号西南交通大学创新大厦 21 楼　610031）
发行部电话：028-87600564
网址：http://www.xnjdcbs.com
印刷：成都中永印务有限责任公司

成品尺寸　185 mm × 260 mm
印张　18.25　　字数　441 千
版次　2018 年 8 月第 1 版
印次　2022 年 8 月第 3 次

书号　ISBN 978-7-5643-6338-3
定价　39.50 元

课件咨询电话：028-81435775

前　言

“混凝土结构设计原理”是交通土建工程类专业重要的专业基础课程，是学习后续专业课程的基础。学习该课程可为学生进行课程设计、毕业设计以及毕业后从事本专业工作打下基础。

本书根据国家颁发的《公路工程结构可靠性设计统一标准》（JTG 2120—2020）、《公路桥涵设计通用规范》（JTG D60—2015）和《公路钢筋混凝土及预应力混凝土桥涵设计规范》（JTG 3362—2018）编写而成。在编写中，本书力求贯彻全国高等学校土木工程学科专业指导委员会审批的“土木工程专业指导规范”和“卓越工程师教学培养计划”精神，旨在满足培养应用型技术人才的需要。

本课程具有内容多、符号多、计算公式多、公式适用条件多及构造规定多等特点。本课程不像数学和力学课程有严密的逻辑推理，初学者往往感觉“杂乱无章”“逻辑性不强”“力不从心”。本书着重讲述混凝土结构构件的基本概念、基本原理和基本计算方法，由浅入深、循序渐进，做到简明扼要、重点突出、步骤清晰。与本书配套的还有每一章复习思考题的参考答案及习题集，便于学生更加深入地学习、理解和掌握混凝土结构设计原理，更加密切地结合工程实践。

本书由南京工业大学王海彦和石家庄铁路职业技术学院刘训臣任主编，南京工业大学邢世玲和金立国任副主编。本书共分10章，其中第1、3、4、7、8章由王海彦编写，第2、6章由金立国编写，第5、9章由邢世玲编写，第10章由刘训臣编写。

本书在编写过程中得到了国内同行和参编人员的大力支持，特别是郑文华、易晨阳、杨书一、刘牛、肖寒、邓星辉等研究生进行了文字校核，在此表示诚挚的谢意。由于编者水平和经验有限，书中不足和疏漏之处在所难免，还望各位同行和广大读者批评指正。

编　者

2021年1月

目　录

第1章 绪 论

1.1 结构的类型及特点

1.1.1 结构的概念和类型

土木工程结构存在于人类生活的各个方面。人们无论是行驶在平坦舒适的高速公路上，还是乘坐在风驰电掣的高速列车上，都会见到桥梁、隧道、涵洞等各种构造物。这些构造物依靠它的承重骨架来承受各种外荷载的作用。我们一般把构造物的承重骨架组成部分统称为结构。例如，桥的桥跨、墩（台）及基础组成了桥的承重体系，高层建筑的板、梁、墙、柱和基础组成了高层建筑的承重体系，这些统称为结构。

结构都是由若干基本构件连接而成的。这些构件的形式虽然多种多样，但按其主要受力特点可分为受弯构件（梁和板）、受压构件、受拉构件和受扭构件等基本典型构件。

在实际工程中，结构及基本构件都是由建筑材料制作成的。根据所使用的建筑材料种类，常用的结构一般可分为：

（1）混凝土结构：以混凝土为主制作的结构，包括素混凝土结构、钢筋混凝土结构和预应力混凝土结构等。

（2）钢结构：以钢材为主制作的结构。

（3）圬工结构：以圬工砌体为主制作的结构，是砖结构、石结构和混凝土砌体结构的总称。

（4）木结构：以木材为主制作的结构。

本书将介绍钢筋混凝土结构和预应力钢筋混凝土结构组成材料的物理力学性能及基本构件受力性能、设计计算方法和构造要求。

1.1.2 结构的特点及使用范围

各种工程结构采用的建筑材料的性质不同，形成了不同的特点，从而决定了它们在实际工程中的使用范围。

1. 钢筋混凝土结构

钢筋混凝土结构是由钢筋和混凝土两种材料组成的。钢筋是一种抗拉性能很好的材料；混凝土材料具有较高的抗压强度，而抗拉强度很低。根据构件的受力情况，合理地配置钢筋可形成承载能力较高、刚度较大的结构构件。

钢筋混凝土结构具有便于就地取材、可模性好、整体性好、耐久性好等优点，广泛用于房屋建筑、地下结构、桥梁、隧道、水利、港口等工程中。但是，钢筋混凝土结构也有自重较大、抗裂性较差、修补困难的缺点。在交通土建工程中，钢筋混凝土结构主要用于中小跨径桥、涵洞、挡土墙以及形状复杂的中、小型构件等。

2. 预应力钢筋混凝土结构

预应力钢筋混凝土结构采用高强度钢筋和高强度混凝土材料，并采用相应钢筋张拉施工工艺，在构件承受作用之前预先对混凝土受拉区域施加适当的压应力，对截面应力或裂缝宽度加以控制，解决了钢筋混凝土结构在使用阶段容易开裂的问题。

预应力钢筋混凝土结构采用了高强度材料和预应力工艺，节省了材料，减小了构件截面尺寸，减轻了构件自重，特别适合于建造由恒荷载控制设计的大跨径桥梁。通过设计控制截面不出现拉应力，可保护钢筋免受腐蚀性介质侵蚀。因此，预应力钢筋混凝土结构可用于海洋工程结构和有防渗透要求的结构。在大跨径桥梁施工中广泛采用的悬臂浇筑、悬臂拼装、顶推等无支架施工方法，也是利用了预应力钢筋混凝土技术将部件装配成整体结构。

预应力钢筋混凝土结构由于高强度材料的单价高，施工的工序多，要求有经验的、熟练的技术人员和技术工人施工，且要求较严格的现场技术监督和检查，因此，不是在任何场合都可以用预应力钢筋混凝土来代替普通钢筋混凝土的，而是两者各有其合理的应用范围。

3. 圬工结构

圬工结构是用胶结材料将砖、天然石料等块材按一定规则砌筑而成的整体结构。其特点是材料易于就地取材。当块材采用天然石料时，则具有良好的耐久性。但是，圬工结构的自重一般较大，施工中机械化程度较低。

在交通土建工程中，圬工结构多用于中小跨径的拱桥、桥墩（台）、挡土墙、涵洞、道路护坡等工程中。

4. 钢结构

钢结构一般是由钢厂轧制的型钢或钢板通过焊接或螺栓连接等组成的结构。钢结构具有材料强度高、自重较轻、工作可靠性高、机械化程度高、施工效率较高等优点，广泛应用于大跨径的钢桥、城市人行天桥、高层建筑、钢闸门、海洋钻井采油平台、钢屋架等。在交通土建施工中，钢结构还常用于钢栈桥、钢支架、钢模板、钢围堰、钢挂篮等临时结构中。

工程中还出现过多种组合结构，例如，预应力混凝土组合梁、钢-混凝土组合梁和钢管混凝土结构等。组合结构是利用具有各自材料特点的部件，通过可靠的措施使之形成整体受力的构件，从而获得更好的工程效果，因而日益得到广泛应用。

1.2 钢筋混凝土结构的基本概念

钢筋混凝土结构是由配置受力的普通钢筋或钢筋骨架的混凝土制成的结构。由建筑材料知识可知，混凝土的抗压强度较高，抗拉强度较低（大约只有抗压强度的十分之一）。如果只用混凝土材料制作一根受弯的梁，由材料力学可知，当它承受竖向荷载作用时［图1-1（a）]，梁的垂直截面（正截面）上受到弯矩作用，截面中和轴以上受压，以下受拉。由于混凝土的抗拉强度远低于抗压强度，所以在荷载达到某一数值F_c时，梁的下部就会开裂，从而使梁失去承载能力［图1-1（b）]。由此可见，素混凝土梁的承载能力是由混凝土的抗拉强度控制的，而受压混凝土的抗压强度远未被充分利用。在制造混凝土梁时，倘若在梁的受拉区配置适量的纵向受力钢筋，就构成钢筋混凝土梁。试验表明，和素混凝土梁有相同截面尺寸的钢筋混凝土梁，承受竖向荷载略大于F_c时，梁的受拉区混凝土仍会出现裂缝。在出现裂缝的截面处，受拉区混凝土虽退出工作，但配置在受拉区的钢筋将可承担几乎全部的拉力。这时，钢筋混凝土梁不会像素混凝土梁那样立即裂断，而能继续承受荷载作用［图1-1（c）]，直至受拉钢筋的应力达到屈服强度，继而截面受压区的混凝土也被压碎，梁才破坏。因此，这种情况下混凝土的抗压强度和钢筋的抗拉强度都能得到充分的利用，钢筋混凝土梁的承载能力可较素混凝土梁提高很多。

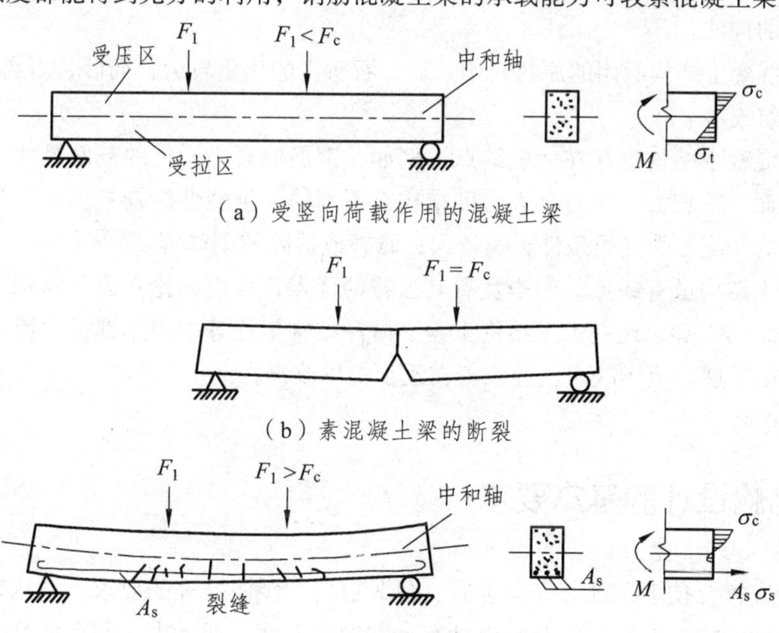

图1-1　素混凝土梁和钢筋混凝土梁

混凝土的抗压强度高，常用于受压构件，若在构件中配置受力钢筋，则构成钢筋混凝土受压构件。试验表明，与素混凝土受压构件相比，截面尺寸及长细比相同的钢筋混凝土构件不仅承载能力大为提高，而且受力性能得到改善。在这种情况下，钢筋的作用主要是协助混凝土共同承受压力。

综上所述，根据构件受力状况适量配置钢筋，可以充分利用钢筋和混凝土各自的材料特点，把它们有机地结合在一起共同工作，从而提高构件的承载能力、改善构件的受力性能。钢筋的作用是代替混凝土受拉（拉区混凝土出现裂缝后）或协助混凝土受压。

钢筋和混凝土这两种力学性能不同的材料之所以能有效结合在一起而共同工作，主要是由于：

（1）混凝土和钢筋之间有着良好的黏结力，使两者能可靠地结合成一个整体，在荷载作用下能够很好地共同变形，完成其结构功能。

（2）钢筋和混凝土的温度线膨胀系数也较为接近，钢筋的温度线膨胀系数为 1.2×10^{-5} ℃$^{-1}$，混凝土的温度线膨胀系数为 1.0×10^{-5}~1.5×10^{-5} ℃$^{-1}$。因此，当温度变化时，钢筋混凝土内部不致产生较大的温度应力而破坏两者之间的黏结。

（3）包围在钢筋外面的混凝土，起着保护钢筋免遭锈蚀的作用，保证了钢筋与混凝土的共同作用。

钢筋混凝土结构除了能合理地利用钢筋和混凝土两种材料的特性外，还有下述一些优点：

（1）在钢筋混凝土结构中，混凝土强度是随时间而不断增长的，同时，钢筋被混凝土所包裹而不致锈蚀，所以钢筋混凝土结构的耐久性较好。钢筋混凝土结构的刚度较大，在荷载作用下的变形较小，故可有效地用于对变形有要求的建筑物中。

（2）钢筋混凝土结构既可以整体现浇也可以预制装配，并且可以根据需要浇制成各种形状和截面尺寸的构件。

（3）钢筋混凝土结构所用的原材料中，砂、石所占的比重较大，而砂、石易于就地取材，故可以降低建筑成本。

但是钢筋混凝土结构也存在一些缺点。例如：钢筋混凝土构件的截面尺寸一般较相应的钢结构大，因而自重较大，这对于大跨度结构是不利的；抗裂性能较差，在正常使用时往往是带裂缝工作的；施工受气候条件影响较大；修补或拆除较困难等。

钢筋混凝土结构虽有缺点，但毕竟有其独特的优点，所以无论在公路结构工程、铁路结构工程、房屋结构工程，还是水工结构工程、海洋结构工程等中应用都极广泛。随着钢筋混凝土结构的不断发展，上述缺点已经或正在逐步加以改善。

1.3 结构设计的基本要求

结构设计应符合技术先进、安全可靠、耐久适用、经济合理的要求。结构设计的目的就是要使所设计的结构，在规定的时间内具有足够的可靠性，即要求它们在承受各种作用后具有足够的承载能力、刚度、稳定性和耐久性。

以交通土建桥梁结构为例，桥梁是公路、铁路或城市道路的重要组成部分，特别是大、中桥梁的建设对当地政治、经济、国防等都具有重要意义。因此，桥梁应根据所在公路的作用、性质和将来发展的需要，除应符合技术先进、安全可靠、适用耐久、经济合理的要求外，还应按照美观和有利环保的原则进行设计，并考虑因地制宜、就地取材、便于施工和养护等因素。

1.4 学习本课程应注意的问题

“混凝土结构设计原理”课程的任务是按照交通土建类专业教学要求，重点介绍钢筋混凝土结构和预应力混凝土结构材料的物理力学性能及基本构件的受力性能、设计计算原理、方法和构造。通过本课程的学习，学生应具备工程结构的基本知识，掌握各种基本构件的受力性能及其变形的规律，并能根据有关设计规范和资料进行构件的设计。

为了学好本课程，读者应注意以下几个方面的问题：

（1）结构设计的多方案性。“混凝土结构设计原理”课程的重要内容是桥涵结构构件设计。它涉及方案比较、材料选择、构件选型及合理布置等多方面，是一个多因素的综合性问题。对于构件设计，不仅仅是构件承载能力和变形的计算，同一构件在给定的材料和同样的荷载作用下，即使截面形式相同，设计的截面尺寸和截面布置也不是唯一的。设计结果是否满足要求，主要看是否符合设计规范要求，并且满足经济性和施工可行性等。

（2）注意课程之间的联系与区别。“混凝土结构设计原理”课程是一门重要的专业基础课，其主要先修课程有“材料力学”“结构力学”和“建筑材料”，并为后续专业课程奠定基础。

“混凝土结构设计原理”在性质上与材料力学有不少相似之处，但也有很多不同的地方。材料力学主要研究单一、匀质、连续、弹性（或理想弹塑性）材料的构件，而本课程研究的是工程结构的构件。工程结构的某些材料（如混凝土）不一定是匀质、弹性和连续的材料。因此，直接使用材料力学公式的情况并不多。但是，材料力学通过几何条件、物理条件和平衡条件建立基本方程的方法，对“混凝土结构设计原理”是普遍适用的，而在每一种关系的具体内容上则需考虑工程结构的材料性能特点。

（3）公式复杂，适用条件多。由于各种工程结构的材料受力性能各异，例如，混凝土材料，本身的物理力学性能很复杂，加之还有其他很多影响因素，目前还没有建立起比较完整的强度理论。因此，关于一些材料的强度和变形规律，在很大程度上是基于大量的试验资料分析给出的经验关系。这样，在“混凝土结构设计原理”中，构件的某些计算公式是根据试验研究及理论分析得到的半经验半理论公式。在学习和运用这些公式时，要正确理解公式的本质，特别注意公式的使用条件及适用范围。

（4）重视构造措施。尽管现在计算方法和手段已经非常先进，但在结构设计时，仍有很多因素难以用计算手段加以解决，难以用计算公式表达。规范根据长期工程实践经验，总结出了一些构造措施来考虑这些因素的影响。构造措施就是对结构计算中未能详细考虑和难以定量计算的因素，在施工简便、经济合理前提下所采取的技术措施，它与结构计算是结构设计中相辅相成的两个方面。在课程学习时，我们不但要重视计算，还要重视构造措施，设计必须满足各项构造要求。各种设计规范对构造的规定很多，除了常识性的构造规定需记忆外，其他构造规定重在理解和应用，不能死记硬背。

（5）重视原理和规范的理解。本课程面向交通土建大类专业，讲授原理和学习规范并重。目前我国结构设计规范主要有三大类。

工业与民用建筑混凝土结构设计依据的规范有：《建筑结构荷载规范》（GB 50009—2012）、《混凝土结构设计规范》（GB 50010—2010）和《高层建筑混凝土结构技术规程》（JGJ 3—2010）。

交通运输部颁布使用的公路桥涵设计规范有：《公路工程结构可靠性设计统一标准》（JTG 2120—2020）、《公路桥涵设计通用规范》（JTG D60—2015）和《公路钢筋混凝土及预应力混凝土桥涵设计规范》（JTG 3362—2018）。

铁道行业颁布的铁路桥梁设计规范有：《铁路工程结构可靠性设计统一标准》（GB 50216—2019）、《铁路桥涵设计基规范》（TB 10002.1—2005）、《铁路桥涵混凝土结构设计规范》（TB 10092—2017）和《铁路桥涵设计规范（极限状态法）》（Q/CR 9300—2018）。

本书将以上三类规范分别简称为《混规》《公路桥规》和《铁路桥规》。本书中关于基本构件的设计原则、计算公式、计算方法及构造要求，无特别说明外均参照《公路桥规》编写。而对引用的其他设计规范、标准和规程等，将给予全称，以免混淆。

必须指出，虽然基本原理都相近，但规范的具体规定却各不相同。在实际应用时，应根据所设计的结构类型，按相应的规范规定进行，不能盲目套用，更不能将本书当作规范使用。如设计铁路桥梁，应按照现行铁路桥涵设计规范进行设计，设计房屋时，应按照现行的混凝土结构设计规范进行设计。

在学习本课程时要学会应用设计规范。设计规范是国家颁布的关于设计计算和构造要求的技术规定和标准，是具有一定约束性和技术法规性的文件。它是贯彻国家的技术经济政策，保证设计质量，达到设计方法上必要的统一和标准，也是校核工程结构设计的依据。

由于科学技术水平和工程实践经验是不断发展和积累的，设计规范也必然要不断进行修改和增订，才能适应指导设计工作的需要。因此，在学习本课程时，应掌握各种基本构件的受力性能、强度和变形的变化规律，从而能对目前设计规范的条文概念和实质有正确理解，对计算方法能正确应用，这样才能适应今后设计规范的发展，不断提高自身的设计水平。

第2章　结构设计方法及计算原则

2.1　结构设计方法

钢筋混凝土结构构件的“设计”是指在预定的作用及材料性能条件下，确定构件按功能要求所需要的截面尺寸、配筋和构造要求。

自从19世纪末钢筋混凝土结构在土木建筑工程中出现以来，随着生产实践的经验积累和科学研究的不断深入，钢筋混凝土结构的设计理论在不断地发展和完善，经历了从容许应力法、破坏阶段设计法、极限状态设计法到概率极限状态设计法的发展过程。

2.1.1　容许应力设计法

最早的钢筋混凝土结构设计理论，是采用以弹性理论为基础的容许应力设计法。这种方法要求在规定的标准荷载作用下，按弹性理论计算得到的构件截面任一点的应力应不大于规定的容许应力，而容许应力是由材料强度除以安全系数求得的。安全系数则依据工程经验和主观判断来确定，安全系数是一个大于1.0的某一个数值，越大就认为越安全。计算时只要截面应力不大于容许应力，就认为结构或截面是“绝对安全”的。事实上，“绝对”是不存在的，到底有多安全，其实也是未知的，因为安全系数是根据经验确定的。

另外，由于钢筋混凝土并不是一种弹性匀质材料，而是表现出明显的塑性性能。因此，这种以弹性理论为基础的计算方法不可能如实地反映构件截面破坏时的应力状态和正确地计算出结构构件的承载能力。

2.1.2　破坏阶段设计法

20世纪30年代，苏联首先提出了考虑钢筋混凝土塑性性能的破坏阶段设计方法。它以充分考虑材料塑性性能的结构构件承载能力为基础，从而使按材料标准极限强度计算的承载能力必须大于计算的最大荷载产生的内力。计算的最大荷载是由规定的标准荷载乘以单一的安全系数而得出的。安全系数仍是依据工程经验和主观判断来确定。

2.1.3　极限状态设计法

随着对荷载和材料强度的变异性的进一步研究，苏联在20世纪50年代又率先提出了极限状态设计法。极限状态设计法是破坏阶段设计法的发展，它规定了结构的极限状态，并把单一安全系数改为三个分项系数，即荷载系数、材料系数和工作条件系数，从而把不同的外荷载、不同的材料以及不同构件的受力性质等，都用不同的安全系数区别开来，使不同的构件具有比较一致的安全度，而部分荷载系数和材料系数基本上是根据统计资料用概率方法确定的。因此，这种设计方法被称为半经验、半概率的"三系数"极限状态设计法。我国原《公路桥规》(1985)采用的就是这种设计方法。

2.1.4 概率极限状态设计法

20 世纪 70 年代以来，国际上以概率论和数理统计为基础的结构可靠度理论在土木工程领域逐步进入实用阶段。例如：加拿大分别于 1975 年和 1979 年颁发了基于可靠度的房屋建筑和公路桥梁结构设计规范；1978 年，北欧五国的建筑委员会提出了《结构荷载与安全度设计规程》；美国国家标准局于 1980 年提出了《基于概率的荷载准则》；英国于 1982 年在 BS 5400 桥梁设计规范中引入了结构可靠度理论的内容。土木工程结构的设计理论和设计方法进入了一个新的发展阶段。

我国于 20 世纪 70 年代中期开始在建筑结构领域开展结构可靠度理论和应用研究工作，取得了一定成效。1984 年国家计委批准《建筑结构设计统一标准》(GBJ 68—84)，该标准提出了以可靠性为基础的概率极限状态设计统一原则。经过努力，适于全国并更具综合性的《工程结构可靠度设计统一标准》(GB 50153—92)于 1992 年正式发布。基于此标准的基本原则，1994 年正式发布了《铁路工程结构可靠度设计统一标准》(GB 50216—1994)，1999 年正式发布了《公路工程结构可靠度设计统一标准》(GB/T 50283—1999)。

随着结构可靠性理论在我国工程实践中的大规模应用，结构可靠度设计统一标准得到了不断发展和完善，修订后的《工程结构可靠性设计统一标准》(GB 50153—2008)于 2008 年正式发布，《铁路工程结构可靠性设计统一标准》(GB 50216—2019)于 2019 年正式发布，《公路工程结构可靠性设计统一标准》(JTG 2120—2020)于 2020 年正式发布。这些修订后的标准仍采用以概率理论为基础的极限状态设计方法作为工程结构设计的总原则，并提出了以设计使用年限作为工程结构设计的总体依据。

1. 水准 I——半概率设计法

这一水准设计方法虽然在荷载和材料强度上分别考虑了概率原则，但它把荷载和抗力分开考虑，并没有从结构构件的整体性出发考虑结构的可靠度，因而无法触及结构可靠度的核心——结构的失效概率，并且各分项安全系数主要依据工程经验确定，所以称其为半概率设计法。

2. 水准 II——近似概率设计方法

这是目前在国际上已经进入实用阶段的概率设计法。它运用概率论和数理统计，对工程结构、构件或截面设计的"可靠概率"，做出较为近似的相对估计。我国《工程结构可靠性设计统一标准》(GB 50153—2008)、《铁路工程结构可靠性设计统一标准》(GB 50216—2019)

以及《公路工程结构可靠性设计统一标准》（JTG 2120—2020）等确定的以概率理论为基础的一次二阶矩极限状态设计方法就属于这一水准的设计方法。虽然这已经是一种概率方法，但由于在分析中忽略了或简化了基本变量随时间变化的关系，确定基本变量的分布时受现有信息量限制而具有相当的近似性，并且为了简化设计计算，将一些复杂的非线性极限状态方程线性化，所以它仍然只是一种近似的概率法。不过，在现阶段它确实是一种处理结构可靠度的比较合理且可行的方法。

3. 水准 III——全概率设计法

全概率设计法是一种完全基于概率理论的较理想的方法。它不仅把影响结构可靠度的各种因素用随机变量概率模型去描述，更进一步考虑随时间变化的特性并用随机过程概率模型去描述，而且在对整个结构体系进行精确概率分析的基础上，以结构的失效概率作为结构可靠度的直接度量。这当然是一种完全的、真正的概率方法。目前，这还只是值得开拓的研究方向，真正达到实用还需经历较长的时间。

在以上的后两种水准中，水准方法Ⅱ是水准方法Ⅲ的近似。在水准方法Ⅲ的基础上再进一步发展就是运用优化理论的最优全概率法。

目前，我国工程结构设计广泛应用的是以概率理论为基础、以分项系数表达的极限状态设计方法（近似概率设计方法），但并不意味着要排斥其他有效的结构设计方法。概率极限状态设计方法需要以大量的统计数据为基础，当缺乏统计资料时，可根据可靠的工程经验或必要的试验研究，采用其他设计方法进行设计。

2.2　概率极限状态设计法的基本概念

2.2.1　结构可靠性和可靠度

1. 结构可靠性

结构设计的目的，就是要使所设计的结构，在规定的时间内能够在具有足够可靠性的前提下，完成全部预定功能的要求。结构的功能是由其使用要求决定的，具体概括为如下三个方面：

（1）安全性。

安全性指结构应能承受在正常施工和正常使用期间可能出现的各种荷载、外加变形、约束变形等的作用；在设计规定的偶然荷载（如地震、强风）作用下或偶然事件（如爆炸）发生时和发生后，结构仍能保持整体稳定性，不发生倒塌或连续破坏。

（2）适用性。

适用性指结构在正常使用条件下具有良好的工作性能。例如，不发生影响正常使用的过大变形（梁有过大的挠度、结构有过大的侧移等）或局部损坏、过强烈的振动（振幅过大）以及使使用者感到不安的裂缝宽度等。

（3）耐久性。

结构在正常使用和正常维护的条件下，在规定的时间内，应具有足够的耐久性。例如，不发生由于混凝土保护层碳化或裂缝宽度过大而导致的钢筋锈蚀过快或过度，从而致使结构的使用寿命缩短。

结构的安全性、适用性和耐久性这三者总称为结构的可靠性。

2. 结构可靠度

结构可靠性的定量指标一般用可靠度描述。结构可靠度是指结构在规定的时间内，在规定的条件下，完成预定功能的概率。这里所说的“规定时间”是指对结构进行可靠度分析时，结合结构使用期，考虑各种基本变量与时间的关系所取用的基准时间参数，即规定的设计使用年限；“规定的条件”是指结构正常设计、正常施工和正常使用的条件，即不考虑人为过失的影响；“预定功能”是指结构安全性、适用性和耐久性的完整功能。

由此可见，结构可靠度是结构完成“预定功能”的概率度量，它是建立在统计数学的基础上经计算分析确定，从而给结构的可靠性一个定量的描述。因此，可靠度比安全度的含义更广泛，更能反映结构的可靠程度。

2.2.2 设计使用年限与设计基准期

1. 设计使用年限

设计使用年限是指设计规定的结构或结构构件不需要大修即可按预定目的使用的年限。在这一规定的时期内，结构或结构构件只需要进行正常维护而不需进行大修就能按预期日的使用并完成预定的结构功能。也可理解为：在设计使用年限内，结构和结构构件在正常维护下应能保持其使用功能，而不需进行大修。

设计使用年限是设计规定的一个时间段，而结构可靠度与结构使用年限长短有关。因此，结构或结构构件的设计使用年限并不是群体概念上的均值使用年限，而是与结构适用性失效、可修复性的极限状态相联系的时间段。

参照《工程结构可靠性设计统一标准》（GB 50153—2008）的规定，《公路工程技术标准》（JTG B01—2014）规定了公路桥涵主体结构和可更换部件的设计使用年限见表 2-1。

表 2-1 公路桥涵的设计使用年限（年）

<table>
<tr><th rowspan="2">公路等级</th><th colspan="3">主体结构</th><th colspan="2">可更换部件</th></tr>
<tr><th>特大桥、大桥</th><th>中桥</th><th>小桥、涵洞</th><th>斜拉索、吊索、系杆等</th><th>栏杆、伸缩缝、支座等</th></tr>
<tr><td>高速公路、一级公路</td><td>100</td><td>100</td><td>50</td><td rowspan="3">20</td><td rowspan="3">15</td></tr>
<tr><td>二级公路、三级公路</td><td>100</td><td>50</td><td>30</td></tr>
<tr><td>四级公路</td><td>100</td><td>50</td><td>30</td></tr>
</table>

注：① 表中所列公路桥涵的设计使用年限是综合考虑公路功能、技术等级和桥涵的重要性等因素，规定桥涵主体结构和可更换构件设计使用年限的最低值；

② 表中所列特大桥、大桥、中桥和小桥是依据《公路工程技术标准》（JTG B01—2014）中规定单孔跨径确定的。

2. 设计基准期

设计基准期是指结构可靠度计算中另一时间域考虑，它是为确定可变作用（如汽车荷载、人群荷载、风荷载等）的出现频率和设计时取值而规定的标准时段。

设计基准期与设计使用年限是不同概念，设计基准期不考虑环境作用下材料性能劣化相联系的结构耐久性，而仅考虑可变作用随时间变化的设计变量取值大小，而设计使用年限是与结构适用性失效的极限状态相联系。因此，《工程结构可靠性设计统一标准》（GB 50153—2008）提出结构可靠度与结构的使用年限长短有关，当结构实际使用年限超过设计使用年限后，结构的失效概率可能较设计预期值大。公路桥涵结构的设计基准期取 100 年。

2.2.3　结构极限状态

结构在使用期间的工作情况，称为结构的工作状态。当整个结构或结构的一部分超过某一特定状态而不能满足设计规定的某一功能要求时，则此特定状态称为该功能的极限状态。结构能够满足各项功能要求而良好地工作，称为结构“可靠”，反之则称结构“失效”。结构工作状态是处于可靠还是失效的标志用“极限状态”来衡量。对于结构的各种极限状态，均应规定明确的标志和限值。一般将结构的极限状态分为如下两类：

1. 承载能力极限状态

承载能力极限状态是与结构安全性相关联的极限状态，由于其失效的后果严重，因此也是相对重要的和设计者更关心的极限状态。这种极限状态对应于结构或结构构件达到最大承载能力或出现不适于继续承载的变形或变位的状态。当结构或构件出现下列状态之一时，即认为超过了承载能力极限状态：

（1）构件或连接因超过材料强度而破坏，或因过度变形而不适于继续承载。

（2）整个结构或结构的一部分作为刚体失去平衡。

（3）结构转变为机动体系。

（4）结构或构件丧失稳定。

（5）结构因局部破坏而发生倒塌。

（6）地基丧失承载力而破坏。

（7）结构或构件疲劳破坏。

2. 正常使用极限状态

这种极限状态对应于结构或结构构件达到正常使用或耐久性能的某项限值的状态。当结构或结构构件出现下列状态之一时，即认为超过了正常使用极限状态：

（1）影响正常使用或外观的变形。

（2）影响正常使用或耐久性能的局部损坏。

（3）影响正常使用的振动。

（4）影响正常使用的其它特定状态。

虽然正常使用极限状态后果一般不如超过承载能力极限状态那么严重，但也不可忽视，否则就会产生一定的经济损失。过大的变形和裂缝也会引起人心理上的不安全感；人体敏感的振动影响身心健康，降低劳动生产效率。

目前，结构可靠度设计一般是将赋予概率意义的极限状态方程转化为极限状态设计表达式，此类设计均可称为概率极限状态设计。工程结构设计中应用概率意义上的可靠度、可靠概率或可靠指标来衡量结构的安全程度，表明工程结构设计思想和设计方法产生了质的飞跃。实际上，结构的设计不可能是绝对可靠的，至多是说它的不可靠概率或失效概率相当小，关键是结构设计的失效概率小到何种程度人们才能比较放心地接受。以往采用的容许应力和定值极限状态等传统设计方法实际上也具有一定的设计风险，只是其失效概率未像现在这样被人们明确地揭示出来。

2.2.4 结构功能函数与结构状态

工程结构的可靠度通常受各种作用效应、材料性能、结构几何参数、计算模式准确程度等诸多因素的影响。在进行结构可靠度分析和设计时，应针对所要求的结构各种功能，把这些有关因素作为基本变量 $X_1, X_2, \cdots, X_n$ 来考虑，由基本变量组成的描述结构功能的函数 $Z=g(X_1, X_2, \cdots, X_n)$ 称为结构功能函数，结构功能函数是用来描述结构完成功能状况的、以基本变量为自变量的函数。实用上，也可以将若干基本变量组合成综合变量，例如将作用效应方面的基本变量组合成综合作用效应 S，抗力方面的基本变量组合成综合抗力 R，从而结构的功能函数为 $Z=R-S$。

如果对功能函数 $Z=R-S$ 作一次观测，可能出现如下三种情况（图 2-1）：

$Z=R-S>0$　结构处于可靠状态；

$Z=R-S<0$　结构已失效或破坏；

$Z=R-S=0$　结构处于极限状态。

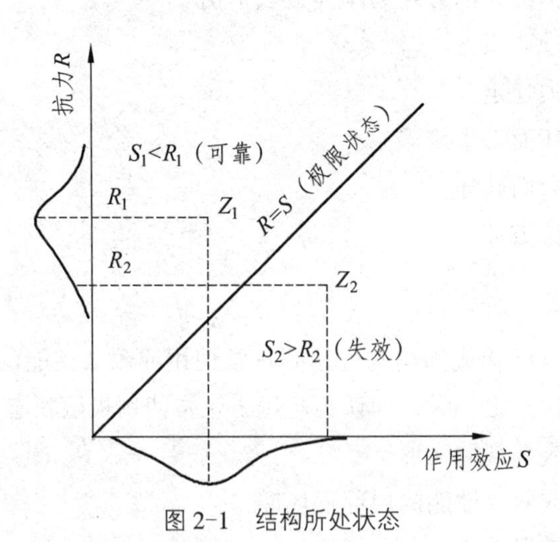

图 2-1　结构所处状态

图 2-1 中，$R=S$ 直线表示结构处于极限状态，此时作用效应 S 恰好等于结构抗力 R。图

中位于直线上方的区域表示结构可靠，即 $S_1<R_1$；位于直线下方的区域表示结构失效，即 $S_2>R_2$。

结构可靠度设计的目的，就是要使结构处于可靠状态，至少也应处于极限状态。用功能函数表示时应符合以下要求：

$$Z=g(X_1,X_2,\cdots,X_n)\geqslant 0 \tag{2-1}$$

或

$$Z=g(R,S)=R-S\geqslant 0 \tag{2-2}$$

2.2.5　结构的失效概率和可靠指标

1. 结构的失效概率

结构在规定的时间和条件下不能完成预定功能的概率为失效概率。若 P_{f} 为失效概率，P_{r} 为可靠概率，则由概率论可知，这二者是互补的，即 $P_{\mathrm{r}}+P_{\mathrm{f}}=1.0$。

2. 失效概率 P_{f} 的计算方法

（1）S 和 R 的概率密度曲线。

设构件的作用效应 S 和抗力 R，都是服从正态分布的随机变量且二者为线性关系。S、R 的平均值分别为 μ_S、μ_R，标准差分别为 σ_S、σ_R，S 和 R 的概率密度曲线如图 2-2 所示。

按照结构设计的要求，显然 μ_R 应该大于 μ_S。从图中的概率密度曲线可以看到，在多数情况下构件的抗力 R 大于荷载效应 S。但是，由于离散性，在 S、R 的概率密度曲线的重叠区（阴影部分），仍有可能出现构件的抗力 R 小于作用效应 S 的情况。重叠区的大小与 μ_S、μ_R 以及 σ_S、σ_R 有关。所以，加大平均值之差 $\mu_R-\mu_S$，减小标准差 σ_S 和 σ_R 可以使重叠的范围减小，失效概率降低。

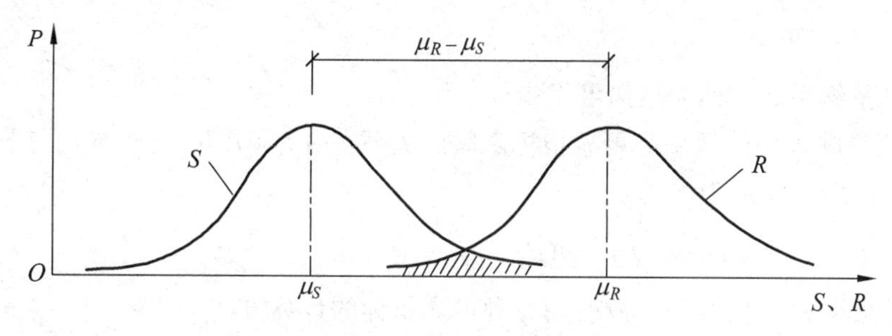

图 2-2　R、S 的概率密度分布曲线

（2）Z 的概率密度分布曲线。

同前，若令 $Z=R-S$，Z 也应该是服从正态分布的随机变量，并具有平均值 $\mu_Z=\mu_R-\mu_S$。标准差 $\sigma_Z=\sqrt{\sigma_R^2+\sigma_S^2}$。$Z$ 的概率密度函数为

$$f_Z(Z)=\frac{1}{\sqrt{2\pi}\sigma_Z}\exp\left[-\frac{(Z-\mu_Z)^2}{2\sigma_Z^2}\right],\quad -\infty<Z<\infty \tag{2-3}$$

图 2-3 表示 Z 的概率密度分布曲线。图中的阴影部分表示出现 $Z<0$ 事件的概率，也就是构件失效的概率 P_{f}，用公式表示为

$$P_{\mathrm{f}} = P(Z<0) = \int_{-\infty}^{0} \frac{1}{\sqrt{2\pi}\sigma_Z} \exp\left[-\frac{(Z-\mu_Z)^2}{2\sigma_Z^2}\right] \mathrm{d}Z \tag{2-4}$$

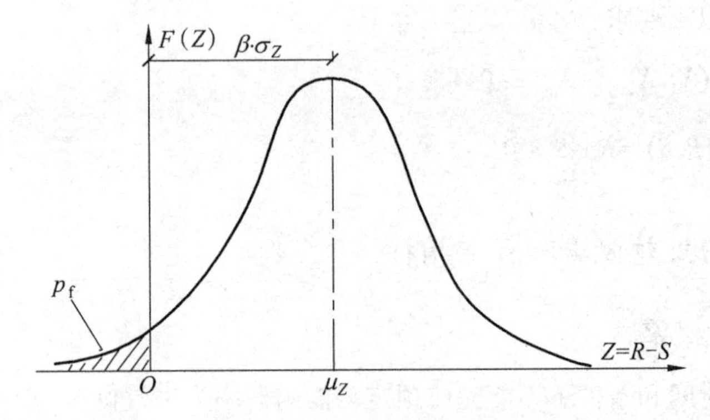

图 2-3　可靠指标与失效概率关系示意图

现将 Z 的正态分布 $N(\mu_Z, \sigma_Z)$ 转化为标准正态分布 $N(0, 1)$，引入标准化变量 t（$\mu_t = 0$，$\sigma_t = 1$），现取 $t = \dfrac{Z-\mu_Z}{\sigma_Z}$，则 $\mathrm{d}Z = \sigma_Z \mathrm{d}t$。

当 $Z \to -\infty$ 时，$t \to -\infty$；当 $Z = 0$ 时，$t = -\dfrac{\mu_Z}{\sigma_Z}$。将这些结果代入式（2-4）后得到

$$P_{\mathrm{f}} = \int_{-\infty}^{\frac{-\mu_Z}{\sigma_Z}} \frac{1}{\sqrt{2\pi}} \exp\left(-\frac{t^2}{2}\right) \mathrm{d}t = \Phi\left(\frac{-\mu_Z}{\sigma_Z}\right) = 1 - \Phi\left(\frac{\mu_Z}{\sigma_Z}\right) \tag{2-5}$$

式中的 $\Phi(\cdots)$ 为标准化正态分布函数。先引入符号 β，并令 $\beta = \dfrac{\mu_Z}{\sigma_Z}$，由式（2-5）可得到

$$P_{\mathrm{f}} = \Phi(-\beta) \tag{2-6}$$

式中的 β 为无量纲系数，称为结构可靠指标。

式（2-6）反映了失效概率与可靠指标之间的关系。由 $P_{\mathrm{r}} + P_{\mathrm{f}} = 1$ 还可导出可靠指标 β 同可靠概率 P_{r} 的一一对应关系为

$$P_{\mathrm{r}} = 1 - P_{\mathrm{f}} = 1 - \Phi(-\beta) = \Phi(\beta) \tag{2-7}$$

计算失效概率 P_{f} 比较麻烦，故改用一种可靠指标的计算方法。

（3）可靠指标 β。

当 R 和 S 为两个正态变量时，具有极限状态方程 $Z = R - S = 0$，由于 R 和 S 都服从正态分布，且平均值和标准差分别为 μ_R、μ_S 和 σ_R、σ_S，则功能函数 $Z = R - S$ 也服从正态分布，其平均值和标准差分别为 $\mu_Z = \mu_R - \mu_S$ 及 $\sigma_Z = \sqrt{\sigma_R^2 + \sigma_S^2}$。

从图 2-3 可以看到，阴影部分的面积与 μ_Z 和 σ_Z 的大小有关：增大 μ_Z，曲线右移，阴影面积将减少；减小 σ_Z，曲线变得高而窄，阴影面积也将减少。如果将曲线对称轴至纵轴的距离表示成 σ_Z 的倍数，取

$$\mu_Z = \beta\sigma_Z \tag{2-8}$$

则

$$\beta = \frac{\mu_Z}{\sigma_Z} = \frac{\mu_R - \mu_S}{\sqrt{\sigma_R^2 + \sigma_S^2}} \tag{2-9}$$

这个公式是美国的 Cornell 于 1967 年最先提出来的，它是结构可靠分析中最基本的公式。β 和失效概率一样可作为衡量结构可靠度的一个指标，称为可靠指标。

（4）β 与失效概率 P_f 的对应关系。

β 是失效概率和可靠概率的度量，β 与 P_f 或 P_r 具有一一对应的数量关系，这可以从表 2-1 和式（2-7）看出：β 越大，则失效概率 P_f 越小（即阴影部分面积越小），可靠概率 P_r 越大。

表 2-1　可靠指标 β 与失效概率 P_f 的对应关系

β	1.00	1.64	2.00	3.00	3.71	4.00	4.50
P_f	15.87×10^{-2}	5.05×10^{-2}	2.27×10^{-2}	1.35×10^{-3}	1.04×10^{-4}	3.17×10^{-5}	3.40×10^{-6}

3. 目标可靠指标［β］

《公路工程结构可靠度设计统一标准》（GB/T 50283—1999）根据结构的安全等级和破坏类型，规定了按承载能力极限状态设计时的目标可靠指标$[\beta]$，见表 2-2。

表 2-2　公路桥梁结构构件的目标可靠指标$[\beta]$

结构安全等级		一级	二级	三级
构件破坏类型	延性破坏	4.7	4.2	3.7
	脆性破坏	5.2	4.7	4.2

结构和结构构件的破坏类型分为延性破坏和脆性破坏两类。延性破坏有明显的预兆，可及时采取补救措施，所以目标可靠指标可定得稍低些。脆性破坏常常是突发性破坏，破坏前没有明显的预兆，所以目标可靠指标就应该定得高一些。

用可靠指标 β 进行结构设计和可靠度校核，可以较全面地考虑可靠度影响因素的客观变异性，使结构满足预期的可靠度要求，即

$$\beta \geqslant [\beta] \tag{2-10}$$

2.3　近似概率极限状态设计法的计算原则

我国《公路钢筋混凝土及预应力混凝土桥涵设计规范》（JTG 3362—2018）和《铁路桥涵设计规范（极限状态法）》（Q/CR 9300—2018）采用的是近似概率极限状态设计法，具体设计计算应满足承载能力和正常使用两类极限状态的各项要求。下面介绍这两类极限状态的计算原则。

2.3.1　四种设计状况

设计状况是结构从施工到使用的全过程中，代表一定时段的一组物理条件，设计时必须做到使结构在该时段内不超越有关极限状态。按照《公路工程结构可靠度设计统一标准》（GB/T

50283—1999）的要求并与国际标准衔接，《公路桥规》根据桥梁在施工和使用过程中面临的不同情况，规定了结构设计的四种状况：持久状况、短暂状况、偶然状况和地震状况。这四种设计状况的结构体系、结构所处环境条件、经历的时间长短都是不同的，所以设计时采用的计算模式、作用（或荷载）、材料性能的取值及结构可靠度水平也是有差异的。

1. 持久状况

持久状况是指在结构使用过程中一定出现，且持续时间很长的设计状况，其持续期一般与设计使用年限为同一数量级。该状况是指桥梁的使用阶段。这个阶段持续的时间很长，结构可能承受的作用（或荷载）在设计时均需考虑。

2. 短暂状况

短暂状况是指在结构施工和使用过程中出现概率较大，而与设计使用年限相比，其持续期很短的状况。这个阶段的持续时间相对于使用阶段是短暂的，结构体系、结构所承受的荷载与使用阶段也不同，设计时要根据具体情况而定。

3. 偶然状况

偶然状况是指在结构使用过程中出现概率很小，且持续期很短的设计状况。偶然状况的设计原则是主要承重结构不致因非主要承重结构发生破坏而导致丧失承载能力；或允许主要承重结构发生局部破坏而剩余部分在一段时间内不发生连续倒塌。

4. 地震状况

地震状况是指结构遭受地震时的设计状况。

2.3.2 承载能力极限状态计算表达式

1. 结构安全等级与重要性系数

公路桥涵承载能力极限状态是对应于桥涵及其构件达到最大承载能力或出现不适于继续承载的变形或变位的状态。

按照《公路桥涵设计通用规范》（JTG D60—2015）的规定，公路桥涵进行持久状况承载能力极限状态设计时，为使桥涵具有合理的安全性，应根据桥涵结构破坏所产生后果的严重程度，按表 2-3 划分的三个安全等级进行设计，以体现不同情况的桥涵的可靠度差异。在计算上，不同安全等级是用结构重要性系数（对不同安全等级的结构，为使其具有规定的可靠度而采用的作用效应附加的分项系数）γ_0 来体现的，公路桥涵结构的安全等级划分及 γ_0 的取值如表 2-3 所示。

表 2-3 中所列特大、大、中桥等系按《公路桥涵设计通用规范》（JTG D60—2015）的单孔跨径或多孔跨径总长分类确定如表 2-4 所示，对多跨不等跨桥梁，以其中最大跨径为准；表中冠以“重要”的大桥和小桥，系指高速公路上、国防公路上及城市附近交通繁忙的城郊公路上的桥梁。

表 2-3　公路桥涵结构的安全等级及结构重要性系数

安全等级	破坏后果	桥涵结构	结构重要性系数 γ_0
一级	很严重	（1）各等级公路上的特大桥、大桥和中桥； （2）高速公路、一级公路、二级公路、国防公路及城市附近交通繁忙公路上的小桥	1.1
二级	严重	（1）三级公路和四级公路上的小桥； （2）高速公路、一级公路、二级公路、国防公路及城市附近交通繁忙公路上的涵洞	1.0
三级	不严重	三级公路和四级公路上的涵洞	0.9

表 2-4　公路桥梁涵洞分类

桥涵分类	多孔跨径总长 L/m	单孔跨径 L_K/m
特大桥	$L>1\,000$	$L_K>150$
大　桥	$100\leqslant L\leqslant 1\,000$	$40\leqslant L_K\leqslant 150$
中　桥	$30<L<100$	$20\leqslant L_K<40$
小　桥	$8\leqslant L\leqslant 30$	$5\leqslant L_K<20$
涵　洞	—	$L_K<5$

在一般情况下，同一座桥梁只宜取一个设计安全等级，但对个别构件，也允许在必要时作安全等级的调整，但调整后的级差不应超过一个等级。

2. 承载能力极限状态计算表达式

公路桥涵的持久状态设计按承载能力极限状态的要求，对构件进行承载力及稳定计算，必要时还应对结构的倾覆和滑移进行验算。在进行承载能力极限状态计算时，作用（或荷载）的效应（其中汽车荷载应计入冲击系数）应采用其组合设计值；结构材料性能采用其强度设计值。

《公路桥规》规定桥梁构件的承载能力极限状态的计算以塑性理论为基础，设计的原则是作用效应最不利组合（基本组合）的设计值必须小于或等于结构抗力的设计值，其基本表达式为

$$\gamma_0 S_d \leqslant R \tag{2-11}$$

$$R = R(f_d, a_d) \tag{2-12}$$

式中　γ_0——桥梁结构的重要性系数，按表 2-3 取用；

S_d——作用（或荷载）效应（其中汽车荷载应计入冲击系数）的基本组合设计值；

R——构件承载力设计值；

f_d——材料强度设计值；

a_d——几何参数设计值，当无可靠数据时，可采用几何参数标准值 a_k，即设计文件规定值。

2.3.3 正常使用极限状态计算表达式

公路桥涵正常使用极限状态是指对应于桥涵及其构件达到正常使用或耐久性的某项限值的状态。正常使用极限状态计算在构件持久状况设计中占有重要地位，尽管不像承载能力极限状态计算那样直接涉及结构的安全可靠问题，但如果设计不好，也有可能间接引发出结构的安全性和适用性问题。

公路桥涵的持久状态设计按正常使用状态的要求进行计算是以结构弹性理论或弹塑性理论为基础，采用作用频遇组合、作用准永久组合，或作用频遇组合并考虑长期效应的影响，对构件的抗裂、裂缝宽度和挠度进行验算，并使各项计算值不超过《公路桥规》规定的各相应限值，采用的极限状态设计表达式为

$$S \leqslant C_1 \tag{2-13}$$

式中 S——正常使用极限状态的作用（或荷载）效应组合设计值；

C_1——结构构件达到正常使用要求所规定的限值，例如变形、裂缝宽度和截面抗裂的应力限值。

对公路桥涵结构的设计计算，《公路桥规》除了要求进行上述持久状况承载能力极限状态计算和持久状况正常使用极限状态计算外，还按照公路桥梁的结构受力特点和设计习惯，要求对钢筋混凝土和预应力钢筋混凝土受力构件按短暂状况设计时计算其在制作、运输及安装等施工阶段由自重、施工荷载产生的应力，并不应超过规定的限值；按持久状况设计预应力钢筋混凝土受弯构件，应计算其使用阶段的应力，并不应超过限值。构件应力计算的实质是构件强度验算，是对构件承载能力计算的补充，因而是结构承载能力极限状态表现之一，采用极限状态设计表达式为

$$S \leqslant C_2 \tag{2-14}$$

式中 S——作用（或荷载）标准值（其中汽车荷载应考虑冲击系数）产生的效应（应力），当有组合时不考虑荷载组合系数；

C_2——结构的功能限值（应力）。

本节中涉及的作用、作用效应组合等概念详见本章第 2.4 节。

2.4 作用和作用效应组合

2.4.1 公路桥涵结构上的作用分类

公路桥涵设计采用的作用分为永久作用、可变作用、偶然作用和地震作用四类。

（1）永久作用（恒载）在设计基准期内始终存在且其量值变化与平均值相比可以忽略不计的作用，或其变化是单调的并趋于某个限值的作用。

（2）可变作用在设计基准期内其量值随时间而变化，且变化值与平均值相比不可忽略不

计的作用。

（3）偶然作用在设计基准期内不一定出现，而一旦出现其量值很大，且持续时间很短的作用。公路桥涵结构上的作用类型见表 2-5。

（4）地震作用在设计基准期内是一种特殊的偶然作用。

表 2-5　作用分类

序号	分类	名称
1	永久作用	结构重力（包括结构附加重力）
2		预加力
3		土的重力
4		土侧压力
5		混凝土收缩、徐变作用
6		水浮力
7		基础变位作用
8	可变作用	汽车荷载
9		汽车冲击力
10		汽车离心力
11		汽车引起的土侧压力
12		汽车制动力
13		人群荷载
14		疲劳荷载
15		风荷载
16		流水压力
17		冰压力
18		波浪力
19		温度（均匀温度和梯度温度）作用
20		支座摩阻力
21	偶然作用	船舶的撞击作用
22		漂流物的撞击作用
23		汽车撞击作用
24	地震作用	地震作用

2.4.2 作用的代表值

桥涵结构的作用具有不同性质的变异性，但在结构设计中，不可能直接引用反映其变异性的各种统计参数并通过复杂的概率运算进行设计。因此，在设计计算时，除了采用能便于设计者使用的设计表达式外，对作用仍应赋予一个规定的量值，称为作用的代表值。根据设计的不同要求，可规定不同的代表值，以便更确切地反映它在设计中的特点。

《公路桥规》规定的作用代表值包括作用的标准值、组合值、频遇值和准永久值。

永久作用被近似认为在设计基准期内是不变化的，其代表值是永久作用的标准值；可变作用的代表值分为作用的标准值、组合值、频遇值和准永久值，可以根据不同设计状况及两种极限状态计算来选择。

1. 作用的标准值

作用的标准值是结构或结构构件设计时，采用的各种作用的基本代表值。其值可根据作用在设计基准期内最大概率分布的某一分位值确定；若无充分资料时，可根据工程经验，经分析后确定。

作用的标准值是结构设计的主要计算参数，是作用的基本代表值，作用的其他代表值都是以它为基础再乘以相应的系数后得到的。

《公路桥规》的设计计算式中，一般用符号 G_{ik} 表示永久作用的标准值，用符号 Q_{jk} 表示可变作用的标准值，下角标 k 表示是标准值，而下角标 i 和 j 分别表示第 i 个永久作用和第 j 个可变作用。

作用的标准值可参照《公路桥涵设计通用规范》(JTG D60—2015)的规定取用。

2. 可变作用的组合值

当桥涵结构及构件承受两种或两种以上的可变作用时，考虑到这些可变作用不可能同时以其最大值(作用标准值)出现。因此，除了一个主要的可变作用(公路桥涵上一般取汽车荷载作用，又称主导可变作用)取标准值外，其余的可变作用都取为“组合值”。这样，两种或两种以上的可变作用参与的情况与仅有一种可变作用的情况相比较，结构构件具有大致相同的可靠指标。

可变作用的组合值可以由可变作用的标准值 Q_{jk} 乘以组合值系数 ψ_c 得到，为 $\psi_c Q_{jk}$，组合值系数 ψ_c 值小于 1。

3. 可变作用的频遇值

可变作用频遇值是在设计基准期内被超越的总时间占设计基准期的比率较小或被超越的频率限制在规定频率内的作用值，它是对较频繁出现的且量值较大的可变作用的取值。

可变作用的频遇值为可变作用标准值 Q_{jk} 乘以频遇值系数 ψ_{fj}，频遇值系数 ψ_{fj} 小于 1。

4. 可变作用的准永久值

可变作用准永久值是在设计基准期内被超越的总时间占设计基准期的比率较大的作用值。它是结构上经常出现的且量值较小的可变作用的取值。

可变作用的准永久值为可变作用标准值 Q_{jk} 乘以准永久值系数 ψ_{qj}，准永久值系数 ψ_{qj} 小于 1。

2.4.3　作用效应组合

公路桥涵结构设计计算应当考虑到结构上可能出现的多种作用，例如桥涵结构构件上除构件永久作用（如自重等）外，可能同时出现汽车荷载、人群荷载等多种可变作用。《公路桥规》要求应按承载能力极限状态和正常使用极限状态，结合相应的设计状况进行作用效应组合，并取其最不利作用效应组合设计值进行设计计算。

作用效应组合是结构上几种作用分别产生的效应的随机叠加，而作用效应最不利组合是指所有可能的作用效应组合中对结构或结构构件产生总效应最不利的一组作用效应组合。

1. 承载能力极限状态计算时作用效应组合

《公路桥规》规定公路桥涵结构按承载能力极限状态设计时，对持久设计状况和短暂设计状况应采用作用效应的基本组合，对偶然设计状况应采用作用效应的偶然组合，对地震设计状况应采用作用效应的地震组合。

（1）基本组合。

基本组合是永久作用效应设计值与可变作用效应设计值相组合。作用基本组合的效应设计值按下式计算：

$$S_{ud}=\gamma_0 S_d=\gamma_0\left(\sum_{i=1}^{m}\gamma_{Gi}S_{Gik}+\gamma_{Q1}S_{Q1k}+\psi_c\sum_{j=2}^{n}\gamma_{Qj}S_{Qjk}\right) \tag{2-15}$$

式中　S_{ud}——承载能力极限状态下，作用基本组合的效应设计值。

γ_0——桥梁结构的重要性系数，按结构设计安全等级采用。对于公路桥梁，安全等级一级、二级和三级，分别为 1.1、1.0 和 0.9。

γ_{Gi}——第 i 个永久作用的分项系数。当永久作用（结构重力和预应力作用）对结构承载力不利时，$\gamma_G=1.2$；对结构的承载能力有利时，其分项系数 γ_G 的取值为 1.0。其他永久作用效应的分项系数详见《公路桥规》。

S_{Gik}——第 i 个永久作用效应的标准值；

γ_{Q1}——汽车荷载（含汽车冲击力、离心力）的分项系数。采用车道荷载计算时取 $\gamma_{Q1}=1.4$，采用车辆荷载计算时，其分项系数取 $\gamma_{Q1}=1.8$。当某个可变作用在组合中其效应值超过汽车荷载效应时，则该作用取代汽车荷载，其分项系数取 $\gamma_{Q1}=1.4$；对专为承受某作用而设置的结构或装置，设计时该作用的分项系数取 $\gamma_{Q1}=1.4$；计算人行道板和人行道栏杆的局部荷载，其分项系数也取 $\gamma_{Q1}=1.4$。

S_{Q1k}——汽车荷载效应（含汽车冲击力、离心力）的标准值。

γ_{Qj}——在作用组合中除汽车荷载（含汽车冲击力、离心力）、风荷载外的其他第 j 个可变作用的分项系数，取 $\gamma_{Qj}=1.4$，但风荷载的分项系数取 $\gamma_{Qj}=1.1$。

S_{Qjk}——在作用效应组合中除汽车荷载（含汽车冲击力、离心力）效应外的其他第 j 个可变作用效应的标准值。

ψ_c——在作用组合中除汽车荷载（含汽车冲击力、离心力）外的其他可变作用的组合系数，取 $\psi_c=0.75$。

（2）偶然组合。

偶然组合是永久作用效应标准值与可变作用效应某种代表值、一种偶然作用效应设计值相组合；与偶然作用同时出现的可变作用，可根据观测资料和工程经验取用频遇值或准永久值，组合公式见《公路桥涵设计通用规范》（JTG D60—2015）。

2. 正常使用极限状态计算时作用效应组合

《公路桥规》规定公路桥涵结构按正常使用极限状态设计时，应根据不同的设计要求，采用作用效应的频遇组合或准永久组合。

（1）频遇组合：永久作用标准值与汽车荷载频遇值、其他可变作用准永久值相组合。作用效应频遇组合设计值计算表达式为

$$S_{\mathrm{fd}}=\sum_{i=1}^{m}S_{\mathrm{G}ik}+\psi_{\mathrm{f1}}S_{\mathrm{Q1k}}+\sum_{j=2}^{n}\psi_{\mathrm{q}j}S_{\mathrm{Q}jk} \tag{2-16}$$

式中 S_{fd}——作用效应频遇组合设计值；

ψ_{f1}——汽车荷载（不计汽车冲击力）频遇值系数，取 $\psi_{\mathrm{f1}}=0.7$；

$\psi_{\mathrm{q}j}$——第 j 个可变作用的准永久值系数，人群荷载 $\psi_{\mathrm{q}}=0.4$，风荷载 $\psi_{\mathrm{q}}=0.75$，温度梯度作用 $\psi_{\mathrm{q}}=0.8$，其他作用 $\psi_{\mathrm{q}}=1.0$；

其他符号意义同前。

（2）准永久组合：永久作用标准值与可变作用准永久值相组合。作用效应准永久组合设计值计算表达式为

$$S_{\mathrm{qd}}=\sum_{i=1}^{m}S_{Gik}+\sum_{j=1}^{n}\psi_{\mathrm{q}j}S_{Qjk} \tag{2-17}$$

式中 S_{qd}——作用效应准永久组合设计值；

$\psi_{\mathrm{q}j}$——第 j 个可变作用的准永久值系数，汽车荷载（不计冲击力）准永久值系数 $\psi_{\mathrm{q}}=0.4$，其他可变作用的准永久值系数同上。

其他符号意义同前。

【例 2-1】钢筋混凝土简支梁桥主梁在结构重力、汽车荷载和人群荷载作用下，分别得到在主梁的 $\frac{1}{4}$ 跨径处截面的弯矩标准值为：结构重力产生的弯矩 $M_{\mathrm{Gk}}=580\ \mathrm{kN\cdot m}$；汽车荷载弯矩 $M_{\mathrm{Q1k}}=470\ \mathrm{kN\cdot m}$（已计入冲击系数，不计冲击系数 $M_{\mathrm{Q1k}}=395\ \mathrm{kN\cdot m}$）；人群荷载弯矩 $M_{\mathrm{Q2k}}=50\ \mathrm{kN\cdot m}$。进行设计时的作用效应组合计算。

解：1）承载能力极限状态设计时作用效应的基本组合

钢筋混凝土简支梁桥主梁现按结构的安全等级为二级，取结构重要性系数为 $\gamma_0=1.0$。永久作用的分项系数，因恒载作用对结构承载能力不利，故取 $\gamma_{\mathrm{G1}}=1.2$。汽车荷载的分项系数为 $\gamma_{\mathrm{Q1}}=1.4$。对于人群荷载其他可变作用的分项系数 $\gamma_{\mathrm{Q}j}=1.4$。本组合为永久作用与汽车荷载和人群荷载组合，故取人群荷载的组合系数为 $\psi_c=0.75$。

按承载能力极限状态设计时作用效应基本组合的设计值为

$$M_{ud}=\gamma_0 M_d=\gamma_0(\sum_{i=1}^{m}\gamma_{Gi}M_{Gik}+\gamma_{Q1}M_{Q1k}+\psi_c\sum_{j=2}^{n}\gamma_{Qj}M_{Qjk})$$
$$=1.0\times(1.2\times580+1.4\times470+0.75\times1.4\times50)$$
$$=1\,406.5\ \text{kN}\cdot\text{m}$$

2）正常使用极限状态设计时作用效应组合

（1）频遇组合。

根据《公路桥规》规定，汽车荷载作用效应不计入冲击系数，不计冲击系数的汽车荷载弯矩标准值为 $M_{Q1k}=395\ \text{kN}\cdot\text{m}$。汽车荷载频遇值系数，取 $\psi_{f1}=0.7$，人群荷载作用准永久值系数 $\psi_{q2}=0.4$。由式（2-16）可得到作用效应频遇组合的设计值为

$$M_{fd}=\sum_{i=1}^{m}M_{Gik}+\psi_{f1}M_{Q1k}+\sum_{j=2}^{n}\psi_{qj}M_{Qjk}$$
$$=M_{Gk}+\psi_{f1}M_{Q1k}+\psi_{q2}M_{Q2k}$$
$$=580+0.7\times395+0.4\times50$$
$$=876.5\ \text{kN}\cdot\text{m}$$

（2）准永久组合。

不计冲击系数的汽车荷载弯矩标准值 $M_{Q1k}=395\ \text{kN}\cdot\text{m}$，汽车荷载作用的准永久值系数 $\psi_{q1}=0.4$，人群荷载作用的准永久值系数 $\psi_{q2}=0.4$。由式（2-17）可得到作用效应准永久组合的设计值为

$$M_{qd}=\sum_{i=1}^{m}M_{Gik}+\sum_{j=1}^{n}\psi_{qj}M_{Qjk}$$
$$=M_{Gk}+\psi_{q1}M_{Q1k}+\psi_{q2}M_{Q2k}$$
$$=580+0.4\times395+0.4\times50$$
$$=758\ \text{kN}\cdot\text{m}$$

复习思考题

1. 桥梁结构的功能包括哪几方面的内容？何谓结构的可靠性？

2. 结构的设计基准期和使用寿命有何区别？

3. 什么叫极限状态？我国《公路桥规》规定了哪两类结构的极限状态？

4. 试解释以下名词：作用、直接作用、间接作用、抗力。

5. 我国《公路桥规》规定了结构设计的哪四种状况？

6. 结构承载能力极限状态和正常使用极限状态设计计算的原则是什么？

7. 作用分为哪几类？什么是作用的标准值、可变作用的准永久值、可变作用的频遇值？

8. 钢筋混凝土梁的支点截面处，结构重力产生的剪力标准值 $V_{Gk}=187.01\ \text{kN}$；汽车荷载产生的剪力标准值 $V_{Q1k}=261.76\ \text{kN}$（不计入冲击系数），冲击系数 $(1+\mu)=1.19$；人群荷载产生的剪力标准值 $V_{Q2k}=57.2\ \text{kN}$；温度梯度作用产生的剪力标准值 $V_{Q3k}=41.5\ \text{kN}$。试进行设计时的作用效应组合计算。

第3章　结构材料及其物理力学性能

钢筋混凝土是由钢筋和混凝土这两种力学性能不同的材料所组成的。为了正确合理地进行钢筋混凝土结构设计，必须深入了解钢筋混凝土结构及其构件的受力性能和特点。而对于混凝土和钢筋材料的物理力学性能（强度和变形的变化规律）的了解，则是掌握钢筋混凝土结构的构件性能、结构分析和设计的基础。

3.1　材料强度指标的取值原则

钢筋混凝土结构和预应力钢筋混凝土结构的主要材料是普通钢筋、预应力钢筋和混凝土。按照承载能力极限状态和正常使用极限状态进行设计计算时，结构构件的抗力计算中必须用到这两种材料的强度值。

在实际工程中，按同一标准生产的钢筋或混凝土各批之间的强度是有差异的，不可能完全相同，即使是同一炉钢轧成的钢筋或同一次配合比搅拌而得的混凝土试件，按照同一方法在同一台试验机上进行试验，所测得的强度值也不完全相同，这就是材料强度的变异性。为了在设计中合理取用材料强度值，《公路桥规》对材料强度的取值采用了标准值和设计值。

3.1.1　材料强度的标准值

材料强度标准值是材料强度的一种特征值，也是设计结构或构件时采用的材料强度的基本代表值。材料的强度标准值是由标准试件按标准试验方法经数理统计以概率分布的 0.05 分位值确定强度值，即其取值原则是在符合规定质量的材料强度实测值的总体中，材料的强度标准值度应具有不小于 95%的保证率。所以，材料的强度标准值确定基本式为

$$f_k = f_m(1-1.645\delta_f) \tag{3-1}$$

式中　f_k——材料强度的标准值；

f_m——材料强度的平均值；

δ_f——材料强度的变异系数。

3.1.2　材料强度的设计值

材料强度的设计值 f_d 由材料强度标准值除以材料性能分项系数得到，基本表达式为

$$f_{\mathrm{d}}=f_{\mathrm{k}}/\gamma_{\mathrm{m}} \tag{3-2}$$

式中的 γ_m 称为材料性能分项系数，须根据不同材料，进行构件分析的可靠指标达到规定的目标可靠指标及工程经验校准来确定。

3.2　混凝土

3.2.1　混凝土的强度

1. 混凝土立方体抗压强度及其标准值与混凝土强度等级

1）混凝土立方体抗压强度 f_{cu}

混凝土的立方体抗压强度是按规定的标准试件和标准试验方法得到的混凝土强度基本代表值。我国规范规定以每边边长为 150 mm 的立方体为标准试件，在 20℃±2℃的温度和相对湿度在 95%以上的潮湿空气中养护 28 d，依照标准制作方法和试验方法测得的抗压强度值（以 MPa 为单位）作为混凝土的立方体抗压强度，用符号 f_{cu} 表示。按这样的规定，就可以排除不同制作方法、养护环境等因素对混凝土立方体强度的影响。

混凝土立方体抗压强度与试验方法有着密切的关系。在通常情况下，试件的上下表面与试验机承压板之间将产生阻止试件向外自由变形的摩阻力，阻滞了裂缝的发展[图 3-1（a）]，从而提高了试块的抗压强度。破坏时，远离承压板的试件中部混凝土所受的约束最少，混凝土也剥落得最多，形成两个对顶叠置的截头方锥体[图 3-1（b）]。要是在承压板和试件上下表面之间涂以油脂润滑剂，则试验加压时摩阻力将大为减少，所测得的抗压强度较低，其破坏形态如图 3-1（c）所示的开裂破坏。规范规定采用的方法是不加油脂润滑剂的试验方法。

混凝土的抗压强度还与试件尺寸有关。试验表明，立方体试件尺寸愈小，摩阻力的影响愈大，测得的强度也愈高。在实际工程中也有采用边长为 200 mm 和边长为 100 mm 的混凝土立方体试件，则所测得的立方体强度应分别乘以换算系数 1.05 和 0.95 来折算成边长为 150 mm 的混凝土立方体抗压强度。

混凝土的立方体抗压强度是衡量混凝土强度大小的基本指标，是评价混凝土等级的标准。

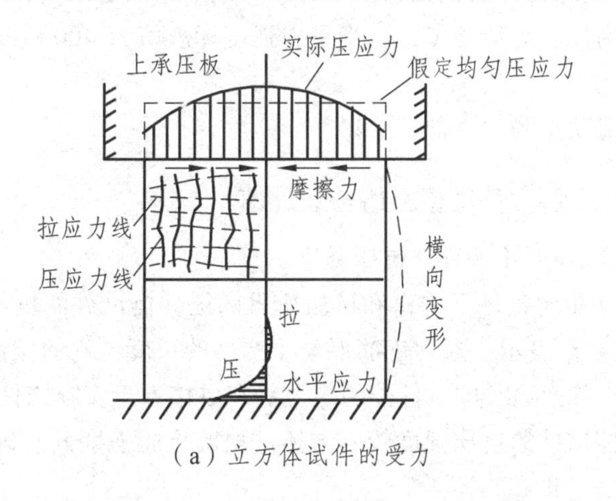

（a）立方体试件的受力

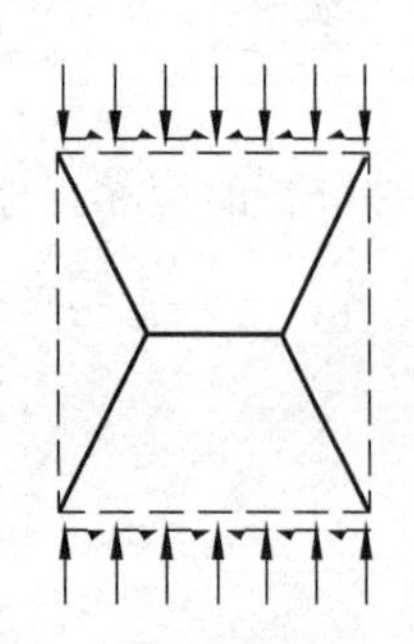

（b）承压板与试件表面之间未涂润滑剂时

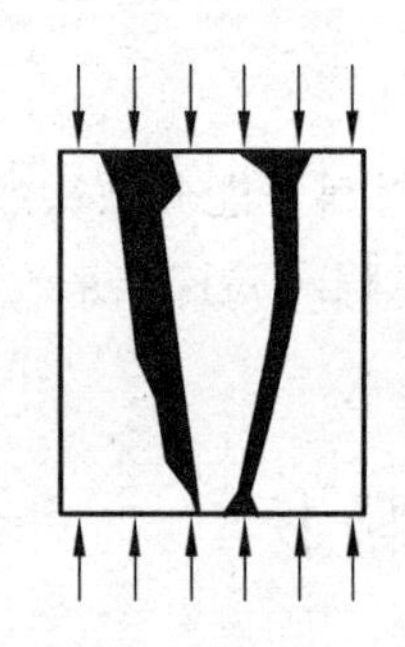

（c）承压板与试件表面之间涂润滑剂时

图 3-1　立方体抗压强度试件

2）混凝土立方体抗压强度标准值 $f_{cu,k}$

按照标准方法制作和养护的边长为 150 mm 的立方体试件，在 28 d 龄期用标准试验方法测得的具有 95%保证率的抗压强度称为混凝土立方体抗压强度标准值，用符号 $f_{cu,k}$ 表示，按式（3-3）确定。

$$f_{cu,k} = f_{cu,m}(1-1.645\delta_f) \tag{3-3}$$

式中　$f_{cu,m}$——混凝土立方体抗压强度的平均值；

δ_f——混凝土立方体抗压强度的变异系数（表 3-1）。

表 3-1　混凝土的变异系数

$f_{cu,k}$	C25	C30	C35	C40	C45	C50	C55	C60 及以上
δ_f	0.16	0.14	0.13	0.12	0.12	0.11	0.11	0.10

3）混凝土强度等级

《公路桥规》根据混凝土立方体抗压强度标准值进行了混凝土强度等级的划分，称为混凝土强度等级并冠以符号 C 来表示，规定公路桥梁受力构件的混凝土强度等级有 13 级，即 C20~C80，中间以 5 MPa 进级。C50 及其以下为普通强度混凝土，C50 以上为高强度混凝土，C50 表示混凝土立方体抗压强度标准值为 $f_{cu,k}$=50 MPa。

《公路桥规》规定受力构件的混凝土强度等级应按下列规定采用：

（1）钢筋混凝土构件不应低于 C25，当采用强度标准值为 400 MPa 及以上的钢筋时，不应低于 C30。

（2）预应力钢筋混凝土构件不低于 C40。

2. 混凝土轴心抗压强度及其标准值与设计值

1）混凝土轴心抗压强度（棱柱体抗压强度）f_c

按照与立方体试件相同条件下制作和试验所得的棱柱体试件的抗压强度值，称为混凝土轴心抗压强度，用符号 f_c 表示。通常钢筋混凝土构件的长度比它的截面边长要大得多，因此棱柱体试件（高度大于截面边长的试件）的受力状态更接近于实际构件中混凝土的受力情况。

试验表明，棱柱体试件的抗压强度较立方体试块的抗压强度低。棱柱体试件高度 h 与边

长 b 之比愈大，则强度愈低。当 h/b 由 1 增至 2 时，混凝土强度降低很快。但是当 h/b 由 2 增至 4 时，其抗压强度变化不大（图 3-2）。因为在此范围内，既可消除垫板与试件接触面间摩阻力对抗压强度的影响，又可以避免试件因纵向初弯曲而产生的附加偏心距对抗压强度的影响，故所测得的棱柱体抗压强度较稳定。因此，国家标准《普通混凝土力学性能试验方法标准》（GB/T 50081—2016）规定，混凝土的轴心抗压强度试验以 150 mm×150 mm×300 mm 的试件为标准试件。

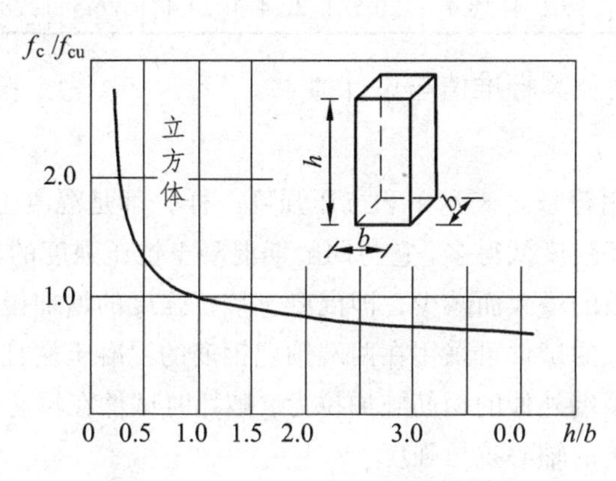

图 3-2　h/b 对抗压强度的影响

2）混凝土轴心抗压强度标准值 f_{ck}

设计应用的混凝土棱柱体抗压强度 f_c 与立方体抗压强度 f_{cu} 有一定的关系，其平均值的关系为

$$f_{c,m}=0.88\alpha_{c1}\alpha_{c2}f_{cu,m} \tag{3-4}$$

式中　$f_{c,m}$、$f_{cu,m}$——混凝土轴心抗压强度平均值和立方体抗压强度平均值。

α_{c1}——混凝土轴心抗压强度与立方体抗压强度的比值，C50 及以下混凝土，$\alpha_{c1}=0.76$；C55~C80 混凝土，$\alpha_{c1}=0.78\text{~}0.82$。

α_{c2}——混凝土脆性折减系数，对 C40 及以下混凝土取 $\alpha_{c2}=1.0$，对 C80 取 $\alpha_{c2}=0.87$，其间按线性插入。

设混凝土轴心抗压强度 f_c 的变异系数与立方体抗压强度 f_{cu} 的变异系数相同，则混凝土轴心抗压强度标准值 f_{ck} 可由下式确定：

$$\begin{aligned}f_{ck}&=f_{c,m}(1-1.645\delta_f)\\&=0.88\alpha_{c1}\alpha_{c2}f_{cu,m}(1-1.645\delta_f)\\&=0.88\alpha_{c1}\alpha_{c2}f_{cu,k}\end{aligned} \tag{3-5}$$

《公路桥规》计算采用的混凝土轴心抗压强度标准值就是根据公式（3-3）和式（3-5）计算得到的，如表 3-2 所示。

3）混凝土轴心抗压强度设计值 f_{cd}

混凝土轴心抗压强度设计值是由混凝土轴心抗压强度标准值除以混凝土材料性能分项系

数 $\gamma_m = 1.45$ 得到的。《公路桥规》计算采用的混凝土轴心线抗压强度设计值见表 3-2。

表 3-2　混凝土轴心抗压强度标准值和设计值（MPa）

强度种类	强度等级											
	C25	C30	C35	C40	C45	C50	C55	C60	C65	C70	C75	C80
f_{ck}	16.7	20.1	23.4	26.8	29.6	32.4	35.5	38.5	41.5	44.5	47.4	50.2
f_{cd}	11.5	13.8	16.1	18.4	20.5	22.4	24.4	26.5	28.5	30.5	32.4	34.6

3. 混凝土抗拉强度及其标准值与设计值

1）混凝土抗拉强度 f_t

混凝土抗拉强度（用符号 f_t 表示）和抗压强度一样，都是混凝土的基本强度指标。但是混凝土的抗拉强度比抗压强度低得多，它与同龄期混凝土抗压强度的比值在 1/8~1/18。这项比值随混凝土抗压强度等级的增大而减少，即混凝土抗拉强度的增加慢于抗压强度的增加。

混凝土轴心受拉试验的试件可采用在两端预埋钢筋的混凝土棱柱体（图 3-3）。试验时用试验机的夹具夹紧试件两端外伸的钢筋施加拉力，破坏时试件在没有钢筋的中部截面被拉断，其平均拉应力即为混凝土的轴心抗拉强度。

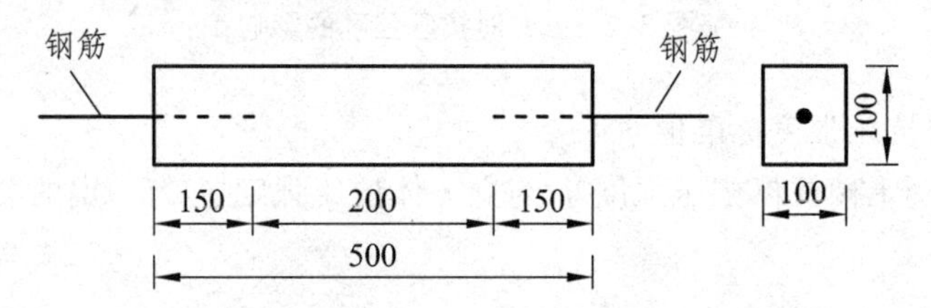

图 3-3　混凝土抗拉强度试验试件（尺寸单位：mm）

在用上述方法测定混凝土的轴心抗拉强度时，保持试件轴心受拉是很重要的，也是不容易完全做到的。因为混凝土内部结构不均匀，钢筋的预埋和试件的安装都难以对中，而偏心又对混凝土抗拉强度测试有很大的干扰，因此，目前国内外常采用立方体或圆柱体的劈裂试验来测定混凝土的轴心抗拉强度。

劈裂试验是在卧置的立方体（或圆柱体）试件与压力机压板之间放置钢垫条及三合板（或纤维板）垫层（图 3-4），压力机通过垫条对试件中心面施加均匀的条形分布荷载。这样，除垫条附近外，在试件中间垂直面上就产生了拉应力，它的方向与加载方向垂直，并且基本上是均匀的。当拉应力达到混凝土的抗拉强度时，试件即被劈裂成两半。我国交通运输部部颁标准《公路工程水泥及水泥混凝土试验规程》（JTG E30—2005）规定，采用 150 mm 立方块作为标准试件进行混凝土劈裂抗拉强度测定，按照规定的试验方法操作，则混凝土劈裂抗拉强度 f_{ts} 按下式计算：

$$f_{ts} = \frac{2F}{\pi A} = 0.637\frac{F}{A} \tag{3-6}$$

式中　f_{ts}——混凝土劈裂抗拉强度（MPa）；

F——劈裂破坏荷载（N）；

A——试件劈裂面面积（mm^2）。

采用上述试验方法测得的混凝土劈裂抗拉强度值换算成轴心抗拉强度时，应乘以换算系数 0.9，即 $f_t = 0.9 f_{ts}$。

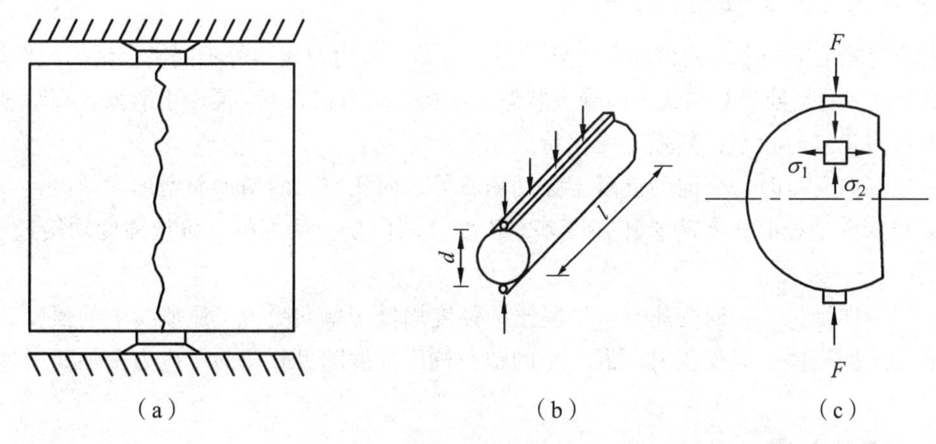

图 3-4　劈裂试验

2）混凝土轴心抗拉强度标准值 f_{tk}

根据试验数据分析，混凝土轴心抗拉强度 f_t 与立方体抗压强度 f_{cu} 之间的平均值关系为

$$f_{t,m} = 0.88 \times 0.395 \alpha_{c2} (f_{cu,m})^{0.55} \tag{3-7}$$

式中　$f_{t,m}$、$f_{cu,m}$——混凝土轴心抗拉强度平均值和立方体抗压强度平均值。

设混凝土轴心抗拉强度 f_t 的变异系数与立方体抗压强度 f_{cu} 的变异系数相同，将式（3-3）和式（3-7）代入式（3-8），整理后可得到混凝土轴心抗拉强度标准值的表达式为

$$\begin{aligned} f_{tk} &= f_{t,m}(1-1.645\delta_f) \\ &= 0.88 \times 0.395 \alpha_{c2} (f_{cu,m})^{0.55} (1-1.645\delta_f) \\ &= 0.88 \times 0.395 \alpha_{c2} \left(\frac{f_{cu,k}}{1-1.645\delta_f} \right)^{0.55} (1-1.645\delta_f) \\ &= 0.88 \times 0.395 \alpha_{c2} (f_{cu,k})^{0.55} (1-1.645\delta_f)^{0.45} \end{aligned} \tag{3-8}$$

由混凝土立方体抗压强度标准值 $f_{cu,k}$，通过式（3-8）可以得到相应混凝土强度级别的轴心抗拉强度标准值 f_{tk}，《公路桥规》采用的 f_{tk} 值见表 3-3。

表 3-3　混凝土轴心抗拉强度标准值和设计值（MPa）

强度种类	强度等级											
	C25	C30	C35	C40	C45	C50	C55	C60	C65	C70	C75	C80
f_{tk}	1.78	2.01	2.20	2.40	2.51	2.65	2.74	2.85	2.93	3.00	3.05	3.10
f_{td}	1.23	1.39	1.52	1.65	1.74	1.83	1.89	1.96	2.02	2.07	2.10	2.14

3）混凝土轴心抗拉强度设计值 f_{td}

混凝土轴心抗拉强度设计值是由混凝土轴心抗拉强度标准值除以混凝土材料性能分项系

数 $\gamma_m=1.45$ 得到的。《公路桥规》计算采用的混凝土轴心抗拉强度设计值见表 3-3。

4. 复合应力状态下的混凝土强度

在钢筋混凝土结构中，构件通常受到轴力、弯矩、剪力及扭矩等不同组合情况的作用，因此，混凝土更多的是处于双向或三向受力状态。在复合应力状态下，混凝土的强度有明显变化。

对于双向正应力状态，其强度变化特点如下：

（1）当双向受压时，一向的混凝土强度随着另一向压应力的增加而增加。

（2）当双向受拉时，实测破坏强度基本不变，双向受拉的混凝土抗拉强度均接近于单向抗拉强度。

（3）当一向受拉、一向受压时，混凝土的强度均低于单向受力（压或拉）的强度。

当混凝土圆柱体三向受压时，混凝土的轴心抗压强度随另外两向压应力增加而增加。

3.2.2 混凝土的变形

混凝土的变形可分为两类。一类是在荷载作用下的受力变形，如单调短期加载的变形、荷载长期作用下的变形以及多次重复加载的变形。另一类与受力无关，称为体积变形，如混凝土收缩以及温度变化引起的变形。

1. 混凝土在单调、短期加载作用下的变形性能

1）混凝土的应力-应变曲线

混凝土的应力-应变关系是混凝土力学性能的一个重要方面，它是研究钢筋混凝土构件的截面应力分布并建立承载能力和变形计算理论所必不可少的依据。特别是近代采用计算机对钢筋混凝土结构进行非线性分析时，混凝土的应力-应变关系已成了数学物理模型研究的重要依据。

一般取棱柱体试件来测试混凝土的应力-应变曲线试验，测得混凝土试件受压时典型的应力-应变曲线如图 3-5 所示。

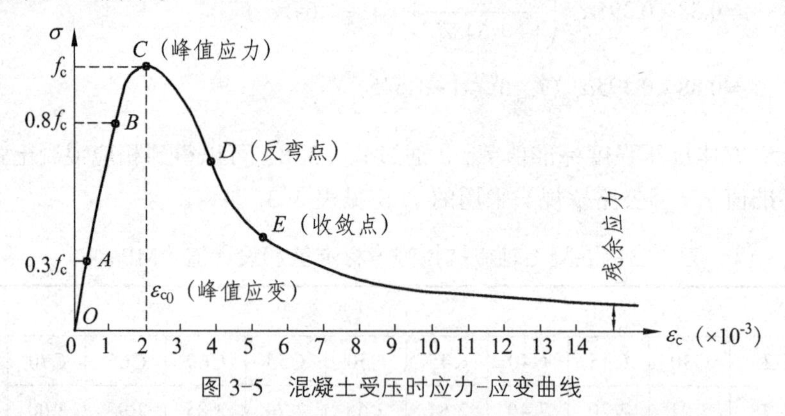

图 3-5 混凝土受压时应力-应变曲线

完整的混凝土轴心受压应力-应变曲线由上升段 *OC*、下降段 *CD* 和收敛段 *DE* 三个阶段组成。

上升段：当压应力 $\sigma_c<0.3f_c$ 时，应力-应变关系接近直线变化（*OA* 段），混凝土处于弹性阶段工作。在压应力 σ_c 满足 $0.3f_c\leqslant\sigma_c<0.8f_c$，随着压应力的增大，应力-应变关系愈来愈偏离直线，任一点的应变 ε_c 可分为弹性应变 ε_{ce} 和塑性应变 ε_{cp} 两部分；原有的混凝土内部微裂

缝发展，并在孔隙等薄弱处产生新的个别的微裂缝。当应力达到 0.8 f_c（B 点）左右后，混凝土塑性变形显著增大，内部裂缝不断延伸扩展，并有几条贯通，应力-应变曲线斜率急剧减小，如果不继续加载，裂缝也会发展，即内部裂缝处于非稳定发展阶段。当应力达到最大应力 $\sigma_c = f_c$ 时（C 点），应力-应变曲线的斜率已接近于水平，试件表面出现不连续的可见裂缝。

下降段：到达峰值应力点 C 后，混凝土的强度并不完全消失，随着应力 σ_c 的减少（卸载），应变仍然增加，曲线下降坡度较陡，混凝土表面裂缝逐渐贯通。

收敛段：在反弯点 D 之后，应力下降的速率减慢，趋于稳定的残余应力。表面纵向裂缝把混凝土棱柱体分成若干个小柱，外载力由裂缝处的摩擦咬合力及小柱体的残余强度所承受。

对于没有侧向约束的混凝土，收敛段没有实际意义，所以通常只注意混凝土轴心受压应力-应变曲线的上升段 OC 和下降段 CD，而最大应力值 f_c 及相应的应变值 ε_{c0} 以及 D 点的应变值（称极限压应变值 ε_{cu}）成为曲线的三个特征值。对于均匀受压的棱柱体试件，其压应力达到 f_c 时，混凝土就不能承受更大的压力，成为结构构件计算时混凝土强度的主要指标。与 f_c 相比对应的应变 ε_{c0} 随混凝土强度等级而异，约在（1.5~2.5）$\times10^{-3}$ 间变动，通常取其平均值为 $\varepsilon_{c0}=2.0\times10^{-3}$。应力-应变曲线中相应于 D 的混凝土极限压应变 ε_{cu} 约为 $(3.0\sim5.0)\times10^{-3}$。

2）混凝土的弹性模量、变形模量

在实际工程中，为了计算结构的变形，必须要求一个材料常数——弹性模量。而混凝土的应力-应变的比值并非一个常数，是随着混凝土的应力变化而变化，所以混凝土弹性模量的取值比钢材复杂得多。

混凝土的弹性模量有三种表示方法（图 3-6）：

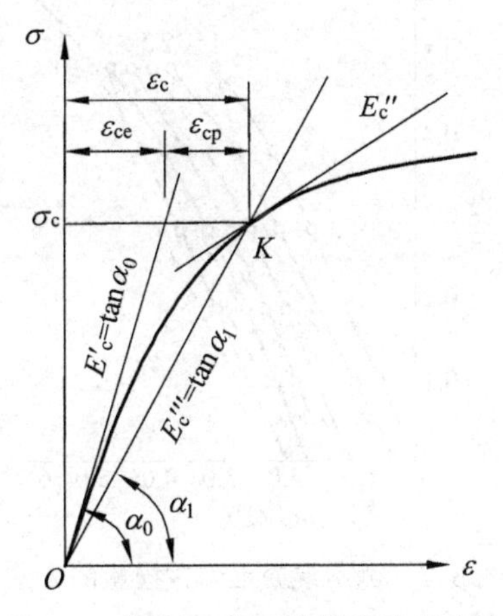

图 3-6　混凝土变形模量的表示方法

（1）原点弹性模量。

在混凝土受压应力-应变曲线图的原点作切线，该切线的斜率即为原点弹性模量。即

$$E_c' = \frac{\sigma}{\varepsilon_{ce}} = \tan\alpha_0 \tag{3-9}$$

（2）切线模量。

在混凝土应力-应变曲线上某一应力 σ_c 处作一切线，该切线的斜率即为相应于应力 σ_c 时的切线模量，即

$$E_c'' = \mathrm{d}\sigma/\mathrm{d}\varepsilon \tag{3-10}$$

（3）变形模量。

连接混凝土应力-应变曲线的原点 O 及曲线上某一点 K 作割线，K 点混凝土应力为 σ_c（$=0.5f_c$），则该割线（OK）的斜率即为变形模量，也称割线模量或弹塑性模量，即

$$E_c''' = \tan\alpha_1 = \sigma_c/\varepsilon_c \tag{3-11}$$

在某一应力 σ_c 下，混凝土应变 ε_c 由弹性应变 ε_{ce} 和塑性应变 ε_{cp} 组成，于是混凝土的变形模量与原点弹性模量的关系为

$$E_c''' = \frac{\sigma_c}{\varepsilon_c} = \frac{\varepsilon_{ce}}{\varepsilon_c}\cdot\frac{\sigma_c}{\varepsilon_{ce}} = \nu_0 E_c' \tag{3-12}$$

式中的 ν_0 为弹性特征系数，即 $\nu_0 = \varepsilon_{ce}/\varepsilon_c$。弹性特征系数与 ν_0 应力值有关，当 $\sigma_c \leqslant 0.5f_c$ 时，$\nu_0=0.8\sim0.9$；当 $\sigma_c=0.9f_c$ 时，$\nu_0=0.5$。一般情况下，混凝土强度愈高，ν_0 值愈大。

目前我国《公路桥规》中给出的弹性模量 E_c 值是用下述方法测定的：试验采用棱柱体试件，取应力上限为 $\sigma_c=0.5f_c$，然后卸荷至零，再重复加载卸荷 5~10 次。由于混凝土的非弹性性质，每次卸荷至零时，变形不能完全恢复，存在残余变形。随着荷载重复次数的增加，残余变形逐渐减小，重复 5~10 次后，变形已基本趋于稳定，应力应变曲线接近于直线（图 3-7），该直线的斜率即作为混凝土弹性模量的取值。因此，混凝土弹性模量是根据混凝土棱柱体标准试件，用标准的试验方法所得的规定压应力值与其对应的压应变值的比值。

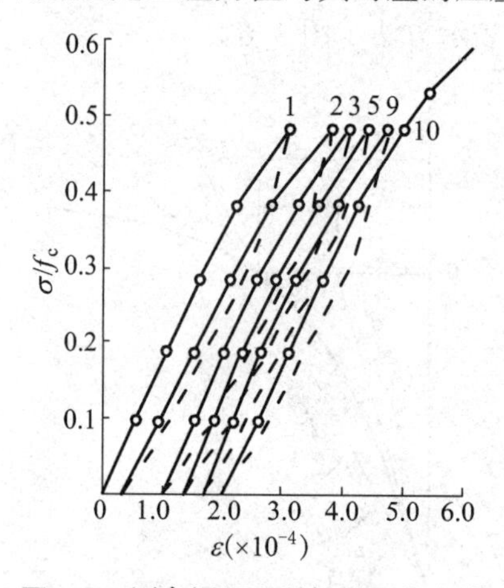

图 3-7　测定混凝土弹性模量的方法

根据不同等级混凝土弹性模量试验值的统计分析，给出 E_c 的经验公式为

$$E_c = \frac{10^5}{2.2 + (34.74/f_{cu,k})}\ (\text{MPa}) \tag{3-13}$$

式中　$f_{cu,k}$——混凝土立方体抗压强度标准值。

混凝土的受拉弹性模量与受压弹性模量之比约为 0.82~1.12，平均为 0.995，故可认为混凝土的受拉弹性模量与受压弹性模量相等。《公路桥规》采用的混凝土受压或受拉的弹性模量就是按照式（3-13）计算得到的，其值见表 3-4。

表 3-4　混凝土的弹性模量（$\times 10^4$ MPa）

混凝土强度等级	C25	C30	C35	C40	C45	C50	C55	C60	C65	C70	C75	C80
E_c	2.80	3.00	3.15	3.25	3.35	3.45	3.55	3.60	3.65	3.70	3.75	3.80

混凝土的剪切弹性模量 G_c，一般可根据试验测得的混凝土弹性模量 E_c 和泊松比按式（3-14）确定：

$$G_c = \frac{E_c}{2(1+\nu_c)} \tag{3-14}$$

式中，ν_c 为混凝土的横向变形系数（泊松比）。取 $\nu_c = 0.2$ 时，代入式（3-14），得到 $G_c=0.4E_c$。

2. 混凝土在长期荷载作用下的变形性能——徐变

在荷载的长期作用下，混凝土的变形将随时间而增加，亦即在应力不变的情况下，混凝土的应变随时间继续增长，这种现象被称为混凝土的徐变。混凝土徐变变形是在持久作用下混凝土结构随时间推移而增加的应变。

图 3-8 为 100 mm×100 mm×400 mm 的棱柱体试件在相对湿度为 65%、温度为 20℃、承受 $\sigma_c=0.5f_c$ 压应力并保持不变的情况下变形与时间的关系曲线。

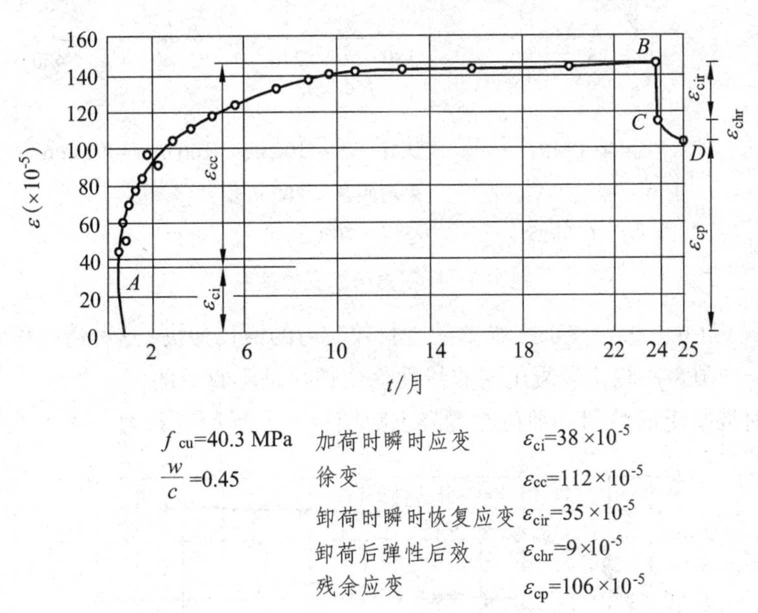

f_{cu}=40.3 MPa　加荷时瞬时应变　$\varepsilon_{ci}=38\times10^{-5}$

$\frac{w}{c}$=0.45　徐变　$\varepsilon_{cc}=112\times10^{-5}$

卸荷时瞬时恢复应变　$\varepsilon_{cir}=35\times10^{-5}$

卸荷后弹性后效　$\varepsilon_{chr}=9\times10^{-5}$

残余应变　$\varepsilon_{cp}=106\times10^{-5}$

图 3-8　混凝土的徐变曲线

从图 3-8 可见，24 个月的徐变变形 ε_{cc} 约为加荷时立即产生的瞬时弹性变形 ε_{ci} 的 2~4 倍，前期徐变变形增长很快，6 个月可达到最终徐变变形的 70%~80%，以后徐变变形增长逐渐缓慢。从图 3-8 还可以看到，在有 B 点卸荷后，应变会恢复一部分，其中立即恢复的一部分应变被称混凝土瞬时恢复弹性应变 ε_{cir}；再经过一段时间（约 20 d）后才逐渐恢复的那部分应变被称为弹性后效 ε_{chr}；最后剩下的不可恢复的应变称为残余应变 ε_{cp}。

混凝土徐变的主要原因是在荷载长期作用下，水泥凝胶体在荷载作用下逐渐发生黏性流动，并把它所承受的压力逐渐转给骨料颗粒。当卸载时，骨料可以又把上述压力逐步转回给凝胶体，而使一部分变形逐渐得到恢复。

在进行混凝土徐变试验时，需注意观测到的混凝土变形中还含有混凝土的收缩变形（见下节），故需用同批浇筑同样尺寸的试件在同样环境下进行收缩试验，这样，从量测的徐变试验试件总变形中扣除对比的收缩试验试件的变形，便可得到混凝土徐变变形。

影响混凝土徐变的因素很多，其主要因素有：

（1）混凝土在长期荷载作用下产生的应力大小。图 3-9 表明，当压应力 $\sigma_c \leqslant 0.5 f_c$ 时，徐变大致与应力成正比，各条徐变曲线的间距差不多是相等的，被称为线性徐变。线性徐变在加荷初期增长很快，一般在两年左右趋于稳定，三年左右徐变即告基本终止。

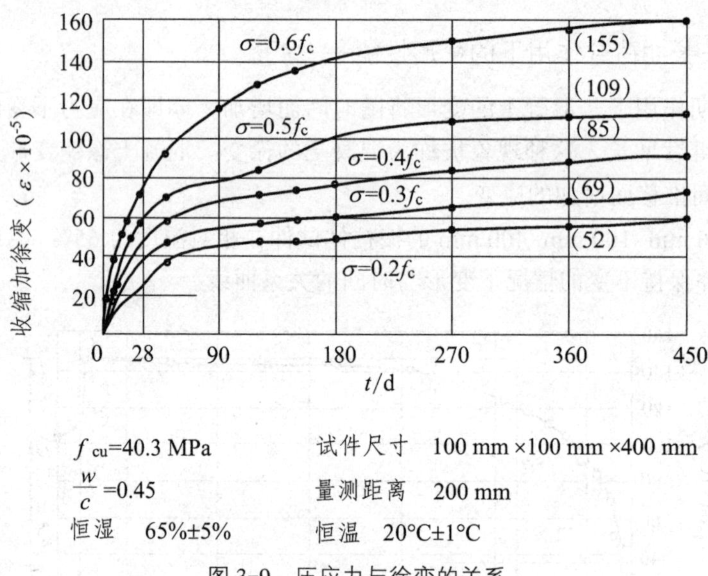

图 3-9　压应力与徐变的关系

当压应力 σ_c 为（0.5~0.8）f_c 时，徐变的增长较应力的增长为快，这种情况称为非线性徐变。当压应力 $\sigma_c > 0.8 f_c$ 时，混凝土的非线性徐变往往是不收敛的。

（2）加荷时混凝土的龄期。加荷时混凝土龄期越短，则徐变越大（图 3-10）。

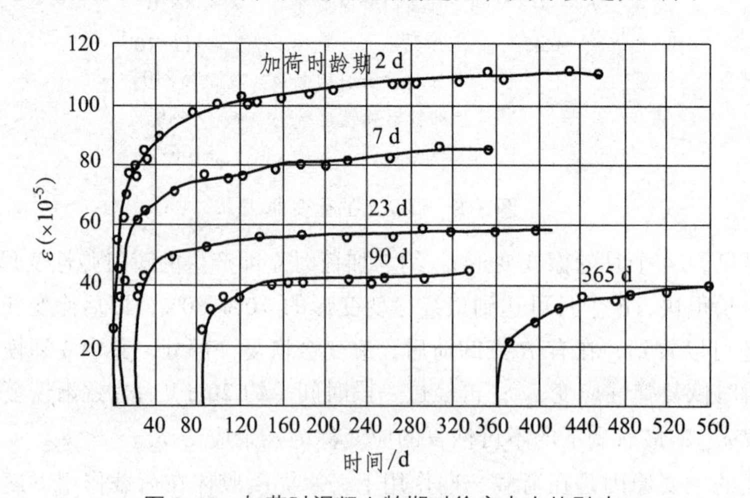

图 3-10　加荷时混凝土龄期对徐变大小的影响

（3）混凝土的组成成分和配合比。混凝土中集料本身没有徐变，它的存在约束了水泥胶体的流动，约束作用大小取决于集料的刚度（弹性模量）和集料所占的体积比。集料弹性模量越大、集料体积在混凝土中所占的比重越高，则有凝胶体流变后传给集料压力所引起的变形越小，徐变也越小。混凝土的水灰比越小，徐变也越小，在常用的水灰比范围（0.4~0.6）内，单位应力的徐变与水灰比呈近似直线关系。

（4）养护及使用条件下的温度与湿度。混凝土养护时温度越高，湿度越大，水泥水化作用就越充分，徐变就越小。混凝土的使用环境温度越高，徐变越大；环境的相对湿度越低，徐变也越大，因此高温干燥环境将使徐变显著增大。

当环境介质的温度和湿度保持不变时，混凝土内水分的逸失取决于构件的尺寸和体表比（构件体积与表面积之比）。构件的尺寸越大，体表比越大，徐变就越小。

应当注意混凝土的徐变与塑性变形不同。塑性变形主要是混凝土中骨料与水泥石结合面之间裂缝的扩展延伸引起的，只有当应力超过一定值（如 0.3 f_c 左右）才发生，而且是不可恢复的。混凝土徐变变形不仅可部分恢复，而且在较小的作用应力时就能发生。

3. 混凝土的收缩

在混凝土凝结和硬化的物理化学过程中体积随时间推移而减小的现象称为收缩。混凝土在不受力情况下的这种自由变形，在受到外部或内部（钢筋）约束时，将产生混凝土拉应力，甚至使混凝土开裂。

混凝土的收缩是一种随时间而增长的变形（图 3-11）。结硬初期收缩变形发展很快，两周可完成全部收缩的 25%，一个月约可完成 50%，三个月后增长缓慢，一般两年后趋于稳定，最终收缩值为$(2\sim6)\times10^{-4}$。

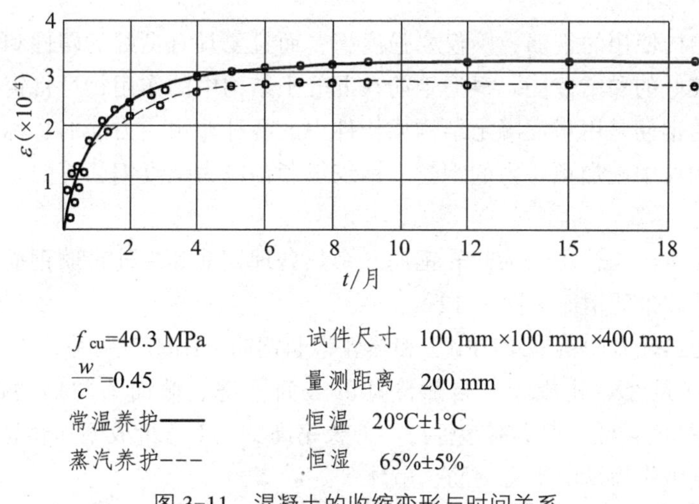

f_{cu}=40.3 MPa　　试件尺寸　100 mm×100 mm×400 mm

$\frac{w}{c}$=0.45　　量测距离　200 mm

常温养护——　　恒温　20°C±1°C

蒸汽养护- - -　　恒湿　65%±5%

图 3-11　混凝土的收缩变形与时间关系

引起混凝土收缩的原因，主要是硬化初期水泥石在水化凝固结硬过程中产生的体积变化，后期主要是混凝土内自由水分蒸发而引起的干缩。

混凝土的组成和配合比是影响混凝土收缩的重要因素。水泥的用量越多，水灰比较大，收缩就越大。集料的级配好、密度大、弹性模量高、粒径大能减小混凝土的收缩。这是因为集料对水泥石的收缩有制约作用，粗集料所占体积比越大、强度越高，对收缩的制约作用就越大。

由于干燥失水是引起收缩的重要原因，所以构件的养护条件、使用环境的温度与湿度、以及凡是影响混凝土中水分保持的因素，都对混凝土的收缩有影响。高温湿养（蒸汽养护）可加快水化作用，减少混凝土中的自由水分，因而可使收缩减少（图 3-11）。使用环境的温度越高，相对湿度较低，收缩就越大。

混凝土的最终收缩量还和构件的体表比有关，因为这个比值决定着混凝土中水分蒸发的速度。体表比较小的构件如工字形、箱形薄壁构件，收缩量较大，而且发展也较快。

3.3 钢 筋

我国钢材按化学成分可分为碳素钢和普通低合金钢两大类。

碳素钢除含铁元素外，还有少量的碳、锰、硅、磷等元素。其中含碳量愈高，钢筋的强度愈高，但钢筋的塑性和可焊性愈差。一般把含碳量少于 0.25%的称为低碳钢；含碳量在 0.25%~0.6%的称为中碳钢；含碳量大于 0.6%的称为高碳钢。

在碳素钢的成分中加入少量合金元素就成为普通低合金钢，如 20MnSi、20MnSiV、20 MnTi 等，其中名称前面的数字代表平均含碳量（以万分之一计）。由于加入了合金元素，普通低合金钢虽含碳量高，强度高，但是其拉伸应力-应变曲线仍具有明显的流幅。

3.3.1 钢筋的品种和规格

钢筋混凝土结构使用的钢筋，不仅要强度高，而且要具有良好的塑性和可焊性，同时还要求与混凝土有较好的黏结性能。根据钢筋在混凝土结构中的作用，可将钢筋分为普通钢筋和预应力筋。普通钢筋是用于混凝土结构或构件中的各种非预应力筋的总称。预应力筋是用于混凝土结构或构件中施加预应力的钢丝、钢绞线和预应力螺纹钢筋等的总称。预应力钢材在第 10 章中介绍。

普通钢筋按照生产工艺可分为热轧钢筋、余热处理钢筋和冷轧带肋钢筋等，按照外形特征可分为光圆钢筋和带肋钢筋（图 3-12）。

热轧钢筋分为热轧光圆钢筋（HPB）和热轧带肋钢筋（HRB）两种。

热轧光圆钢筋是经热轧成型并自然冷却的表面平整、截面为圆形的钢筋。目前仅有 HPB300 级钢筋，强度较低，但具有塑性好、伸长率高、便于弯折成型和容易焊接等优点，多作为箍筋使用，也可作为纵向受力钢筋、吊环等。

热轧带肋钢筋是经热轧成型并自然冷却而其圆周表面通常带有两条纵肋和沿长度方向有均匀分布横肋的钢筋，其中横肋斜向一个方向而呈螺纹形的称为螺纹钢筋[图 3-12（b）]；横肋斜向不同方向而呈“人”字形的，称为人字形钢筋[图 3-12（c）]；纵肋与横肋不相交且横肋为月牙形状的，称为月牙纹钢筋[图 3-12（d）]。钢筋牌号有 HRB335、HRB400、RRB400（余热处理带肋钢筋）、HBRF400（细晶粒热轧带肋钢筋）等，具有强度较高、塑性和可焊性较好、与混凝土的黏结力大等优点，常用作纵向受力钢筋、弯起钢筋和箍筋，我国新颁布实施的《公路桥规》不再采用 HRB335 牌号钢筋。

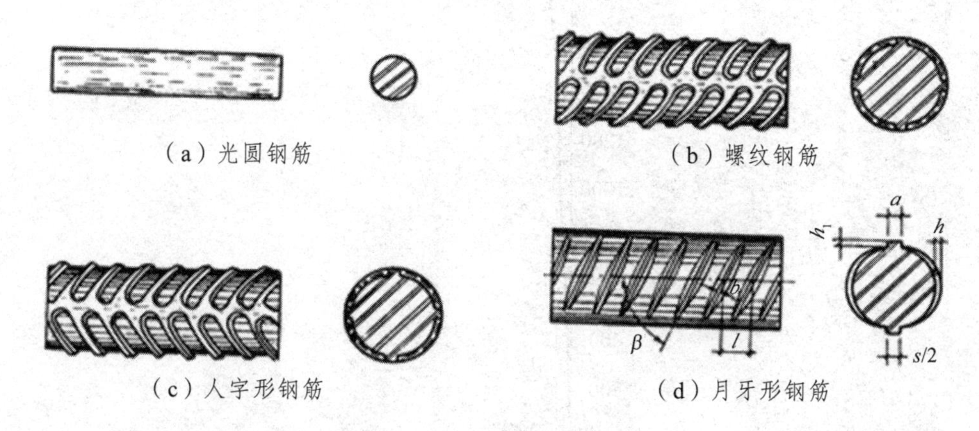

图 3-12　热轧钢筋的外形

3.3.2　钢筋的强度与变形

钢筋的力学性能有强度和变形（包括弹性变形和塑性变形）等。单向拉伸试验是确定钢筋力学性能的主要手段。通过试验可以看到，钢筋的拉伸应力-应变关系曲线可分为两大类，即有明显流幅（图 3-13）和没有明显流幅的（图 3-14）。

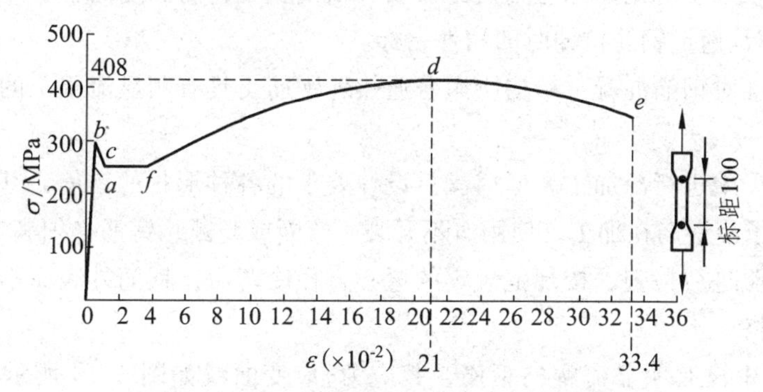

图 3-13　有明显流幅的钢筋应力-应变曲线

图 3-13 为有明显流幅的钢筋拉伸应力-应变曲线。在达到比例极限 a 点之前，材料处于弹性阶段，应力与应变的比值为常数，即为钢筋的弹性模量 E_s。此后应变比应力增加快，到达 b 点进入屈服阶段，即应力不增加，应变却继续增加很多，应力-应变曲线图形接近水平线，称为屈服台阶（或流幅）。对于有屈服台阶的钢筋来讲，有两个屈服点，即屈服上限（b 点）和屈服下限（c 点）。屈服上限受试验加载速度、表面光洁度等因素影响而波动；屈服下限则较稳定，故一般以屈服下限为依据，称为屈服强度。过了 f 点后，材料又恢复部分弹性进入强化阶段，应力-应变关系表现为上升的曲线，到达曲线最高点 d，d 点的应力称为极限强度。过了 d 点后，试件的薄弱处发生局部“颈缩”现象，应力开始下降，应变仍继续增加，到 e 点后发生断裂，e 点所对应的应变（用百分数表示）称为伸长率，用 δ_{10} 或 δ_5 表示（分别对应于量测标距为 $10d$ 或 $5d$，d 为钢筋直径）。

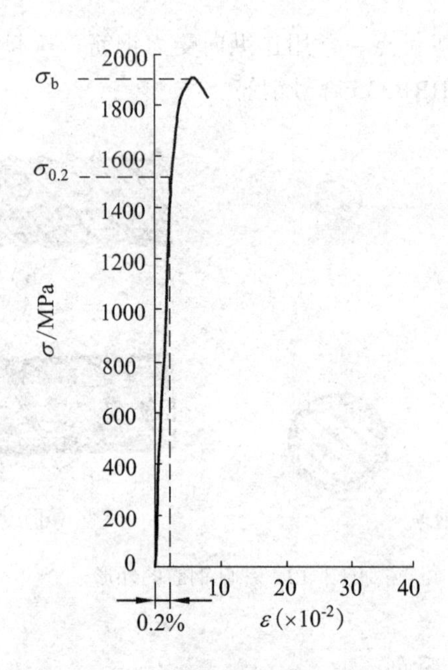

图 3-14　没有明显流幅的钢筋应力-应变曲线

有明显流幅的钢筋拉伸时的应力-应变曲线显示了钢筋主要物理力学指标，即屈服强度、抗拉极限强度和伸长率。屈服强度是钢筋混凝土结构计算中钢筋强度取值的主要依据，把屈服强度与抗拉极限强度的比值称为屈强比，它可以代表材料的强度储备，一般屈强比要求不大于 0.8。伸长率是衡量钢筋拉伸时的塑性指标。

我国国家标准对钢筋混凝土结构所用普通热轧钢筋（具有明显流幅）的机械性能作出的规定。

预制构件工厂中进行冷加工，形成满足设计要求的各种形状的钢筋，基本形式是钢筋的弯钩和弯折。为了使钢筋在加工、使用时不开裂、弯断或脆断，钢筋必须满足冷弯性能要求。一般采用冷弯试验进行检查，按规范规定的弯心直径冷弯后，钢筋外表面不产生裂纹、鳞落或断裂现象为合格。

在拉伸试验中没有明显流幅的钢筋，其应力-应变曲线如图 3-14 所示。高强度碳素钢丝、钢绞线的拉伸应力-变曲线没有明显的流幅。钢筋受拉后，应力与应变按比例增长，其比例（弹性）极限约为 $\sigma_e = 0.75\sigma_b$。此后，钢筋应变逐渐加快发展，曲线的斜率渐减，当曲线到顶点极限强度 f_b 后，曲线稍有下降，钢筋出现少量颈缩后立即被拉断，极限延伸率较小，为 5%~7%。

这类拉伸曲线上没有明显流幅的钢筋，在结构设计时，需对这类钢筋定义一个名义的屈服强度作为设计值。将相应于残余应变为 0.2%时的应力 S_0 作为屈服点（又称条件屈服强度），《公路桥规》取 $\sigma_{0.2} = 0.85\sigma_b$。

3.3.3　钢筋的强度标准值和强度设计值

为了使钢筋强度标准值与钢筋的检验标准统一，对有明显流幅的热轧钢筋，钢筋的

抗拉强度标准值 f_{sk} 采用国家标准中规定的屈服强度标准值，国家标准中规定的屈服强度标准值即为钢筋出厂检验的废品限值，其保证率不小于 95%；对于无明显流幅的钢筋，如钢丝、钢绞线等，也根据国家标准中规定的极限抗拉强度值确定，其保证率也不小于 95%。

这里应注意，对钢绞线、预应力钢丝等无明显流幅的钢筋，取 $0.85\sigma_b$（σ_b 为国家标准中规定的极限抗拉强度）作为设计取用的条件屈服强度（指相应于残余应变为 0.2%时的钢筋应力）。

1. 普通钢筋的抗拉强度标准值和抗拉、抗压强度设计值

《公路桥规》对热轧钢筋的材料性能分项系数取 1.20。将钢筋的强度标准值除以相应的材料性能分项系数 1.20，则得到钢筋抗拉强度的设计值。

《公路桥规》规定的热轧钢筋的抗拉强度标准值 f_{sk} 和抗拉强度设计值 f_{sd} 分别见表 3-5 和表 3-6。热轧钢筋的抗压强度设计值按 $f'_{sd}=\varepsilon'_s E_s$ 确定，E_s 为热轧钢筋的弹性模量，ε'_s 为相应钢筋种类的受压应变，取 ε'_s 等于 0.002，f'_{sd} 不得大于相应的钢筋抗拉强度设计值，《公路桥规》规定的热轧钢筋的抗压强度设计值 f'_{sd} 见表 3-6。

表 3-5　普通钢筋抗拉强度标准值（MPa）

钢筋种类	符号	直径 d/mm	f_{sk}
HPB300	Φ	6~20	300
HRB400	Φ	6~50	400
HRBF400	$Φ^{F}$		
RRB400	$Φ^{R}$		
HRB500	Φ	6~50	500

表 3-6　普通钢筋抗拉压强度设计值（MPa）

钢筋种类	抗拉强度设计值 f_{sd}	抗压强度设计值 f'_{sd}
HPB300	250	250
HRB400、HRBF400、RRB400	330	330
HRB500	415	415

2. 预应力钢筋的抗拉强度标准值和抗拉、压强度设计值

《公路桥规》对精轧螺纹钢筋的材料性能分项系数取 1.20，对钢绞线、钢丝等的材料性能分项系数取 1.47。将预应力钢筋的强度标准值除以相应的材料性能分项系数 1.20 或 1.47，则得到预应力钢筋抗拉强度的设计值。

《公路桥规》规定的钢绞线、钢丝、精轧螺纹钢筋的抗拉强度标准值 f_{pk} 和设计值 f_{pd} 分别见表 3-7 和表 3-8；其抗压强度设计值按 $f'_{pd}=\varepsilon'_p E_p$ 确定，E_s 为预应力钢筋的弹性模量（表 3-9），ε'_p 为相应钢筋种类的受压应变，取 ε'_p 等于 0.002。f'_{pd} 不得大于相应的钢筋抗拉强度设计值，《公路桥规》规定的预应力钢筋的抗压强度设计值 f'_{pd} 见表 3-8。

表 3-7　预应力钢筋抗拉强度标准值（MPa）

钢筋种类		符号	公称直径 d/mm	抗拉强度标准值 f_{pk}/MPa
钢绞线	1×7（7 股）	ϕ^{S}	9.5、12.7、15.2、17.8	1 720、1 860、1960
			21.6	1 860
消除应力钢丝	光面 螺旋肋	ϕ^{P} ϕ^{H}	5	1 570、1 770、1 860
			7	1 570
			9	1 470、1 570
精轧螺纹钢筋		ϕ^{T}	18、25、32、40、50	785、930、1 080

表 3-8　预应力钢筋抗拉、抗压强度设计值（MPa）

钢筋种类	抗拉强度标准值 f_{pk}	抗拉强度设计值 f_{pd}	抗压强度设计值 f'_{pd}
钢绞线 1×7（7 股）	1 720	1 170	390
	1 860	1 260	
	1 960	1 330	
消除应力钢丝	1 470	1 000	410
	1 570	1 070	
	1 770	1 200	
	1 860	1 260	
精轧螺纹钢筋	785	650	400
	930	770	
	1 080	890	

3. 钢筋的弹性模量

《公路桥规》规定的普通钢筋的弹性模量和预应力钢筋的弹性模量见表 3-9。

表 3-9　钢筋的弹性模量（MPa）

钢筋种类	弹性模量 E_s	钢筋种类	弹性模量 E_p
HPB300	2.1×10^{5}	消除应力光面钢丝、螺旋肋钢丝、刻痕钢丝	2.05×10^{5}
HRB400、HRBF400、RRB400、HRB500、精轧螺纹钢筋	2.0×10^{5}	钢绞线	1.95×10^{5}

3.4　钢筋与混凝土之间的黏结

在钢筋混凝土结构中，钢筋和混凝土这两种材料之所以能共同工作的基本前提是具有足够的黏结强度，能承受由于变形差（相对滑移）沿钢筋与混凝土接触面上产生的剪应力，通常把这种剪应力称为黏结应力。

3.4.1　黏结的作用

黏结是钢筋与其周围混凝土之间的相互作用，是钢筋和混凝土这两种性质不同的材料能够形成整体、共同工作的基础。在钢筋和混凝土之间有足够的黏结强度，才能承受相对的滑动，它们之间依靠黏结来传递应力、协调变形。否则，它们就不可能共同工作。

图 3-15（a）和图 3-15（b）分别为无黏结和有黏结的钢筋混凝土梁受力情况的对比。图 3-15（a）为钢筋和混凝土之间无黏结的梁（如在钢筋表面涂润滑油或加塑料套管），梁在荷载作用下产生弯曲变形，受拉区混凝土受拉伸长，但由于钢筋和混凝土之间不存在阻止二者相对滑动的作用，因而钢筋在混凝土中滑动，其长度保持不变，或者说钢筋未受力。这样的钢筋混凝土梁和素混凝土梁受力情况完全相同。

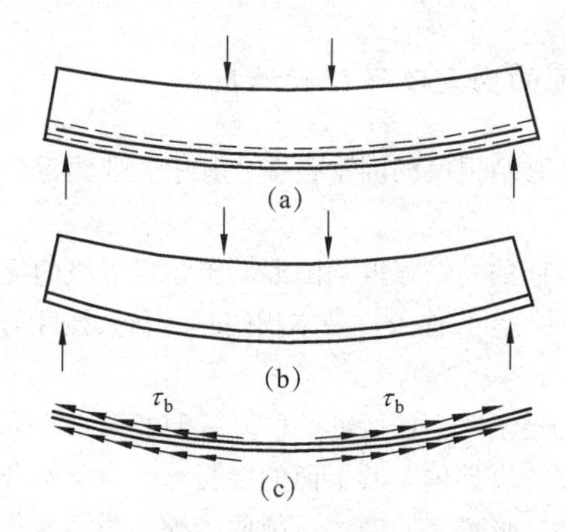

图 3-15　简支梁中钢筋与混凝土的黏结

图 3-15（b）为钢筋和混凝土之间有较好黏结的梁。在荷载作用下，梁同样产生弯曲，受拉区混凝土伸长。但由于混凝土和钢筋表面之间存在黏结，混凝土通过黏结将拉应力传递给钢筋，使钢筋和混凝土共同工作（一起受拉）。显然，钢筋拉力的大小，取决于钢筋和混凝土间的黏结作用，即取决于钢筋和混凝土之间有无相对滑移及滑移的多少。

再如一钢筋混凝土受拉构件（如屋架下弦杆），在受荷过程中，如果钢筋和混凝土之间没有黏结，这个构件在使用荷载下的变形可能达到几毫米，这样大的变形必然使混凝土产生一条很大的裂缝，影响构件的使用。如果钢筋和混凝土之间有足够的黏结，并且钢筋在端部与混凝土又有足够的锚固，那么在上述的变形下，混凝土产生的就不是一条很大的裂缝，而是许多条非常微小的裂缝，这样就不会影响构件的正常使用。由此可见，黏结对保证钢筋和混凝土的共同工作，保证钢筋混凝土构件的正常使用起着十分重要的作用。

由图 3-15（c）可知，梁在荷载作用下，受拉区混凝土要伸长，而由于钢筋和混凝土黏结在一起，则混凝土就要强制钢筋与其一起伸长。所谓黏结力，就是由于钢筋和混凝土黏结的滑动趋势，在二者接触面产生的纵向剪力。

3.4.2 黏结机理

光圆钢筋与带肋钢筋具有不同的黏结机理。钢筋和混凝土之间的黏结力，主要由三部分组成：

（1）混凝土中水泥胶体与钢筋表面的化学胶着力。

（2）钢筋与混凝土接触面上的摩擦力。由于混凝土硬化时收缩，会对钢筋产生握裹作用，由于握裹作用及钢筋粗糙不平，受力后钢筋和混凝土之间有相对滑动趋势，在接触面上引起摩擦力。

（3）钢筋表面粗糙不平产生的机械咬合力。

其中胶着力所占比例很小，发生相对滑移后，黏结力主要由摩擦力和咬合力提供。光圆钢筋的黏结强度较低，黏结力主要来自胶着力和摩擦力。带肋钢筋由于表面轧有肋纹，能与混凝土犬牙交错紧密结合，其胶着力和摩擦力仍然存在，但主要是钢筋表面凸起的肋纹与混凝土的机械咬合作用。二者的差别，可以用钉入木料中的普通钉和螺钉的差别来理解。

3.4.3 影响黏结强度的因素及保证黏结措施

影响钢筋与混凝土之间黏结强度的因素很多，其中主要为混凝土强度、浇筑位置、保护层厚度及钢筋净间距等。

（1）光圆钢筋及带肋钢筋的黏结强度均随混凝土强度等级的提高而提高，但并不与立方体强度 f_{cu} 成正比。试验表明，当其他条件基本相同时，黏结强度与混凝土抗拉强度 f_t 近乎成正比。

（2）黏结强度与浇筑混凝土时钢筋所处的位置有明显关系。混凝土浇筑后有下沉及泌水现象。处于水平位置的钢筋，直接位于其下面的混凝土，由于水分、气泡的逸出及混凝土的下沉，并不与钢筋紧密接触，形成了间隙层，削弱了钢筋与混凝土间的黏结作用，使水平位置钢筋比竖立钢筋的黏结强度显著降低。

（3）钢筋混凝土构件截面上有多根钢筋并列一排时，钢筋之间的净距对黏结强度有重要影响。净距不足，钢筋外围混凝土将会发生在钢筋位置水平面上贯穿整个梁宽的劈裂裂缝。试验表明，梁截面上一排钢筋的根数越多、净距越小，黏结强度降低就愈多。

（4）混凝土保护层厚度对黏结强度有着重要影响。特别是采用带肋钢筋时，若混凝土保护层太薄时，则容易发生沿纵向钢筋方向的劈裂裂缝，并使黏结强度显著降低。

（5）带肋钢筋与混凝土的黏结强度比用光圆钢筋时大。试验表明，带肋钢筋与混凝土之间的黏结力比用光圆钢筋时高出 2~3 倍。因而，带肋钢筋所需的锚固长度比光圆钢筋短。试验还表明，牙纹钢筋与混凝土之间的黏结强度比用螺纹钢筋时的黏结强度低 10%~15%。

为了保证钢筋与混凝土之间的黏结强度，通常采用以下构造措施。

（1）规定采用各种强度钢筋和各种等级混凝土时，钢筋的最小搭接长度和锚固长度。钢筋最小搭接长度 l_l 和最小锚固长度 l_a 与钢筋种类、混凝土强度等级、钢筋受拉受压状态以及钢筋端部有无弯钩有关，l_l 和 l_a 数值详见《公路桥规》。

（2）规定钢筋的机械锚固方式，如受拉钢筋端部应做弯钩，弯钩的形式与尺寸详见规范规定。

（3）规定钢筋的最小间距和混凝土保护层的最小厚度。

（4）考虑前述的由于混凝土浇筑时水分、气泡的逸出及混凝土的下沉对水平位置钢筋黏结力的影响，我国施工规范规定，对于高度较大的梁，混凝土应分层浇筑。

复习思考题

1. 什么叫材料强度的标准值和设计值？

2. 试解释以下名词：混凝土立方体抗压强度、混凝土轴心抗压强度、混凝土抗拉强度、混凝土劈裂抗拉强度。

3. 混凝土轴心受压的应力-应变曲线有何特点？影响混凝土轴心受压应力-应变曲线的因素有哪些？

4. 什么叫作混凝土的徐变？影响混凝土徐变的因素有哪些？

5. 混凝土的徐变和收缩变形都是随时间而增长的变形，两者有何不同之处？

6. 公路桥梁钢筋混凝土结构采用普通热轧钢筋的拉伸应力-应变关系曲线有什么特点？《公路桥规》规定使用的普通热轧钢筋有哪些强度级别？强度等级代号分别是什么？

7. 什么是钢筋和混凝土之间的黏结应力和黏结强度？为保证钢筋和混凝土之间有足够的黏结力要采取哪些措施？

第 4 章　受弯构件正截面承载力计算

受弯构件是指截面上通常有弯矩和剪力共同作用而轴力可忽略不计的构件（图 4-1）。钢筋混凝土梁和板是土木工程中典型的受弯构件，在桥梁工程中应用很广泛，例如中小跨径梁或板式桥上部结构中承重的梁和板、人行道板、行车道板等均为受弯构件。

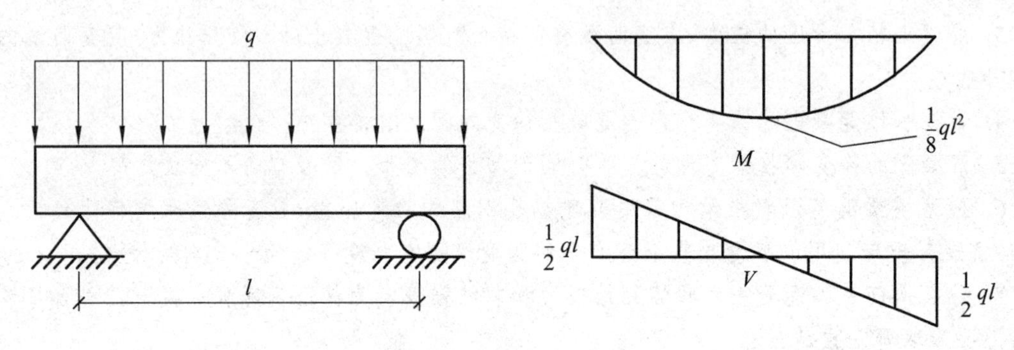

图 4-1　受弯构件示意图

荷载作用下，受弯构件的截面将承受弯矩 M 和剪力 V 的作用，因此设计受弯构件时，一般应满足下列两方面要求：

（1）由于弯矩 M 的作用，构件可能沿某个正截面（与梁的纵轴线或板的中面正交的面）发生破坏，故需要进行正截面承载力计算，如图 4-2（a）所示。

（2）由于弯矩 M 和剪力 V 的共同作用，构件可能沿剪压区段内的某个斜截面发生破坏，故还需进行斜截面承载力计算，如图 4-2（b）所示。

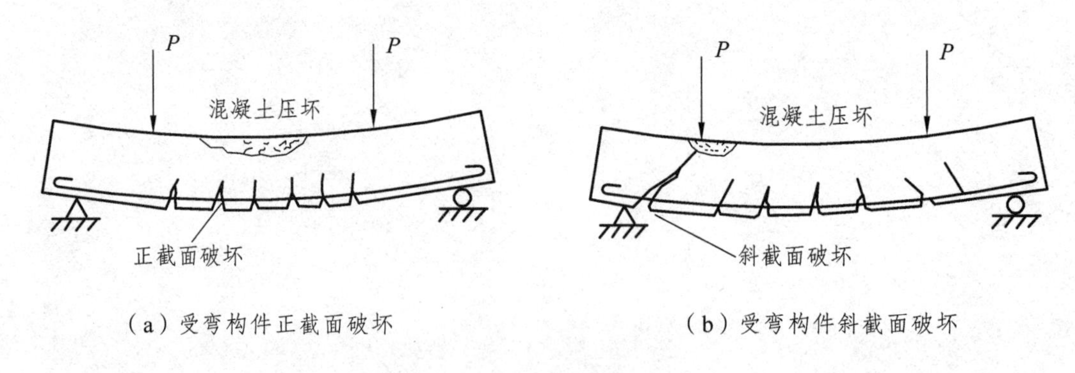

图 4-2　受弯构件截面破坏形式

本章主要讨论钢筋混凝土梁和板的正截面承载力计算，目的是根据弯矩组合设计值 M_d 来确定钢筋混凝土梁和板截面上纵向受力钢筋的所需面积并进行钢筋的布置。

4.1　受弯构件的截面形式与构造

4.1.1　截面形式与尺寸

1. 梁和板的区别

梁和板都是典型的受弯构件。它们是土木工程中数量最多、使用面最广的一类构件。梁和板的区别在于：梁的截面高度一般大于其宽度，而板的截面高度则远小于其宽度。

钢筋混凝土梁（板）可分为整体现浇梁（板）和预制梁（板）。在工地现场搭支架、立模板、配置钢筋，然后就地浇筑混凝土的梁（板）称为整体现浇梁（板）。预制梁（板）是在预制现场或工地预先制作好的梁（板）。

2. 截面形式

钢筋混凝土受弯构件常用的截面形式有矩形、T 形和箱形等（图 4-3）。

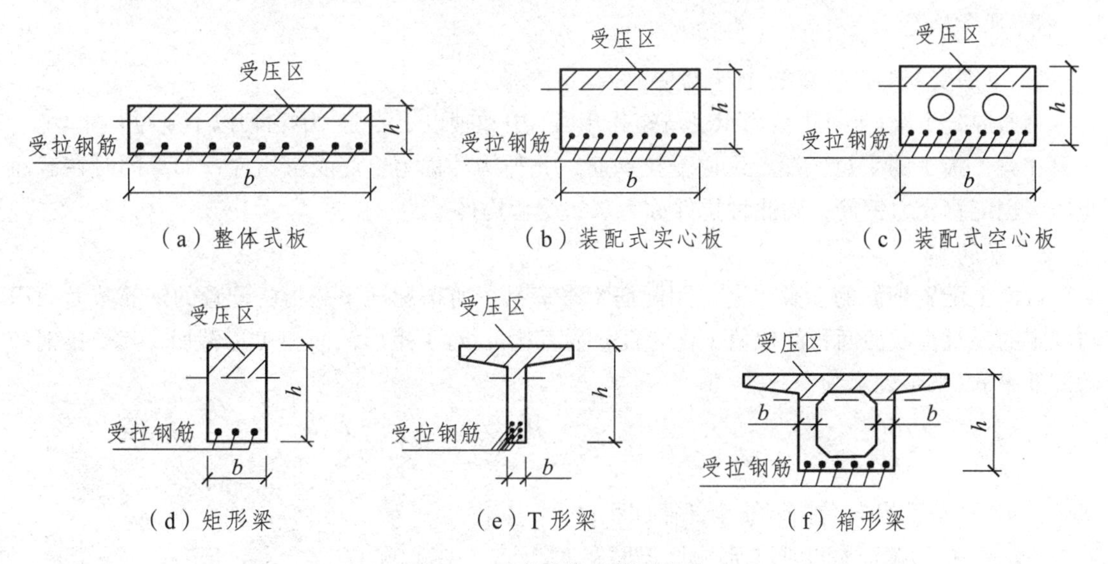

图 4-3　受弯构件的截面形式

3. 尺寸要求

1）板的尺寸要求

（1）整体现浇板，截面宽度较大[图 4-3（a）]，但可取单位宽度（如以 1 m 为计算单位）的矩形截面进行计算。

（2）预制板，板宽度一般控制在 1 ~ 1.5 m，以便规模生产，满足运输和吊装要求。由于施工条件好，不仅能采用矩形实心板[图 4-3（b）]，还能采用截面形状较复杂的矩形空心板[图 4-3（c）]，以减轻自重。

（3）板的厚度 h 由其控制截面上最大弯矩和板的刚度要求决定，并满足构造要求。为了保证施工质量及结构耐久性的要求，《公路桥规》规定了各种板的最小厚度：人行道板不宜小于 80 mm（现浇整体）和 60 mm（预制）；空心板的顶板和底板厚度均不宜小于 80 mm。

2）梁的尺寸要求

钢筋混凝土梁根据使用要求和施工条件可以采用现浇或预制方式制造。为了使梁截面尺寸有统一的标准，便于施工，对常见的矩形截面[图 4-3（d）]和 T 形截面[图 4-3（e）]梁截面尺寸可按下述建议选用：

（1）现浇矩形截面梁的宽度 b 常取 120 mm、150 mm、180 mm、200 mm、220 mm 和 250 mm，其后按 50 mm 一级增加（当梁高 $h \leqslant 800$ mm 时）或 100 mm 一级增加（当梁高 $h > 800$ mm 时）。

矩形截面梁的高宽比 h/b 一般可取 2.0~2.5。

（2）预制的 T 形截面梁，其截面高度 h 与跨径 l 之比（称高跨比）一般为 h/l=1/11~1/16，跨径较大时取用偏小比值。梁肋宽度 b 常取为 160~180 mm，根据梁内主筋布置及抗剪要求而定。

T 形截面梁翼缘悬臂端厚度不应小于 100 mm，梁肋处翼缘厚度不宜小于梁高 h 的 1/10。

4.1.2　受弯构件的钢筋构造

1. 几个概念

1）单筋受弯构件、双筋受弯构件

钢筋混凝土梁（板）正截面承受弯矩作用时，中和轴以上受压，中和轴以下受拉（图 4-3），故只在梁（板）的受拉区配置纵向受拉钢筋，此种构件称为单筋受弯构件；如果同时在截面受压区也配置受力钢筋，则此种构件称为双筋受弯构件。

2）配筋率

截面上配置钢筋的多少，通常用配筋率来衡量，所谓配筋率是指所配置的钢筋截面面积与规定的混凝土截面面积的比值（化为百分数表达）。对于矩形截面和 T 形截面，其受拉钢筋的配筋率 ρ（%）表示为

$$\rho = \frac{A_s}{bh_0} \tag{4-1}$$

式中　A_s——截面纵向受拉钢筋全部截面积；

b——矩形截面宽度或 T 形截面梁肋宽度；

h_0——截面的有效高度（图 4-4），$h_0 = h - a_s$，这里 h 为截面高度，a_s 为纵向受拉钢筋全部截面的重心至受拉边缘的距离，按式（4-2）计算。

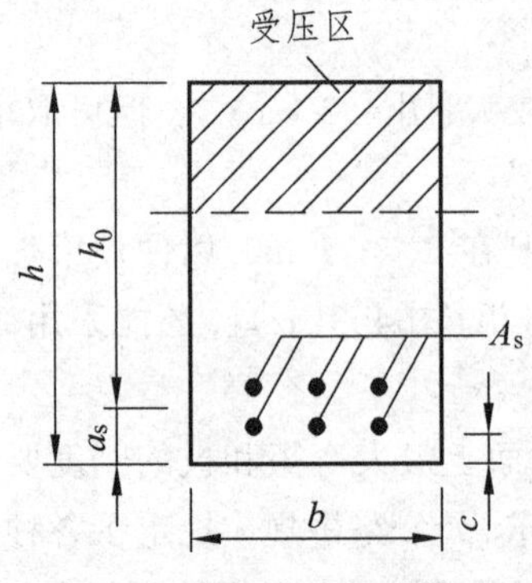

图 4-4　配筋率 ρ 的计算图

$$a_s = \frac{\sum f_{sdi} A_{si} a_{si}}{\sum f_{sdi} A_{si}} \tag{4-2}$$

3）保护层

图 4-4 中的 c 被称为混凝土保护层厚度。混凝土保护层是具有足够厚度的混凝土层，取钢筋边缘至构件截面表面之间的最短距离。设置保护层是为了保护钢筋不直接受到大气的侵蚀和其他环境因素作用，也是为了保证钢筋和混凝土有良好的黏结。混凝土保护层的有关设计规定（附表 8）将结合钢筋布置的间距等内容在后面介绍。

2. 板的钢筋

这里所介绍的板是指现浇整体式桥面板、现浇或预制的人行道板和肋板式桥的桥面板。肋板式桥的桥面板可分为周边支承板和悬臂板（图 4-5）。对于周边支承的桥面板，其长边 l_2 与短边 l_1 的比值大于或等于 2 时受力以短边方向为主，称之为单向板，反之称为双向板。

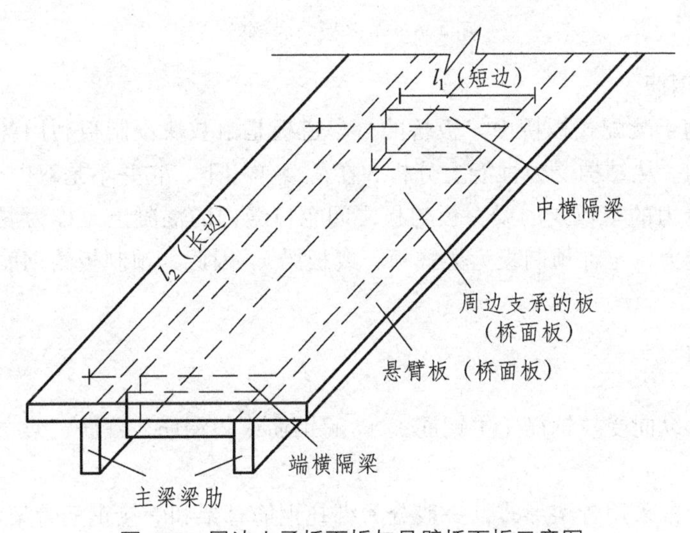

图 4-5　周边支承桥面板与悬臂桥面板示意图

1）主钢筋（纵向受拉钢筋）

单向板内主钢筋沿板的跨度方向（短边方向）布置在板截面的受拉区；由于双向板的两个方向（沿板长边方向和沿板短边方向）同时承受弯矩，所以两个方向均应设置主钢筋，钢筋数量均由计算决定并满足构造要求。受拉主钢筋的直径不宜小于 10 mm（行车道板）或 8 mm（人行道板）。近梁肋处的板内主钢筋，可在沿板高中心纵轴线的 1/4~1/6 计算跨径处按 30°~45° 弯起，但通过支承而不弯起的主钢筋，每米板宽内不应少于 3 根，并不少于主钢筋截面面积的 1/4。

在简支板的跨中和连续板的支点处，板内主钢筋间距不大于 200 mm。

行车道板受力钢筋的最小混凝土保护层厚度 c（图 4-6）应不小于钢筋的公称直径且同时满足附表 8 的要求。

2）分布钢筋

在板内应设置垂直于板受力钢筋的分布钢筋（图 4-6）。分布钢筋是在主筋上按一定间距设置的连接用的横向钢筋，属于构造配置钢筋，即其数量不通过计算得到，而是按照设计规范规定选择的。分布钢筋的作用是使主钢筋受力更均匀，同时也起着固定主钢筋位置、分担混凝土收缩和温度应力的作用。分布钢筋应放置在主钢筋的内侧（图 4-6）。《公路桥规》规定行车道板内分布钢筋直径不小于 8 mm，其间距应不大于 200 mm，截面面积不宜小于板截面面积的 0.1%。在所有主钢筋的弯折处，均应设置分布钢筋。人行道板内分布钢筋直径不应小于 6 mm，其间距不应大于 200 mm。

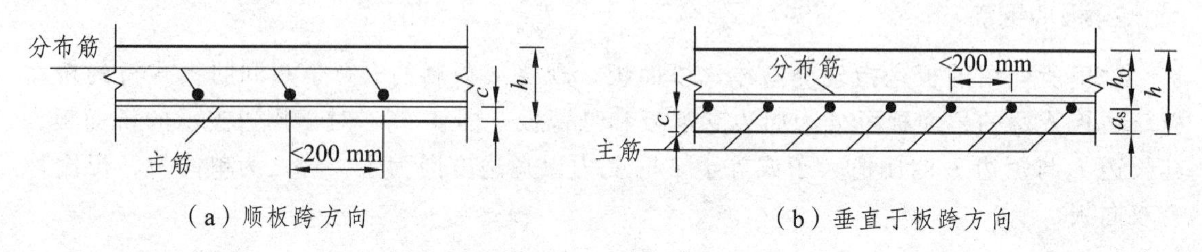

（a）顺板跨方向　　（b）垂直于板跨方向

图 4-6　单向板内的钢筋

3）预制板的钢筋

预制板广泛用于装配式板桥中。板桥的行车道板是由数块预制板利用各板间企口缝填入混凝土拼连而成的。从结构受力性能上分析，在荷载作用下，它并不是双向受力的整体宽板，而是一系列单向受力的窄板式的梁，板与板之间企口缝内的混凝土（称为混凝土铰）借铰缝传递剪力而共同受力，也称预制板为梁式板（或板梁）。因此，预制板的钢筋布置要求与矩形截面梁相似。

3. 梁的钢筋

梁内的钢筋有纵向受拉钢筋（主钢筋）、弯起钢筋或斜钢筋、箍筋、架立钢筋和水平纵向钢筋等。

梁内的钢筋常常采用骨架形式，一般分为绑扎钢筋骨架和焊接钢筋骨架两种形式。

绑扎骨架是将纵向钢筋与横向钢筋通过绑扎而成的空间钢筋骨架（图 4-7）。焊接骨架是先将纵向受拉钢筋（主钢筋），弯起钢筋或斜筋和架立钢筋焊接成平面骨架，然后用箍筋将数片焊接的平面骨架组成空间骨架（图 4-8）。

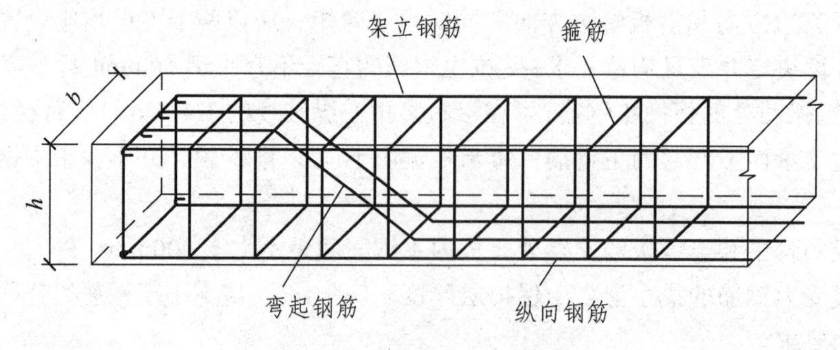

图 4-7　绑扎钢筋骨架示意图

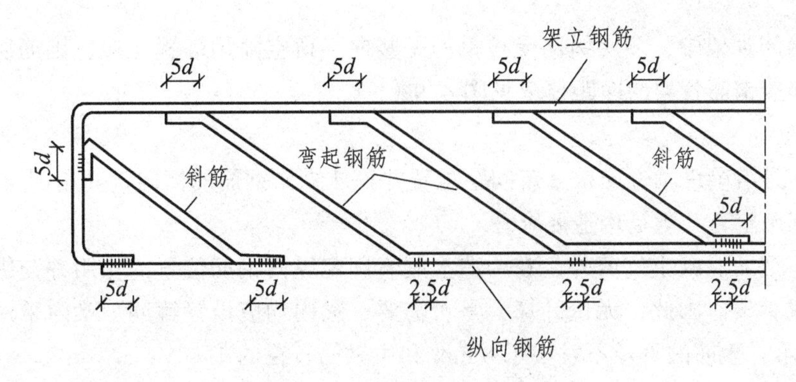

图 4-8　焊接钢筋骨架示意图

1）主钢筋（纵向受力钢筋）

主钢筋分受拉主钢筋和受压主钢筋，数量由正截面抗弯承载力计算确定，并满足构造要求。可选择的钢筋直径一般为 12~32 mm，通常不得超过 40 mm。在同一根梁内主钢筋宜用相同直径的钢筋，当采用两种以上直径的钢筋时，为了便于施工识别，直径间应相差 2 mm 以上。

简支梁的主钢筋尽量排成一层，减少主钢筋的层数（以增大力臂节约钢筋）；采用绑扎骨架，主钢筋不宜多于 3 层；直径较粗的钢筋布在底层；布置两层或两层以上时，上下层钢筋应当对齐。排列总原则：由下至上，下粗上细，对称布置。

《公路桥规》规定，普通钢筋的混凝土保护层厚度应不小于钢筋的公称直径，最外侧钢筋的混凝土保护层厚度应不小于附表 8 的最小厚度规定值 c_{min}。当纵向受拉钢筋的混凝土保护层厚度大于 50 mm 时，应在保护层内设置直径不小于 6 mm，间距不大于 100 mm 的钢筋网片，钢筋网片的混凝土保护层厚度不应小于 25 mm。

在绑扎钢筋骨架中，各纵向受拉钢筋的净距或层与层间的净距：当钢筋为三层或三层以下时，应不小于 30 mm，并不小于主钢筋直径 d；当为三层以上时，不小于 40 mm 或主钢筋直径 d 的 1.25 倍[图 4-9（a）]。

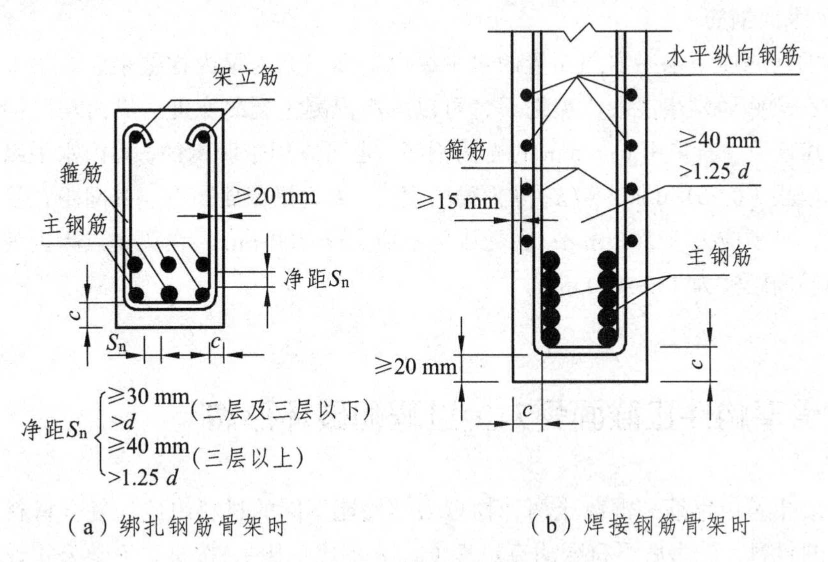

（a）绑扎钢筋骨架时　　（b）焊接钢筋骨架时

图 4-9　梁主钢筋净距和混凝土保护层

在焊接钢筋骨架中，多层纵向受拉钢筋是竖向不留空隙用焊缝连接，钢筋层数一般不宜超过 6 层。焊接钢筋骨架的净距要求见图 4-9（b）。

2）箍　筋

梁内箍筋是沿梁纵轴方向按一定间距配置并箍住纵向钢筋的横向钢筋（图 4-7），由斜截面承载力计算确定，并满足构造要求。

箍筋除了帮助混凝土抗剪外，在构造上起着固定纵向钢筋位置的作用并与纵向钢筋、架立钢筋等组成骨架。因此，无论计算上是否需要，梁内均应设置箍筋。梁内采用的箍筋形式如图 4-10 所示。箍筋的直径不宜小于 8 mm 和主钢筋直径的 1/4。

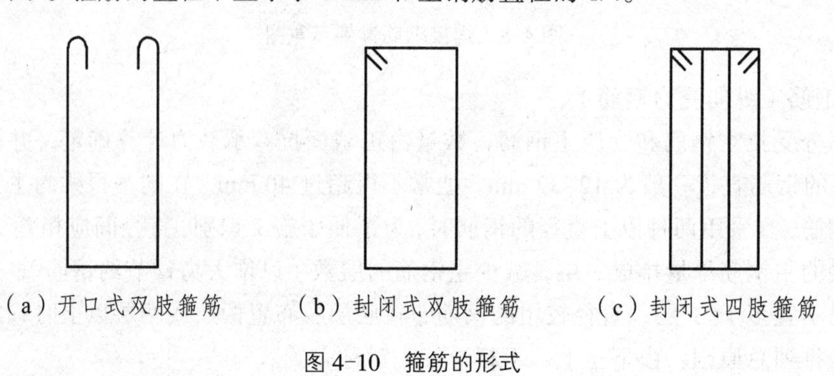

图 4-10　箍筋的形式

3）弯起钢筋

梁内弯起钢筋是由纵向受拉钢筋按规定的部位和角度弯至梁上部并满足锚固要求的钢筋；斜钢筋是专门设置的斜向钢筋，它们的设置及数量均由斜截面抗剪承载力计算确定，并满足构造要求。

4）架立钢筋

架立钢筋是为构成钢筋骨架而附加设置的纵向钢筋，属于梁内构造钢筋。其直径依梁截面尺寸而选择，通常采用直径为 10~22 mm 的钢筋。

5）水平纵向钢筋

沿梁高的两侧面呈水平方向布置的水平纵向钢筋，亦为梁内构造钢筋。水平纵向钢筋的主要作用是在梁侧面发生混凝土裂缝后，可以减小混凝土裂缝宽度。纵向水平钢筋要固定在箍筋外侧，其直径一般采用 6~8 mm 的光圆钢筋，也可以用带肋钢筋。梁内水平纵向钢筋的总截面面积可取用（0.001~0.002）bh，b 为梁肋宽度，h 为梁截面高度。其间距在受拉区不应大于梁肋宽度，且不应大于 200 mm；在受压区不应大于 300 mm。在梁支点附近剪力较大区段水平纵向钢筋间距宜为 100~150 mm。

4.2　受弯构件正截面受力全过程和破坏形态

钢筋混凝土是由钢筋和混凝土两种物理力学性能不同的材料组成的复合材料，又是非均质、非弹性的材料，受力后不符合胡克定理（ε、σ 不成正比），按材料力学公式计算的结果与试验结果相差甚远，因此，钢筋混凝土的计算方法必须建立在试验的基础上。本节将以钢筋混凝土梁的受弯试验研究的成果，说明钢筋混凝土受弯构件在荷载作用下的受力阶段、截面正应力分布以及破坏形态。

4.2.1　试验研究

为了着重研究梁在荷载作用下正截面受力和变形的变化规律，以图 4-11 所示跨长为 1.8 m 的钢筋混凝土简支梁作为试验梁。梁截面为矩形，尺寸为 $b \times h$=100 mm×160 mm，配有 2Φ10 钢筋。试验梁混凝土棱柱体抗压强度实测值 f_c=20.2 MPa，纵向受力钢筋抗拉强度实测值 f_s=395 MPa。

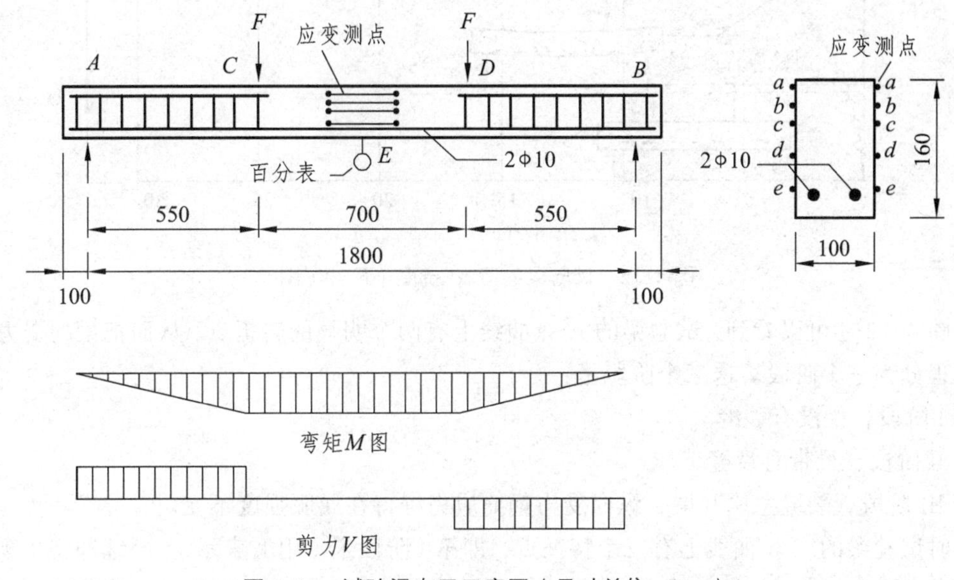

图 4-11　试验梁布置示意图（尺寸单位：mm）

1. 试验简介

（1）研究对象：试验梁上用油压千斤顶施加两个集中荷载 F，其弯矩图和剪力图如图 4-11 所示。在梁 CD 段，剪力为零（忽略梁自重），而弯矩为常数，称为“纯弯曲”段，它是试验研究的主要对象。

（2）测点布置：试验全过程要测读荷载施加力值、挠度和应变的数据。集中力 F 大小用测力传感器测读；挠度用百分表测量，设置在试验梁跨中的 E 点；混凝土应变用标距为 200 mm 的手持应变仪测读，沿梁跨中截面段的高度方向上布置测点 a、b、c、d 和 e。

（3）观测成果：试验全过程要测读荷载施加力值、挠度和应变的数据，观测裂缝。

（4）试验目的：了解钢筋混凝土梁的受力破坏过程，梁在极限荷载作用下正截面受力和变形特点，以建立正截面强度计算公式。

2. 梁正截面受力破坏过程

图 4-12 表示试验梁受力全过程中实测的集中力 F 值与跨中挠度 w 的关系曲线图，纵向坐标为力 F（kN），横坐标为跨中挠度 w（mm）。由图 4-12 可见到，当荷载较小时，挠度随着力 F 的增加而不断增长，两者基本上成比例；当 F≈4.4 kN 时，梁 CD 段的下部观察到竖向裂

缝，此后挠度就比力 F 增加得快，并出现了若干条新裂缝；当 $F≈14.8$ kN 时，裂缝急剧开展，挠度急剧增大；当 $F≈15.3$ kN 时，试验梁截面受压区边缘混凝土被压碎，梁不能继续负担力 F 值而破坏。

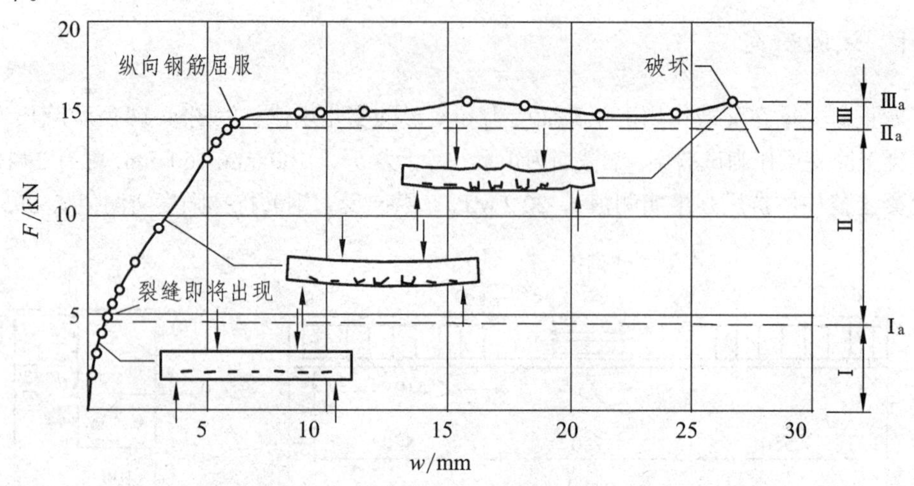

图 4-12　试验梁的荷载-挠度（F-w）图

由图 4-12 还可以看到，试验梁的 F-w 曲线上有两个明显的转折点，从而把梁的受力和变形全过程分为三个阶段。这三个阶段是：

第 I 阶段，梁没有裂缝。

第 II 阶段，梁带有裂缝工作。

第 III 阶段，裂缝急剧开展，纵向受力钢筋应力维持在屈服强度不变。

同时试验梁的 F-w 曲线上有三个特征点，即第 I 阶段末（用 $\mathrm{I_a}$ 表示），裂缝即将出现；第 II 阶段末（用 $\mathrm{II_a}$ 表示），纵向受力钢筋屈服；第 III 阶段末（用 $\mathrm{III_a}$ 表示），梁受压区混凝土被压碎，整个梁截面破坏。

图 4-13 为试验梁在各级荷载下截面的混凝土应变实测的平均值及相应于各工作阶段截面上正应力分布图。

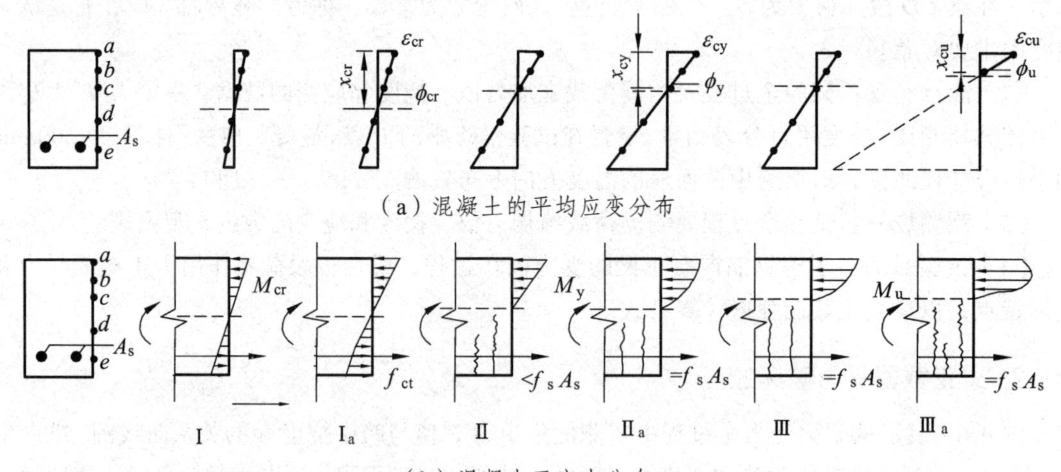

图 4-13　梁正截面各阶段的应力-应变图和应力图

由［图 4-13（a）］可见，随着荷载的增加，应变值也不断增加，但应变图基本上仍是上下两个对顶的三角形。同时还可以看到，随着荷载的增加，中和轴逐渐上升。

在试验中，通过应变仪可以直接测得混凝土的应变和钢筋的应变，要得到截面上的应力必须从材料的应力-应变关系去推求。图 4-14 为试验梁的混凝土和钢筋试件得到的应力-应变曲线。图 4-13（b）的应力图是根据图 4-13（a）的各测点（a、b、c、d、e 测点）的实测应变值以及图 4-14 中材料的应力-应变图，沿截面从上到下，一个测点一个测点地推求出来的。

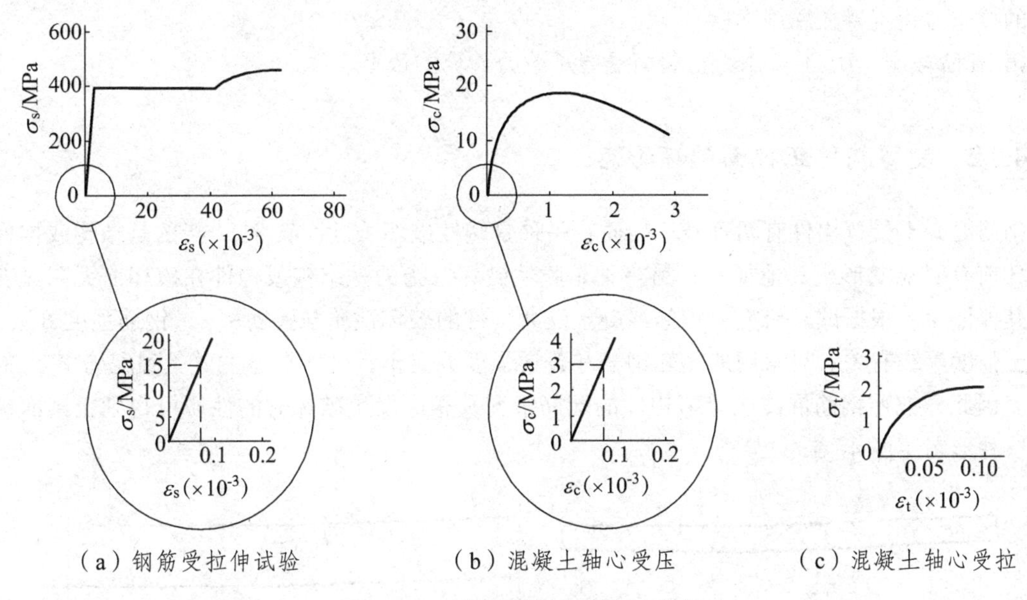

（a）钢筋受拉伸试验　　（b）混凝土轴心受压　　（c）混凝土轴心受拉

图 4-14　试验梁材料的应力-应变图

图 4-13（b）表示的梁截面上正应力分布有如下特点：

第 I 阶段：梁混凝土全截面工作，混凝土的压应力和拉应力基本上都呈三角形分布。纵向钢筋承受拉应力。混凝土处于弹性工作阶段，即应力与应变成正比。

第 I 阶段末：混凝土受压区的应力基本上仍是三角形分布。但由于受拉区混凝土塑性变形的发展，拉应变增长较快，根据混凝土受拉时的应力-应变图曲线［图 4-12（c）］，拉区混凝土的应力图形为曲线形。这时，受拉边缘混凝土的拉应变临近极限拉应变，拉应力达到混凝土抗拉强度，表示裂缝即将出现，梁截面上作用的弯矩用 M_{cr} 表示。

由于受拉区混凝土塑性的发展，I_a 阶段时中和轴位置比第 I 阶段初期略有上升。I_a 阶段可作为受弯构件抗裂度的计算依据。

第 II 阶段：荷载作用弯矩到达 M_{cr} 后，在梁混凝土抗拉强度最弱截面上出现了第一批裂缝。这时，在有裂缝的截面上，拉区混凝土退出工作，把它原承担的拉力转给了钢筋，发生了明显的应力重分布。钢筋的拉应力随荷载的增加而增加；混凝土的压应力不再是三角形分布，而形成微曲的曲线形，中和轴位置向上移动。

第 II 阶段末：钢筋拉应变达到屈服时的应变值，表示钢筋应力达到其屈服强度，第 II 阶段结束。

第 II 阶段相当于梁使用时的应力状态，可作为使用阶段验算变形和裂缝宽度的依据。

第 III 阶段：在这个阶段里，钢筋的拉应变增加很快，但钢筋的拉应力一般仍维持在屈服强度不变（对具有明显流幅的钢筋）。这时，裂缝急剧开展，中和轴继续上升，混凝土受压区不断缩小，压应力也不断增大，压应力图成为明显的丰满曲线形。

第 III 阶段末：这时，截面受压上边缘的混凝土压应变达到其极限压应变值，压应力图呈明显曲线形，并且最大压应力已不在上边缘而是在距上边缘稍下处，这都是混凝土受压时的应力-应变图所决定的。在第 III 阶段末，压区混凝土的抗压强度耗尽，在临界裂缝两侧的一定区段内，压区混凝土出现纵向水平裂缝，随即混凝土被压碎、梁破坏，在这个阶段，纵向钢筋的拉应力仍维持在屈服强度。

第 III 阶段末（III_a）可作为正截面受弯承载力计算的依据。

4.2.2　受弯构件正截面破坏形态

钢筋混凝土受弯构件有两种破坏性质：一种是塑性破坏（延性破坏），指的是结构或构件在破坏前有明显变形或其他征兆；另一种是脆性破坏，指的是结构或构件在破坏前无明显变形或其他征兆。根据试验研究，钢筋混凝土受弯构件的破坏性质与配筋率 ρ、钢筋强度等级、混凝土强度等级有关。对常用的热轧钢筋和普通强度混凝土，破坏形态主要受到配筋率 ρ 的影响。因此，按照钢筋混凝土受弯构件的配筋情况及相应发生破坏时的性质可得到正截面破坏的三种形态（图 4-15）。

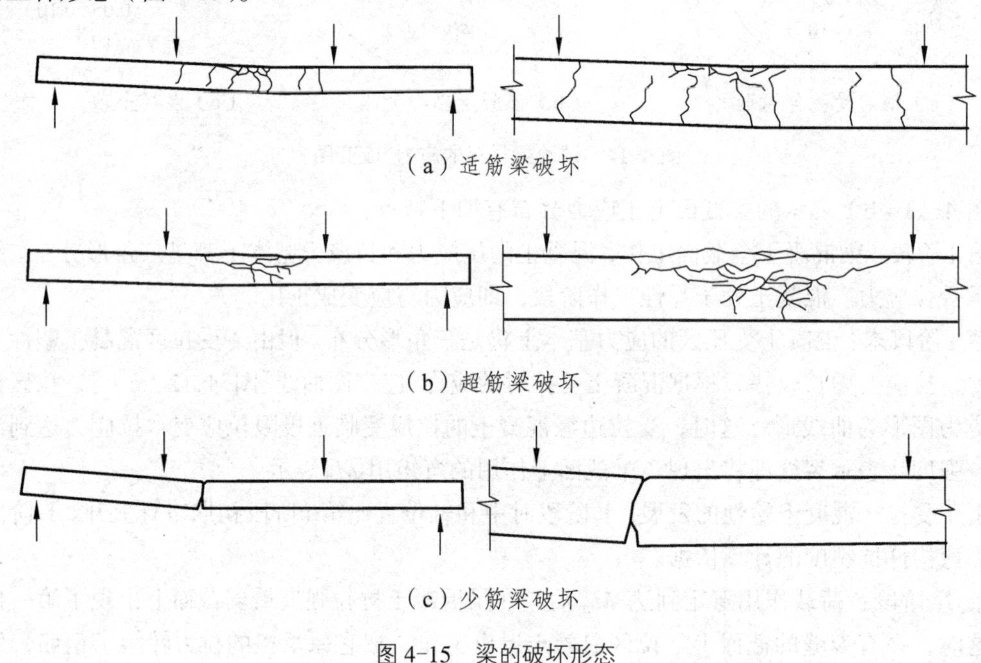

图 4-15　梁的破坏形态

1. 适筋梁破坏——塑性破坏[图 4-15（a）]

梁的受拉区钢筋首先达到屈服强度，其应力保持不变而应变显著地增大，直到受压区边缘混凝土的应变达到极限压应变时，受压区出现的纵向水平裂缝随混凝土压碎而破坏。这种梁破坏前，梁的裂缝急剧开展，挠度较大，梁截面产生较大的塑性变形，因而有明显的破坏预兆，属于塑性破坏。图 4-11 所示钢筋混凝土试验梁的破坏就属适筋梁破坏。

2. 超筋梁破坏——脆性破坏［图 4-15（b）］

当梁截面配筋率 ρ 增大，钢筋应力增加缓慢，压区混凝土应力有较快的增长，ρ 越大，则纵向钢筋屈服时的弯矩 M_y 越趋近梁破坏时的弯矩 M_u，这意味着第 III 阶段缩短。当 ρ 增大到使 $M_y=M_u$ 时，受拉钢筋屈服与压区混凝土压碎几乎同时发生，这种破坏称为平衡破坏或界限破坏，相应的 ρ 值被称为最大配筋率 ρ_{max}。

当实际配筋率 $\rho>\rho_{max}$ 时，梁的破坏是受压区混凝土被压坏，而受拉区钢筋应力尚未达到屈服强度。破坏前梁受拉区的裂缝开展不宽，延伸不高，破坏是突然的，没有明显预兆，属于脆性破坏，称为超筋梁破坏。

超筋梁的破坏是压区混凝土抗压强度耗尽，而钢筋的抗拉强度没有得到充分发挥，因此，超筋梁破坏时的弯矩 M_u 与钢筋强度无关，仅取决于混凝土的抗压强度。

3. 少筋梁破坏——脆性破坏［图 4-15（c）］

当梁的配筋率 ρ 很少，梁受拉区混凝土开裂后，钢筋应力趋近于屈服强度，即开裂弯矩 M_{cr} 趋近于受拉区钢筋屈服时的弯矩 M_y，这意味着第 II 阶段的缩短，当 ρ 减少到使 $M_{cr}=M_y$ 时，裂缝一旦出现，钢筋应力立即达到屈服强度，这时的配筋率称为最小配筋率 ρ_{min}。

梁中实际配筋率 ρ 小于 ρ_{min} 时，梁受拉区混凝土一开裂，受拉钢筋到达屈服，并迅速经历整个流幅而进入强化阶段，梁仅出现一条集中裂缝，不仅宽度较大，而且沿梁高延伸很高，此时受压区混凝土还未压坏，而裂缝宽度已很宽，挠度过大，钢筋甚至被拉断。由于破坏很突然，故属于脆性破坏。把具有这种破坏形态的梁称为少筋梁。

少筋梁的抗弯承载力取决于混凝土的抗拉强度，在桥梁工程中不允许采用。

综上所述，受弯构件正截面破坏特征，随配筋多少而变化，其规律是：① 配筋太少时，构件的破坏强度取决于混凝土的抗拉强度及截面大小，破坏呈脆性；② 配筋过多时，配筋不能充分发挥作用，构件破坏强度取决于混凝土的抗压强度及截面大小，破坏亦呈脆性。合理的配筋量应在这两个限度之间，可避免发生少筋或超筋的破坏情况。

4.3　受弯构件正截面承载力计算的基本原则

4.3.1　基本假定

1. 平截面假定

在各级荷载作用下，截面上的平均应变保持为直线分布，即截面上的任意点的应变与该点到中和轴的距离成正比。这一假定是近似的，但由此而引起的误差不大，完全能符合工程计算要求。平截面假定为钢筋混凝土受弯构件正截面承载力计算提供了变形协调的几何关系，可加强计算方法的逻辑性和条理性，使计算公式具有更明确的物理意义。

2. 不考虑混凝土的抗拉强度

在裂缝截面处，受拉区混凝土已大部分退出工作，但在靠近中和轴附近，仍有一部分混凝土承担着拉应力。由于其拉应力较小，且内力偶臂也不大，因此，所承担的内力矩是不大的，故在计算中可忽略不计，从而简化了计算。

3. 材料应力-应变物理关系

（1）混凝土受压时的应力-应变关系。

混凝土的应力-应变曲线有多种不同的计算图式，较常用的是由一条二次抛物线及水平线组成的曲线。图 4-16 是欧洲混凝土协会的标准规范（CEB-FIP Mode Code）采用作为计算的典型化混凝土应力-应变曲线。曲线的上升段 OA 为二次抛物线，其表达式为

$$\left.\begin{aligned}&\sigma=\sigma_0\left[2\left(\frac{\varepsilon}{\varepsilon_0}\right)-\left(\frac{\varepsilon}{\varepsilon_0}\right)^2\right] && \varepsilon<\varepsilon_0\\&\sigma=\sigma_0 && \varepsilon>\varepsilon_0\end{aligned}\right\} \tag{4-3}$$

式中，σ_0 为峰值应力。CEP-FIP 规范取 $\sigma_0=0.85f_{\mathrm{ck}}$，$f_{\mathrm{ck}}$ 为混凝土标准圆柱体抗压强度，0.85 为折减系数。同时，CEP-FIP 规范取 $\varepsilon_0=0.002$。

图 4-16 中直线段 AB 为水平线，应力 $\sigma=\sigma_0$，B 点的应变 $\varepsilon_{\mathrm{cu}}=0.003\,5$，$\varepsilon_{\mathrm{cu}}$ 为混凝土极限压应变。

（2）钢筋的应力-应变曲线，多采用简化的理想弹塑性应力-应变关系（图 4-17）。对于有明显屈服台阶的钢筋，OA 为弹性阶段，A 点对应的应力为钢筋屈服强度 σ_{y}，相应的应变为屈服应变 ε_{y}，OA 的斜率为弹性模量 E_{s}。AB 为塑性阶段，B 点对应的应变为强化段开始的应变 ε_{k}，由（图 4-17）可得到普通钢筋的应力-应变关系表达式为

$$\begin{aligned}&\sigma_{\mathrm{s}}=\varepsilon_{\mathrm{s}}E_{\mathrm{s}} && 0\leqslant\varepsilon_{\mathrm{s}}\leqslant\varepsilon_{\mathrm{y}}\\&\sigma_{\mathrm{s}}=\sigma_{\mathrm{y}} && \varepsilon_{\mathrm{s}}>\varepsilon_{\mathrm{y}}\end{aligned} \tag{4-4}$$

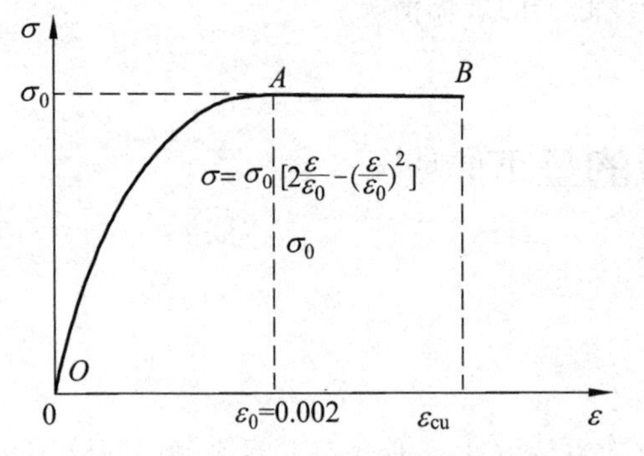

图 4-16　混凝土应力-应变曲线模式图

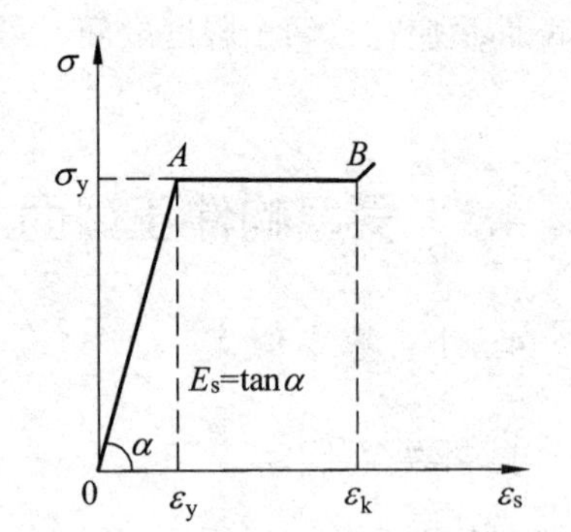

图 4-17　钢筋应力-应变曲线模式图

4.3.2　压区混凝土等效矩形应力图形

钢筋混凝土受弯构件正截面承载力 M_{u} 的计算前提是要知道破坏时混凝土压应力的分布图形，特别是受压区混凝土的压应力合力 C 及其作用位置 y_{c}（图 4-18）。

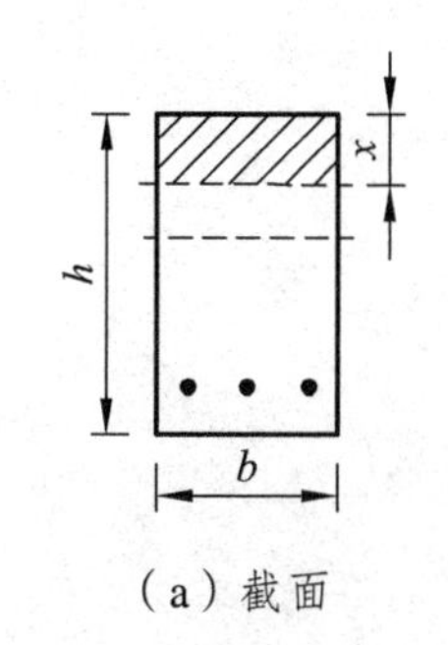

（a）截面

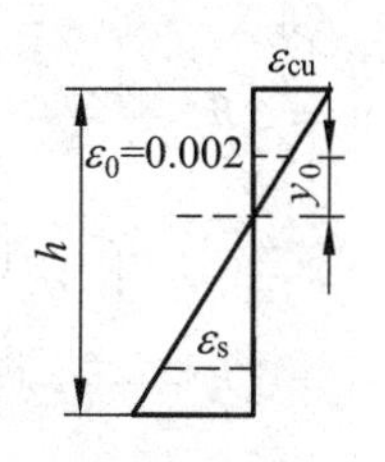

（b）平均应变分布

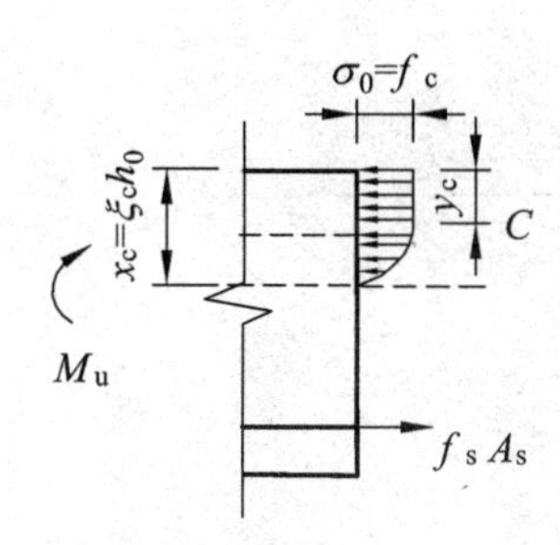

（c）压区混凝土应力分布模式

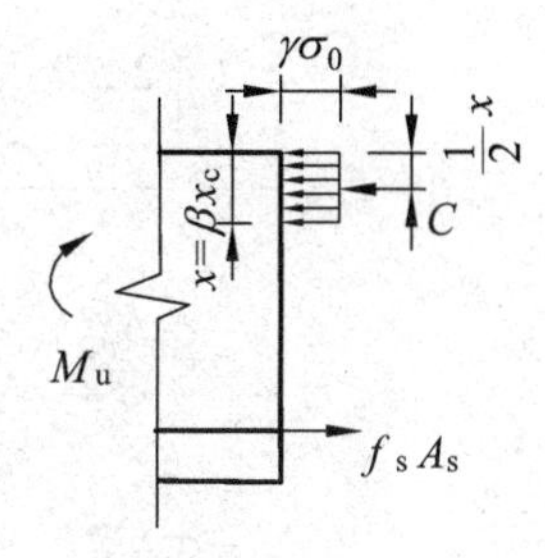

（d）等效矩形混凝土压应力分布

图 4-18　受压区混凝土等效矩形应力图

钢筋混凝土梁正截面破坏时混凝土压应力的分布图形与混凝土的应力-应变曲线（受压时）是相似的，现取图 4-16 所示的混凝土应力应变曲线模式图，即当 $\varepsilon \leqslant \varepsilon_0$ 时 $\sigma = \sigma_0\left[2\left(\dfrac{\varepsilon}{\varepsilon_0}\right)-\left(\dfrac{\varepsilon}{\varepsilon_0}\right)^2\right]$；当 $\varepsilon > \varepsilon_0$ 时，$\sigma = \sigma_0$，而 $\varepsilon=\varepsilon_0$ 的点距中和轴的距离为 y_0[图 4-18（b）]。

令 $\xi_c = \dfrac{x_c}{h_0}$，则混凝土受压区高度 $x_c = \xi_c h_0$，ξ_c 为混凝土受压区相对高度，由平截面假定[图 4-18（c）]可得到 $\varepsilon / \varepsilon_0 = y / y_0$ 及 $y_0 = \varepsilon_0 \xi_c h_0 / \varepsilon_{cu}$。

现以图 4-18 所示的矩形截面，来推导破坏时压区混凝土的压应力合力 C 及其合力作用位置 y_c 的表达式。压区混凝土的应力-应变曲线为两段，须分段积分才能得到压应力合力 C 为

$$\begin{aligned} C &= \int_0^{\xi_c h_0} \sigma(\varepsilon) b\mathrm{d}y \\ &= \int_0^{y_0} \sigma_0 \left[\frac{2\varepsilon}{\varepsilon_0} - \left(\frac{\varepsilon}{\varepsilon_0}\right)^2\right] b\mathrm{d}y + \int_{y_0}^{\xi_c h_0} \sigma_0 b\mathrm{d}y \end{aligned}$$

注意到 $\varepsilon / \varepsilon_0 = y / y_0$ 及 $y_0 = \varepsilon_0 \xi_c h_0 / \varepsilon_{cu}$，积分后可得到

$$C = \sigma_0 \xi_c h_0 b\left(1 - \frac{1}{3}\frac{\varepsilon_0}{\varepsilon_{cu}}\right) \tag{4-5}$$

混凝土压应力合力 C 的作用点至受压边缘的距离 y_c，可由下式计算：

$$
\begin{aligned}
y_c &= \xi_c h_0 - \frac{\int_0^{\xi_c h_0} \sigma(\varepsilon) by\mathrm{d}y}{C} \\
&= \xi_c h_0 - \frac{\int_0^{y_0} \sigma_0 \left[2\frac{\varepsilon}{\varepsilon_0} - \left(\frac{\varepsilon}{\varepsilon_0}\right)^2\right] by\mathrm{d}y + \int_{y_0}^{\xi_c h_0} \sigma_0 by\mathrm{d}y}{C} \\
&= \xi_c h_0 - \frac{\int_0^{y_0} \sigma_0 \left[2\frac{y}{y_0} - \left(\frac{y}{y_0}\right)^2\right] by\mathrm{d}y + \int_{y_0}^{\xi_c h_0} \sigma_0 by\mathrm{d}y}{C} \\
&= \xi_c h_0 - \frac{\frac{1}{3} \times \frac{2\sigma_0 b}{y_0} \times y_0^3 - \frac{1}{4} \times \frac{\sigma_0 b}{y_0^2} \times y_0^4 + \frac{1}{2}\sigma_0 b \xi_c^2 h_0^2 - \frac{1}{2}\sigma_0 b y_0^2}{C} \\
&= \xi_c h_0 - \frac{\frac{1}{2}\sigma_0 b \xi_c^2 h_0^2 - \frac{1}{12}\sigma_0 b y_0^2}{C} \\
&= \xi_c h_0 - \frac{\frac{1}{2}\sigma_0 b \xi_c^2 h_0^2 - \frac{1}{12}\sigma_0 b \times \frac{\varepsilon_0^2 \xi_c^2 h_0^2}{\varepsilon_{cu}^2}}{\sigma_0 \xi_c h_0 b \left(1 - \frac{1}{3}\frac{\varepsilon_0}{\varepsilon_{cu}}\right)} \\
&= \xi_c h_0 - \frac{\sigma_0 \xi_c^2 h_0^2 b \left(\frac{1}{2} - \frac{1}{12}\frac{\varepsilon_0^2}{\varepsilon_{cu}^2}\right)}{\sigma_0 \xi_c h_0 b \left(1 - \frac{1}{3}\frac{\varepsilon_0}{\varepsilon_{cu}}\right)} \\
&= \xi_c h_0 - \frac{\xi_c h_0 \left(\frac{1}{2} - \frac{1}{12}\frac{\varepsilon_0^2}{\varepsilon_{cu}^2}\right)}{1 - \frac{1}{3}\frac{\varepsilon_0}{\varepsilon_{cu}}}
\end{aligned}
$$

将积分结果整理后，可得到

$$
y_c = \xi_c h_0 \left[1 - \frac{\frac{1}{2} - \frac{1}{12}\left(\frac{\varepsilon_0}{\varepsilon_{cu}}\right)^2}{1 - \frac{1}{3}\frac{\varepsilon_0}{\varepsilon_{cu}}}\right] \tag{4-6}
$$

显然，用混凝土受压时的应力-应变曲线 $\sigma=\sigma$（ε）来求应力合力 C 和合力作用点 y_c 是比较麻烦的。因此，为了计算方便起见，可以设想在保持压应力合力 C 的大小及其作用位置 y_c 不变条件下，用等效矩形的混凝土压应力图［图 4-18（d）］来替换实际的混凝土压应力分布图形［图 4-18（c）］。这个等效的矩形压应力图形由无量纲参数 β 和 γ 确定。β 为矩形压应力图的高度 x 与按平截面假定的中和轴高度 x_c 的比值，即 $\beta=x/x_c$；γ 为矩形压应力图的应力与受压区混凝土最大应力 σ_0 的比值［图 4-18（d）］。在图 4-18（d）中可得到等效矩形压应力图形的合力 C 为

$$
C = \gamma\sigma_0 bx = \gamma\sigma_0 b\beta x_c = \gamma\beta\sigma_0 b\xi_c h_0 \tag{4-7}
$$

合力 C 的作用位置 y_c 为

$$y_c = \frac{x}{2} = \frac{1}{2}\beta x_c = \frac{1}{2}\beta\xi_c h_0 \qquad (4\text{-}8)$$

根据等代原则：压应力合力 C 不变，即式（4-5）等于式（4-7）；压应力合力位置 y_c 不变，即式（4-6）等于式（4-8）。解含有求知数 β 和 γ 的联立方程，可得到

$$\beta = \frac{\left[1-\frac{2}{3}(\frac{\varepsilon_0}{\varepsilon_{cu}})+\frac{1}{6}(\frac{\varepsilon_0}{\varepsilon_{cu}})^2\right]}{\left(1-\frac{1}{3}\frac{\varepsilon_0}{\varepsilon_{cu}}\right)} \qquad (4\text{-}9)$$

$$\gamma = \frac{1}{\beta}\left(1-\frac{1}{3}\frac{\varepsilon_0}{\varepsilon_{cu}}\right) \qquad (4\text{-}10)$$

当确定 ε_0、ε_{cu} 值后，即可将图 4-18（c）的压区混凝土实际压应力分布图，换成等效的矩形压应力分布图形。

若取 ε_0=0.002，混凝土极限压应变 ε_{cu}=0.003 3，而不是按 CEB-FIP 那样取 ε_{cu}=0.003 5。由式（4-9）和式（4-10）可得到 β=0.823 6，γ=0.968 9，即等效矩形压应力图形高度 x=0.823 6x_c，等效压应力值为 $\gamma\sigma_0$=0.968 9σ_0。

对于受弯构件截面受压区边缘混凝土的极限压应变 ε_{cu} 和相应的系数 β，《公路桥规》按混凝土强度级别来分别取值，详见表 4-1。基于上述受压区混凝土应力计算图形采用等效矩形图形的分析，结合国内外试验资料，《公路桥规》对所取用的混凝土受压区等效矩形应力值取 $\gamma\sigma_0=f_{cd}$，f_{cd} 为混凝土的轴心抗压强度设计值。

表 4-1　混凝土极限压应变 ε_{cu} 与系数 β 值

混凝土强度等级	C50 以下	C55	C60	C65	C70	C75	C80
ε_{cu}	0.003 3	0.003 25	0.003 2	0.003 15	0.003 1	0.003 05	0.003
β	0.80	0.79	0.78	0.77	0.76	0.75	0.74

4.3.3　相对界限受压区高度

当钢筋混凝土梁的受拉区钢筋达到屈服应变 ε_y 而开始屈服时，受压区混凝土边缘也同时达到其极限压应变 ε_{cu} 而破坏，此时被称为界限破坏。根据图 4-19，此时截面实际受压区高度为 x_{cb}（下标中“c”表示实际应变图，“b”表示界限破坏）。

适筋截面受弯构件破坏始于受拉区钢筋屈服，经历一段变形过程后压区边缘混凝土达到极限压应变 ε_{cu} 后才破坏，而这时受拉区钢筋的拉应变 $\varepsilon_s>\varepsilon_y$，由此可得到适筋截面破坏时的应变分布如图 4-19 中的 ac 直线。此时截面实际受压区高度 $x_c<x_{cb}$。

超筋截面受弯构件破坏是压区边缘混凝土先达到极限压应变 ε_{cu} 破坏，这时受拉区钢筋的拉应变 $\varepsilon_s<\varepsilon_y$，由此可得到超筋截面破坏时的应变分布如图 4-19 中的 ad 直线，此时截面实际受压区高度 $x_c>x_{cb}$。

由图 4-19 可以看到，界限破坏是适筋截面和超筋截面的鲜明界线；当截面实际受压区高度 $x_c>x_{cb}$ 时，为超筋梁截面；当 $x_c<x_{cb}$ 时，为适筋梁截面。规定 $\xi=x/h_0$ 表示等效矩形图相对受压区高度，界限破坏时 $\xi_b=x_b/h_0$，ξ_b 称为相对界限受压区高度。因此，一般用 $\xi_b=x_b/h_0$

来作为界限条件，x_b 为等效矩形应力分布图形的受压区界限高度。

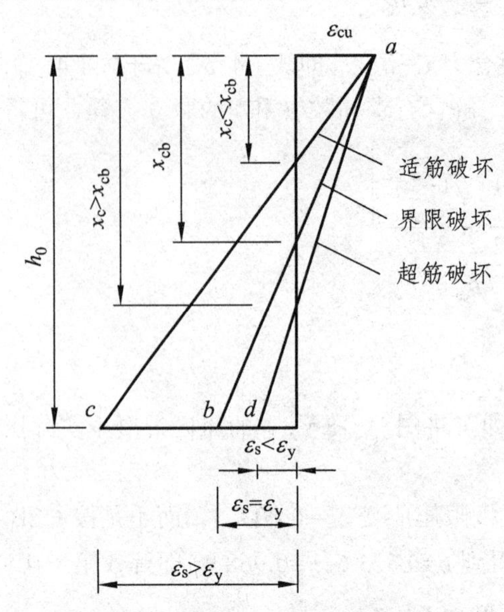

图 4-19　界限破坏时截面平均应变

对于等效矩形应力分布图形的受压区界限高度 $x_b=\beta x_{cb}$，相应的 ξ_b 应为

$$\xi_b=x_b/h_0=\beta x_{cb}/h_0$$

由图 4-19 所示界限破坏时应变分布 ab 可得到

$$\frac{x_{cb}}{h_0}=\frac{\varepsilon_{cu}}{\varepsilon_{cu}+\varepsilon_y} \tag{4-11}$$

以 $x_{cb}=\xi_b h_0/\beta$，$\varepsilon_y=f_{sd}/E_s$ 代入式（4-11）并整理得到按等效矩形应力分布图形的受压区界限高度：

$$\xi_b=\frac{\beta}{1+\dfrac{f_{sd}}{\varepsilon_{cu}E_s}} \tag{4-12}$$

式（4-12）即为《公路桥规》确定混凝土相对界限受压区高度 ξ_b 的依据，其中 f_{sd} 为受拉钢筋的抗拉强度设计值。据此，按混凝土轴心抗压强度设计值、不同钢筋的强度设计值和弹性模量值可得到《公路桥规》规定的 ξ_b 值（表 4-2）。

表 4-2　相对界限受压区高度 ξ_b

钢筋种类	混凝土强度等级						
	C50 以下	C55	C60	C65	C70	C75	C80
HPB300	0.59	0.58	0.57	0.56	0.55	0.54	0.53
HRB400、HRBF400、RRB400	0.53	0.52	0.51	0.51	0.50	0.49	0.48
HRB500	0.49	0.48	0.47	0.46	0.46	0.45	0.44

注：截面受拉区内配置不同种类钢筋的受弯构件，其 ξ_b 值应选用相应于各种钢筋的较小者。

4.3.4　最小配筋率 $\rho_{\min}$

为了避免少筋梁破坏，必须确定钢筋混凝土受弯构件的最小配筋率 $\rho_{\min}$。

最小配筋率是少筋梁与适筋梁的界限。当梁的配筋率由 $\rho_{\min}$ 逐渐减少，梁的工作特性也从钢筋混凝土结构逐渐向素混凝土结构过渡，所以，$\rho_{\min}$ 可按采用最小配筋率 $\rho_{\min}$ 的钢筋混凝土梁在破坏时，正截面承载力 M_u 等于同样截面尺寸、同样材料的素混凝土梁正截面开裂弯矩标准值的原则确定。

由上述原则的计算结果，同时考虑到温度变化、混凝土收缩应力的影响以及过去的设计经验，《公路桥规》规定了受弯构件纵向受力钢筋的最小配筋率 $\rho_{\min}(\%)$，详见附表 9。

4.4　单筋矩形截面受弯构件正截面承载力计算

4.4.1　基本计算公式及适用条件

1. 基本计算公式

根据受弯构件正截面承载力计算的基本原则，可以得到单筋矩形截面受弯构件承载力计算简图（图 4-20）。

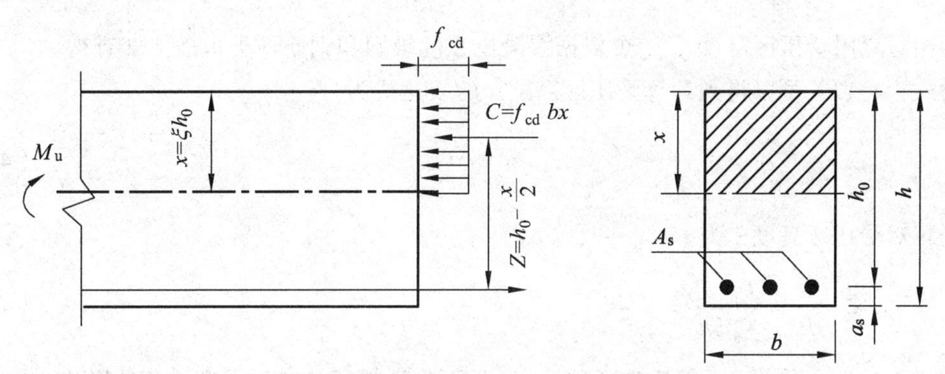

图 4-20　单筋矩形截面受弯构件正截面承载力计算图式

按照第 2 章所述钢筋混凝土结构设计计算基本原则，在受弯构件计算截面上的最不利荷载基本组合效应计算值 $\gamma_0 M_d$ 不应超过截面的承载能力（抗力）M_u。由图 4-20 可以写出单筋矩形截面受弯构件正截面计算的基本公式。

由截面上水平方向内力之和为零的平衡条件，即 $T+C=0$，可得到

$$f_{cd}bx = f_{sd}A_s \tag{4-13}$$

由截面上对受拉钢筋合力 T 作用点的力矩之和等于零的平衡条件，可得到

$$\gamma_0 M_d \leqslant M_u = f_{cd}bx\left(h_0 - \frac{x}{2}\right) \tag{4-14}$$

由对压区混凝土合力 C 作用点取力矩之和为零的平衡条件，可得到

$$\gamma_0 M_d \leqslant M_u = f_{sd} A_s \left(h_0 - \frac{x}{2} \right) \tag{4-15}$$

式中 M_d——计算截面上的弯矩组合设计值；

γ_0——结构的重要性系数；

M_u——计算截面的抗弯承载力；

f_{cd}——混凝土轴心抗压强度设计值；

f_{sd}——纵向受拉钢筋抗拉强度设计值；

A_s——纵向受拉钢筋的截面面积；

x——按等效矩形应力图计算的受压区高度；

b——截面宽度；

h_0——截面有效高度。

2. 适用条件

公式（4-13）、式（4-14）和式（4-15）仅适用于适筋梁，而不适用于超筋梁和少筋梁。因为超筋梁破坏时钢筋的实际拉应力 σ_s 并未到达抗拉强度设计值，故不能按 f_{sd} 来考虑。因此，公式的适用条件为：

（1）为防止出现超筋梁情况，计算受压区高度 x 应满足：

$$x \leqslant \xi_b h_0 \tag{4-16}$$

式中的相对界限受压区高度 ξ_b，可根据混凝土强度级别和钢筋种类由表 4-2 查得。

由式（4-13）可以得到计算受压区高度 x 的表达式为

$$x = \frac{f_{sd} A_s}{f_{cd} b} \tag{4-17}$$

则相对受压区高度 ξ 为

$$\xi = \frac{x}{h_0} = \frac{f_{sd}}{f_{cd}} \frac{A_s}{b h_0} = \rho \frac{f_{sd}}{f_{cd}} \tag{4-18}$$

由式（4-18）可见 ξ 不仅反映了配筋率 ρ，而且反映了材料的强度比值的影响，故 ξ 又被称为配筋特征值，它是一个比 ρ 更有一般性的参数。

当 $\xi=\xi_b$ 时，可得到适筋梁的最大配筋率 ρ_{max} 为

$$\rho_{max} = \xi_b \frac{f_{cd}}{f_{sd}} \tag{4-19}$$

显然，适筋梁的配筋率 ρ 应满足：

$$\rho \leqslant \rho_{max} \left(= \xi_b \frac{f_{cd}}{f_{sd}} \right) \tag{4-20}$$

式（4-20）和式（4-16）具有相同意义，目的都是防止受拉区钢筋过多形成超筋梁，满足其中一式，另一式必然满足。在实际计算中，多采用式（4-16）。

（2）为防止出现少筋梁的情况，计算的配筋率 ρ 应当满足：

$$\rho \geqslant \rho_{min} \tag{4-21}$$

4.4.2　截面承载力计算的两类问题

钢筋混凝土受弯构件的正截面计算，一般仅需对构件的控制截面进行。所谓控制截面，在等截面受弯构件中是指弯矩组合设计值最大的截面；在变截面受弯构件中，除了弯矩组合设计值最大的截面外，还有截面尺寸相对较小，而弯矩组合设计值相对较大的截面。

受弯构件正截面承载力计算，在实际设计中可分为截面设计和截面复核两类计算问题。解决这两类计算问题的依据是前述的基本公式及适用条件。

1. 截面设计

（1）设计内容：选材料、确定截面尺寸、配筋计算。

截面设计应满足承载力 $M_u \geqslant M = \gamma_0 M_d$，即确定钢筋数量后的截面承载力至少要等于弯矩计算值 M，所以在利用基本公式进行截面设计时，一般取 $M_u = M$ 来计算。

（2）设计步骤。

已知弯矩计算值 M_d、混凝土和钢筋材料级别（f_{cd}、f_{sd}）、截面尺寸 b、h，求钢筋面积 A_s。

解：2 个基本方程求解 2 个未知数 x、A_s，根据给定的环境条件确定最小混凝土保护层厚度（附表 8），根据给定的安全等级确定 γ_0。

① 初步选定 h_0。

先假定 a_s，当箍筋（HPB300）直径为 8~10 mm 时，对于绑扎钢筋骨架梁，布置一层钢筋时可设 $a_s = c_{min} + 20$ mm，布置两层钢筋时可设 $a_s = c_{min} + 45$ mm，c_{min} 由附表 8 查得；对于板可设 $a_s = c_{min} + 10$ mm，这样可得 $h_0 = h - a_s$。

② 求受压区高度 x 并判断是否超筋。

由基本方程 $\gamma_0 M_d = f_{cd} b x \left(h_0 - \dfrac{x}{2} \right)$（一元二次方程）可得

$$x = h_0 - \sqrt{h_0^2 - \frac{2\gamma_0 M_d}{f_{cd} b}}$$

若 $x > \xi_b h_0$，则为超筋梁，应加大截面尺寸或提高混凝土强度等级后重新计算。

③ 计算受拉钢筋面积 A_s 并判断是否少筋。

由式（4-13）可得

$$A_s = \frac{f_{cd} b x}{f_{sd}}$$

若 $A_s \geqslant \rho_{min} b h_0$，则不少筋；若 $A_s < \rho_{min} b h_0$，应取 $A_s = \rho_{min} b h_0$。

④ 选择并布置钢筋。

按 A_s 的大小，根据附表 6（附表 7）选择合适的钢筋直径和根数（间距）。

在所选的钢筋面积情况下，按构造要求（钢筋净距、保护层厚度等满足规范要求）进行钢筋的布置，检查假定的 a_s 是否接近实际计算的 a_s，如误差过大，应重新计算。最后绘配筋简图。

应该进一步说明的是，在使用基本公式解算截面设计中某些问题时，例如已知弯矩计算

值 M 和材料，要求确定截面尺寸和所需钢筋数量时，未知数将会多于基本公式的数目，这时可以由构造规定或工程经验来提供假设值，如配筋率 ρ，可选取 ρ=0.6%~1.5%（矩形梁）或取 ρ=0.3%~0.8%（板），则问题可解。

【例 4-1】矩形截面梁 $b\times h$=250 mm×500 mm，截面处弯矩组合设计值 M_d=115 kN·m，采用C30 混凝土、HRB400 级纵向钢筋和 HPB300 级箍筋（直径 8 mm）。Ⅰ类环境条件，设计使用年限 100 年，安全等级为二级。试进行配筋计算。

解：（1）确定基本数据。

根据已给的材料，由附表 1 查得 f_{cd}=13.8 MPa，f_{td}=1.39 MPa；由附表 3 查得 f_{sd}=330 MPa；由表 4-2 查得 ξ_b=0.53。桥梁结构的重要性系数 γ_0=1，则弯矩计算值 $M=\gamma_0 M_d$=115 kN·m。

最小配筋率计算：$45(f_{td}/f_{sd})=45\times(1.39/330)=0.19$，即配筋率应不小于 0.19%，且不应小于0.2%，故取 ρ_{min}=0.2%。

（2）采用绑扎钢筋骨架，按一层钢筋布置，假设 $a_s=c_{min}+20=40$ mm，则有效高度 h_0=500−40=460 mm。

（3）求受压区高度 x 并判断是否超筋。

$$x=h_0-\sqrt{h_0^2-\frac{2\gamma_0 M_d}{f_{cd}b}}=460-\sqrt{460^2-\frac{2\times1\times115\times10^6}{13.8\times250}}=79\text{ mm}$$

$$<\xi_b h_0=0.53\times460\text{ mm}=244\text{ mm}$$

不属于超筋梁。

（4）求所需钢筋数量 A_s。

将各已知值及 x=79 mm 代入式（4-13），可得到

$$A_s=\frac{f_{cd}bx}{f_{sd}}=\frac{13.8\times250\times79}{330}=826\text{ mm}^2$$

（5）选择并布置钢筋。

考虑一层钢筋为 3 根，由附表 6 可选择 3⌀20（A_s=942 mm^2）并布置（图 4-21）。

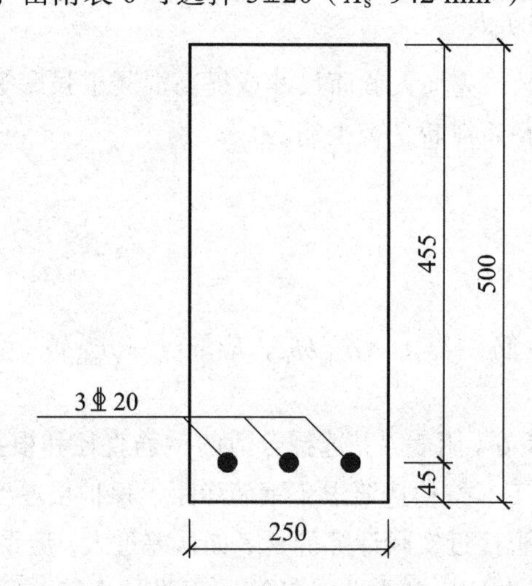

图 4-21　梁截面钢筋布置（尺寸单位：mm）

纵向钢筋最小混凝土保护层厚度 $c=c_{min}+8=28$ mm > d(=20 mm)，故 $a_s=28+22.7/2=39.35$ mm，取 $a_s=40$ mm，则纵向钢筋实际混凝土保护层厚度 $c=40-22.7/2=28.65$ mm，有效高度 $h_0=460$ mm。钢筋间净距 $S_n=\dfrac{250-2\times28.65-3\times22.7}{2}=62\ \text{mm}\geqslant30$ mm 及 d=20 mm 的构造要求。

实际配筋率 $\rho=\dfrac{A_s}{bh_0}=\dfrac{942}{250\times460}=0.82\%>\rho_{min}$（=0.2%）。

【例 4-2】计算跨径为 2.05 m 的人行道板，承受人群荷载标准值为 3.5 kN/m^2，板厚为 80 mm。采用 C25 混凝土，HPB300 级钢筋，Ⅰ类环境条件，设计使用年限 50 年，安全等级为二级。试进行配筋计算。

解：取 1 m 宽带进行计算（图 4-22），即计算板宽 b = 1 000 mm，板厚 h = 80 mm。

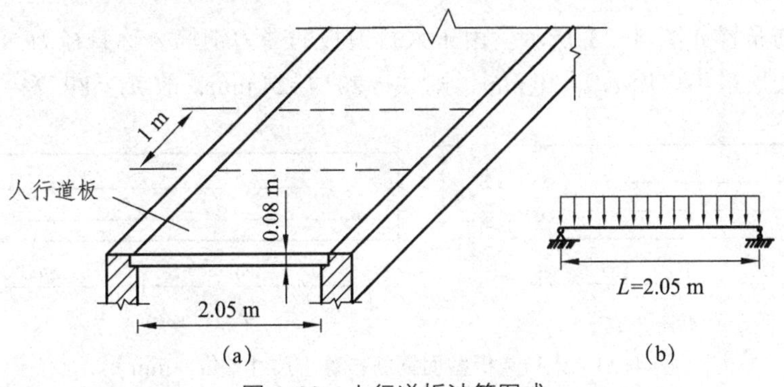

图 4-22 人行道板计算图式

由附表 1 查得 f_{cd}=11.5 MPa，f_{td}=1.23 MPa；由附表 3 查得 f_{sd}=250 MPa；由表 4-2 查得 ξ_b=0.59，计算后取最小配筋率 ρ_{min} 为 0.22%。

（1）板控制截面的弯矩组合设计值 M_d。

板的计算图式为简支板，计算跨径 L=2.05 m。板上作用的荷载为板自重 g_1 和人群荷载 g_2，其中 g_1 为钢筋混凝土容重（取为 25 kN/m^3）与截面积乘积，即 $g_1=25\times10^3\times0.08\times1=2\,000$ N/m，$g_2=3\,500\times1=3\,500$ N/m。

板的控制截面为跨中截面，则：

自重弯矩标准值 $M_{G1}=\dfrac{1}{8}g_1L^2=\dfrac{1}{8}\times2\,000\times2.05^2=1\,050.6\ \text{N}\cdot\text{m}$

人群荷载产生弯矩标准值 $M_{Q2}=\dfrac{1}{8}g_2L^2=\dfrac{1}{8}\times3\,500\times2.05^2=1\,838.6\ \text{N}\cdot\text{m}$

由基本组合（见第 2 章），得到板跨中截面上的弯矩组合设计值 M_d 为

$$\begin{aligned}M_d&=\gamma_{G1}M_{G1}+\gamma_{Q2}M_{Q2}\\&=1.2\times1\,050.6+1.4\times1\,838.6=3\,834.8\ \text{N}\cdot\text{m}\end{aligned}$$

取 $\gamma_0=1.0$，则弯矩计算值 $M=\gamma_0M_d=3\,834.8\ \text{N}\cdot\text{m}$。

（2）设 $a_s=c_{min}+10=20+10=30$ mm，则 $h_0=80-30=50$ mm，将各已知值代入式（4-14），可得到

$$3\,834.8\times10^3=11.5\times1\,000x\left(50-\frac{x}{2}\right)$$

整理后可得到

$$x=50-\sqrt{50^2-\frac{2\times3\,834.8\times10^3}{11.5\times1\,000}}=7\text{ mm}<\xi_b h_0\ (=0.59\times50=25\text{ mm})$$

（3）求所需钢筋面积 A_s。

将各已知值及 $x=7$ mm 代入式（4-13），可得到

$$A_s=\frac{f_{cd}bx}{f_{sd}}=\frac{11.5\times1\,000\times7}{250}=322\text{ mm}^2$$

（4）选择并布置钢筋。

现取板的受力钢筋为 Φ8，由附表 7 中可查得 Φ8 钢筋间距@ = 155 mm 时，单位板宽的钢筋面积 $A_s=324\text{ mm}^2$。

板截面钢筋布置如图 4-23 所示。由于人行道板的受力钢筋公称直径为 8 mm，查附表 8 可得混凝土保护层最小厚度 c_{min}=20 mm，则 $a_s=20+4=24$ mm，故 $h_0=80-24=56$ mm。

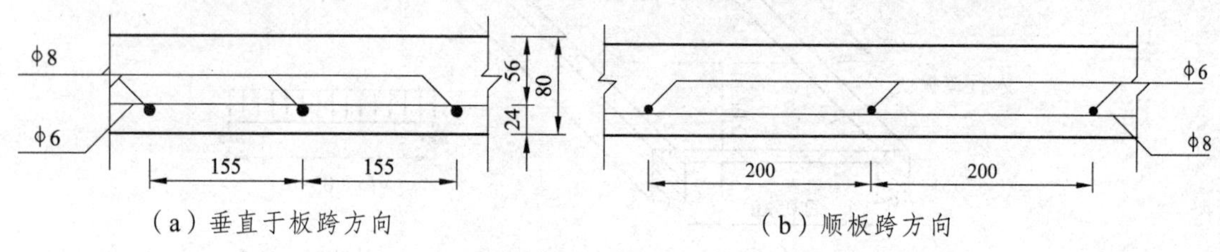

（a）垂直于板跨方向　　（b）顺板跨方向

图 4-23　人行道板截面钢筋布置（尺寸单位：mm）

截面的实际配筋率 $\rho=\frac{324}{1\,000\times56}=0.59\%>\rho_{min}=0.22\%$。

板的分布钢筋取 Φ6，其间距@ = 200 mm。

2. 截面复核

（1）截面复核目的：对已经设计好的截面检查其承载力是否满足要求。同时检查是否满足构造要求。

（2）计算步骤。

已知截面尺寸 b、h，混凝土和钢筋材料级别，钢筋面积 A_s 及 a_s，求截面承载力 M_u。

解：① 复核钢筋布置是否符合构造要求。

要求保护层厚度及钢筋的净距均应符合规范要求。

② 计算配筋率 ρ，且应满足 $\rho\geqslant\rho_{min}$。

③ 计算受压区高度 x 并判断截面类型。

由式（4-13）得

$$x=\frac{f_{sd}A_s}{f_{cd}b}$$

若 $x\leqslant\xi_b h_0$，则为适筋梁；若 $x>\xi_b h_0$，则为超筋梁。

④ $x\leqslant\xi_b h_0$ 时为适筋梁，其承载能力为

$$M_u=f_{cd}bx\left(h_0-\frac{x}{2}\right)\text{或}M_u=f_{sd}A_s\left(h_0-\frac{x}{2}\right)$$

当 $x>\xi_b h_0$ 时为超筋截面，其承载能力为

$$M_u = f_{cd} b h_0^2 \xi_b (1-0.5\xi_b) \tag{4-22}$$

当由式（4-22）求得的 $M_u<M$ 时，可采取提高混凝土级别、修改截面尺寸，或改为双筋截面等措施。

【例 4-3】矩形截面梁尺寸 $b\times h$=240 mm×500 mm。C25 混凝土，HPB300 级钢筋，A_s=1 256 mm^2（4ϕ20）。钢筋布置如图 4-24 所示。Ⅱ类环境条件，设计使用年限 50 年，安全等级为二级。复核该截面是否能承受计算弯矩 M=95 kN · m 的作用。

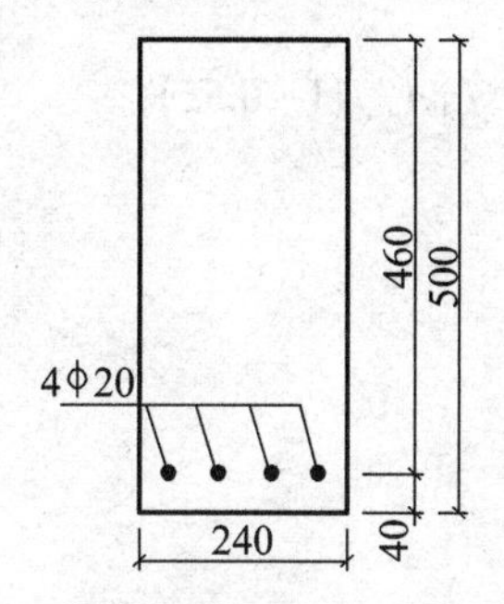

图 4-24　梁截面钢筋布置（尺寸单位：mm）

解：由附表 1 查得 f_{cd}=11.5 MPa，f_{td}=1.23 MPa；由附表 3 查得 f_{sd}=250 MPa；由表 4-2 查得 ξ_b=0.59。最小配筋百分率计算：45（f_{td}/f_{sd}）=45（1.23/250）=0.22，且不应小于 0.2，故取 ρ_{min}=0.22%。

由图 4-24 得到混凝土保护层 $c = a_s - \dfrac{d}{2} = 40 - \dfrac{20}{2} = 30\,\text{mm}$，符合附表 8 的要求且大于钢筋公称直径 d=20 mm。钢筋间净距 $S_n = \dfrac{240-2\times30-4\times20}{3} \approx 33\text{ mm}$，符合 $S_n \geqslant 30$ mm 及 d=20 mm 的要求。

实际配筋率 $\rho = \dfrac{1\,256}{240\times460} = 1.14\% >\rho_{min}$（=0.22%），不是少筋梁情况。

（1）求受压区高度 x。

由式（4-13）可得到

$$x = \frac{f_{sd}A_s}{f_{cd}b} = \frac{250\times1\,256}{11.5\times240} = 114\text{ mm}<\xi_b h_0\ (=0.59\times460=271\text{ mm})$$

不是超筋梁情况。

（2）求抗弯承载力 M_u。

由式（4-14）可得到

$$\begin{aligned} M_u &= f_{cd}bx\left(h_0 - \frac{x}{2}\right) \\ &= 11.5\times240\times114\left(460-\frac{114}{2}\right) \\ &= 126.8\text{ kN}\cdot\text{m} > M(=95\text{ kN}\cdot\text{m}) \end{aligned}$$

经复核梁截面承载力满足要求。

由上面所举之例可以看出，应用基本公式进行截面配筋计算时需解一个一元二次方程，虽无困难，但是在设计工作中配筋计算工作是大量的。为了简化计算，可根据基本公式制成表格。具体设计时可以查表计算。下面介绍单筋矩形截面受弯构件正截面承载力计算表格制订原理及使用方法。

现将式（4-14）和式（4-15）改写成：

$$M_{\mathrm{u}} = f_{\mathrm{cd}} b \xi h_0 \left(h_0 - \frac{\xi h_0}{2} \right) = f_{\mathrm{cd}} b h_0^2 \xi (1 - 0.5\xi)$$

$$M_{\mathrm{u}} = f_{\mathrm{sd}} A_{\mathrm{s}} \left(h_0 - \frac{\xi h_0}{2} \right) = f_{\mathrm{sd}} A_{\mathrm{s}} h_0 (1 - 0.5\xi)$$

设：

$$A_0 = \xi (1 - 0.5\xi) \tag{4-23}$$

$$\zeta_0 = 1 - 0.5\xi \tag{4-24}$$

则可得到

$$M_{\mathrm{u}} = f_{\mathrm{cd}} b h_0^2 A_0 \tag{4-25}$$

$$M_{\mathrm{u}} = f_{\mathrm{sd}} A_{\mathrm{s}} h_0 \zeta_0 \tag{4-26}$$

将式（4-25）与矩形截面弹性匀质材料梁的弯矩公式 $M = \sigma W = \sigma b h^2 / 6$ 相比可知，A_0 相当于截面抵抗矩 W 中的系数 1/6，故 A_0 被称为“截面抵抗矩系数”。在弹性匀质梁中此系数为常数，而在钢筋混凝土受弯构件中系数 A_0 不是常数，而是 ξ 或 ρ 的函数。在适筋梁范围内，ξ 或 ρ 越大，A_0 值也越大，截面承载力也越高。

截面内力偶臂 $Z = h_0 - \frac{x}{2} = h_0 (1 - 0.5\xi)$。将 Z 与有效高度 h_0 相除，即 $\frac{Z}{h_0} = \frac{h_0 (1 - 0.5\xi)}{h_0} = 1 - 0.5\xi$，恰为式（4-24）的 ζ_0 表达式。因此内力偶臂 Z 可写成 $Z = \zeta_0 h_0$，ζ_0 由此被称为“内力偶臂系数”。在矩形截面弹性匀质材料中，塑性铰形成时内力偶臂 $Z = \frac{1}{2} h$，系数 $\frac{1}{2}$ 为常数，但在钢筋混凝土受弯构件中，ζ_0 是 ξ 的函数，ξ 值越大，则 ζ_0 越小。

由于 A_0 和 ζ_0 都是 ξ 的函数，由式（4-23）和式（4-24）可编制出对应于 ξ 值的 A_0 及 ζ_0 的表格，见附表 5。

利用表格进行截面配筋计算时，可先由下式求 A_0：

$$A_0 = \frac{M}{f_{\mathrm{cd}} b h_0^2} \tag{4-27}$$

查附表 5 中相应的 ξ 及 ζ_0，再由下列公式之一计算 A_{s}，即

$$A_{\mathrm{s}} = \frac{M}{\zeta_0 f_{\mathrm{sd}} h_0} \tag{4-28}$$

$$A_{\mathrm{s}} = \frac{f_{\mathrm{cd}}}{f_{\mathrm{sd}}} \xi b h_0 \tag{4-29}$$

ξ 及 ζ_0 也可直接由下列公式计算：

$$\xi = 1 - \sqrt{1 - 2A_0} \tag{4-30}$$

$$\zeta_0 = 0.5\left(1 + \sqrt{1 - 2A_0}\right) \tag{4-31}$$

4.5　双筋矩形截面受弯构件正截面承载力计算

由式（4-22）可知，单筋矩形截面适筋梁的最大承载能力为 $M_u = f_{cd}bh_0^2\xi_b\left(1 - 0.5\xi_b\right)$。因此，当截面承受的弯矩组合设计值 M_d 较大，而梁截面尺寸受到使用条件限制或混凝土强度又不宜提高的情况下，又出现 $\xi > \xi_b$ 而承载能力不足时，则应改用双筋截面，即在截面受压区配置钢筋来协助混凝土承担压力且将 ξ 减少到 $\xi \leqslant \xi_b$，破坏时受拉区钢筋应力可达到屈服强度，而受压区混凝土不致过早压碎。

此外，当梁截面承受异号弯矩时，则必须采用双筋截面。有时，由于结构本身受力图式的原因，例如连续梁的内支点处截面，将会产生事实上的双筋截面。

一般情况下，采用受压钢筋来承受截面的部分压力是不经济的。但是，受压钢筋的存在可以提高截面的延性并可减少长期荷载作用下受弯构件的变形。

4.5.1　受压钢筋的应力

双筋截面受弯构件的受力特点和破坏特征基本上与单筋截面相似，试验研究表明，只要满足 $\xi \leqslant \xi_b$，双筋截面仍具有适筋破坏特征。因此，在建立双筋截面承载力的计算公式时，受压区混凝土仍可采用等效矩形应力图形和混凝土抗压设计强度 f_{cd}，而受压钢筋的应力尚待确定。

双筋截面受弯构件必须设置封闭式箍筋（图 4-25）。试验表明，它能够约束受压钢筋的纵向压屈变形。若箍筋刚度不足（如采用开口箍筋）或箍筋的间距过大，受压钢筋会过早向外侧凸出（这时受压钢筋的应力可能达不到屈服强度），反而会引起受压钢筋的混凝土保护层开裂，使受压区混凝土过早破坏。因此，《公路桥规》要求，当梁中配有计算需要的受压钢筋时，箍筋应为封闭式。一般情况下，箍筋的间距不大于 400 mm，并不大于受压钢筋直径 d' 的 15 倍；箍筋直径不小于 8 mm 或 $d'/4$，d' 为受压钢筋直径。

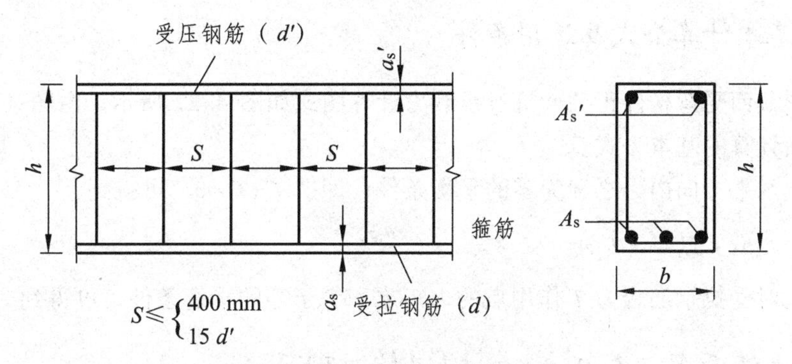

图 4-25　箍筋间距及形式要求

双筋梁破坏时，受压钢筋的应力取决于它的应变 ε_s'。如图 4-26 所示，对于强度等级低于

C50 的混凝土，假设受压区钢筋合力作用点至截面受压边缘的距离为 a_s'，则根据平截面假定，由应变的直线分布关系得到受压钢筋的应变 ε_s' 为

$$\frac{\varepsilon_s'}{\varepsilon_{cu}}=\frac{x_c-a_s'}{x_c}=\left(1-\frac{a_s'}{x_c}\right)=\left(1-\frac{0.8a_s'}{x}\right)$$

$$\varepsilon_s'=0.003\,3\left(1-\frac{0.8a_s'}{x}\right) \tag{4-32}$$

式中　x、x_c 分别为等效矩形应力图形的计算受压区高度和按平截面假定的受压区高度。

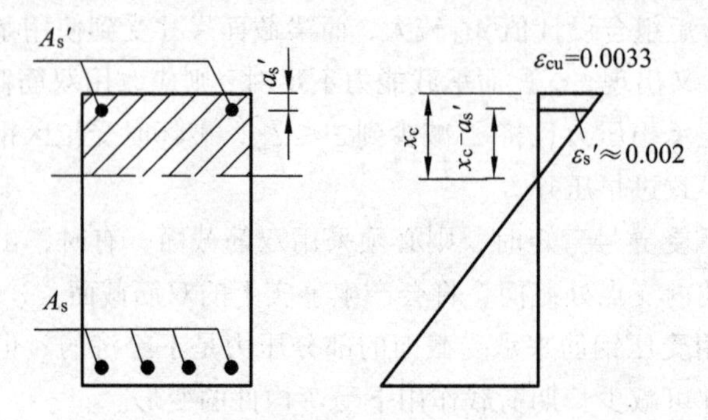

图 4-26　双筋截面受压钢筋应变计算分析图

当 $\dfrac{a_s'}{x}=\dfrac{1}{2}$，即 $x=2a_s'$ 时，可得到

$$\varepsilon_s'=0.003\,3\left(1-\frac{0.8a_s'}{2a_s'}\right)=0.001\,98$$

《公路桥规》取受压钢筋应变 $\varepsilon_s'=0.002$，这时

HPB300 级钢筋 $\sigma_s'=\varepsilon_s'E_s'=0.002\times2.1\times10^5=420\text{ MPa}>f_{sk}'$（$=300\text{ MPa}$）。

HRB400 级钢筋 $\sigma_s'=\varepsilon_s'E_s'=0.002\times2\times10^5=400\text{ MPa}\geqslant f_{sk}'$（$=400\text{ MPa}$）。

由此可见，当 $x=2a_s'$ 时，普通钢筋均能达到屈服强度。当 $x>2a_s'$ 时，ε_s' 将更大，钢筋亦早已受压屈服。为了充分发挥受压钢筋的作用并确定保其达到屈服强度，《公路桥规》规定取 $\sigma_s'=f_{sk}'$ 时必须满足：$x\geqslant 2a_s'$。

4.5.2　基本计算公式及适用条件

双筋矩形截面受弯构件正截面抗弯承载力计算图式如图 4-27 所示。由图 4-27 可写出双筋截面正截面计算的基本公式。

由截面上水平方向内力之和为零的平衡条件，即 $T+C+T'=0$，可得到

$$f_{cd}bx+f_{sd}'A_s'=f_{sd}A_s \tag{4-33}$$

由截面上对受拉钢筋合力 T 作用点的力矩之和等于零的平衡条件，可得到

$$\gamma_0M_d\leqslant M_u=f_{cd}bx\left(h_0-\frac{x}{2}\right)+f_{sd}'A_s'\left(h_0-a_s'\right) \tag{4-34}$$

由截面上对受压钢筋合力 T' 作用点的力矩之和等于零的平衡条件，可得到

$$\gamma_0 M_d \leqslant M_u = -f_{cd}bx\left(\frac{x}{2}-a_s'\right)+f_{sd}A_s\left(h_0-a_s'\right) \tag{4-35}$$

式中　f_{sd}'——受压区钢筋的抗压强度设计值；

A_s'——受压区钢筋的截面面积；

a_s'——受压区钢筋合力点至截面受压边缘的距离。

其他符号与单筋矩形截面相同。

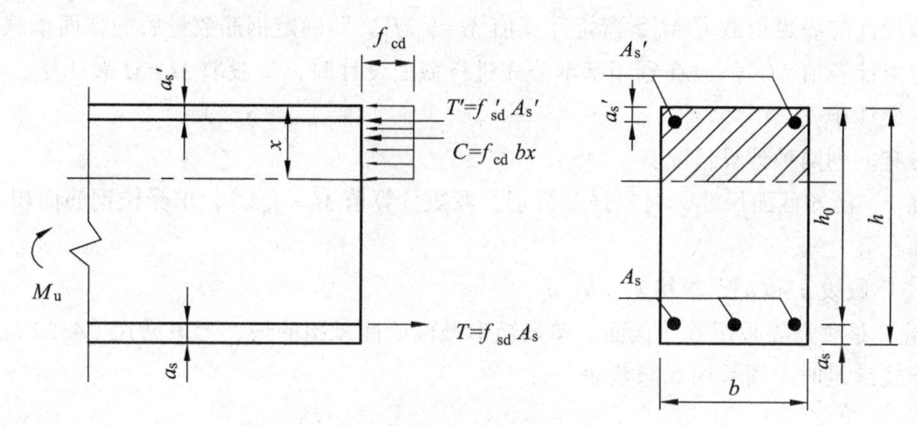

图 4-27　双筋矩形截面的正截面承载力计算图式

公式的适用条件为：

（1）为了防止出现超筋梁情况，计算受压区高度 x 应满足：

$$x \leqslant \xi_b h_0 \tag{4-36}$$

（2）为了保证受压钢筋 A_s' 达到抗压强度设计值 f_{sd}'，计算受压区高度 x 应满足：

$$x \geqslant 2a_s' \tag{4-37}$$

在实际设计中，若求得 $x<2a_s'$，则表明受压钢筋 A_s' 可能达不到其抗压强度设计值。对于受压钢筋保护层混凝土厚度不大的情况，《公路桥规》规定这时可取 $x=2a_s'$，即假设混凝土压应力合力作用点与受压区钢筋 A_s' 合力作用点相重合（图 4-28），对受压钢筋合力作用点取矩，可得到正截面抗弯承载力的近似表达式为

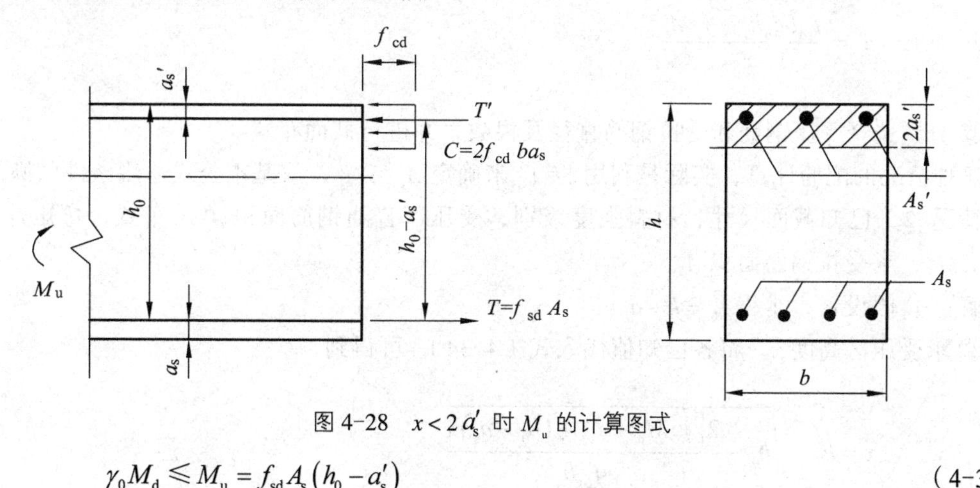

图 4-28　$x<2a_s'$ 时 M_u 的计算图式

$$\gamma_0 M_d \leqslant M_u = f_{sd}A_s\left(h_0-a_s'\right) \tag{4-38}$$

双筋截面的配筋率 ρ 一般均能大于 $\rho_{\min}$，所以往往不必再予计算。

4.5.3 截面承载力计算的两类问题

1. 截面设计

（1）设计内容：选材料、确定截面尺寸、配筋计算。

截面设计应满足承载力 $M_u \geqslant$ 弯矩计算值 $M=\gamma_0 M_d$，即确定钢筋数量后的截面承载力至少要等于弯矩计算值 M，所以在利用基本公式进行截面设计时，一般取 $M_u=M$ 来计算。

（2）设计步骤。

一般有下列两种计算情况：

情况 1 已知截面尺寸，材料强度级别，弯矩计算值 $M=\gamma_0 M_d$，求受拉钢筋面积 A_s 和受压钢筋面积 A_s'。

解：① 假设 a_s 和 a_s'，求得 $h_0=h-a_s$。

② 验算是否需要采用双筋截面。单筋矩形截面所能承担的最大弯矩见式（4-22）。

当下式满足时，须采用双筋截面：

$$M > M_{u1}=f_{cd}bh_0^2\xi_b(1-0.5\xi_b) \tag{4-39}$$

③ 补充条件，截面的总钢筋截面面积（A_s+A_s'）为最少（利用基本公式求解 A_s'，有 A_s'、A_s 及 x 三个未知数，故尚需增加一个条件才能求解）。

令 $x=\xi_b h_0$ 代入基本方程（根据基本公式得到 A_s+A_s' 的表达式然后按照高等数学方法求解；也可理解为尽可能使 A_s 最大，充分利用钢筋受拉而非受压）求受压钢筋面积 A_s'：

$$A_s'=\frac{\gamma_0 M_d-f_{cd}bh_0^2\xi_b(1-0.5\xi_b)}{f_{sd}'(h_0-a_s')}$$

④ 求 A_s。将 $x=\xi_b h_0$ 及受压钢筋 A_s' 计算值代入式（4-33），求得所需受拉钢筋面积 A_s：

$$A_s=\frac{f_{cd}b\xi_b h_0+f_{sd}'A_s'}{f_{sd}}$$

⑤ 分别选择受压钢筋和受拉钢筋直径及根数，并进行截面布置。

这种情况的配筋计算，实际是利用 $\xi=\xi_b$ 来确定 A_s 与 A_s'，故基本公式适用条件已满足。

情况 2 已知截面尺寸，材料强度级别，受压区普通钢筋面积 A_s' 及布置，弯矩计算值 $M=\gamma_0 M_d$，求受拉钢筋面积 A_s。

解：① 假设 a_s，求得 $h_0=h-a_s$。

② 求受压区高度 x。将各已知值代入式（4-34），可得到

$$x=h_0-\sqrt{h_0^2-\frac{2\left[\gamma_0 M_d-f_{sd}'A_s'(h_0-a_s')\right]}{f_{cd}b}}$$

校核 $x\leqslant\xi_b h_0$，如不满足，修改设计或按 A_s' 为未知计算；校核 $x\geqslant 2a_s'$。

③ 当 $x\leqslant\xi_b h_0$ 且 $x<2a_s'$ 时，根据《公路桥规》规定，可由式（4-38）求得所需受拉钢筋面积 A_s 为

$$A_s=\frac{M}{f_{sd}\left(h_0-a_s'\right)}$$

当 $x\leqslant\xi_b h_0$ 且 $x\geqslant 2a_s'$，则将各已知值及受压钢筋面积 A_s' 代入式（4-33），可求得 A_s 值：

$$A_s=\frac{f_{cd}bx+f_{sd}'A_s'}{f_{sd}}$$

④ 选择受拉钢筋的直径和根数，布置截面钢筋。

2. 截面复核

已知截面尺寸，材料强度级别，钢筋面积 A_s 和 A_s' 以及截面钢筋布置，求截面承载力 M_u。

解：（1）检查钢筋布置是否符合规范要求。

（2）由式（4-33）计算受压区高度 x：

$$x=\frac{f_{sd}A_s-f_{sd}'A_s'}{f_{cd}b}$$

（3）求截面承载力 M_u。

① 若 $x\leqslant\xi_b h_0$ 且 $x<2a_s'$。则由式（4-38）求得考虑受压钢筋部分作用的正截面承载力，即

$$M_u=f_{sd}A_s\left(h_0-a_s'\right)$$

② 若 $2a_s'\leqslant x\leqslant\xi_b h_0$，以式（4-34）或式（4-35）可求得双筋矩形截面抗弯承载力 M_u，即

$$M_u=f_{cd}bx\left(h_0-\frac{x}{2}\right)+f_{sd}'A_s'\left(h_0-a_s'\right)$$

或

$$M_u=-f_{cd}bx\left(\frac{x}{2}-a_s'\right)+f_{sd}A_s\left(h_0-a_s'\right)$$

③ 若 $x>\xi_b h_0$，修改设计或求此种情况下最大承载力，即取 $x=\xi_b h_0$ 代入基本公式：

$$M_u=f_{cd}bx\left(h_0-\frac{x}{2}\right)+f_{sd}'A_s'\left(h_0-a_s'\right)$$

【例 4-4】钢筋混凝土矩形梁，截面尺寸限定为 $b\times h=300\ \text{mm}\times450\ \text{mm}$。采用 C30 混凝土且不提高混凝土强度级别，纵向钢筋为 HRB400，拟采用箍筋为 HPB300（直径 8 mm），弯矩组合设计值 $M_d=260\ \text{kN}\cdot\text{m}$。Ⅰ类环境条件，设计使用年限 50 年，安全等级为一级。试进行配筋计算并进行截面复核。

解：

（1）截面设计。

① 确定基本参数。

C30 混凝土，由附表 1 查得 $f_{cd}=13.8\ \text{MPa}$；HRB400 纵向钢筋，由附表 3 查得 $f_{sd}=330\ \text{MPa}$，$f'_{sd}=330\ \text{MPa}$；由表 4-2 查得 $\xi_b=0.53$。桥梁结构重要性系数 $\gamma_0=1.1$，弯矩计算值为 $M=\gamma_0 M_d=1.1\times 260=286\ \text{kN}\cdot\text{m}$。

若受拉区钢筋拟采用单层布置，设 $a_s=45\ \text{mm}$，$a'_s=35\ \text{mm}$，$h_0=h-a_s=450-45=405\ \text{mm}$。

② 验算是否需要采用双筋截面。

$$\begin{aligned}M_{u1}&=f_{cd}bh_0^2\xi_b\left(1-0.5\xi_b\right)\\&=13.8\times 300\times 405^2\times 0.53\times\left(1-0.5\times 0.53\right)\\&=264.53\ \text{kN}\cdot\text{m}<M(=286\ \text{kN}\cdot\text{m})\end{aligned}$$

本例因梁截面尺寸及混凝土材料均不能改动，故采用双筋截面设计。

③ 求受压区钢筋面积 A'_s，取 $\xi=\xi_b=0.53$，代入式（4-34）可得到：

$$\begin{aligned}A'_s&=\frac{M-f_{cd}bh_0^2\xi_b\left(1-0.5\xi_b\right)}{f'_{sd}\left(h_0-a'_s\right)}\\&=\frac{286\times 10^6-13.8\times 300\times 405^2\times 0.53\times\left(1-0.5\times 0.53\right)}{330\times\left(405-35\right)}=176\ \text{mm}^2\end{aligned}$$

④ 由式（4-33）求所需的 A_s 值：

$$A_s=\frac{f_{cd}bx+f'_{sd}A'_s}{f_{sd}}=\frac{13.8\times 300\times 0.53\times 405+330\times 176}{330}=2\,869\ \text{mm}^2$$

⑤ 选择受压钢筋为 2⌀12（$A'_s=226\ \text{mm}^2$），受拉钢筋为 2⌀32+2⌀28（$A_s=2\,840\ \text{mm}^2$，误差在 5%以内）。受压区钢筋 2⌀12 的形心距截面上边缘：$a'_s=20+8+13.9/2=34.95\ \text{mm}$，取 $a'_s=35\ \text{mm}$。受拉区钢筋 2⌀32 的形心距截面下边缘：$a_{s1}=20+8+35.8/2=45.9\ \text{mm}$，受拉区钢筋 2⌀28 的形心距离截面下边缘：$a_{s2}=20+8+31.6/2=43.8\ \text{mm}$，则受拉区钢筋的形心距离截面下边缘：$a_s=\dfrac{45.9\times 1608+43.8\times 1232}{1608+1232}=44.99\ \text{mm}$，取 $a_s=45\ \text{mm}$。

受拉区钢筋净距为 $S_n=\dfrac{300-20\times 2-8\times 2-2\times 35.8-31.6\times 2}{3}=36.4\ \text{mm}>30\ \text{mm}$ 且大于受拉钢筋最大公称直径 32 mm，符合构造要求。配筋构造如图 4-29 所示。

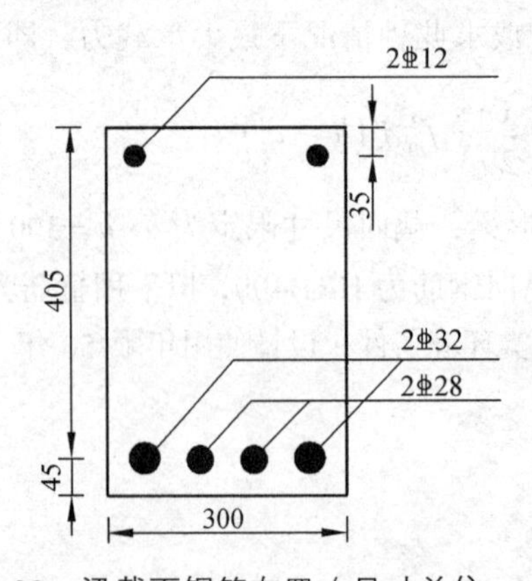

图 4-29　梁截面钢筋布置（尺寸单位：mm）

（2）截面复核。

由 $A_s = 2\,840\ \text{mm}^2$，$A_s' = 226\ \text{mm}^2$，$h_0 = 450 - 45 = 405\ \text{mm}$，代入式（4-33）求受压区高度 x 为：

$$
\begin{aligned}
x &= \frac{f_{sd}A_s - f_{sd}'A_s'}{f_{cd}b} = \frac{330(2\,840 - 226)}{13.8 \times 300} \\
&= 208\ \text{mm} < \xi_b h_0 (= 0.53 \times 405\ \text{mm} = 215\ \text{mm}) \\
&> 2a_s'(2 \times 35 = 70\ \text{mm})
\end{aligned}
$$

由式（4-34）求得截面的抗弯承载力 M_u 为：

$$
\begin{aligned}
M_u &= f_{cd}bx(h_0 - \frac{x}{2}) + f_{sd}'A_s'(h_0 - a_s') \\
&= 13.8 \times 300 \times 208 \times (405 - \frac{208}{2}) + 330 \times 226 \times (405 - 35) \\
&= 286.79 \times 10^6\ \text{N} \cdot \text{mm} = 286.79\ \text{kN} \cdot \text{m} > M(= 286\ \text{kN} \cdot \text{m})
\end{aligned}
$$

复核结果说明截面设计符合要求。

【例 4-5】钢筋混凝土矩形梁，截面尺寸限定为 $b \times h = 300\ \text{mm} \times 550\ \text{mm}$。采用 C30 混凝土且不提高混凝土强度级别，纵向钢筋为 HRB400，拟采用箍筋为 HPB300（直径 8mm），弯矩组合设计值 $M_d = 435\ \text{kN} \cdot \text{m}$。Ⅱ类环境条件，设计使用年限 100 年，安全等级为二级。试进行配筋计算并进行截面复核。

解：

（1）截面设计。

① 确定基本参数。

C30 混凝土，由附表 1 查得 $f_{cd} = 13.8\ \text{MPa}$；HRB400 纵向钢筋，由附表 3 查得 $f_{sd} = 330\ \text{MPa}$，$f_{sd}' = 330\ \text{MPa}$；由表 4-2 查得 $\xi_b = 0.53$。桥梁结构重要性系数 $\gamma_0 = 1.0$，弯矩计算值为 $M = \gamma_0 M_d = 1.0 \times 435 = 435\ \text{kN} \cdot \text{m}$。

情况一：若受拉区钢筋采用单层布置，设 $a_s = 50\ \text{mm}$，$a_s' = 45\ \text{mm}$，$h_0 = h - a_s = 550 - 50 = 500\ \text{mm}$。

② 验算是否需要采用双筋截面：

$$
\begin{aligned}
M_{u1} &= f_{cd}bh_0^2\xi_b(1 - 0.5\xi_b) \\
&= 13.8 \times 300 \times 500^2 \times 0.53 \times (1 - 0.5 \times 0.53) \\
&= 403.18\ \text{kN} \cdot \text{m} < M(= 435\ \text{kN} \cdot \text{m})
\end{aligned}
$$

本例因梁截面尺寸及混凝土材料均不能改动，故采用双筋截面设计。

③ 求受压区钢筋面积 A_s'，取 $\xi = \xi_b = 0.53$，代入式（4-34）可得到：

$$
\begin{aligned}
A_s' &= \frac{M - f_{cd}bh_0^2\xi_b(1 - 0.5\xi_b)}{f_{sd}'(h_0 - a_s')} \\
&= \frac{435 \times 10^6 - 13.8 \times 300 \times 500^2 \times 0.53 \times (1 - 0.5 \times 0.53)}{330 \times (500 - 45)} = 212\ \text{mm}^2
\end{aligned}
$$

④ 由式（4-33）求所需的 A_s 值：

$$A_s=\frac{f_{cd}bx+f'_{sd}A'_s}{f_{sd}}$$

$$=\frac{13.8\times300\times(0.53\times500)+330\times212}{330}=3\ 536\ \text{mm}^2$$

⑤ 选择受压区钢筋为 2Φ12（$A'_s=226\ \text{mm}^2$），受拉区钢筋为 3Φ32+2Φ28($A_s=3645\ \text{mm}^2$)，$S_n=\dfrac{300-35.8\times3-31.6\times2-2\times8-30\times2}{4}=13.35\ \text{mm}<30\ \text{mm}$，不符合构造要求，所以受拉区钢筋需要采用双层布置。

情况二：若受拉区钢筋采用双层布置，设 $a_s=80\ \text{mm}$，$a'_s=45\ \text{mm}$，$h_0=h-a_s=550-80=470\ \text{mm}$。

② 验算是否需要采用双筋截面：

$$M_{u1}=f_{cd}bh_0^2\xi_b(1-0.5\xi_b)$$

$$=13.8\times300\times470^2\times0.53\times(1-0.5\times0.53)$$

$$=356.25\ \text{kN}\cdot\text{m}<M\ (=435\ \text{kN}\cdot\text{m})$$

本例因梁截面尺寸及混凝土材料均不能改动，故采用双筋截面设计。

③求受压区钢筋面积 A'_s，取 $\xi=\xi_b=0.53$，代入式（4-34）可得到：

$$A'_s=\frac{M-f_{cd}bh_0^2\xi_b(1-0.5\xi_b)}{f'_{sd}(h_0-a'_s)}$$

$$=\frac{435\times10^6-13.8\times300\times470^2\times0.53\times(1-0.5\times0.53)}{330\times(470-45)}=561\ \text{mm}^2$$

④ 由式（4-33）求所需的 A_s 值：

$$A_s=\frac{f_{cd}bx+f'_{sd}A'_s}{f_{sd}}$$

$$=\frac{13.8\times300\times(0.53\times470)+330\times561}{330}=3\ 687\ \text{mm}^2$$

⑤选择受压区钢筋为 2Φ20（$A'_s=628\ \text{mm}^2$），$a'_s=30+8+\dfrac{22.7}{2}=49.35\ \text{mm}$，则取 $a'_s=50\ \text{mm}$。选取受拉区钢筋为 4Φ28+2Φ28（$A_s=2\ 463+1\ 232=3\ 695\ \text{mm}^2$），$a_{s1}=30+8+\dfrac{31.6}{2}=53.8\ \text{mm}$，$a_{s2}=53.8+31.6/2+30+31.6/2=115.4\ \text{mm}$，则 $a_s=\dfrac{4\times53.8+2\times115.4}{6}=74.33\ \text{mm}$，取 $a_s=75\ \text{mm}$。

受拉钢筋的净距为 $S_n=\dfrac{300-31.6\times4-2\times8-30\times2}{3}=32.53\ \text{mm}>30\ \text{mm}$ 且大于受拉钢筋的最大公称直径 28 mm，符合构造要求。梁截面钢筋布置如图 4-30 所示。

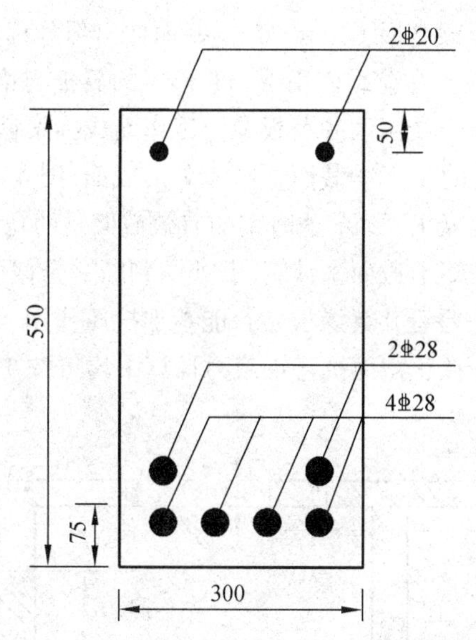

图 4-30　梁截面钢筋布置（尺寸单位：mm）

（2）截面复核。

由 $A_s = 3\,695\ \text{mm}^2$，$A_s' = 628\ \text{mm}^2$，$h_0 = 550 - 75 = 475\ \text{mm}$，代入式（4-33）求受压区高度 x 为：

$$x = \frac{f_{sd}A_s - f_{sd}'A_s'}{f_{sd}b}$$

$$= \frac{330(3\,695-628)}{13.8\times 300} = 244\ \text{mm}^2 < \xi_b h_0 (= 0.53\times 475\text{mm} = 252\text{mm})$$

$$> 2a_s' (= 2\times 50 = 100\ \text{mm})$$

由式（4-34）求得截面的抗弯承载力 M_u 为：

$$M_u = f_{cd}bx(h_0 - \frac{x}{2}) + f_{sd}'A_s'(h_0 - a_s')$$

$$= 13.8\times 300\times 244\times (475 - \frac{244}{2}) + 330\times 628\times (475-50)$$

$$= 444.66\times 10^6\ \text{N}\cdot\text{mm} = 444.66\ \text{kN}\cdot\text{m} > M(= 435\ \text{kN}\cdot\text{m})$$

复核结果说明截面设计符合要求。

4.6　T 形截面受弯构件正截面承载力计算

矩形截面梁在破坏时，受拉区混凝土早已开裂。在开裂截面处，受拉区的混凝土对截面的抗弯承载力已不起作用，因此可将受拉区混凝土挖去一部分，将受拉钢筋集中布置在剩余拉区混凝土内，形成了钢筋混凝土 T 形梁的截面，其承载能力与原矩形截面梁相同，但节省了混凝土和减轻了梁自重。因此，钢筋混凝土 T 形梁具有更大的跨越能力。

典型的钢筋混凝土 T 形梁截面（图 4-31）。截面伸出部分称为翼缘板（简称翼板），其宽度为 b 的部分称为梁肋或梁腹。在荷载作用下，T 形梁的翼板与梁肋共同弯曲。当承受正弯矩作用时，梁截面上部受压，位于受压区的翼板参与工作而成为梁截面的有效面积的一部分。在弯矩作用下，翼板位于受压区的 T 形梁截面，称为 T 形截面[图 4-31（a）]；当受负弯矩作用时，位于梁上部的翼板受拉后混凝土开裂，这时梁的有效截面是肋宽 b、梁高 h 的矩形截面[图 4-31（b）]，其抗弯承载力则应按矩形截面来计算。因此，判断一个截面在计算时是否属于 T 形截面，不是看截面本身形状，而是要看其翼缘板是否能参加抗压作用。从这个意义上来讲，工字形、箱形截面以及空心板截面，在正截面抗弯承载力计算中均可按 T 形截面来处理。

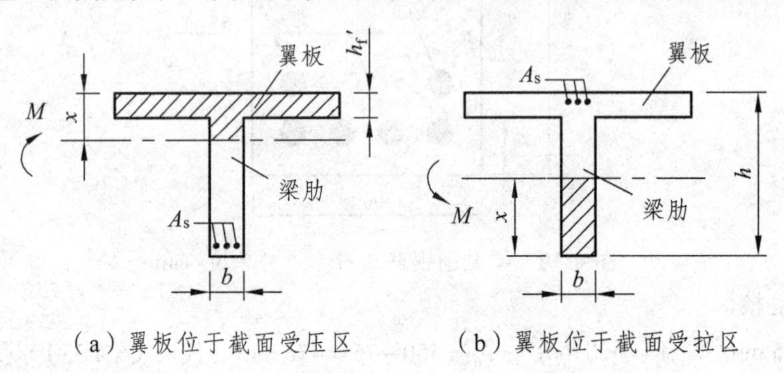

（a）翼板位于截面受压区　　（b）翼板位于截面受拉区

图 4-31　T 形截面的受压区位置

下面以板宽为 b_f 的空心板截面为例，将其换算成等效工字形截面，计算中即可按 T 形截面处理。

设空心板截面高度为 h，圆孔直径为 D，孔洞面积形心轴距板截面上、下边缘距离分别为 y_1 和 y_2[图 4-32（a）]。

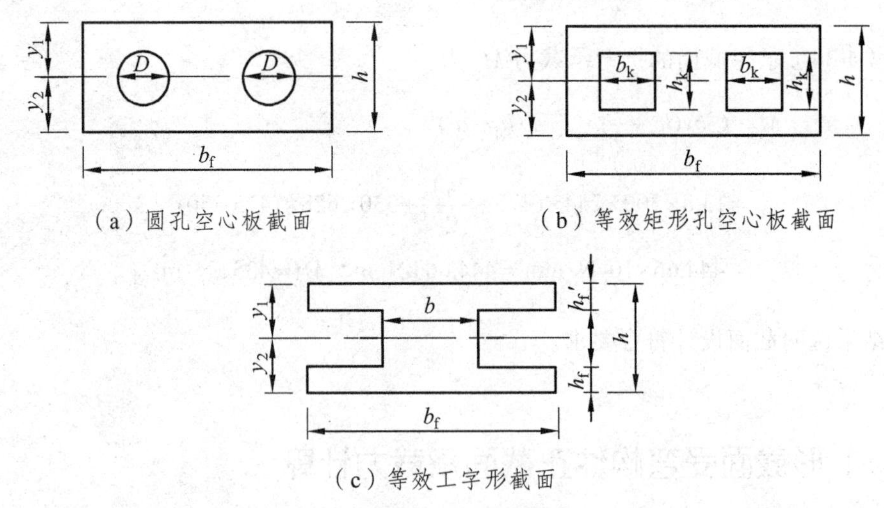

（a）圆孔空心板截面　　（b）等效矩形孔空心板截面

（c）等效工字形截面

图 4-32　空心截面换算成等效工字形截面

将空心板截面换算成等效的工字形截面的方法，是先根据面积、惯性矩不变的原则，将空心板的圆孔（直径为 D）换算成 $b_k \times h_k$ 的矩形孔[图 4-32（b）]，可按下列各式计算：

按面积相等　　$b_k h_k = \dfrac{\pi}{4} D^2$

按惯性矩相等　$\frac{1}{12}b_k h_k^3 = \frac{\pi}{64}D^4$

联立求解上述两式，可得到

$$h_k = \frac{\sqrt{3}}{2}D \text{，} b_k = \frac{\sqrt{3}}{6}\pi D$$

然后，在圆孔的形心位置和空心板截面宽度、高度都保持不变的条件下，可一步得到等效工字形截面尺寸。

上翼板厚度　$h_f' = y_1 - \frac{1}{2}h_k = y_1 - \frac{\sqrt{3}}{4}D$

下翼板厚度　$h_f = y_2 - \frac{1}{2}h_k = y_2 - \frac{\sqrt{3}}{4}D$

腹板厚度　$b = b_f - 2b_k = b_f - \frac{\sqrt{3}}{3}\pi D$

换算工字形截面见[图 4-32（c）]。当空心板截面孔洞为其他形状时，均可按上述原则换算成相应的等效工字形截面。在异号弯矩作用时，工字形截面总会有上翼板或下翼板位于受压区，故正截面抗弯承载力可按 T 形截面计算。

T 形截面随着翼板的宽度增大，可使受压区高度减小，内力偶臂增大，使所需的受拉钢筋面积减少。但通过试验和分析得知，T 形截面梁承受荷载作用产生弯曲变形时，在翼板宽度方向上纵向压应力的分布是不均匀的。离梁肋愈远，压应力愈小，其分布规律主要取决于截面与跨径（长度）的相对尺寸、翼板厚度、支承条件等。在设计计算中，为了便于计算，根据等效受力原则，把与梁肋共同工作的翼板宽度限制在一定的范围内，称为受压翼板的有效宽度 b_f'。在 b_f' 宽度范围内的翼板可以认为是全部参与工作，并假定其压应力是均匀分布的（图 4-33），而在这范围以外部分，则不考虑它参与受力。本书中关于 T 形截面的计算中，若无特殊说明，b_f' 表示翼板的有效宽度。

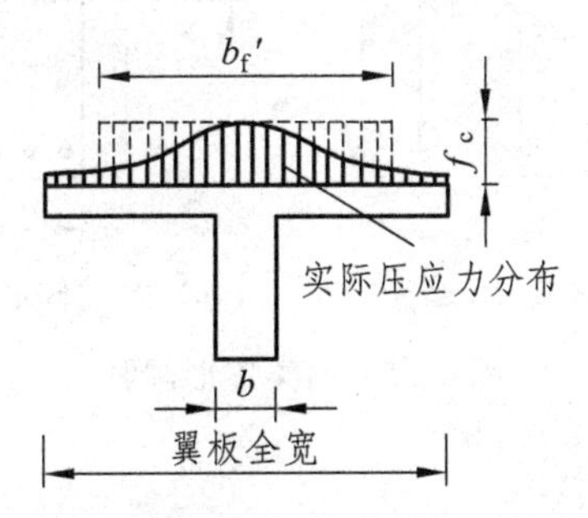

图 4-33　T 形梁受压翼板的正应力分布

《公路桥规》规定，T 形截面梁（内梁）的受压翼板有效宽度 b_f' 用下列三者中最小值：

（1）简支梁计算跨径的 1/3。对连续梁各中间跨正弯矩区段，取该跨计算跨径的 0.2 倍；边跨正弯矩区段，取该跨计算跨径的 0.27 倍；各中间支点负弯矩区段，则取该支点相邻两跨计算跨径之和的 0.07 倍。

（2）相邻两梁的平均间距。

（3）$b+2b_{\mathrm{h}}+12h_{\mathrm{f}}'$。当 $h_{\mathrm{h}}/b_{\mathrm{h}}<1/3$ 时，取（$b+6h_{\mathrm{h}}+12h_{\mathrm{f}}'$）。此处，$b$、$b_{\mathrm{h}}$、$h_{\mathrm{h}}$ 和 h_{f}' 分别如图 4-34 所示，h_{h} 为承托根部厚度。

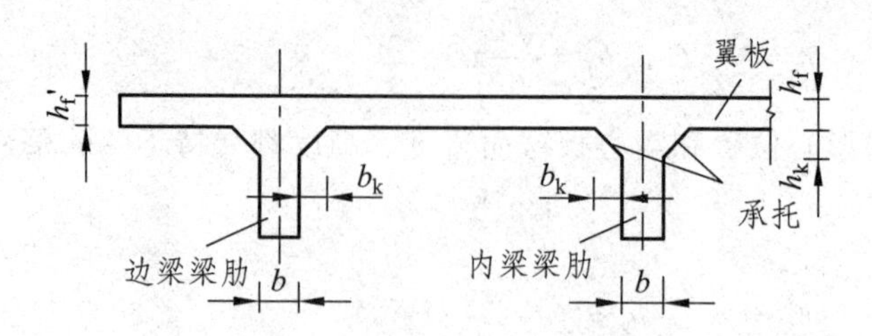

图 4-34　T 形截面受压翼板有效宽度计算

图 4-34 中所示承托，又称梗腋，它是为增强翼板与梁肋之间联系的构造措施，并可增强翼板根部的抗剪能力。

边梁受压翼板的有效宽度取相邻内梁翼缘有效宽度之半加上边梁梁肋宽度之半，再加（6 倍的外侧悬臂板平均厚度与外侧悬臂板实际宽度）两者中的较小者之和。

此外，《公路桥规》还规定，计算超静定梁内力时，T 形梁受压翼缘的计算宽度取实际全宽度。

4.6.1　基本计算公式及适用条件

T 形截面按受压区高度的不同可分为两类：受压区高度在翼板厚度内，即 $x\leqslant h_{\mathrm{f}}'$ [图 4-35（a）]为第一类 T 形截面；受压区已进入梁肋，即 $x>h_{\mathrm{f}}'$ [图 4-35（b）]为第二类 T 形截面。下面介绍这两类单筋 T 形截面梁正截面抗弯承载力计算基本公式。

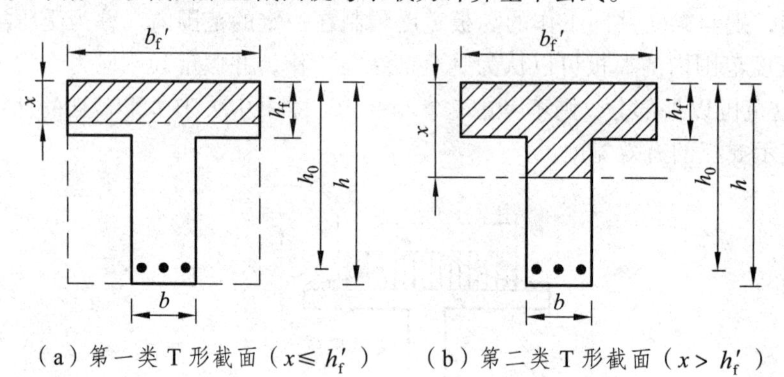

（a）第一类 T 形截面（$x\leqslant h_{\mathrm{f}}'$）　（b）第二类 T 形截面（$x>h_{\mathrm{f}}'$）

图 4-35　两类 T 形截面

1. 第一类 T 形截面

第一类 T 形截面，中和轴在受压翼板内，受压区高度 $x\leqslant h_{\mathrm{f}}'$。此时，截面虽为 T 形，但受压区形状为宽 b_{f}' 的矩形，而受拉区截面形状与截面抗弯承载力无关，故可等效为宽为 b_{f}' 的矩形截面进行抗弯承载力计算。计算时只需将单筋矩形截面公式中梁宽 b 以翼板有效宽度 b_{f}' 置换即可。

由截面平衡条件（图 4-36）可得到基本计算公式为

$$f_{\mathrm{cd}}b_{\mathrm{f}}'x=f_{\mathrm{sd}}A_{\mathrm{s}} \tag{4-40}$$

$$\gamma_0 M_d \leqslant M_u = f_{cd} b_f' x \left(h_0 - \frac{x}{2} \right) \tag{4-41}$$

$$\gamma_0 M_d \leqslant M_u = f_{sd} A_s \left(h_0 - \frac{x}{2} \right) \tag{4-42}$$

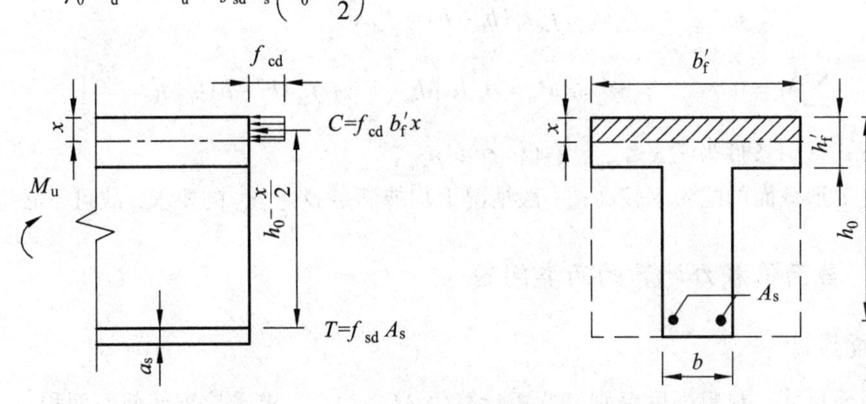

图 4-36　第一类 T 形截面抗弯承载力计算图式

基本公式适用条件为：

（1）$x \leqslant \xi_b h_0$。

第一类 T 形截面的 $x=\xi h_0 \leqslant h_f'$，即 $\xi \leqslant \frac{h_f'}{h_0}$。由于一般 T 形截面的$\frac{h_f'}{h_0}$较小，因而 ξ 值也小，所以一般均能满足这个条件。

（2）$\rho > \rho_{min}$。

这里的 $\rho = \frac{A_s}{bh_0}$，b 为 T 形截面的梁肋宽度。最小配筋率 ρ_{min} 是根据开裂后梁截面的抗弯承载力应等于同样截面的素混凝土梁抗弯承载力这一条件得出的，而素混凝土梁的抗弯承载力主要取决于受拉区混凝土的强度等级，素混凝土 T 形截面梁的抗弯承载力与高度为 h、宽度为 b 的矩形截面素混凝土梁的抗弯承载力相接近，因此，在验算 T 形截面的 ρ_{min} 值时，近似地取梁肋宽 b 来计算。

2. 第二类 T 形截面

第二类 T 形截面，中和轴在梁肋部，受压区高度 $x > h_f'$，受压区为 T 形（图 4-37）。

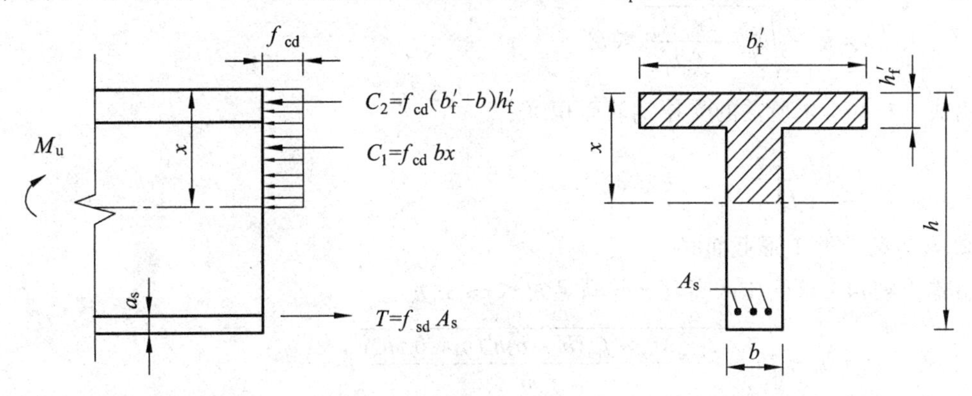

图 4-37　第二类 T 形截面抗弯承载力计算图式

由于受压区为 T 形，故一般将受压区混凝土压应力的合力分为两部分求得：一部分宽度为肋宽 b、高度为 x 的矩形，其合力 $C_1 = f_{cd}bx$；另一部分宽度为（$b_f' - b$）、高度为 h_f' 的矩形，其合力 $C_2 = f_{cd}h_f'(b_f' - b)$。由图 4-37 的截面平衡条件可得到第二类 T 形截面的基本计算公式为

$$C_1 + C_2 = T \qquad f_{cd}bx + f_{cd}h_f'(b_f' - b) = f_{sd}A_s \tag{4-43}$$

$$\sum M = 0 \qquad \gamma_0 M_d \leqslant M_u = f_{cd}bx\left(h_0 - \frac{x}{2}\right) + f_{cd}(b_f' - b)h_f'\left(h_0 - \frac{h_f'}{2}\right) \tag{4-44}$$

基本公式适用条件为① $x \leqslant \xi_b h_0$；② $\rho \geqslant \rho_{min}$。

第二类 T 形截面的配筋率较高，一般情况下均能满足 $\rho \geqslant \rho_{min}$ 的要求，故可不必进行验算。

4.6.2　截面承载力计算的两类问题

1. 截面设计

已知截面尺寸、材料强度级别、弯矩计算值 $M = \gamma_0 M_d$，求受拉钢筋截面面积 A_s。

解：（1）假设 a_s，求得 $h_0 = h - a_s$。

对于空心板等截面，往往采用绑扎钢筋骨架，因此可根据等效工字形截面下翼板厚度 h_f，在实际截面中布置一层或布置两层钢筋来假设 a_s 值。这与前述单筋矩形截面相同。对于预制或现浇 T 形梁，往往多用焊接钢筋架，由于多层钢筋的叠高一般不超过（0.15~0.2）h，故可假设 $a_s = c_{min}+(8 或 10)+(0.07\sim0.1)h$。这样可得到有效高度 $h_0 = h - a_s$。

（2）判定 T 形截面类型。

由基本公式可见，当中和轴恰好位于受压翼板与梁肋交界处，即 $x = h_f'$ 为两类 T 形截面的界限情况。显然，若满足：

$$M \leqslant f_{cd}b_f'h_f'\left(h_0 - \frac{h_f'}{2}\right) \tag{4-45}$$

即弯矩计算值 $M = \gamma_0 M_d$ 小于或等于全部翼板高度 h_f' 受压混凝土合力产生的力矩，则 $x \leqslant h_f'$，属于第一类 T 形截面，否则属于第二类 T 形截面。

（3）计算受拉钢筋面积 A_s。

① 当为第一类 T 形截面。

由式（4-41）求得受压区高度 x：

$$x = h_0 - \sqrt{h_0^2 - \frac{2\gamma_0 M_d}{f_{cd}b_f'}} \leqslant h_f'$$

由式（4-40）求所需的受拉钢筋面积 A_s：

$$A_s = \frac{f_{cd}b_f'x}{f_{sd}}$$

② 当为第二类 T 形截面时。

由式（4-44）求受压区高度 x 并满足 $h_f' < x \leqslant \xi_b h_0$：

$$x = h_0 - \sqrt{h_0^2 - \frac{2[\gamma_0 M_d - f_{cd}(b_f' - b)h_f'(h_0 - 0.5h_f')}{f_{cd}b}}$$

将各已知值及 x 值代入式（4-43）求得所需受拉钢筋面积 A_s：

$$A_s=\frac{f_{cd}bx+f_{cd}h_f'(b_f'-b)}{f_{sd}}$$

（4）选择钢筋直径和数量，按照构造要求进行布置。

2. 截面复核

已知受拉钢筋截面面积及钢筋布置、截面尺寸和材料强度级别，要求复核截面的抗弯承载力。

解：（1）检查钢筋布置是否符合规范要求。

（2）判定 T 形截面的类型。

这时，若满足：

$$f_{cd}b_f'h_f'\geqslant f_{sd}A_s \tag{4-46}$$

即钢筋所承受的拉力 $f_{sd}A_s$ 小于或等于全部受压翼板高度 h_f' 内混凝土压应力合力 $f_{cd}b_f'h_f'$，则 $x\leqslant h_f'$，属于第一类 T 形截面，否则属于第二类 T 形截面。

（3）求得正截面抗弯承载力 M_u。

① 当为第一类 T 形截面时。

由式（4-40）求得受压区高度 x，满足 $x\leqslant h_f'$：

$$x=\frac{f_{sd}A_s}{f_{cd}b_f'}$$

将各已知值及 x 值代入式（4-41）或式（4-42），求得正截面抗弯承载力 M_u：

$$M_u=f_{cd}b_f'x\left(h_0-\frac{x}{2}\right)$$

或

$$M_u=f_{sd}A_s\left(h_0-\frac{x}{2}\right)$$

② 当为第二类 T 形截面时。

由式（4-43）求受压区高度 x，满足 $h_f'<x\leqslant\xi_b h_0$：

$$x=\frac{f_{sd}A_s-f_{cd}h_f'(b_f'-b)}{f_{cd}b}$$

将各已知值及 x 值代入式（4-44）即可求得正截面抗弯承载力 M_u：

$$M_u=f_{cd}bx\left(h_0-\frac{x}{2}\right)+f_{cd}(b_f'-b)h_f'\left(h_0-\frac{h_f'}{2}\right)$$

【例 4-6】预制钢筋混凝土简支 T 梁截面高度 $h=1.30$ m，翼板有效宽度 b_f'=1.60 m（预制宽度 1.58m），C30 混凝土，HRB400 级钢筋，HPB300 级箍筋的直径拟采用 8 mm。Ⅱ类环境条件，设计使用年限 50 年，安全等级为二级。跨中截面弯矩组合设计值 M_d=2 200 kN·m。试进行配筋（焊接钢筋骨架）计算及截面复核。

解：C30 混凝土，由附表 1 查得 $f_{cd}=13.8\ \text{MPa}$，$f_{td}=1.39\ \text{MPa}$；HRB400 级钢筋，由附表 3 查得 $f_{sd}=330\ \text{MPa}$；由表 4-2 查得 $\xi_b=0.53$，$\gamma_0=1.0$，弯矩计算值 $M=\gamma_0 M_d=2\ 200\ \text{kN}\cdot\text{m}$。

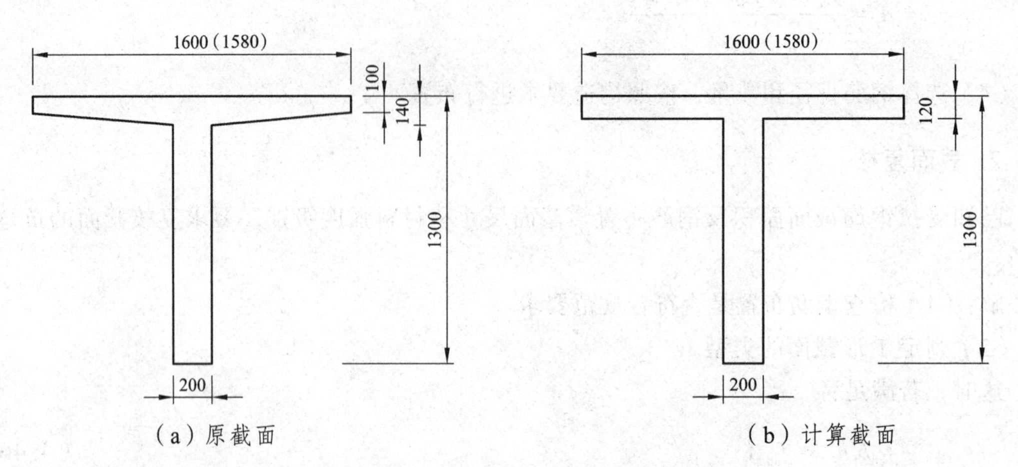

图 4-38　T 梁截面（尺寸单位：mm）

为了便于进行计算，将图 4-38（a）的实际 T 形截面换成图 4-38（b）所示的计算截面，$h'_f=\dfrac{100+140}{2}=120\ \text{mm}$，其余尺寸不变。

（1）截面设计。

① 因采用焊接钢筋骨架，故设 $a_s=c_{min}+8+0.07h$，由附表 8 查得 $c_{min}=25\ \text{mm}$，故 $a_s=25+8+0.07\times 1\ 300=124\ \text{mm}$，则截面有效高度 $h_0=1\ 300-124=1176\ \text{mm}$。

② 判定 T 形截面类型：

$$f_{cd}b'_f h'_f(h_0-\frac{h'_f}{2})=13.8\times 1\ 600\times 120\times(1\ 176-\frac{120}{2})$$
$$=2\ 956.95\times 10^6\ \text{N}\cdot\text{mm}=2\ 956.95\ \text{kN}\cdot\text{m}>M(=2\ 200\ \text{kN}\cdot\text{m})$$

故属于第一类 T 形截面。

③ 求受压区高度 x：

$$x=h_0-\sqrt{h_0^2-\frac{2M}{f_{cd}b'_f}}=1176-\sqrt{1176^2-\frac{2\times 2\ 200\times 10^6}{13.8\times 1\ 600}}=88\ \text{mm}<h'_f\ (=120\ \text{mm})$$

④ 求受拉钢筋面积 A_s：

将各已知值及 $x=88\ \text{mm}$ 代入式（4-40），可得到

$$A_s=\frac{f_{cd}b'_f x}{f_{sd}}=\frac{13.8\times 1\ 600\times 88}{330}=5\ 888\ \text{mm}^2$$

现选择钢筋为 8⌀28+4⌀18，截面积 $A_s=5\ 944\ \text{mm}^2$。钢筋叠高层数为 6 层，布置如图 4-39。

取截面最下一层纵向受拉钢筋心形至截面下边缘距离 $a_{s1}=50\ \text{mm}$，则箍筋的最小混凝土保护层厚度 $c_{min}=50-31.6/2-8=26.2\ \text{mm}>25\ \text{mm}$。本例钢筋混凝土 T 形梁肋截面的两侧沿梁高设置水平纵向钢筋，水平纵向钢筋位于箍筋的外侧，设钢筋直径为 6 mm，则受力钢筋 ⌀28 所需混凝土保护层厚度为 25+8+6 = 39 mm，现取 $c=40\ \text{mm}$，则钢筋间横向净距 $S_n=200-2\times 40-2\times 31.6=56.8\ \text{mm}>40\ \text{mm}$ 及 $1.25d=1.25\times 28=35\ \text{mm}$ 满足构造要求。

（2）截面复核。

已设计的受拉钢筋中，8Φ28 的面积为 4 926 mm²，4Φ18 的面积为 1 018 mm²，由图 4-39 钢筋布置图可求得 a_s 为

$$a_s=\frac{4\,926\times(50+1.5\times31.6)+1\,018\times(50+3.5\times31.6+20.5)}{4\,926+1\,018}=112\text{ mm}$$

则实际有效高度 $h_0=1\,300-112=1188\text{ mm}$。

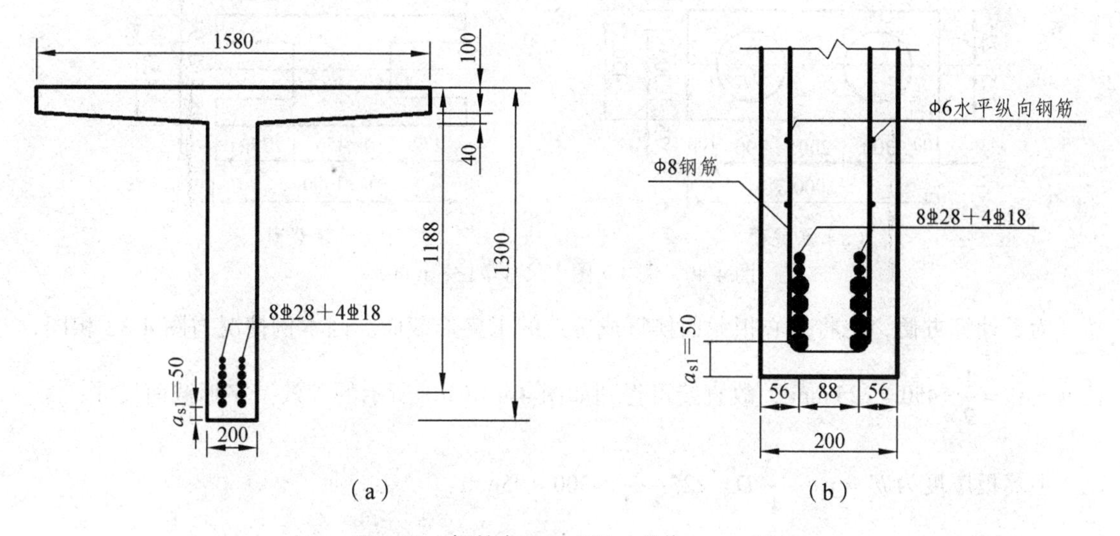

图 4-39　钢筋布置图（尺寸单位：mm）

① 判定 T 形截面类型：

由式（4-46）计算

$$f_{cd}b_f'h_f'=13.8\times1\,600\times120=2.65\times10^6\text{ N}=2\,650\text{ kN}$$

$$f_{sd}A_s=330\times5\,944=1.962\times10^6\text{ N}=1962\text{ kN}$$

由于 $f_{cd}b_f'h_f'>f_{sd}A_s$，故为第一类 T 形截面。

② 求受压区高度 x：

由式（4-40），求得 x 为

$$x=\frac{f_{sd}A_s}{f_{cd}b_f'}=\frac{330\times5\,944}{13.8\times1\,600}=88.8\text{ mm}<h_f'(=120\text{mm})$$

③ 正截面抗弯承载力：

由式（4-41），求得正截面抗弯承载力 M_u 为

$$M_u=f_{cd}b_f'x\left(h_0-\frac{x}{2}\right)=13.8\times1600\times88.8\times(1188-\frac{88.8}{2})$$

$$=2\,242.3\times10^6\text{ N}\cdot\text{mm}=2\,242.3\text{ kN}\cdot\text{m}>M(=2\,200\text{ kN}\cdot\text{m})$$

又　　$$\rho=\frac{A_s}{bh_0}=\frac{5\,944}{200\times1188}=2.5\%>\rho_{min}=0.20\%$$

复核结果说明截面设计符合要求。

【例 4-7】 预制的钢筋混凝土简支空心板，计算截面尺寸如［图 4-40（a）］所示。计算宽度 $b_f'=1\ \text{m}$，截面高度 $h=450\ \text{mm}$。C25 混凝土，HRB400 级钢筋，HPB300 级箍筋（直径 8 mm）。I 类环境条件，设计使用年限 50 年。弯矩计算值 $M=500\ \text{kN}\cdot\text{m}$。试进行配筋计算。

解： 由附表 1 查得 $f_{cd}=11.5\ \text{MPa}$，由附表 3 查得 $f_{sd}=330\ \text{MPa}$，查表 4-2 得 $\xi_b=0.53$。

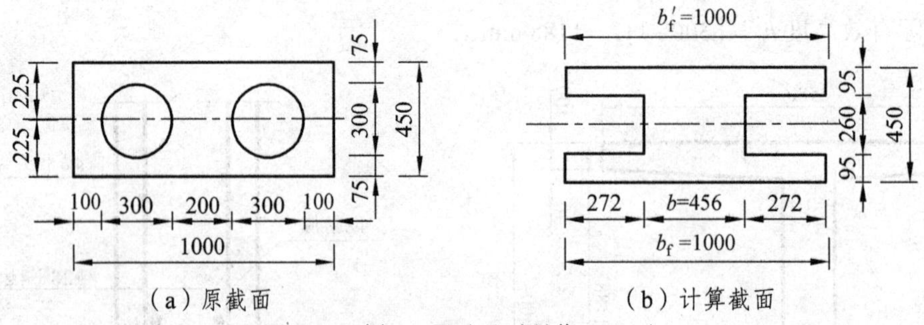

图 4-40　例 4-7 图（尺寸单位：mm）

为了计算方便，先将空心板截面换算成等效的工字形截面。因本例情况与图 4-32 相同，且 $y_1=y_2=\frac{1}{2}\times450=225\ \text{mm}$，故直接可得到如图 4-40（b）所示的等效工字形截面尺寸：

上翼板厚度为 $h_f'=y_1-\frac{\sqrt{3}}{4}D=225-\frac{\sqrt{3}}{4}\times300\approx95\text{mm}$

下翼板厚度为 $h_f=y_2-\frac{\sqrt{3}}{4}D=225-\frac{\sqrt{3}}{4}\times300\approx95\text{mm}$

腹板厚度为　$b=b_f-\frac{\sqrt{3}}{3}\pi D=1000-\frac{\sqrt{3}}{3}\times3.14\times300\approx456\text{mm}$

（1）空心板采用绑扎钢筋骨架，一层受拉主筋。假设 $a_s=c_{\min}+20=20+20=40\ \text{mm}$，则有效高度为 $h_0=450-40=410\ \text{mm}$。

（2）判定 T 形截面类型。

由式（4-45）的右边可得到：

$$
\begin{aligned}
f_{cd}b_f'h_f'\left(h_0-\frac{h_f'}{2}\right)&=11.5\times1000\times95\times\left(410-\frac{95}{2}\right)\\
&=396.03\times10^6\ \text{N}\cdot\text{mm}\\
&=396.03\ \text{kN}\cdot\text{m}<M(=500\ \text{kN}\cdot\text{m})
\end{aligned}
$$

故属于第二类 T 形截面。

（3）求受压区高度 x。

$$
\begin{aligned}
x&=h_0-\sqrt{h_0^2-\frac{2[M-f_{cd}(b_f'-b)h_f'(h_0-0.5h_f')]}{f_{cd}b}}\\
&=410-\sqrt{410^2-\frac{2[500-11.5(1000-456)\times95(410-0.5\times95)]}{11.5\times456}}\\
&=166\ \text{mm}
\end{aligned}
$$

满足 $h_f'(=95\text{mm}) < x < \xi_b h_0(=217\text{ mm})$ 。

（4）受拉钢筋面积计算。

由式（4-43）得到所需的钢筋面积为

$$A_s = \frac{f_{cd}bx + f_{cd}h_f'(b_f' - b)}{f_{sd}}$$

$$= \frac{11.5\times456\times166 + 11.5\times95(1000-456)}{330} = 4\,439\text{ mm}^2$$

现选择 8⌽25+4⌽20 纵向钢筋，钢筋面积为 5 183 mm^2。纵向受力钢筋混凝土保护层厚度为 $c = 20 + 8 = 28$ mm，取 30mm > d = 25 mm 且满足附表 8 要求。

钢筋间净距 $S_n = \dfrac{1\,000 - 2\times30 - 8\times28.4 - 4\times22.7}{11} = 57\text{ mm} > 30\text{mm}$ 及 d = 25 mm，故满足要求。

截面设计布置如图 4-41 所示。

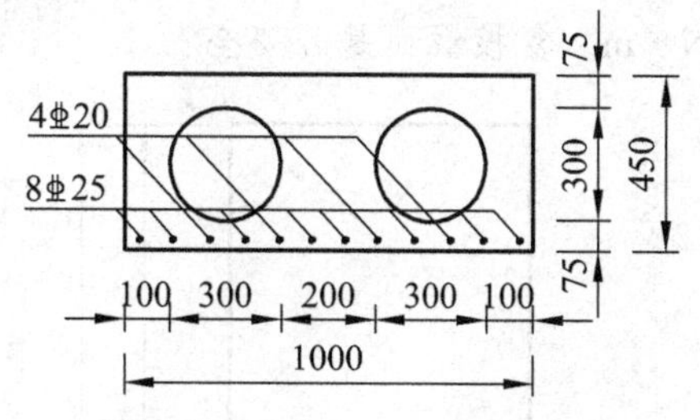

图 4-41　钢筋布置图（尺寸单位：mm）

复习思考题

1. 说明钢筋混凝土板与钢筋混凝土梁钢筋布置的构造要求。

2. 什么叫受弯构件纵向受拉钢筋的配筋率？配筋率的表达式中，h_0 的含义是什么？

3. 为什么钢筋要有足够的混凝土保护层厚度？钢筋的最小混凝土保护层厚度的选择应考虑哪些因素？

4. 试说明规定各主钢筋间横向净距和层与层之间的竖向净距的原因。

5. 钢筋混凝土适筋梁正截面受力全过程可划分为几个阶段？各阶段受力主要特点是什么？

6. 什么叫钢筋混凝土少筋梁、适筋梁和超筋梁？各自有什么样的破坏形态？为什么把少筋梁和超筋梁的破坏形态都称为脆性破坏？

7. 钢筋混凝土适筋梁当受拉钢筋屈服后能否再增加荷载？为什么？少筋梁能否这样？

8. 钢筋混凝土受弯构件正截面承载力计算有哪些基本假定？其中的“平截面假定”与均质弹性材料（如钢）受弯构件计算的平截面假定情况有何不同？

9. 什么叫作钢筋混凝土受弯构件的截面相对受压区高度 ξ 和相对界限受压区高度 ξ_b？ξ_b 在正截面承载力计算中起什么作用？ξ_b 取值与哪些因素有关？

10. 在什么情况下可采用钢筋混凝土双筋截面梁？为什么双筋截面梁一定要采用封闭式箍筋？截面受压区的钢筋设计强度是如何确定的？

11. 钢筋混凝土双筋截面梁正截面承载力计算公式的适用条件是什么？试说明原因。

12. 钢筋混凝土双筋截面梁在正截面受弯承载力计算中，若受压区钢筋 A_s' 已知时，应当如何求解所需的受拉区钢筋 A_s 的数量？

13. 何谓 T 形梁受压翼板的有效宽度？《公路桥规》对 T 形梁的受压翼板有效宽度取值有何规定？

14. 在截面设计时，如何判别两类 T 形截面？在截面复核时又如何判别？

15. 试写出 T 形截面设计和截面复核计算的流程。

16. 截面尺寸 $b \times h = 200\ \text{mm} \times 500\ \text{mm}$ 的钢筋混凝土矩形截面梁，采用 C30 混凝土和 HRB400 级钢筋，拟采用箍筋为 HPB300（直径 8 mm），Ⅰ类环境条件，安全等级为二级。最大弯矩组合设计值 $M_d = 145\ \text{kN·m}$，试分别采用基本公式法和查表法进行截面设计（单筋截面）。

17. 截面尺寸 $b \times h = 200\ \text{mm} \times 450\ \text{mm}$ 的钢筋混凝土矩形截面梁。采用 C30 混凝土和绑扎 HRB400 级钢筋（3Φ16），Ⅰ类环境截面，采用 HPB300（Φ8）箍筋，构造如图 4-42 所示。弯矩计算值 $M = \gamma_0 M_d = 70\ \text{kN} \cdot \text{m}$，复核截面是否安全？

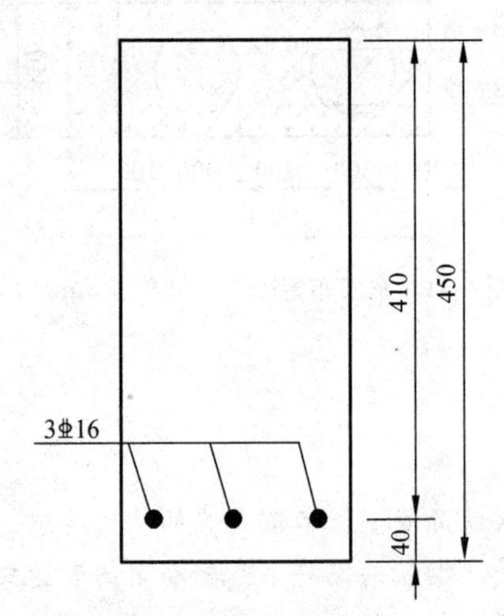

图 4-42　题 17 图（尺寸单位：mm）

18. 如图 4-43 所示为一钢筋混凝土悬臂板，试画出受力主钢筋位置示意图。悬臂板根部截面高度为 140 mm。C30 混凝土和 HRB400 级钢筋。Ⅰ类环境条件，安全等级为二级。悬臂板根部截面最大弯矩组合设计值 $M_d = -12.9\ \text{kN} \cdot \text{m}$，试进行截面设计。

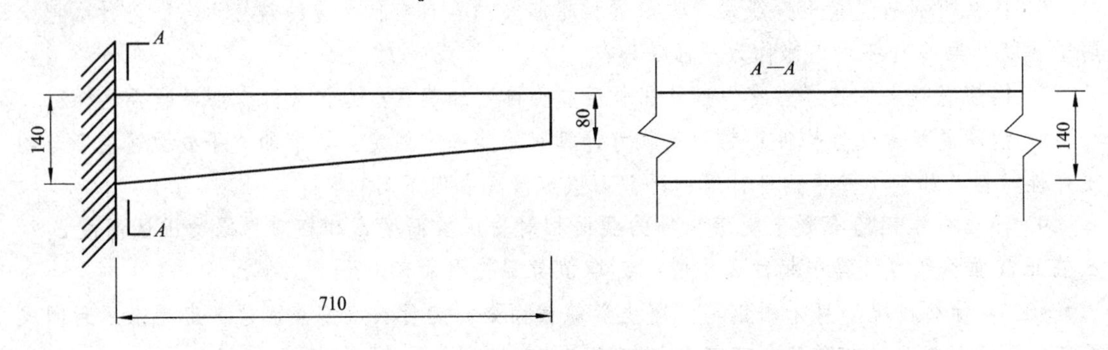

图 4-43　题 18 图（尺寸单位：mm）

19. 截面尺寸 $b \times h = 200\ \text{mm} \times 500\ \text{mm}$ 的钢筋混凝土矩形截面梁，采用 C30 混凝土和 HRB400 级钢筋。Ⅰ类环境条件，安全等级为一级。最大弯矩组合设计值 $M_d = 220\ \text{kN} \cdot \text{m}$，试按双筋截面求所需的钢筋截面面积并进行截面布置。

20. 已知条件与题 19 相同。由于构造要求，截面受压区已配置了 3⌀18 的钢筋，$a_s' = 40\ \text{mm}$，试求所需的受拉钢筋截面面积。

21. 如图 4-44 所示装配式 T 形截面简支梁桥横向布置图。简支梁的计算跨径为 24.20 m，试求边梁和中梁受压翼板的有效宽度 b_f。

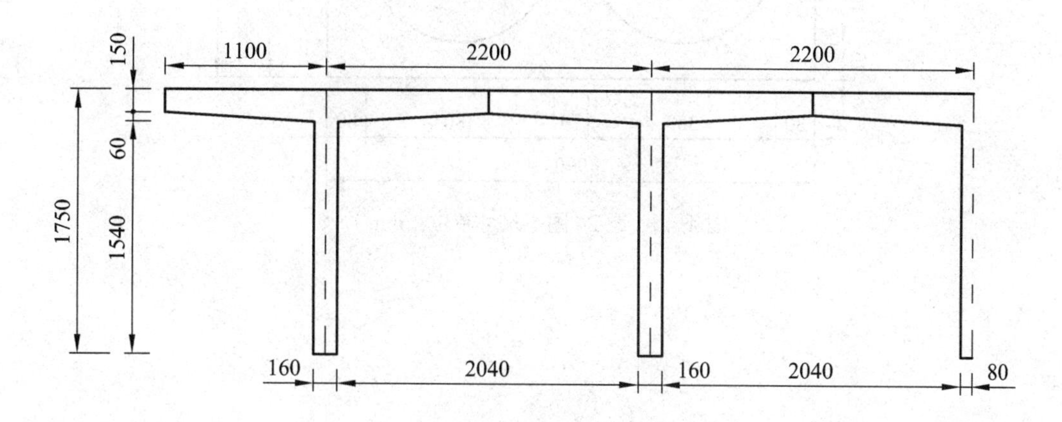

图 4-44　题 21 图（尺寸单位：mm）

22. 两类钢筋混凝土 T 形截面梁如何判别？为什么第一类 T 形截面可按 $b_f' \times h$ 的矩形截面计算？

23. 计算跨径 $L = 12.6\ \text{m}$ 的钢筋混凝土简支梁，中梁间距为 2.1 m，截面尺寸及钢筋截面布置如图 4-45 所示。采用 C30 混凝土和 HRB400 级钢筋，Ⅰ类环境条件，安全等级为二级。截面最大弯矩组合设计值 $M_d = 1\ 187\ \text{kN} \cdot \text{m}$，试进行截面复核。

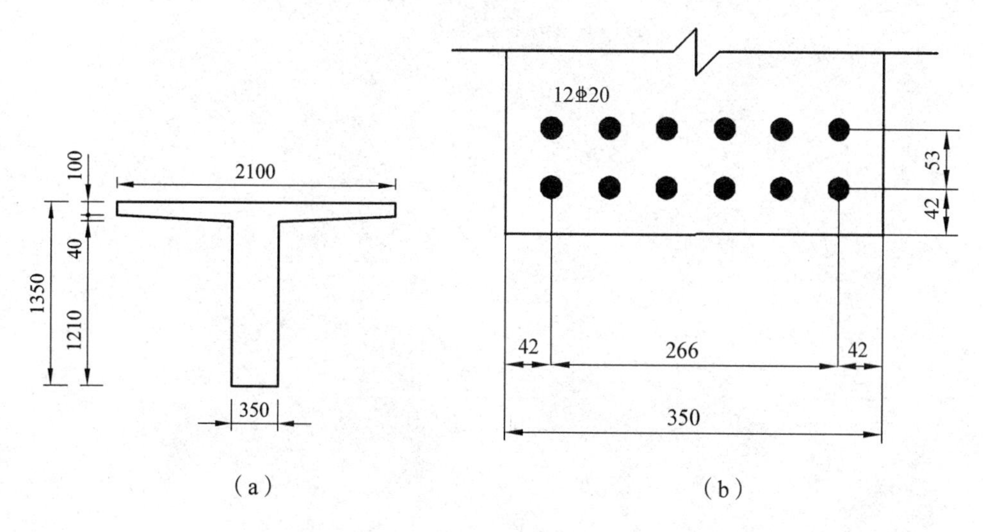

图 4-45　题 23 图（尺寸单位：mm）

24. 钢筋混凝土空心板的截面尺寸如图 4-46 所示，试作出其等效的工字形截面。

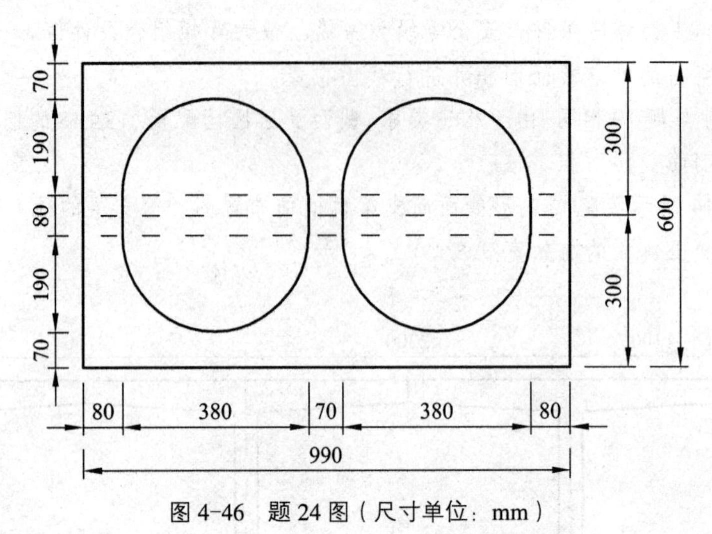

图 4-46　题 24 图（尺寸单位：mm）

第 5 章　受弯构件斜截面承载力计算

受弯构件在荷载作用下，各截面上除产生弯矩外，一般同时还有剪力。在受弯构件设计中，首先应使构件的截面具有足够的抗弯承载力，即必须进行正截面抗弯承载力计算，这在第 4 章中已介绍过。此外，在剪力和弯矩共同作用的区段，有可能发生沿斜截面的破坏，故受弯构件还必须进行斜截面承载力计算。本章主要讨论斜截面承载力的计算。

5.1　受弯构件斜截面的受力特点和破坏形态

在第 4 章受弯构件的构造中，介绍过钢筋混凝土梁设置的箍筋和弯起（斜）钢筋都起抗剪作用。一般把箍筋和弯起（斜）钢筋统称为梁的腹筋。将配有纵向受力钢筋和腹筋的梁称为有腹筋梁；而把仅有纵向受力钢筋而不设腹筋的梁称为无腹筋梁。在对受弯构件斜截面受力分析中，为了便于探讨剪切破坏的特性，常以无腹筋梁为基础，再引申到有腹筋梁。

5.1.1　无腹筋简支梁斜裂缝出现前后的受力状态

图 5-1 为无腹筋简支梁，作用有两个对称的集中荷载。*CD* 段称为纯弯段；*AC* 段和 *DB* 段内的截面上既有弯矩 *M* 又有剪力 *V*，故称为剪弯段。

当梁上荷载较小时，裂缝尚未出现，钢筋和混凝土的应力-应变关系都处在弹性阶段，所以，把梁近似看作匀质弹性体，可用材料力学方法来分析它的应力状态。

在剪弯区段截面上任一点都有剪应力和正应力存在，由单元体应力状态可知，它们的共同作用将产生主拉应力 σ_{tp} 和主压应力 σ_{cp}，图 5-1 即为这种情况下无腹筋简支梁的主应力轨迹线。

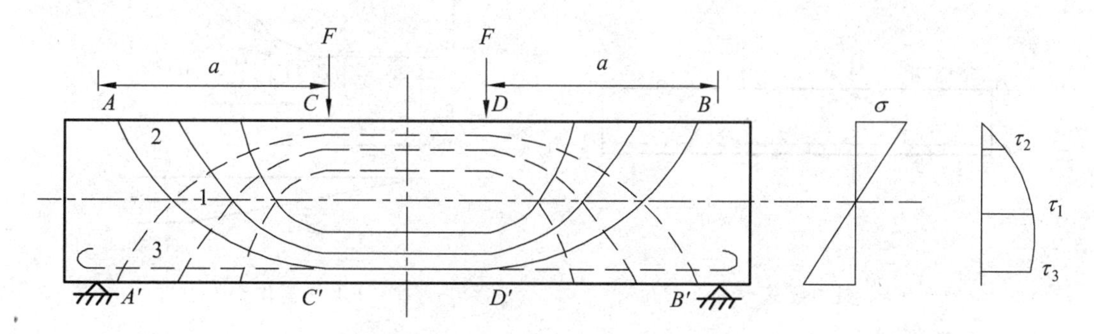

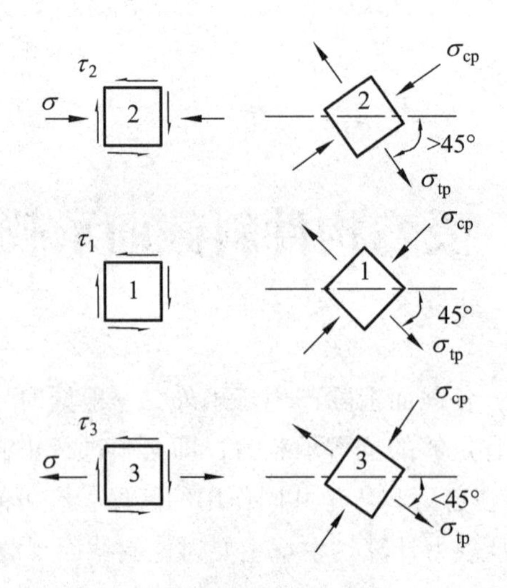

图 5-1　无腹筋梁的主应力分布

从主应力轨迹线可以看出，剪弯区段主拉应力方向是倾斜的，与梁轴线的交角约为 45°，而在梁的下边缘主拉应力方向接近于水平。在矩形截面梁中，主拉应力的数值是沿着某一条主拉应力轨迹线自上向下逐步增大的。

混凝土的抗压强度较高，但其抗拉强度较低。在梁的剪弯段中，当主拉应力超过混凝土的极限抗拉强度时，就会出现斜裂缝。

梁的剪弯段出现斜裂缝后，截面的应力状态发生了质变，或者说发生了应力重分布。这时，不能用材料力学公式来计算梁截面上的正应力和剪应力，因为这时梁已不再是完整的匀质弹性梁了。

图 5-2 为一根出现斜裂缝后的无腹筋梁。现取左边五边形 $AA'BCD$ 隔离体［图 5-2（b）］来分析它的平衡状态。在隔离体上，外荷载在斜截面 $AA'B$ 上引起的弯矩为 M_A、剪力为 V_A，而斜截面上的抵抗力则有：① 斜截面上端混凝土剪压面（AA'）上压力 D_C 和剪力 V_C。② 纵向钢筋拉力 T_s；③ 在梁的变形过程中，斜裂缝的两边将发生相对剪切位移，使斜裂缝面上产生摩擦力以及集料凹凸不平相互间的骨料咬合力，它们的合力为 S_a。④ 由于斜裂缝两边有相对的上下错动，从而使纵向受拉钢筋受剪，通常称其为纵筋的销栓力 V_d。

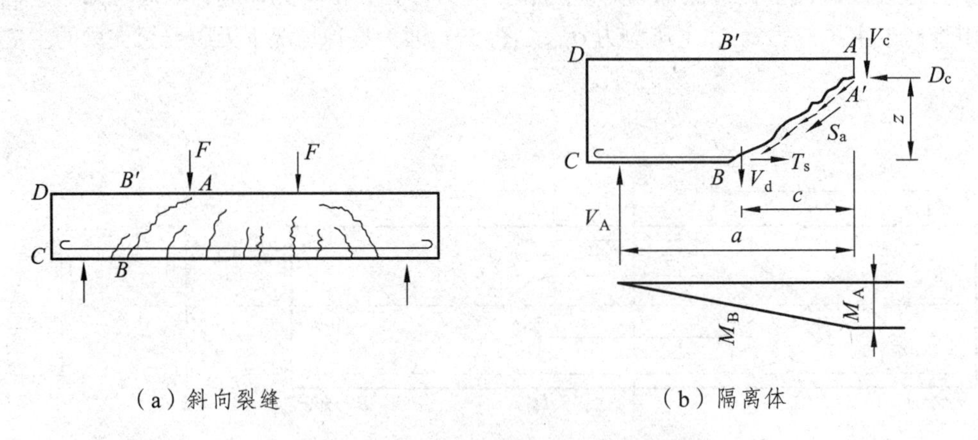

（a）斜向裂缝　　（b）隔离体

图 5-2　无腹筋梁出现斜裂缝后的隔离体图

集料咬合力和销栓力都难以定量估计，而且随斜裂缝的开展不断变化。为简化分析，S_a 和 V_d 都不予考虑，根据平衡条件可写出：

$$\left.\begin{array}{ll}\sum x=0 & D_c=T_s \\ \sum Y=0 & V_A=V_C \\ \sum M=0 & V_A\cdot a=T_s\cdot z\end{array}\right\} \tag{5-1}$$

由式（5-1）可以看出，斜裂缝出现后，梁内的应力状态有如下变化：

（1）斜裂缝出现前，剪力 V_A 由梁全截面抵抗。但斜裂缝出现后，剪力 V_A 仅由截面 AA'（称剪压面或剪压区截面）抵抗，后者的面积远小于前者。所以，斜裂缝出现后，剪压区的剪应力 τ 显著增大；同时，剪压区的压应力 σ 也要增大。这是斜裂缝出现后应力重分布的一个表现。

（2）斜裂缝出现前，截面 BB'处纵筋拉应力由截面 BB'处的弯矩 M_B 所决定，其值较小。在斜裂缝出现后，截面 BB'处的纵筋拉应力则由截面 AA'处弯矩 M_A 决定。因 M_A 远大于 M_B，故纵筋拉应力显著增大，这是应力重分布的另一个表现。

5.1.2　无腹筋简支梁斜截面破坏形态

在讨论无腹筋简支梁斜截面破坏形态之前，有必要引出“剪跨比”的概念。剪跨比是一个无量纲常数，用 $m=\dfrac{M}{Vh_0}$ 来表示，此处 M 和 V 分别为剪弯区段中某个竖直截面的弯矩和剪力，h_0 为截面有效高度。一般把 m 的这个表达式称为“广义剪跨比”。对于集中荷载作用下的简支梁(图 5-1),则可用更为简便的形式来表达,例如图 5-1 中 CC'截面的剪跨比 $m=\dfrac{M_C}{V_Ch_0}=\dfrac{a}{h_0}$，其中 a 为集中力作用点至简支梁最近的支座之间的距离，称为“剪跨”。有时称 $m=\dfrac{a}{h_0}$ 为“狭义剪跨比”。

试验研究表明，随着剪跨比 m 的变化，无腹筋简支梁沿斜截面破坏的主要形态有以下三种。

1. 斜拉破坏［图 5-3（a）］

在荷载作用下，梁的剪跨段产生由梁底竖向的裂缝沿主压应力轨迹线向上延伸发展而成的斜裂缝。其中有一条主要斜裂缝（又称临界斜裂缝）很快形成，并迅速伸展至荷载垫板边缘而使梁体混凝土裂通，梁被撕裂成两部分而丧失承载力，同时，沿纵向钢筋往往伴随产生水平撕裂裂缝。这种破坏称为斜拉破坏。这种破坏发生突然，破坏荷载等于或略高于主要斜裂缝出现时的荷载，破坏面较整齐，无混凝土压碎现象。这种破坏往往发生于剪跨比较大（$m>3$）时。

2. 剪压破坏［图 5-3（b）］

梁在剪弯区段内出现斜裂缝。随着荷载的增大，陆续出现几条斜裂缝，其中一条发展成为临界斜裂缝。临界斜裂缝出现后，梁承受的荷载还能继续增加荷载，而斜裂缝伸展至荷载垫板下，直到斜裂缝顶端（剪压区）的混凝土在正应力 σ_x，剪应力 τ 及荷载引起的竖向局部压应力 σ_y 的共同作用下被压碎而破坏。破坏处可见到很多平行的斜向短裂缝和混凝土碎渣。这种破坏称为剪压破坏。这种破坏多见于剪跨比为 $1 \leqslant m \leqslant 3$ 的情况中。

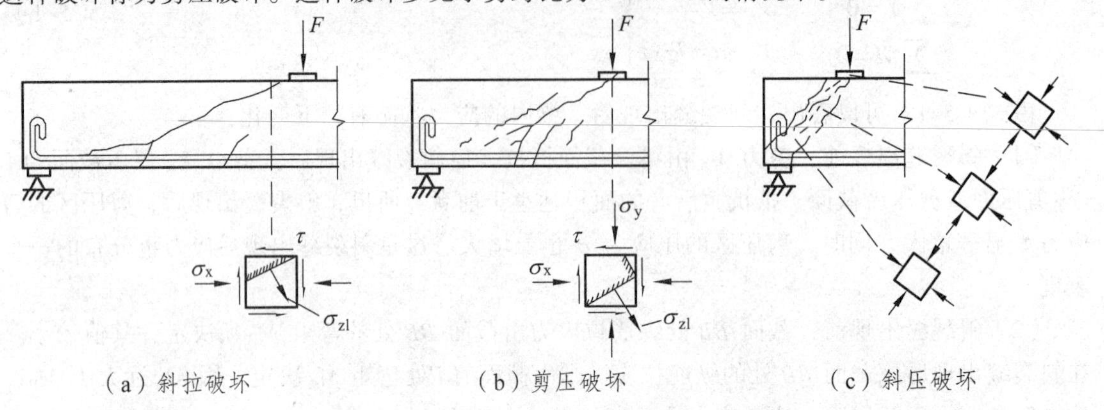

图 5-3　斜面截面破坏形态

3. 斜压破坏［图 5-3（c）］

当剪跨比较小（$m<1$）时，首先是荷载作用点和支座之间出现一条斜裂缝，然后出现若干条大体相平行的斜裂缝，梁腹被分割成若干个倾斜的小柱体。随着荷载增大，梁腹发生类似混凝土棱柱体被压坏的情况。破坏时斜裂缝多而密，但没有主裂缝，故称为斜压破坏。

总的来看，不同剪跨比无腹筋简支梁的破坏形态虽有不同，但荷载达到峰值时梁的跨中挠度都不大，而且破坏较突然，均属于脆性破坏，而其中斜拉破坏最为明显。

5.1.3　有腹筋简支梁斜裂缝出现后的受力状态

有腹筋梁的斜截面受剪破坏形态与无腹筋梁一样，也有斜压破坏、剪压破坏和斜拉破坏三种。这时，除了剪跨比对斜截面破坏形态有重要影响以外，箍筋的配置数量对破坏形态也有很大的影响。

1. 斜拉破坏

当 $m>3$，且箍筋配置数量过少时，斜裂缝一旦出现，与斜裂缝相交的箍筋承受不了原来由混凝土所负担的拉力，箍筋立即屈服而不能限制斜裂缝的开展，与无腹筋梁相似，发生斜拉破坏。

2. 剪压破坏

如果 $1 \leqslant m \leqslant 3$，箍筋配置数量适当的话，则可避免斜拉破坏，而转为剪压破坏。这是因为斜裂缝产生后，与斜裂缝相交的箍筋不会立即屈服，箍筋的受力限制了斜裂缝的开展。随着荷载增大，箍筋拉力增大，当箍筋屈服后，不能再限制斜裂缝的开展，使斜裂缝上端剩余截面缩小，剪压区混凝土在正应力 σ 和剪应力 τ 共同作用下达到极限强度，发生剪压破坏。

3. 斜压破坏

如果 $m<1$，箍筋配置数量过多，箍筋应力增长缓慢，在箍筋尚未屈服时，梁腹混凝土就因抗压能力不足而发生斜压破坏。在薄腹梁中，即使 m 较大，也会发生斜压破坏。

对有腹筋梁来说，只要截面尺寸合适，箍筋配置数量适当，剪压破坏是斜截面受剪破坏中最常见的一种破坏形态。

5.2　受弯构件斜截面抗剪承载力计算

5.2.1　影响受弯构件斜截面抗剪能力的主要因素

试验研究表明，影响有腹筋梁斜截面抗剪能力的主要因素是剪跨比，混凝土强度、纵向受拉钢筋配筋率和箍筋数量及强度等。

1. 剪跨比 m

剪跨比 m 是影响受弯构件斜截面破坏形态和抗剪能力的主要因素。随着剪跨比 m 的加大，破坏形态按斜压、剪压和斜拉的顺序演变，而抗剪能力逐步降低。当 $m>3$ 后，斜截面抗剪能力趋于稳定，剪跨比的影响不明显了。

2. 混凝土抗压强度 f_{cu}

梁的抗剪能力随混凝土抗压强度的提高而提高，其影响大致按线性规律变化。但是，由于在不同剪跨比下梁的破坏形态不同，所以，这种影响的程度亦不相同。斜压破坏直线斜率较大；斜拉破坏斜率较小；剪压破坏直线斜率介于上述两者之间。

3. 纵向钢筋配筋率

试验表明，梁的抗剪能力随纵向钢筋配筋率 ρ 的提高而增大。一方面，因为纵向钢筋能抑制斜裂缝的开展和延伸，使斜裂缝上端的混凝土剪压区的面积增大，从而提高了剪压区混凝土承受的剪力 V_c。显然，随着纵筋数量的增加，这种抑制作用也增大。另一方面，纵筋数量的增加，其销栓作用随之增大，销栓作用所传递的剪力亦增大。随剪跨比 m 的不同，ρ 的影响程度亦不同。剪跨比小时，纵筋的销栓作用较强，纵筋配筋率对抗剪能力的影响也较大；剪跨比较大时，纵筋的销栓作用减弱，则纵筋配筋率对抗剪能力的影响也较小。

4. 配箍率和箍筋强度

有腹筋梁出现斜裂缝后，箍筋不仅直接承受相当部分的剪力，而且有效地抑制斜裂缝的开展和延伸，对提高剪压区混凝土的抗剪能力和纵向钢筋的销栓作用都有着积极的影响。

试验表明，若箍筋的配置数量过多，则在箍筋尚未屈服时，斜裂缝间混凝土即因主压应力过大而发生斜压破坏。此时梁的抗剪能力取决于构件的截面尺寸和混凝土强度，并与无腹筋梁斜压破坏时的抗剪能力相接近。

若箍筋的配置数量适当，则斜裂缝出现后，原来由混凝土承受的拉力转由与斜裂缝相交的箍筋承受，在箍筋尚未屈服时，由于箍筋的作用，延缓和限制了斜裂缝的开展和延伸，承载力尚能有较大的增长。当箍筋屈服后，其变形迅速增大，不再能有效地抑制斜裂缝的开展和延伸，最后，斜裂缝上端的混凝土在剪、压复合应力作用下达到极限强度，发生剪压破坏。此时，梁的抗剪能力主要与混凝土强度和箍筋配置数量有关，而剪跨比和纵筋配筋率等因素的影响相对较小。

若箍筋配置数量过少，则斜裂缝一出现，截面即发生急剧的应力重分布，原来由混凝土承受的拉力转由箍筋承受，使箍筋很快达到屈服，变形剧增，不能抑制斜裂缝的开展，此时梁的破坏形态与无腹筋梁相似。当剪跨比较大时，也将产生脆性的斜拉破坏。

箍筋用量一般用箍筋配筋率(工程上习惯称配箍率) ρ_{sv} (%)表示，即

$$\rho_{sv}=\frac{A_{sv}}{bS_v} \tag{5-2}$$

式中 A_{sv}——斜截面内配置在沿梁长度方向一个箍筋间矩 S_v 范围内的箍筋各肢总截面积；

b——截面宽度，对 T 形截面梁取 b 为肋宽；

S_v——沿梁长度方向箍筋的间距。

由于梁斜截面破坏属于脆性破坏，为了提高斜截面延性，不宜采用高强钢筋作箍筋。

5.2.2 斜截面抗剪承载力计算的基本公式及适用条件

1. 基本计算公式

如前所述，钢筋混凝土梁沿斜截面的主要破坏形态有斜压破坏、斜拉破坏和剪压破坏等。在设计时，对于斜压和斜拉破坏，一般是采用截面限制条件和一定的构造措施予以避免。对于常见的剪压破坏形态，梁的斜截面抗剪力变化幅度较大，故必须进行斜截面抗剪承载力的计算。《公路桥规》的基本公式就是针对这种破坏形态的受力特征而建立的。

配有箍筋和弯起钢筋的钢筋混凝土梁，当发生剪压破坏时，其抗剪承载力 V_u 是由剪压区混凝土抗剪力 V_c，箍筋所能承受的剪力 V_{sv} 和弯起钢筋所能承受的剪力 V_{sb} 所组成（图 5-4），即

$$V_u=V_c+V_{sv}+V_{sb} \tag{5-3}$$

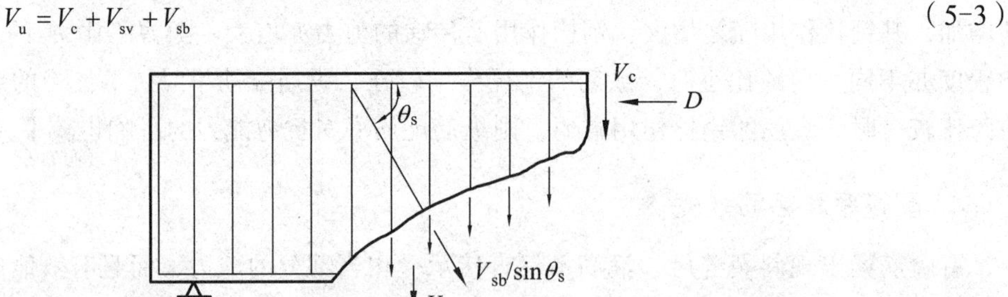

图 5-4 斜截面抗剪承载力计算图式

在有腹筋梁中，箍筋的存在抑制了斜裂缝的开展，使剪压区面积增大，导致了剪压区混凝土抗剪能力的提高，其提高程度与箍筋的抗拉强度和配箍率有关。因而，式（5-3）中的 V_c 与 V_{sv} 是紧密相关的，但两者目前尚无法分别予以精确定量，而只能用 V_{cs} 来表达混凝土和箍筋的综合抗剪承载力，即

$$V_u = V_{cs} + V_{sb} \tag{5-4}$$

《公路桥规》根据国内外的有关试验资料，对配有腹筋的钢筋混凝土梁斜截面抗剪承载力的计算采用下述半经验半理论的公式：

$$\gamma_0 V_d \leqslant V_u = \alpha_1\alpha_2\alpha_3(0.45\times10^{-3})bh_0\sqrt{(2+0.6p)\sqrt{f_{cu,k}}\rho_{sv}f_{sv}} +$$

$$(0.75\times10^{-3})f_{sd}\sum A_{sb}\sin\theta_s \tag{5-5}$$

式中　V_d——斜截面受压端正截面上由作用（或荷载）效应所产生的最大剪力组合设计值（kN）。

γ_0——桥梁结构的重要性系数。

α_1——异号弯矩影响系数。计算简支梁和连续梁近边支点梁段的抗剪承载力时，α_1=1.0；计算连续梁和悬臂梁近中间支点梁段的抗剪承载力时，α_1=0.9。

α_2——预应力提高系数。对钢筋混凝土受弯构件，α_2=1。

α_3——受压翼缘的影响系数。对具有受压翼缘的截面，取 α_3=1.1。

b——斜截面受压区顶端截面处矩形截面宽度（mm），或 T 形和 I 形截面腹板宽度（mm）。

h_0——斜截面受压端正截面上的有效高度，自纵向受拉钢筋合力点到受压边缘的距离（mm）。

p——斜截面内纵向受拉钢筋的配筋百分率，p=100ρ，$\rho = A_s/bh_0$，当 p＞2.5 时，取 p=2.5。

$f_{cu,k}$——混凝土立方体抗压强度标准值（MPa）。

ρ_{sv}——箍筋配筋率，见式（5-2）。

f_{sv}——箍筋抗拉强度设计值（MPa）。

f_{sd}——弯起钢筋的抗拉强度设计值（MPa）。

A_{sb}——斜截面内在同一个弯起钢筋平面内的弯起钢筋总截面面积（mm^2）。

θ_s——弯起钢筋的切线与构件水平纵向轴线的夹角。

式（5-5）所表达的斜截面抗剪承载力中，混凝土和箍筋提供的综合抗剪承载力为 $V_{cs} = \alpha_1\alpha_2\alpha_3(0.45\times10^{-3})bh_0\sqrt{(2+0.6p)\sqrt{f_{cu,k}}\rho_{sv}f_{sv}}$，弯起钢筋提供的抗剪承载力为 $V_{sb} = (0.75\times10^{-3})f_{sd}\sum A_{sb}\sin\theta_s$。当不设弯起钢筋时，梁的斜截面抗剪力 V_u 等于 V_{cs}。另外，式（5-5）是一个半经验半理论公式，使用时必须按规定的单位代入数值，而计算得到的斜截面抗剪承载力 V_u 的单位为 kN。

2. 公式的适用条件

式（5-5）是根据剪压破坏形态发生时的受力特征和试验资料而制定的，仅在一定的条件下才适用，因而必须限定其适用范围。

1）上限值——截面最小尺寸

当梁的截面尺寸较小而剪力过大时，就可能在梁的肋部产生过大的主压应力，使梁发生斜压破坏（或梁肋板压坏）。这种梁的抗剪承载力取决于混凝土的抗压强度及梁的截面尺寸，不能用增加腹筋数量来提高抗剪承载力。《公路桥规》规定了截面最小尺寸的限制条件，这种限制，同时也为了防止梁在使用阶段斜裂缝开展过大，特别是薄腹梁。截面尺寸应满足：

$$\gamma_0 V_d \leqslant (0.51\times10^{-3})\sqrt{f_{cu,k}}bh_0 \quad (kN) \tag{5-6}$$

式中 V_d——验算截面处由作用（或荷载）产生的剪力组合设计值（kN）；

$f_{cu,k}$——混凝土立方体抗压强度标准值（MPa）；

b——相应于剪力组合设计值处矩形截面的宽度（mm），或 T 形和 I 形截面腹板宽度（mm）；

h_0——相应于剪力组合设计值处截面的有效高度（mm）。

若式（5-6）不满足，则应加大截面尺寸或提高混凝土强度等级。

2）下限值——按构造要求配置箍筋

钢筋混凝土梁出现斜裂缝后，斜裂缝处原来由混凝土承受的拉力全部传给箍筋承担，使箍筋的拉应力突然增大。如果配置的箍筋数量过少，则斜裂缝一出现，箍筋应力很快达到其屈服强度，不能有效地抑制斜裂缝发展，甚至箍筋被拉断而导致发生斜拉破坏。当梁内配置一定数量的箍筋，且其间距又不过大，能保证与斜裂缝相交时，即可防止发生斜拉破坏。《公路桥规》规定，若符合下式，则不需进行斜截面抗剪承载力的计算，而仅按构造要求配置箍筋：

$$\gamma_0 V_d \leqslant (0.5\times10^{-3})\alpha_2 f_{td}bh_0 \quad (kN) \tag{5-7}$$

式中的 f_{td} 为混凝土抗拉强度设计值（MPa），其他符号的物理意义及相应取用单位与式（5-6）相同。

对于板，可采用 $V_d \leqslant 1.25\times(0.5\times10^{-3})\alpha_2 f_{td}bh_0 = (0.625\times10^{-3})\alpha_2 f_{td}bh_0$（kN）来计算。

关于按构造配置箍筋的要求详见本章第 5.4.2 节。

5.2.3 等高度简支梁腹筋的初步设计

等高度简支梁腹筋的初步设计，可以按照式（5-5）、式（5-6）和式（5-7）进行，即根据梁斜截面抗剪承载力要求配置箍筋、初步确定弯起钢筋的数量及弯起位置。

已知条件是：梁的计算跨径 L 及截面尺寸、混凝土强度等级、纵向受拉钢筋及箍筋抗拉设计强度，跨中截面纵向受拉钢筋布置，梁的计算剪力包络图（计算得到的各截面最大剪力

组合设计值 V_d 乘上结构重要性系数 γ_0 后所形成的计算剪力图）（图 5-5）。

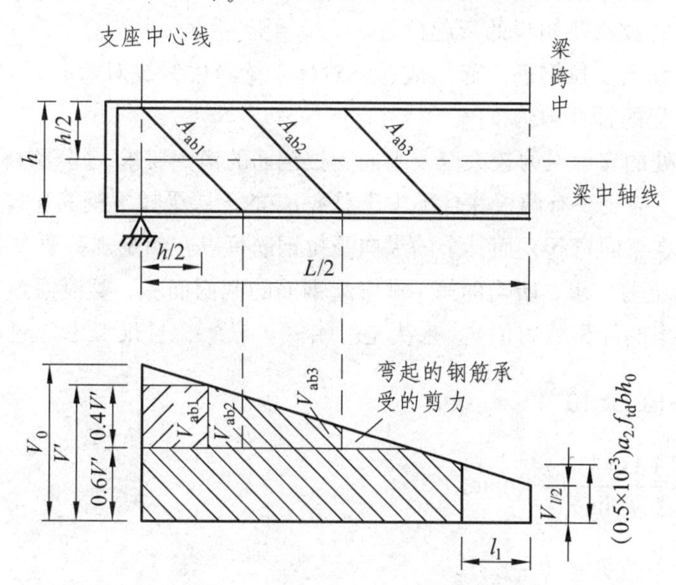

图 5-5　腹筋初步设计计算图

（1）根据已知条件及支座中心处的最大剪力计算值 $V_0=\gamma_0 V_{d,0}$，$V_{d,0}$ 为支座中心处最大剪力组合设计值，γ_0 为结构重要性系数。按照式（5-6），对由梁正截面承载力计算已决定的截面尺寸作进一步检查。若不满足，必须修改截面尺寸或提高混凝土强度等级，以满足式（5-6）的要求。

（2）由式（5-7）求得按构造要求配置箍筋的剪力 $V=(0.5\times10^{-3})f_{td}bh_0$，其中 b 和 h_0 可取跨中截面计算值，由计算剪力包络图可得到按构造配置箍筋的区段长度 l_1。

（3）在支点和按构造配置箍筋区段之间的计算剪力包络图中的计算剪力应该由混凝土、箍筋和弯起钢筋共同承担，但各自承担多大比例，涉及计算剪力包络图的合理分配问题。《公路桥规》规定：最大剪力计算值取用距支座中心 $h/2$（梁高一半）处截面的数值（记做 V'），其中混凝土和箍筋共同承担不少于 60%，即 $0.6V'$ 的剪力计算值；弯起钢筋（按 45°弯起）承担不超过 40%，即 $0.4V'$ 的剪力计算值。由《公路桥规》规定可见混凝土和箍筋共同承担了大部分剪力。这主要是国内外试验研究都表明，混凝土和箍筋共同的抗剪作用效果好于弯起钢筋的抗剪作用。

（4）箍筋设计。

现取混凝土和箍筋共同的抗剪能力 $V_{cs}=0.6V'$，在式（5-5）中不考虑弯起钢筋的部分，则可得到

$$V_{cs}=0.6V'=\alpha_1\alpha_3(0.45\times10^{-3})bh_0\sqrt{(2+0.6p)\sqrt{f_{cu,k}}\rho_{sv}f_{sv}} \tag{5-8}$$

当选择了箍筋直径（单肢面积为 a_{sv}）及箍筋肢数（n）后，得到箍筋截面积 $A_{sv}=na_{sv}$，则箍筋计算间距为

$$S_v=\frac{\alpha_1^2\alpha_3^2(0.56\times10^{-6})(2+0.6p)\sqrt{f_{cu,k}}A_{sv}f_{sv}bh_0^2}{(V')^2}(\mathrm{mm}) \tag{5-9}$$

取整并满足规范要求后，即可确定箍筋间距。

（5）弯起钢筋的数量及初步的弯起位置。

弯起钢筋是由纵向受拉钢筋弯起而成，常对称于梁跨中线成对弯起，以承担图 5-5 中计算剪力包络图中分配的计算剪力。

考虑到梁支座处的支承反力较大以及纵向受拉钢筋的锚固要求,《公路桥规》规定，在钢筋混凝土梁的支点处，应至少有两根并且不少于总数1/5的下层受拉主钢筋通过。就是说，这部分纵向受拉钢筋不能在梁间弯起，而其余的纵向受拉钢筋可以在满足规范要求的条件下弯起。

根据梁斜截面抗剪要求，所需的第 i 排弯起钢筋的截面面积，要根据图 5-5 分配的，应由第 i 排弯起钢筋承担的计算剪力值 V_{sbi} 来决定。由式（5-5），且仅考虑弯起钢筋，则可得到

$$V_{sbi}=(0.75\times10^{-3})f_{sd}A_{sbi}\sin\theta_s$$

$$A_{sbi}=\frac{1\,333.33V_{sbi}}{f_{sd}\sin\theta_s}\ (\text{mm}^2) \tag{5-10}$$

式中的符号意义及单位见式（5-5）。

对于式（5-10）中的计算剪力 V_{sbi} 的取值方法,《公路桥规》规定：

① 计算第一排（从支座向跨中计算）弯起钢筋（即图 5-5 中所示 A_{sb1}）时，取用距支座中心 $h/2$ 处由弯起钢筋承担的那部分剪力值 $0.4V'$。

② 计算以后每一排弯起钢筋时，取用前一排弯起钢筋弯起点处由弯起钢筋承担的那部分剪值。

同时,《公路桥规》对弯起钢筋的弯角及弯筋之间的位置关系有以下要求：

① 钢筋混凝土梁的弯起钢筋一般与梁纵轴成 45°角。弯起钢筋以圆弧弯折，圆弧半径（以钢筋轴线为准）不宜小于 20 倍钢筋直径。

② 简支梁第一排（对支座而言）弯起钢筋的末端弯折点应位于支座中心截面处（图 5-5），以后各排弯起钢筋的末端弯折点应落在或超过前一排弯起钢筋弯起点截面。

根据《公路桥规》上述要求及规定，可以初步确定弯起钢筋的位置及要承担的计算剪力值 V_{sbi}，从而由式（5-10）计算得到所需的每排弯起钢筋的数量。

5.3 受弯构件斜截面抗弯承载力计算

上节讨论了钢筋混凝土梁斜截面抗剪承载力计算的问题，以防止梁沿斜截面可能发生剪切破坏。但是，受弯构件中纵向钢筋的数量是按控制截面最大弯矩计算值计算的，实际弯矩沿梁长通常是变化的。从正截面抗弯角度来看，沿梁长各截面纵筋数量也是随弯矩的减小而减少，所以，在实际工程中可以把纵筋弯起或截断，但如果弯起或截断的位置不恰当，这时会引起斜截面的受弯破坏。

本节介绍受弯构件斜截面抗弯承载力的设计问题，然后再介绍既满足受弯构件斜截面抗剪承载力又满足抗弯承载力的弯起钢筋起弯点的确定方法。

5.3.1　斜截面抗弯承载力计算

试验研究表明，斜裂缝的发生与发展，除了可能引起前述的剪切破坏外，还可能使与斜裂缝相交的箍筋、弯起钢筋及纵向受拉钢筋的应力达到屈服强度，这时，梁被斜裂缝分开的两部分将绕位于斜裂缝顶端受压区的公共铰转动，最后，受压区混凝土被压碎而破坏。

图 5-6 为斜截面抗弯承载力的计算图式与图 5-4 所示计算图式不同之处是取斜截面隔离体的力矩平衡。由图 5-6 可得到，斜截面抗弯承载力计算的基本公式为

$$\gamma_0 M_d \leqslant M_u = f_{sd} A_s Z_s + \sum f_{sd} A_{sb} Z_{sb} + \sum f_{sv} A_{sv} Z_{sv} \tag{5-11}$$

式中　M_d——斜截面受压顶端正截面的最大弯矩组合设计值；

A_s、A_{sv}、A_{sb}——与斜截面相交的纵向受拉钢筋、箍筋与弯起钢筋的截面面积；

Z_s、Z_{sv}、Z_{sb}——钢筋 A_s、A_{sv} 和 A_{sb} 的合力点对混凝土受压区中心点 O 的力臂。

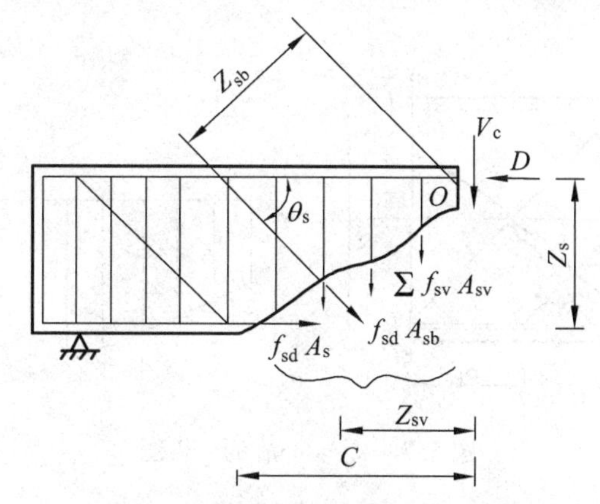

图 5-6　斜截面抗弯承载力计算图式

而式（5-11）中的 Z_s、Z_{sv} 和 Z_{sb} 值与混凝土受压区中心点位置 O 有关。斜截面顶端受压区高度 x，可由作用于斜截面内所有的力，对构件纵轴的投影之和为零的平衡条件可得到

$$A_c f_{cd} = f_{sd} A_s + f_{sd} A_{sb} \cos\theta_s \tag{5-12}$$

式中　A_c——受压区混凝土面积。矩形截面为 $A_c = bx$；T 形截面为 $A_c = bx + (b_f' - b)h_f$ 或 $A_c = b_f' x$；

f_{cd}——混凝土抗压强度设计值；

A_s——与斜截面相交的纵向受拉钢筋面积；

A_{sb}——与斜截面相交的同一弯起平面内弯起钢筋总面积；

θ_s——与斜截面相交的弯起钢筋切线与梁水平纵轴的交角；

f_{sd}——纵向钢筋或弯起钢筋的抗拉强度设计值。

进行斜截面抗弯承载力计算，应在验算截面处，自下而上沿斜向来计算几个不同角度的斜截面，按下式确定最不利的斜截面位置：

$$\gamma_0 V_d = \sum f_{sd} A_{sb} \sin\theta_s + \sum f_{sv} A_{sv} \tag{5-13}$$

式中，V_d 为斜截面受压端正截面内相应于最大弯矩组合设计值时的剪力组合设计值，其余符

号意义见式（5-12）。

式（5-13）是按照荷载效应与构件斜截面抗弯承载力之差为最小的原则推导出来的，其物理意义是满足此要求的斜截面，其抗弯能力最小。

最不利斜截面位置确定后，才可按式（5-11）来计算斜截面的抗弯承载力。

在实际的设计中，一般可不具体按式（5-11）至式（5-13）来计算，而是采用构造规定来避免斜截面受弯破坏。下面以对弯起钢筋起弯点位置等构造规定来加以说明。

图 5-7 表示所研究的梁段。在截面 I—I 上，纵向受拉钢筋面积为 A_s，正截面抗弯承载力满足：

$$M_{d1} \leqslant M_{u1} = f_{sd} A_s Z_s$$

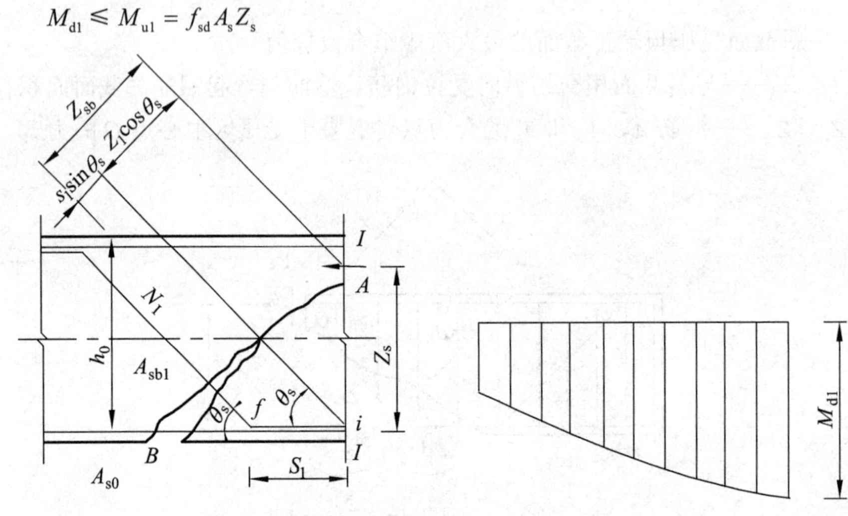

图 5-7 $s_1 \geqslant 0.5h_0$ 的分析图

由于 I—I 截面处纵向钢筋 A_s 的强度全部被利用，故被称为钢筋充分利用截面。今在距 i 点距离为 S_1 的 j 点处弯起 N_1 钢筋（面积为 A_{sb1}），剩下的纵向钢筋（面积为 $A_{s0} = A_s - A_{sb1}$）继续向支座方向延伸。设出现的斜裂缝 AB 跨越弯起钢筋 N_1 且斜裂顶端 A 位于截面 I—I 处（图 5-7），现以斜裂缝 AB 左边梁段为隔离体，对斜裂缝上端受压区压力作用点 A 的力矩平衡，可得斜截面的抗弯承载力表达式为

$$M'_{u1} = f_{sd} A_{s0} Z_s + f_{sd} A_{sb1} \left(S_1 \sin\theta_s + Z_s \cos\theta_s \right)$$

斜截面 AB 上作用的荷载效应仍为 M_{d1}，显然，若斜截面抗弯承载力 M'_{u1} 大于或等于正截面 I—I 的抗弯承载力 M_{u1}，则不会发生斜截面的受弯破坏，即可取

$$M'_{u1} \geqslant M_{u1}$$

$$f_{sd} A_{s0} Z_s + f_{sd} A_{sb1} \left(S_1 \sin\theta_s + Z_s \cos\theta_s \right) \geqslant f_{sd} A_s Z_s$$

以 $A_s = A_{s0} + A_{sb1}$ 代入，整理后得可得到

$$S_1 \sin\theta_s + Z_s \cos\theta_s \geqslant Z_s$$

即

$$S_1 \geqslant \frac{1-\cos\theta_s}{\sin\theta_s} Z_s$$

一般情况下，$Z_s \approx 0.9h_0$，弯起钢筋的弯起角度为 45°或 60°，那么可得到

$$\frac{1-\cos\theta_s}{\sin\theta_s} Z_s \approx (0.37 \sim 0.58)h_0$$

《公路桥规》取 $0.5h_0$。

根据以上说明可知，在进行弯起钢筋布置时，为满足斜截面抗弯承载力的要求，弯起钢筋的弯起点位置，应设在按正截面抗弯承载力计算该钢筋的强度全部被利用的截面以外，其距离不小于 $0.5h_0$ 处。换句话说，若弯起钢筋的弯起点至弯起筋强度充分利用截面的距离 S_1 满足 $S_1 \geqslant 0.5h_0$ 并且满足《公路桥规》关于弯起钢筋规定的构造要求，则可不进行斜截面抗弯承载力的计算。

5.3.2　纵向受拉钢筋的弯起位置

在钢筋混凝土梁的设计中，必须同时考虑斜截面抗剪承载力、正截面和斜截面的抗弯承载力，以保证梁段中任一截面都不会出现正截面和斜截面破坏。

在第 4 章中已解决了梁最大弯矩截面的正截面抗弯承载力设计问题；在本章第 2 节中通过箍筋设计和弯起钢筋数量确定，已基本解决了梁段斜截面抗剪承载力的设计问题。唯一待解决的问题是弯起钢筋弯起点的位置。尽管在梁斜截面抗剪设计中已初步确定了弯起钢筋的弯起位置，但是纵向钢筋能否在这些位置弯起，显然应考虑同时满足截面的正截面及斜截面抗弯承载力的要求。这个问题一般采用梁的抵抗弯矩图应覆盖计算弯矩包络图的原则来解决。在具体设计中，可采用作图与计算相结合的方法进行。

弯矩包络图是沿梁长度的截面上弯矩组合设计值 M_d 的分布图，其纵坐标表示该截面上作用的最大设计弯矩。简支梁的弯矩包络图一般可近似为一条二次抛物线，若以梁跨中截面处为横坐标原点，则简支梁弯矩包络图（图 5-8）可描述为

$$M_{d,x} = M_{d,L/2}\left(1-\frac{4x^2}{L^2}\right) \tag{5-14}$$

式中　$M_{d,x}$——距跨中截面为 x 处截面上的弯矩组合设计值；

$M_{d,L/2}$——跨中截面处的弯矩组合设计值；

L——简支梁的计算跨径。

对于简支梁的剪力包络图（图 5-8），可用直线方程来描述：

$$V_{d,x} = V_{d,L/2} + (V_{d,0} - V_{d,L/2})\frac{2x}{L} \tag{5-15}$$

式中　$V_{d,0}$——支座中心处截面的剪力组合设计值；

$V_{d,L/2}$——简支梁跨中截面的剪力组合设计值；

L——简支梁的计算跨径。

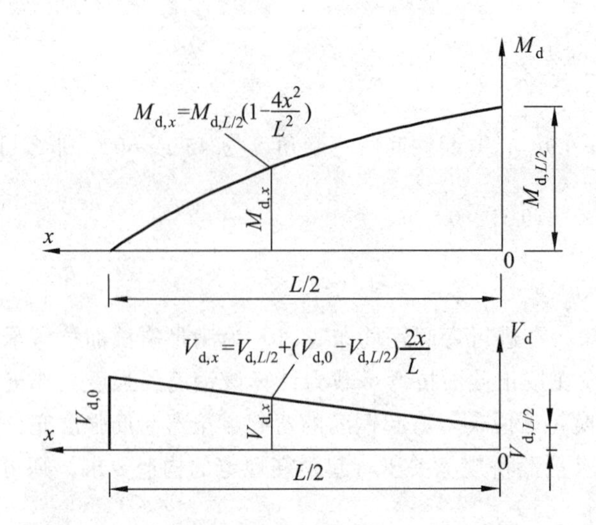

图 5-8 简支梁弯矩包络图和剪力包络图的方程描述

求简支梁控制截面上的内力组合设计值（M_d、V_d）的方法，将在“桥梁工程”课程中介绍。

抵抗弯矩图（又称材料图），就是沿梁长各个正截面按实际配置的总受拉钢筋面积能产生的抵抗弯矩图，即表示各正截面所具有的抗弯承载力。因为在确定纵向钢筋弯起位置时，必须使用抵抗弯矩图，故下面具体讨论钢筋混凝土梁的抵抗弯矩图。

设一简支梁计算跨径为 L，跨中截面布置有 6 根纵向受拉钢筋 (2N1+2N2+2N3)，其正截面抗弯承载力为 $M_{u,1,2}>\gamma_0 M_{d,L/2}$（图 5-9）。

假定底层 2 根 N1 纵向受拉钢筋必须伸过支座中心线，不得在梁跨间弯起，而 2N2 和 2N3 钢筋考虑在梁跨间弯起。

由于部分纵向受拉钢筋弯起，因而正截面抗弯承载力发生变化。在跨中截面，设全部钢筋提供的抗弯承载力为 $M_{u,1,2}$；弯起 2N3 钢筋后，剩余（2N1+2N2）钢筋面积为 $A_{s1,2}$，提供的抗弯承载力为 $M_{u,1,2}$；弯起 2N2 钢筋后，剩余 2N1 钢筋面积为 A_{s1}，提供的抗弯承载力为 $M_{u,1}$。分别用计算式表达为

$$M_{u,L/2}=f_{sd}A_sZ_s\text{；}\quad M_{u,1,2}=f_{sd}A_{s1,2}Z_{1,2}\text{；}\quad M_{u,1}=f_sA_{s1}Z_1$$

这样可以作出抵抗弯矩图（图 5-9）。抵抗弯矩图中 $M_{u,1,2}$、$M_{u,1}$ 水平线与弯矩包络图的交点，即为理论的弯起点。

由图 5-9 可见，在跨中 i 点处，所有钢筋的强度被充分利用；在 j 点处 N1 和 N2 钢筋的强度被充分利用，而 N3 钢筋在 j 点以外（向支座方向）就不再需要了；同样，在 k 点处 N1 钢筋的强度被充分利用，N2 钢筋在 k 点以外也就不再需要了。通常可以把 i、j、k 三个点分别称为 N3、N2、N1 钢筋的“充分利用点”，而把 j、k、l 三个点分别称为 N3、N2 和 N1 钢筋的“不需要点”。

为了保证斜截面抗弯承载力，N3 钢筋只能在距其充分利用点 i 的距离 $S_1\geqslant h_0/2$ 处 i' 点起弯。为了保证弯起钢筋的受拉作用，N3 钢筋与梁中轴线的交点必须在其不需要点 j 以外，这是由于弯起钢筋的内力臂是逐渐减小的，故抗弯承载力也逐渐减小，当弯筋 N3 穿过梁中轴线基本上进入受压区后，它的正截面抗弯作用才认为消失。

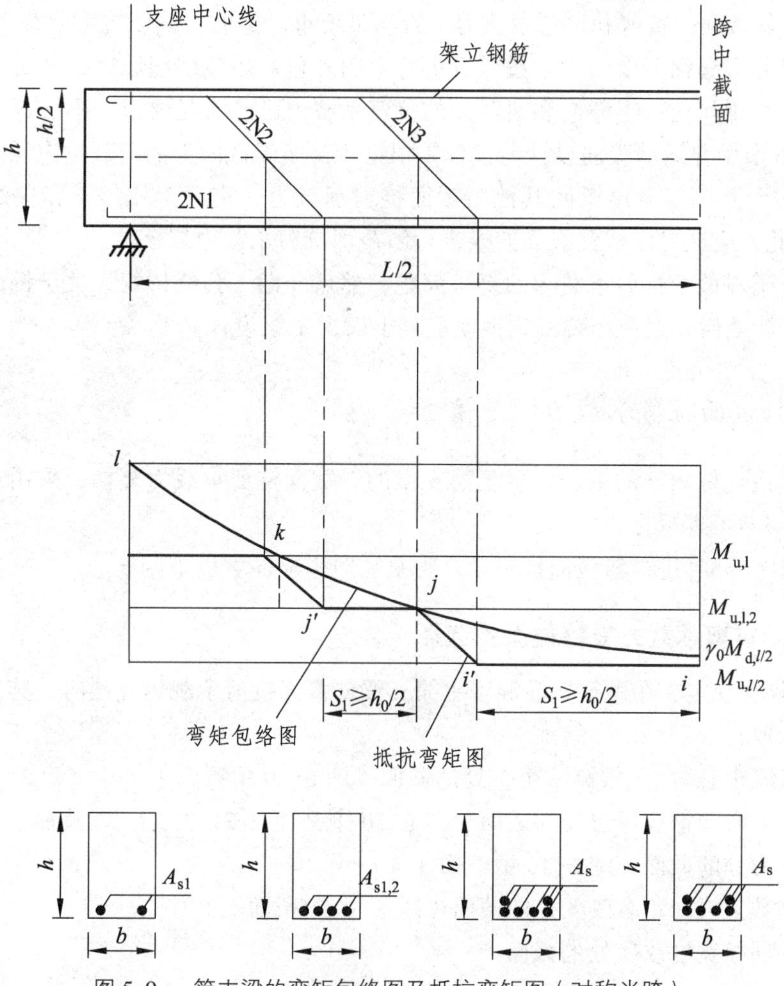

图 5-9　简支梁的弯矩包络图及抵抗弯矩图（对称半跨）

N2 钢筋的弯起位置的确定原则，与 N3 钢筋相同。

这样获得的抵抗弯矩图外包了弯矩包络图，保证了梁段内任一截面不会发生正截面破坏和斜截面抗弯破坏，而图 5-9 中 N2 和 N3 钢筋的弯起位置就被确定在 i' 和 j' 两点处。

在钢筋混凝土梁设计中，考虑梁斜截面抗剪承载力时，实际上已初步确定了各弯起钢筋的弯起位置。因此，可以按弯矩包络图和抵抗弯矩图来检查已定的弯起钢筋初步弯起位置，若满足前述的各项要求，则确认所设计的弯起位置合理，否则要进行调整，必要时可加设斜筋或附加弯起钢筋，最终使得梁中各弯筋（斜筋）的水平投影能相互有重叠部分，至少相接。

应该指出的是，若纵向受拉钢筋较多，除满足所需的弯起钢筋数量外，多余的纵向受拉钢筋可以在梁跨间适当位置截断。纵向受拉钢筋的初步截断位置，一般取理论截断处（类似弯起筋的理论弯起点），但截断的设计位置（详见下节内容）应考虑一个外加的延伸长度（锚固长度）。

5.4　全梁承载能力校核与构造要求

对基本设计好的钢筋混凝土梁进行全梁承载能力校核，就是进一步检查梁截面的正截面抗弯承载力，斜截面的抗剪和抗弯承载力是否满足要求。梁的正截面抗弯承载力按第 4 章方法复核。在梁的弯起钢筋设计中，按照抵抗弯矩图外包弯矩包络图原则，并且使弯起位置符合规范要求，故梁间任一正截面和斜截面的抗弯承载力已经满足要求，不必再进行复核。但是，本章第 2 节中介绍的腹筋设计，仅仅是根据近支座斜截面上的荷载效应（即计算剪力包络图）进行的，并不能得出梁间其他斜截面抗剪承载力一定大于或等于相应的剪力计算值 $V=\gamma_0 V_d$，因此，应该对已配置腹筋的梁进行斜截面抗剪承载力复核。

本节先介绍斜截面抗剪承载力的复核问题，然后介绍《公路桥规》关于钢筋混凝土梁的细部构造规定，最后介绍一个装配式钢筋混凝土简支 T 梁设计例题。

5.4.1 斜截面抗剪承载力的复核

对已基本设计好腹筋的钢筋混凝土简支梁的斜截面抗剪承载力复核，采用式（5-5），式（5-6）和式（5-7）进行。

在使用式（5-5）进行斜截面抗剪承载力复核时，应注意以下问题。

1. 斜截面抗剪承载力复核截面的选择

《公路桥规》规定，在进行钢筋混凝土简支梁斜截面抗剪承载力复核时，其复核位置应按照下列规定选取：

（1）距支座中心 $h/2$（梁高一半）处的截面（图 5-10 中截面 1-1）。

（2）受拉区弯起钢筋弯起处的截面（图 5-10 中截面 2-2，3-3），以及锚于受拉区的纵向钢筋开始不受力处的截面（图 5-10 中截面 4-4）。

（3）箍筋数量或间距有改变处的截面（图 5-10 中截面 5-5）。

（4）梁的肋板宽度改变处的截面。

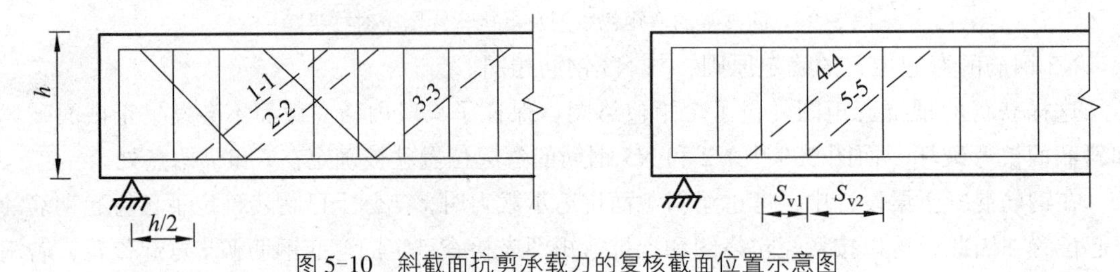

图 5-10 斜截面抗剪承载力的复核截面位置示意图

2. 斜截面顶端位置的确定

按照式（5-5）进行斜截面抗剪承载力复核时，式中的 V_d、b 和 h_0 均指斜截面顶端位置处的数值，但图 5-10 仅指出了斜截面底端的位置，而此时通过底端的斜截面的方向角 β（图 5-11 中 b' 点）是未知的，它受到斜截面投影长度 c 的控制。同时，式（5-5）中计入斜截面抗剪承载力计算的箍筋和弯起钢筋（斜筋）的数量，显然也受到斜截面投影长度 c 的控制。

斜截面投影长度 c 是自纵向钢筋与斜裂缝底端相交点至斜裂缝顶端距离的水平投影长度，其大小与有效高度 h_0 和剪跨比 $\dfrac{M}{Vh_0}$ 有关。根据国内外的试验资料，《公路桥规》建议斜截面投影长度 c 的计算式为

$$c \doteq 0.6mh_0 = 0.6\frac{M_d}{V_d} \tag{5-16}$$

式中　m——斜截面受压端正截面处的广义剪跨比，$m=\frac{M_d}{V_d h_0}$，当 $m>3$ 时，取 $m=3$；

V_d——通过斜截面顶端正截面的剪力组合设计值；

M_d——相应于上述最大剪力组合设计值的弯矩组合设计值。

由此可见，只有通过试算方法，当算得的某一水平投影长度 C' 值正好或接近斜截面底端 a 点时（图 5-11），才能进一步确定验算斜截面的顶端位置。

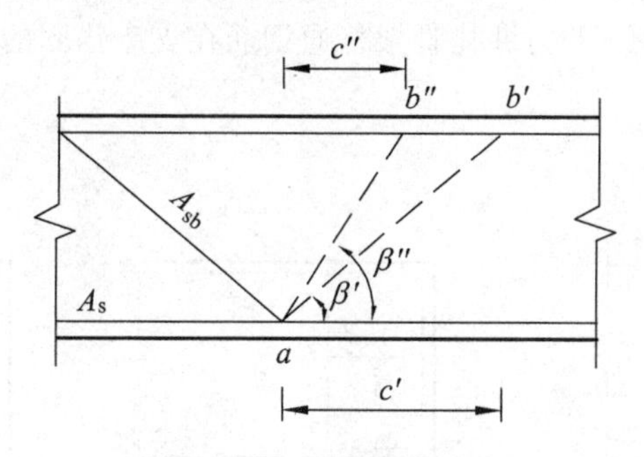

图 5-11　斜截面投影长度

采用试算方法确定斜截面的顶端位置的工作太麻烦，也可采用下述简化计算方法：

（1）按照图 5-10 来选择斜截面底端位置。

（2）以底端位置向跨中方向取距离为 h_0 的截面，认为验算斜截面顶端就在此正截面上。

（3）由验算斜截面顶端的位置坐标，可以从内力包络图推得该截面上的最大剪力组合设计值 $V_{d,x}$ 及相应的弯矩组合设计值 $M_{d,x}$，进而求得剪跨比 $m=\frac{M_{d,x}}{V_{d,x}h_0}$ 及斜截面投影长度 $c=0.6mh_0$。

由斜截面投影长度 c，可确定与斜截面相交的纵向受拉钢筋配筋百分率 p、弯起钢筋数量 A_{sb} 和箍筋配筋率 ρ_{sv}。

取验算斜截面顶端正截面的有效高度 h_0 及宽度 b。

（4）将上述各值及与斜裂缝相交的箍筋和弯起钢筋数量代入式（5-5），即可进行斜截面抗剪承载力复核。

上述简化计算方法，实际上是通过已知的斜截面底端位置（即按《公路桥规》所规定检算斜截面的位置），近似确定斜截面顶端位置，从而减少了斜截面投影长度 c 的试算工作量。

5.4.2　有关的构造要求

构造要求及其措施是结构设计中的重要组成部分。结构计算一般只能决定构件的截面尺寸及钢筋数量和布置，但是对于一些不易详细计算的因素往往要通过构造措施来弥补，这样也便于满足施工要求。构造措施对防止斜截面破坏显得尤其重要。在本章前述的内容中已经对此做了一些介绍，下面结合《公路桥规》的规定进一步介绍。

1. 纵向钢筋在支座处的锚固

在梁近支座处出现斜裂缝时，斜裂缝处纵向钢筋应力将增大，支座边缘附近纵筋应力大小与伸入支座的纵筋数量有关。这时，梁的承载能力取决于纵向钢筋在支座处的锚固情况，若锚固长度不足，钢筋与混凝土的相对滑移将导致斜裂缝宽度显著增大[图 5-12（a）]，甚至会发生黏结锚固破坏。为了防止钢筋被拔出而破坏，《公路桥规》规定：

（1）在钢筋混凝土梁的支点处，应至少有两根且不少于总数 1/5 的下层受拉主钢筋通过。

（2）底层两外侧之间不向上弯曲的受拉主筋，伸出支点截面以外的长度应不小于 $10d$（HPB300 主筋应设半圆钩）；对环氧树脂涂层钢筋应不小于 $12.5d$，d 为纵向受拉主筋公称直径。图 5-12（b）、图 5-12（c）为绑扎骨架普通钢筋在支座锚固的示意图。

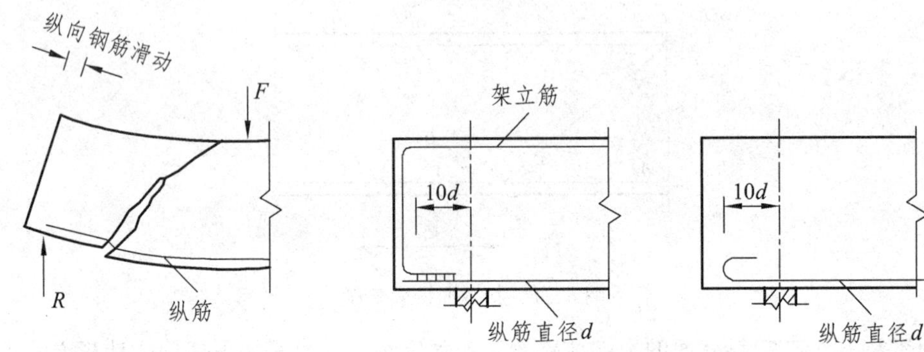

（a）支座附近纵向钢筋锚固破坏　（b）焊接骨架在支座处锚固　（c）绑扎骨架在支座处锚固

图 5-12　主钢筋在支座处的锚固

2. 纵向钢筋在梁跨间的截断与锚固

当某根纵向受拉钢筋在梁跨间的理论切断点处切断后，该处混凝土所承受的拉应力突增，往往会过早出现斜裂缝，如果截面的钢筋锚固不足，甚至可能降低构件的承载能力，因此，纵向受拉钢筋不宜在受拉区截断。若需截断，为了保证钢筋强度的充分利用，应从按正截面抗弯承载力计算充分利用该钢筋强度的截面至少延伸（l_a+h_0）长度（l_a 为受拉钢筋最小锚固长度）。

根据钢筋拔出试验结果和我国的工程实践经验，《公路桥规》规定了不同受力情况下最小钢筋锚固长度，见表 5-1。

表 5-1　普通钢筋最小锚固长度 l_a

钢筋种类		HPB300				HRB400、HRBF400、RRB400			HRB500		
混凝土强度等级		C25	C30	C35	≥C40	C30	C35	≥C40	C30	C35	≥C40
受压钢筋（直端）		45d	40d	38d	35d	30d	28d	25d	35d	33d	30d
受拉钢筋	直端	—	—	—	—	35d	33d	30d	45d	43d	40d
	弯钩端	40d	35d	33d	30d	30d	28d	25d	35d	33d	30d

注：（1）d 为钢筋直径。

（2）采用环氧树脂涂层钢筋时，受拉钢筋最小锚固长度应增加 25%。

（3）当混凝土在凝固过程中易受扰动时（如滑模施工），锚固长度应增加 25%。

（4）当受拉钢筋末端采用弯钩时，锚固长度包含弯钩的投影长度。

受力主筋端部弯钩应符合表 5-2 的尺寸。

表 5-2　受力主钢筋端部弯钩

弯曲部位	弯曲角度	形状	钢筋	弯曲直径 D	平直段长度
末端弯钩	180°		HPB300	$\geqslant 2.5d$	$\geqslant 3d$
	135°		HRB400 HRBF400 RRB400 HRB500	$\geqslant 5d$	$\geqslant 5d$
	90°		HRB400 HRBF400 RRB400 HRB500	$\geqslant 5d$	$\geqslant 10d$
中间弯折	$\leqslant 90°$		各种钢筋	$\geqslant 20d$	—

注：采用环氧树脂涂层钢筋时，除应满足表内固定外，当钢筋直径 $d \leqslant 20$ mm 时，弯钩内直径 D 不小于 $5d$；当 $d > 20$mm 时，弯钩内直径 D 不应小于 $6d$；直线段长度不应小于 $5d$。

3. 钢筋的接头

当梁内的钢筋需要接长时，可以采用绑扎搭接接头、焊接接头和钢筋机械接头。

受拉钢筋的绑扎接头的搭接长度 l_d（图 5-13），《公路桥规》规定见表 5-3；受压区钢筋绑扎接头的搭接长度，应取受拉钢筋绑扎搭接长度的 0.7 倍。

表 5-3　受拉钢筋绑扎接头搭接长度 l_d

钢　筋	混凝土强度等级		
	C25	C30	>C30
HPB300	$40d$	$35d$	$35d$
HRB400、HRBF400、RRB400	—	$45d$	$45d$
HRB500	—	—	$50d$

注：(1) 当带肋钢筋直径 d 大于 25mm 时，其受拉钢筋的搭接长度应按表中值增加 $5d$ 采用；当带肋钢筋直径小于 25mm 时，搭接长度可按表中值减少 $5d$ 采用。
(2) 当混凝土在凝固过程中受力钢筋易受扰动时，其搭接长度应按表中值增加 $5d$ 采用。
(3) 在任何情况下，受拉钢筋的搭接长度不应小于 300mm；受压钢筋的搭接长度不应小于 200mm。
(4) 环氧树脂涂层钢筋的绑扎接头搭接长度应按表中值的 1.5 倍采用。
(5) 受拉区段内，HPB300 钢筋绑扎接头末端应做成弯钩 [图 5-13(a)]，HRB400、HRBF400、RRB400 和 HRB500 钢筋的末端可不做成弯钩 [图 5-13 (b)]。

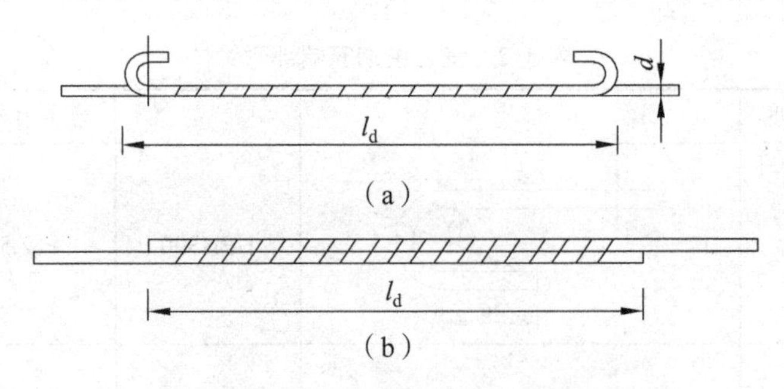

图 5-13　受拉钢筋的绑扎搭接接头

在任一绑扎接头中心至搭接长度 1.3 倍的长度区段内，同一根钢筋不得有两个接头；在该区段内有绑扎接头的受力钢筋截面面积占受力钢筋总截面面积的百分数，受拉区不宜超过 25%，受压区不宜超过 50%。当绑扎接头的受力钢筋截面面积占受力钢筋总截面面积超过上述规定时，应按表 5-3 的规定值，乘以下列系数：当受拉钢筋绑扎接头截面面积大于 25%，但不大于 50%时，乘以 1.4，当大于 50%时，乘以 1.6；当受压钢筋绑扎截面面积大于 50%时，乘以 1.4（表 5-3 中受压钢筋绑扎接头长度仍为受拉钢筋绑扎接头长度的 0.7 倍）。

当采用焊接接头时，《公路桥规》也有相应的构造要求。采用夹杆式电弧焊接时[图 5-14（b）]，夹杆的截面面积应不小于被焊钢筋的截面面积。夹杆长度，若用双面焊接时应不小于 $5d$；用单面焊接时应不小于 $10d$（d 为钢筋直径）。采用搭叠式电弧焊时 [图 5-14（c）]，钢筋端段应预先折向一侧，使两根的钢筋轴线一致。搭接时，双面焊缝的长度不小于 $5d$；单面焊缝的长度不小于 $10d$（d 为钢筋直径）。

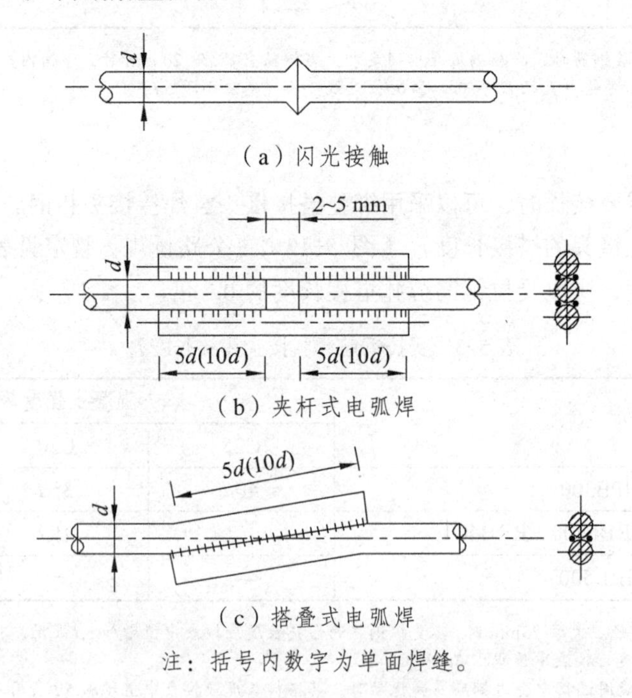

图 5-14　普通钢筋的焊接接头

《公路桥规》还规定，在任一焊接头中心至长度为钢筋直径的 35 倍，且不小于 500 mm 的区段内，同一根钢筋不得有两个接头，在该区段内有接头的受力钢筋截面面积占受力钢筋总截面面积的百分数不宜超过 50%（受拉区钢筋），受压区钢筋的焊接接头无此限制。

钢筋机械接头包括套筒挤压接头和镦粗直螺纹接头，适用于 HRB400 和 HRB500 带肋钢筋，连接接头的构造规定详见《公路桥规》。

4. 箍筋的构造要求

（1）箍筋的直径和最小配筋率。

钢筋混凝土梁应设置直径不小于 8 mm，且不小于 1/4 主钢筋直径的箍筋。箍筋的最小配筋率：采用 HPB300 钢筋时，$(\rho_{sv})_{min}=0.14\%$；采用 HRB400 钢筋时，$(\rho_{sv})_{min}=0.11\%$。

（2）箍筋的间距。

箍筋的间距（指沿构件纵轴方向箍筋轴线之间的距离）不应大于梁高的 1/2，且不大于 400 mm，当所箍钢筋为按受力需要的纵向受压钢筋时，应不大于受压钢筋直径的 15 倍，且不应大于 400 mm。支座中心向跨径方向长度不小于一倍梁高范围内，箍筋间距不宜大于 100 mm。《公路桥规》还规定，近梁端第一根箍筋应设置在距端面一个混凝土保护层的距离处。梁与梁或梁与柱的交接范围内可不设箍筋，靠近交接面第一根箍筋，其与交接面的距离不大于 50 mm。

5. 弯起钢筋

除了本书已述的内容外，对弯起钢筋的构造要求，《公路桥规》还规定：

（1）简支梁第一排（对支座而言）弯起钢筋的末端弯折点应位于支座中心截面处，以后各排弯起钢筋的末端折点应落在或超过前一排弯起钢筋的弯起点。

（2）不得采用不与主钢筋焊接的斜钢筋（浮筋）。

【例 5-1】装配式钢筋混凝土简支 T 梁设计例题

1）已知设计数据及要求

钢筋混凝土简支梁全长 $L_0=19.96\ \text{m}$，计算跨径 $L=19.50\ \text{m}$。T 形截面梁的尺寸见图 5-15，桥梁处于Ⅱ类环境条件，设计使用年限 50 年，安全等级为二级，$\gamma_0=1.0$。

梁体采用 C30 混凝土，轴心抗压强度设计值 $f_{cd}=13.8\ \text{MPa}$，轴心抗拉强度设计值 $f_{td}=1.39\ \text{MPa}$。主筋采用 HRB400 钢筋，抗拉强度设计值 $f_{sd}=330\ \text{MPa}$；箍筋采用 HPB300 钢筋，直径 8 mm，抗拉强度设计值 $f_{sd}=250\ \text{MPa}$。

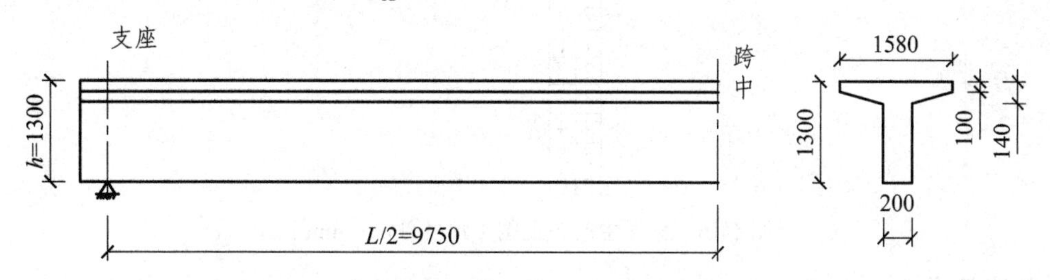

图 5-15　钢筋混凝土简支梁尺寸（尺寸单位：mm）

简支梁控制截面作用基本组合的弯矩设计值分别如下。

跨中截面：$M_{d,L/2}=2\,200\ \text{kN·m}$，$V_{d,L/2}=84\ \text{kN}$。

1/4 跨截面：$M_{d,L/4}=1\,600\ \text{kN·m}$。

支点截面：$M_{d,0}=0$，$V_{d,0}=440\ \text{kN}$。

要求确定纵向受拉钢筋数量和进行腹筋设计。

2）跨中截面的纵向受拉钢筋计算

（1）T形截面梁受压翼板的有效宽度 b_f'。

由图5-15所示的T形截面受压翼板厚度的尺寸，可得翼板平均厚度，$h_f'=\dfrac{140+100}{2}=120\ \text{mm}$，可得到

$$b_{f2}'=\frac{1}{3}L=\frac{1}{3}\times 19\,500=6\,500\ \text{mm}$$

$b_{f2}'=1\,600\ \text{mm}$（本算例为装配式T梁，相邻两主梁的平均间距1 600 mm，图5-15所示1 580 mm为预制梁翼板宽度）

$$b_{f3}'=b+2b_h+12h_f'=200+2\times 0+12\times 120=1\,640\ \text{mm}$$

故取受压翼板的有效宽度 $b_f'=1\,600\ \text{mm}$。

（2）钢筋数量计算。

钢筋数量（跨中截面）计算及截面复核详见例4-6。

跨中截面主筋为8Φ28+4Φ18，焊接骨架的钢筋层数为6层，纵向钢筋面积 $A_s=5\,944\ \text{mm}^2$，布置如图5-16所示。截面有效高度 $h_0=1\,188\ \text{mm}$，抗弯承载力 $M_u=2\,242.3\ \text{kN}\cdot\text{m}>\gamma_0 M_{d,L/2}$ $(=2\,200\ \text{kN}\cdot\text{m})$。

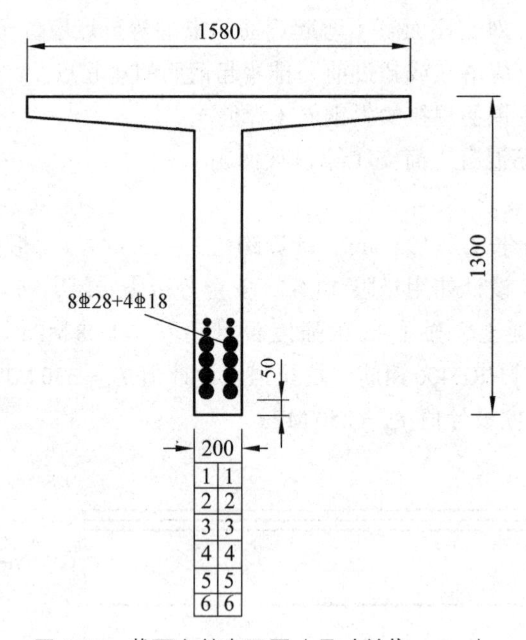

图5-16　截面主筋布置图（尺寸单位：mm）

3）腹筋设计

（1）截面尺寸检查。

根据构造要求，梁最底层钢筋2Φ28通过支座截面，支点截面有效高度为 $h_0=h-a_{s1}=1\,300-50=1\,250\ \text{mm}$。

$$(0.51\times10^{-3})\sqrt{f_{\mathrm{cu,k}}}bh_0=(0.51\times10^{-3})\sqrt{30}\times200\times1\,250$$
$$=698.35\ \mathrm{kN}>\gamma_0V_{\mathrm{d,0}}(=440\ \mathrm{kN})$$

截面尺寸符合设计要求。

（2）检查是否需要根据计算配置箍筋。

跨中段截面

$$(0.5\times10^{-3})f_{\mathrm{td}}bh_0=\left(0.5\times10^{-3}\right)\times1.39\times200\times1188=165.13\ \mathrm{kN}$$

支座截面

$$(0.5\times10^{-3})f_{\mathrm{td}}bh_0=\left(0.5\times10^{-3}\right)\times1.39\times200\times1\,250=173.15\ \mathrm{kN}$$

因 $\gamma_0V_{\mathrm{d},L/2}(=84\ \mathrm{kN})<(0.5\times10^{-3})f_{\mathrm{td}}bh_0<\gamma_0V_{\mathrm{d,0}}(=440\ \mathrm{kN})$, 故可在梁跨中的某长度范围内按构造配置箍筋，其余区段应按计算配置腹筋。

（3）计算剪力图分配（图 5-17）。

在图 5-17 所示的剪力包络图中，支点处剪力计算值 $V_0=\gamma_0V_{d,0}$，跨中处剪力计算值 $V_{L/2}=\gamma_0V_{\mathrm{d},L/2}$。

$V_x=\gamma_0V_{\mathrm{d},x}=(0.5\times10^{-3})f_{\mathrm{td}}bh_0=165.13\ \mathrm{kN}$ 的截面距跨中截面的距离可由剪力包络图按比例求得，为

$$l_1=\frac{L}{2}\times\frac{V_x-V_{L/2}}{V_0-V_{L/2}}=9\,750\times\frac{165.13-84}{440-84}=2\,222\ \mathrm{mm}$$

在 l_1 长度内可按构造要求布置箍筋。

同时，根据《公路桥规》规定，在支座中心线向跨径长度方向不大于 1 倍梁高 h（=1 300 mm）范围内，箍筋的间距最大为 100 mm。

距支座中心线为 $h/2$ 处的计算剪力值 (V') 由剪力包络图按比例求得，为

$$V'=\frac{LV_0-h(V_0-V_{L/2})}{L}=\frac{19\,500\times440-1\,300\times(440-84)}{19\,500}=416.27\ \mathrm{kN}$$

其中，应由混凝土和箍筋承担的剪力计算值至少为 $0.6V'=249.76\ \mathrm{kN}$，应由弯起钢筋（斜筋）承担的剪力计算值最多为 $0.4V'=166.51\ \mathrm{kN}$，设置弯起钢筋区段长度为 4 560 mm（图 5-17）。

（4）箍筋设计。

采用直径为 8 mm 的双肢箍筋，箍筋截面积 $A_{\mathrm{sv}}=nA_{\mathrm{sv1}}=2\times50.3=100.6\ \mathrm{mm}^2$。

在等截面钢筋混凝土简支梁中，箍筋应尽量做到等距离布置。为计算简便，按式（5-9）设计箍筋时，式中的斜截面纵筋配筋率 p 及截面有效高度 h_0 可近似按支座截面和跨中截面的平均值取用，计算如下

跨中截面

$$h_0=1188\ \mathrm{mm},\quad p_{L/2}=\frac{A_{\mathrm{s}}}{bh_0}=\frac{5\,944}{200\times1188}=2.5$$

支点截面

$$h_0=1\,250\text{ mm},\quad p_0=\frac{A_s}{bh_0}=\frac{1\,232}{200\times1\,250}=0.49$$

则平均值分别为 $p=\frac{2.5+0.49}{2}=1.50$，$h_0=\frac{1188+1\,250}{2}=1\,219\text{ mm}$。

箍筋间距 S_v 为

$$\begin{aligned}S_v&=\frac{\alpha_1^2\alpha_3^2(0.56\times10^{-6})(2+0.6p)\sqrt{f_{cu,k}}A_{sv}f_{sv}bh_0^2}{V'^2}\\&=\frac{1\times1.1^2\times(0.56\times10^{-6})\times(2+0.6\times1.50)\times\sqrt{30}\times101\times250\times200\times1\,219^2}{416.27^2}\\&=466\text{ mm}\end{aligned}$$

确定箍筋间距 s_v 的设计值尚应考虑《公路桥规》的构造要求和T梁施工等因素的影响。

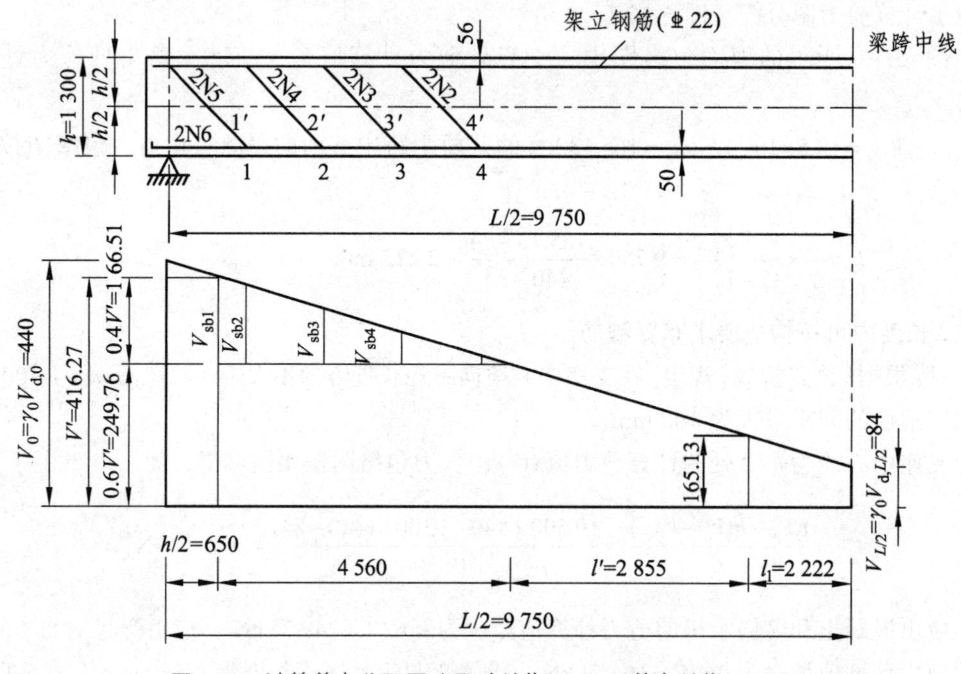

图 5-17　计算剪力分配图（尺寸单位：mm；剪力单位：kN）

《公路桥规》以箍筋最小配筋率和最大箍筋间距规定对钢筋混凝土梁的箍筋配置提出了构造要求，而对于焊接钢筋骨架的钢筋混凝土 T 形梁，还应考虑钢筋骨架安装施工过程刚度，以及减少使用阶段 T 形梁肋板混凝土斜裂缝宽度，工程上一般采用箍筋间距不大于 250 mm。本示例采用 Φ8 双肢箍筋，箍筋间距 $s_v=250\text{ mm}$，小于限值 $\frac{1}{2}h=650\text{mm}$ 和 400 mm；且箍筋 $\rho_{sv}=\frac{A_{sv}}{bs_v}=\frac{100.6}{200\times250}=0.2\%>0.14\%$，配筋率满足要求。

综合上述计算，在支座中心向跨径长度方向的 1 300 mm 范围内，设计箍筋间距 s_v=100 mm；至跨中截面的箍筋间距取 $s_v\leqslant250$ mm。

（5）弯起钢筋及斜筋设计。

设焊接钢筋骨架的架立钢筋（HRB400）为 ⌀22，钢筋中心至梁受压翼板上边缘距离 $a_s' = 56$ mm。

弯起钢筋的弯起角度 45°，弯起钢筋末端与架立钢筋焊接。为了得到每对弯起钢筋分配的剪力，由各排弯起钢筋的末端弯折点应落在前一排弯起钢筋弯起点的构造规定来得到各排弯起钢筋的弯起点计算位置，首先要计算弯起钢筋上、下弯点之间的垂直距离 Δh_i（图 5-18）。

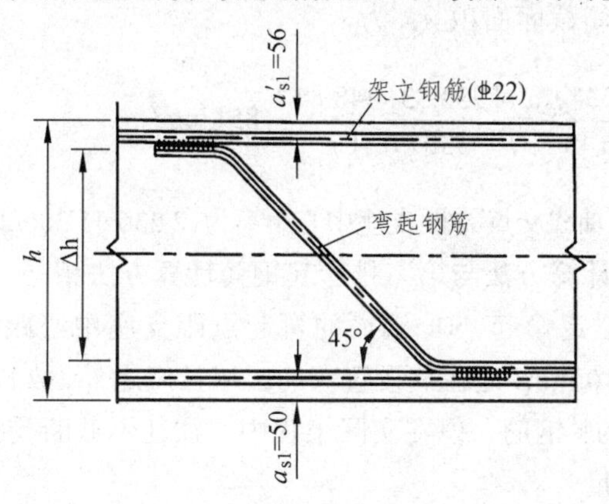

图 5-18　弯起钢筋细节（尺寸单位：mm）

现拟弯起 N1 ~ N5 钢筋，将计算的各排弯起钢筋弯起点截面的 Δh_i 以及至支座中心距离 x_i、分配的剪力计算值 V_{sbi} 所需的弯起钢筋面积 A_{sbi} 列入表 5-4。

现将表 5-4 中有关计算举例说明如下。根据《公路桥规》规定，简支梁的第一排弯起钢筋(对支座而言)的末端弯折点应位于支座中心截面处，这时，Δh_1 为

$$\Delta h_i = 1300 - [(50+31.6)+(56+25.1/2+31.6/2)] = 1\,134 \text{ mm}$$

表 5-4　弯起钢筋计算

弯起点	1	2	3	4	5
Δh_i /mm	1 134	1 102	1 070	1 050	1 030
距支座中心距离 x_i /mm	1 134	2 236	3 306	4 356	5 386
分配的计算剪力值 V_{sbi} /kN	166.51	148.84	108.60	69.53	—
需要的弯起钢筋面积/mm²	952	851	621	397	—
可提供的弯起钢筋面积 A_{sbi} /mm²	1 232 (2⌀28)	1 232 (2⌀28)	1 232 (2⌀28)	509 (2⌀18)	—
弯起钢筋与梁轴交点到支座中心距离 x_c' /mm	566	1 699	2 801	3 877	—

弯起钢筋的弯起角为 45°,则第一排弯起钢筋(2N5)的弯起点 1 距支座中心距离为 1 134 mm。弯起钢筋与梁纵轴线交点 1′距支座中心距离为 1 134−[1 300/2−(50+31.6)]=566 mm。

对于第二排弯起钢筋，可得到

$$\Delta h_2 = 1\,300 - [(50+31.6\times 2)+(56+25.1/2+31.6/2)] = 1\,102 \text{ mm}$$

弯起钢 2N4 的弯起点 2 距支座中心距离为 1 134+ Δh_2 =1 134+1 102=2 236 mm。分配给第

二排弯起钢筋的计算剪力值V_{sb2}，由比例关系计算可得到

$$\frac{4\,560+650-1134}{4\,560}=\frac{V_{sb2}}{166.51}$$

解得　　V_{sb2}=148.84 kN

其中，0.4V' = 166.51 kN，h/2=650 mm，设置弯起钢筋区段长为 4 560 mm。

所需要提供的弯起钢筋截面面积A_{sb2}为

$$A_{sb2}=\frac{1\,333.33V_{sb2}}{f_{sd}\sin 45^\circ}=\frac{1\,333.33\times 148.84}{330\times 0.707}=851\ \text{mm}^2$$

第二排弯起钢筋与梁纵轴线交点 2′距支座中心距离为 2 236−[1 300/2−(50+31.6×2)]=1 699 mm。

其余各排弯起钢筋的计算方法与第二排弯起钢筋计算方法相同。

由表 5-4 可见，原拟定弯起 N1 钢筋的弯起点距支座中心距离为 5 386 mm，已大于 4 560+h/2=4 560+650=5 210 mm，即在欲设置弯筋区域长度之外，故暂不参加弯起钢筋的计算，可截断，如图 5-19 中的 N1 钢筋。但在实际工程中，往往不截断受拉钢筋而是弯起，以加强钢筋骨架施工时的本身刚度。

按照计算剪力初步布置弯起钢筋，如图 5-19 所示。

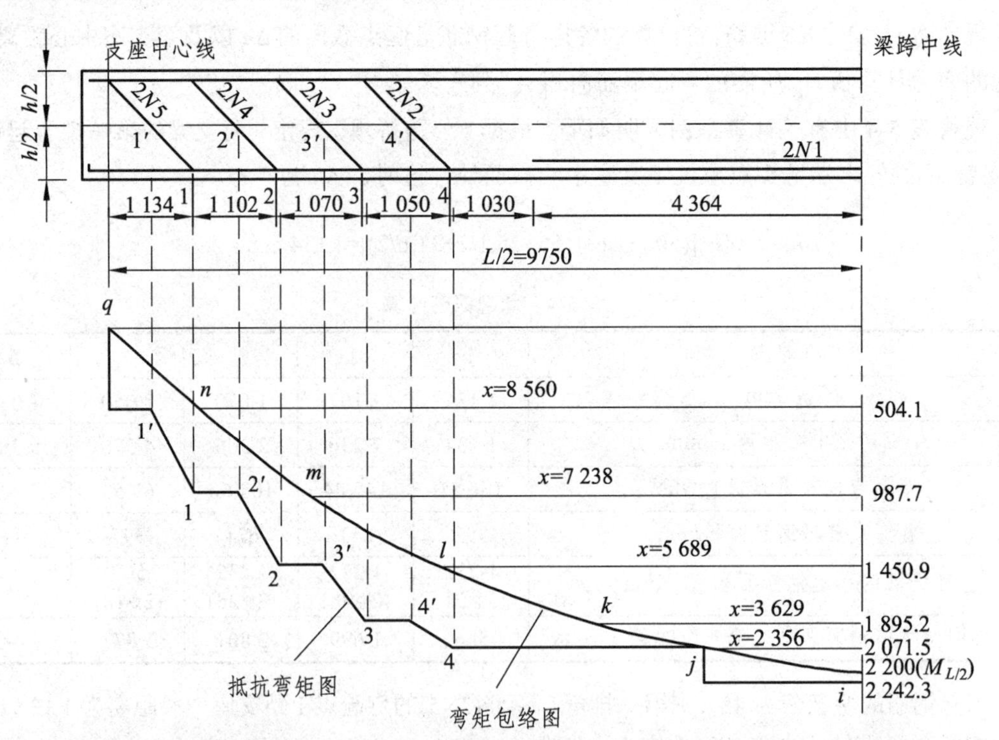

图 5-19　梁的弯矩包络图与抵抗弯矩图（尺寸单位：mm；弯矩单位：kN·m）

现在按照同时满足梁跨间各正截面和斜截面抗弯要求，确定弯起钢筋的弯起点位置。由已知跨中截面弯矩计算值$M_{L/2}=\gamma_0 M_{d,L/2}=2\,200\ \text{kN}\cdot\text{m}$，支点中心处，$M_0=\gamma_0 M_{d,0}=0$按式（5-14）作出梁的计算弯矩包络图(图 5-19)。在 L/4 截面处，因 $x=4.875$ m，L=19.5 m，$M_{L/2}=2\,200\ \text{kN}\cdot\text{m}$，

则弯矩计算值为

$$M_{L/4}=2\,200\times\left(1-\frac{4\times4.875^2}{19.5^2}\right)=1\,650\ \text{kN}\cdot\text{m}$$

与已知值 $M_{d,L/4}=1\,600\ \text{kN}\cdot\text{m}$ 相比，两者相对误差为 3%，故用式(5-14)来描述简支梁弯矩包络图是可行的。

各排弯起钢筋弯起后，相应正截面抗弯承载力 M_{ui} 计算如表 5-5 所示。

表 5-5　钢筋弯起后相应各正截面抗弯承载力

梁区段	截面纵筋	有效高度 h_0 /mm	T 形截面类别	受压区高度 x/mm	抗弯承载力 M_{ui} /（kN·m）
支座中心—1 点	2Φ28	1 250	第一类	18.4	504.1
1 点—2 点	4Φ28	1 234	第一类	36.8	987.7
2 点—3 点	6Φ28	1 218	第一类	55.2	1 450.9
3 点—4 点	8Φ28	1 202	第一类	73.6	1 895.2
4 点—N1 钢筋截断处	8Φ28+2Φ18	1 196	第一类	81.2	2 071.5
N1 钢筋截断处—梁跨中	8Φ28+4Φ18	1 188	第一类	88.8	2 242.3

将表 5-5 的正截面抗弯承载力 M_{ui} 在图 5-19 上用各平行直线表示出来，它们与弯矩包络图的交点分别为 i、j、…、q，并以各 M_{ui} 值代入式（5-14）中，可求得 i、j、…、q 到跨中截面距离 x 值（图 5-19）。

现在以图 5-19 中所示弯起钢筋弯起点初步位置，来逐个检查是否满足《公路桥规》的要求。

第一排弯起钢筋（2N5）：

其充分利用点“m”的横坐标 $x=7\,238\ \text{mm}$，而 2N5 的弯起点 1 的横坐标 $x_1=9\,750-1134=8\,616\ \text{mm}$，说明 1 点位于 m 点左边，且 $x_1-x=8\,616-7\,238=1\,378\ \text{mm}>h_0/2$ $(=1\,234/2=617\ \text{mm})$，满足要求。

其不需要点 n 的横坐标 $x=8\,560\ \text{mm}$，而 2N5 钢筋与梁中轴线交点 1′的横坐标 $x_1'=9\,750-566=9\,184\ \text{mm}>x$（$=8\,560\ \text{mm}$），亦满足要求。

第二排弯起钢筋（2N4）：

其充分利用点 l 的横坐标 $x=5\,689\ \text{mm}$，而 2N4 的弯起点 2 的横坐标 $x_2=9\,750-2\,236=7\,514\ \text{mm}>x(=5\,689\ \text{mm})$，且 $x_2-x=7\,514-5\,689=2\,389\ \text{mm}>h_0/2(=1\,218/2=609\ \text{mm})$，满足要求。

其不需要点 m 的横坐标 $x=7\,238\ \text{mm}$，而 2N4 钢筋与梁中轴线交点 2′的横坐标 $x_2'=9\,750-1\,669=8\,051\text{mm}>x$（$=7\,238\ \text{mm}$），故满足要求。

第三排弯起钢筋（2N3）：

其充分利用点 k 的横坐标 $x=3\,629\ \text{mm}$，2N3 的弯起点 3 的横坐标 $x_3=9\,750-3\,306=6\,444\ \text{mm}>3\,629\ \text{mm}$，且 $x_3-x=6\,444-3\,629=2\,815\ (\text{mm})>h_0/2=1\,202/2=601\ \text{mm}$，满足要求。

其不需要点 l 的横坐标 $x=5\,689\ \text{mm}$，2N3 钢筋与中轴线交点 3′的横坐标 $x_3'=9\,750-2\,801=6\,949\ \text{mm}>x$（$=5\,689\ \text{mm}$），故满足要求。

第四排弯起钢筋（2N2）：

其充分利用点 j 的横坐标 x=2 356 mm，2N2 的弯起点 4 的横坐标 $x = 9\,750 - 4\,356 = 5\,394\text{ mm} > x\,(= 2\,356\text{ mm})$，且 $x_4 - x = 5\,394 - 2\,356 = 3\,038\text{ mm} > h_0/2 = 1196/2 = 598\text{ mm}$，满足要求。

其不需要点 k 的横坐标 x=3 629 mm，2N2 钢筋与梁中轴线交点 4′的横坐标 $x_4' = 9\,750 - 3\,877 = 5\,873\text{ mm} > x$ (=3 629 mm)，满足要求。

由上述检查结果可知图 5-19 所示弯起钢筋弯起点初步位置满足要求。

由 2N2、2N3 和 2N4 钢筋弯起点形成的抵抗弯矩图远大于弯矩包络图，故进一步调整上述弯起钢筋的弯起点位置，在满足规范对弯起钢筋弯起点要求前提下，使抵抗弯矩图接近弯矩包络图；在弯起钢筋之间，增设直径为 18 mm 的斜筋，图 5-20 即为调整后主梁弯起钢筋、斜筋的布置图。

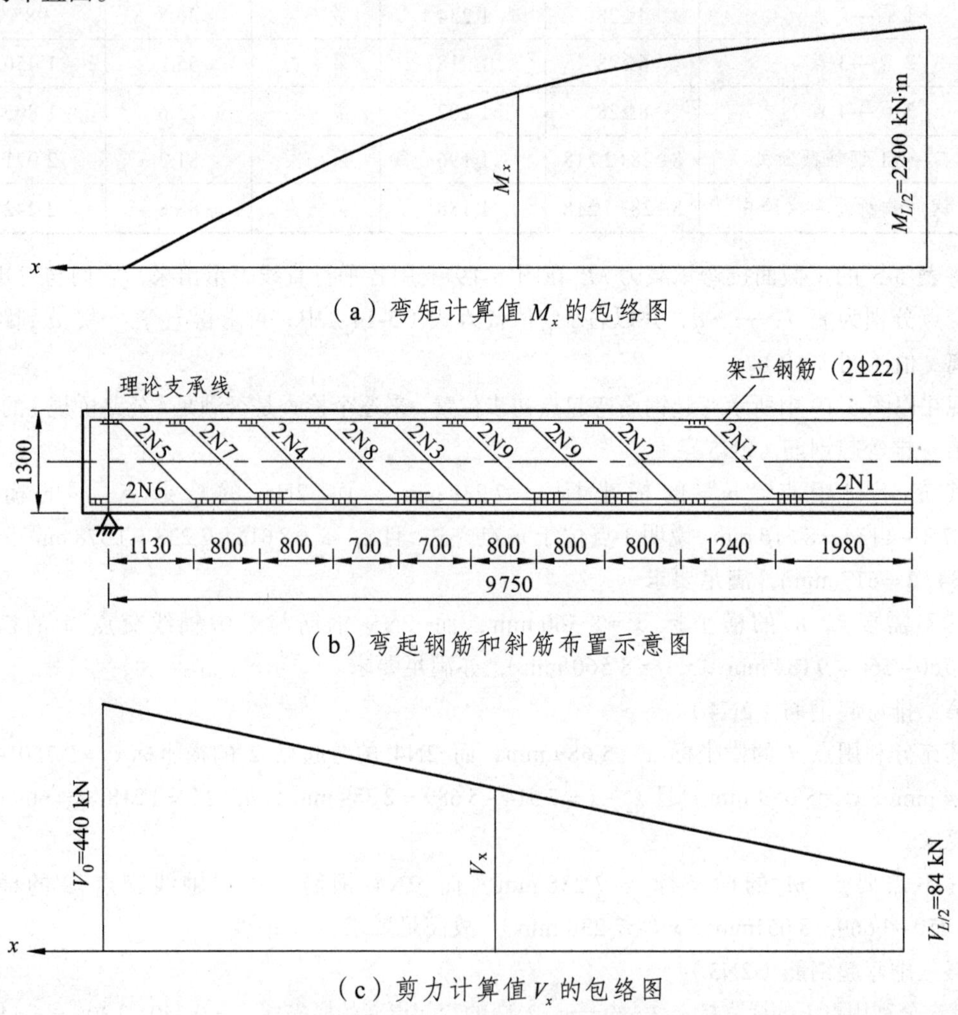

图 5-20　梁弯起钢筋和斜筋设计布置图（尺寸单位：mm）

4）斜截面抗剪承载力的复核

图 5-20（b）为梁的弯起钢筋和斜筋设计布置示意图，箍筋设计见前述的结果。

图 5-20（a）、图 5-20（c）是按照承载能力极限状态计算时最大弯矩计算值 M_x 的包络图及相应的剪力计算值 V_x 的包络图。对于等高度简支梁，它们分别可以用式（5-15）和式（5-14）近似描述。

对于钢筋混凝土简支梁斜截面抗剪承载力的复核，按照《公路桥规》关于复核截面位置和复核方法的要求逐一进行。本例以距支座中心处为 $h/2$ 处斜截面抗剪承载力复核介绍方法。

① 选定斜截面顶端位置。

由图 5-20（b）可得到距支座中心 $h/2=650\text{mm}$ 处为斜截面理论下端点 A_0 位置，A_0 点处截面的横坐标为 $x = 9\,750-650 = 9\,100\text{ mm}$，正截面有效高度 $h_0 = 1\,250\text{ mm}$。现取斜截面投影长度 $c' \approx h_0 = 1\,250\text{ mm}$，则得到选择的斜截面顶端位置 A（图 5-21），A 点距支座中心距离为 $1\,250 + 650 = 1\,900\text{ mm}$，其横坐标为 $x = 9\,100-1\,250 = 7\,850\text{ mm}$。

② 斜截面抗剪承载力复核。

A 处正截面上的剪力 V_x 及相应的弯矩 M_x 计算如下：

$$V_x = V_{L/2} + (V_0 - V_{L/2})\frac{2x}{L} = 84 + (440-84)\frac{2\times 7\,850}{19\,500} = 370.63\text{ kN}$$

$$M_x = M_{L/2}(1-\frac{4x^2}{L^2}) = 2\,200\times\left(1-\frac{4\times 7\,850^2}{19\,500^2}\right) = 773.89\text{ kN}\cdot\text{m}$$

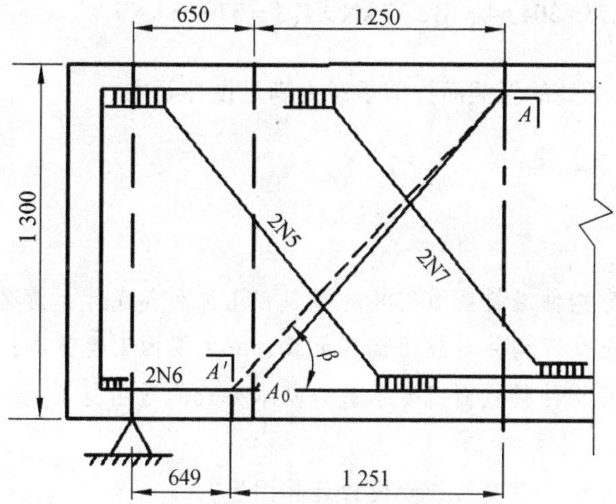

图 5-21　距支座中心 $h/2$ 处斜截面抗剪承载力计算图式（尺寸单位：mm）

A 处正截面有效高度 $h_0 = 1\,234\text{ mm} = 1.234\text{ m}$（主筋为 4Φ28），则实际广义剪跨比 m 及斜截面投影长度 c 分别为

$$m = \frac{M_x}{V_x h_0} = \frac{773.89}{370.63\times 1.234} = 1.69 < 3$$

$$c = 0.6\,mh_0 = 0.6\times 1.69\times 1\,234 = 1\,251\text{ mm} > 1\,250\text{ mm}$$

要复核的斜截面是图 5-21 中所示 AA' 斜截面（虚线表示），斜角 $\beta = \arctan(h_0/c) = \arctan(1\,234/1\,251) \approx 44.6°$。

斜截面内纵向受拉主筋有 2N6（2⊈28），相应的主筋配筋率 p 为

$$p = 100\frac{A_s}{bh_0} = \frac{100\times 1\,232}{200\times 1\,250} = 0.49 < 2.5$$

箍筋的配筋率（取 $S_v = 250\ \text{mm}$ 时）ρ_{sv} 为

$$\rho_{sv} = \frac{A_{sv}}{bS_v} = \frac{101}{200\times 250} = 0.202\% > (\rho_{sv})_{\min}(=0.14\%)$$

与斜截面相交的弯起钢筋有 2N5（2⊈28），斜筋有 2N7（2⊈18）。

按式（5-5）规定的单位要求，将以上计算值代入式（5-5），则得到 AA' 斜截面抗剪承载力为

$$\begin{aligned}V_u &= \alpha_1\alpha_2\alpha_3\left(0.45\times10^{-3}\right)bh_0\sqrt{(2+0.6p)\sqrt{f_{cu,k}}\rho_{sv}f_{sv}} + \left(0.75\times10^{-3}\right)f_{sd}\sum A_{sb}\sin\theta_s \\ &= 1\times1\times1.1\left(0.45\times10^{-3}\right)\times200\times1\,234\sqrt{(2+0.6\times0.49)\sqrt{30}\times0.00202\times250} \\ &\quad +\left(0.75\times10^{-3}\right)\times330\times(1\,232+509)\times0.707 \\ &= 307.73+304.64 = 612.37\ \text{kN} > V_x\ (=370.63\ \text{kN})\end{aligned}$$

故距支座中心为 $h/2$ 处的斜截面抗剪承载力满足设计要求。

复习思考题

1. 钢筋混凝土受弯构件沿斜截面破坏的形态有几种？各在什么情况下发生？

2. 影响钢筋混凝土受弯构件斜截面抗剪承载力的主要因素有哪些？

3. 钢筋混凝土受弯构件斜截面抗弯承载力基本公式的适用范围是什么？公式的上、下限值物理意义是什么？

4. 为什么把图 5-5 称为“腹筋初步设计计算图”？

5. 试解释以下术语：剪跨比、配箍率、剪压破坏、斜截面投影长度、充分利用点、不需要点、弯矩包络图、抵抗弯矩图。

6. 钢筋混凝土抗剪承载力复核时，如何选择复核截面？

7. 试述纵向钢筋在支座处锚固有哪些规定？

8. 计算跨径 L=4.8 m 的钢筋混凝土矩形截面简支梁（图 5-22），$b\times h$=200 mm×500 mm，C30 混凝土。Ⅰ类环境条件，设计使用年限为 100 年，安全等级为二级。已知简支梁跨中截面弯矩组合设计值 $M_{d,L/2}$=147 kN·m，支点处剪力组合设计值 $V_{d,0}$=124.8 kN，跨中处剪力组合设计值 $V_{d,L/2}=25.2\ \text{kN}$。试求所需的纵向受拉钢筋 A_s（HRB400 级钢筋）和仅配置箍筋（HPB35 级）时其布置间距 s_v，并画出配筋图。

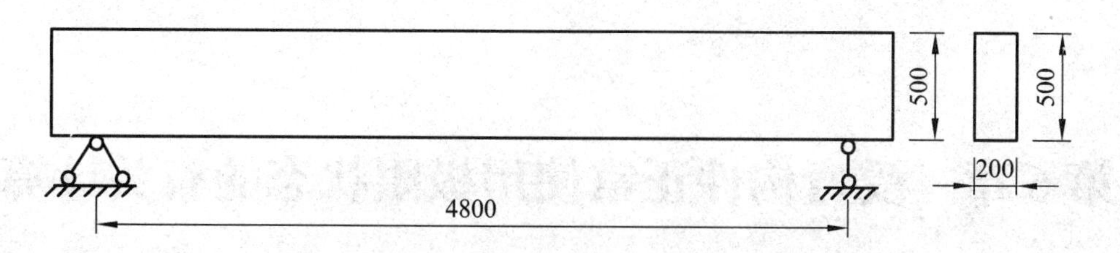

图 5-22　题 8 图（尺寸单位：mm）

9. 参照教材 5.4.3 装配式钢筋混凝土简支梁设计例题“4. 斜截面抗剪承载力的复核”的方　法，试对距支座中心为 1 300 mm 处的斜截面抗剪承载力进行复核。

第6章　受弯构件正常使用极限状态的有关计算

钢筋混凝土构件除了可能由于材料强度破坏或失稳等原因达到承载能力极限状态以外，还可能由于构件变形或裂缝过大影响了构件的适用性及耐久性，而达不到结构正常使用要求。因此，钢筋混凝土构件除要求进行持久状况承载能力极限状态计算外，还要进行持久状况正常使用极限状态的计算，以及短暂状况的构件应力计算。

本章以钢筋混凝土受弯构件为例，主要介绍《公路桥规》对钢筋混凝土构件进行这类计算的要求与方法。对于钢筋混凝土受弯构件，除须进行使用阶段的变形和最大裂缝宽度验算外，还应进行受弯构件在施工阶段的混凝土和钢筋应力验算。

与承载能力极限状态计算相比，钢筋混凝土受弯构件在使用阶段的计算有如下特点：

（1）钢筋混凝土受弯构件的承载能力极限状态是取构件破坏阶段，例如，其正截面承载力计算即取图 4-12 所示的$Ⅲ_a$状态为计算图式基础；而使用阶段一般取图 4-12 所示的第Ⅱ阶段，即梁带裂缝工作阶段。

（2）在钢筋混凝土受弯构件的设计中，其承载力计算决定了构件设计尺寸、材料、配筋数量及钢筋布置，以保证截面承载能力要大于最不利荷载效应：$\gamma_0 M_d \leqslant M_u$，计算内容分为截面设计和截面复核两部分。使用阶段计算是按照构件使用条件对已设计的构件进行计算，以保证在正常使用状态下的裂缝宽度和变形小于规范规定的各项限值，这种计算称为“验算”。当构件验算不满足要求时，必须按承载能力极限状态要求对已设计好的构件进行修正、调整，直至满足两种极限状态的设计要求。

（3）承载能力极限状态计算时汽车荷载应计入冲击系数，作用（或荷载）效应及结构构件的抗力均应采用考虑了分项系数的设计值；在多种作用（或荷载）效应情况下，应将各设计值效应进行最不利组合，并根据参与组合的作用（或荷载）效应情况，取用不同的效应组合系数。

公路桥涵的持久状况设计应按正常使用极限状态的要求，采用作用频遇组合、作用准永久组合，或作用频遇组合并考虑作用长期效应的影响，对构件的抗裂、裂缝宽度和挠度进行验算，并使各项计算值不超过规范规定的各相应限值。在上述各种组合中，汽车荷载不计冲击作用。

上述讨论中提到的作用频遇组合就是永久作用标准值与汽车荷载频遇值、其他可变作用准永久值相组合；作用准永久组合则为永久作用标准值与可变作用准永久值的组合。

有关作用频遇组合和作用准永久组合的要求参见第 2 章所述。

在钢筋混凝土受弯构件正常使用阶段的验算和应力验算中，要用到“换算截面”的概念，因此，本章将先介绍受弯构件换算截面的概念及其计算方法，然后介绍正常使用阶段和施工阶段各项验算的方法。

6.1　受弯构件换算截面

钢筋混凝土受弯构件受力进入第 II 工作阶段的特征是弯曲竖向裂缝已形成并发展，中和轴以下大部分混凝土已退出工作，由钢筋承受拉力，应力 σ_s 还远小于其屈服强度，受压区混凝土的压应力图形大致是抛物线形。而受弯构件的荷载-挠度（跨中）关系曲线是一条接近于直线的曲线。因而，钢筋混凝土受弯构件的第 II 工作阶段又可称为开裂后弹性阶段。

6.1.1　三项基本假定

（1）平截面假定，即认为梁的正截面在梁受力并发生弯曲变形以后，仍保持为平面。

根据平截面假定，平行于梁中和轴的各纵向纤维的应变与其到中和轴的距离成正比，钢筋与其同一水平线的混凝土应变相等，因此，由图 6-1 可得到

$$\frac{\varepsilon_c'}{x}=\frac{\varepsilon_c}{h_0-x} \tag{6-1}$$

$$\varepsilon_s=\varepsilon_c \tag{6-2}$$

式中　ε_c、ε_c'——混凝土的受拉和受压平均应变；

ε_s——与混凝土的受拉平均应变为 ε_c 的同一水平位置处的钢筋平均拉应变；

x——受压区高度；

h_0——截面有效高度。

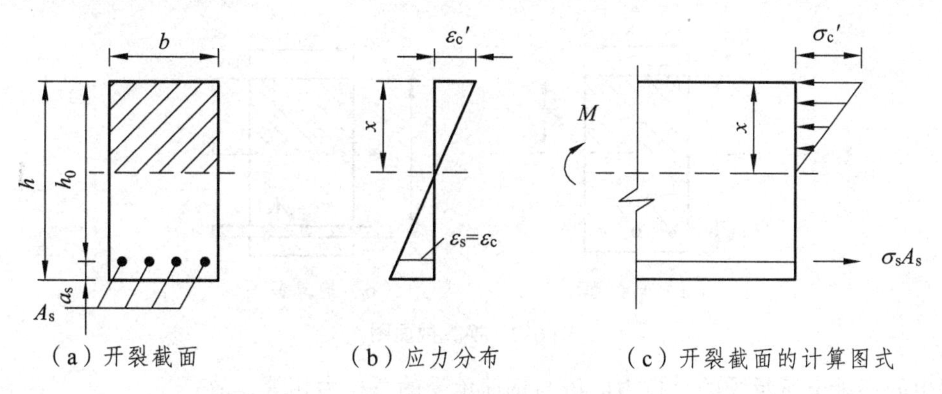

图 6-1　受弯构件的开裂截面

（2）弹性体假定。钢筋混凝土受弯构件在第 II 工作阶段时，混凝土受压区的应力分布图形是平缓的曲线，但此时曲线并不丰满，与直线形相差不大，可以近似地看作直线分布，即受压区混凝土的应力与平均应变成正比，即：

$$\sigma_c'=\varepsilon_c'E_c \tag{6-3}$$

同时，假定在受拉钢筋水平位置处混凝土的平均拉应变与应力成正比，即

$$\sigma_c = \varepsilon_c E_c \tag{6-4}$$

（3）受拉区混凝土完全不能承受拉应力。拉应力完全由钢筋承受。

由上述三个基本假定作出的钢筋混凝土受弯构件在第 II 工作阶段的计算图式见图 6-1。由式（6-2）和式（6-4）可得到

$$\sigma_c = \varepsilon_c E_c = \varepsilon_s E_c$$

因为 $$\varepsilon_s = \frac{\sigma_s}{E_s}$$

故有 $$\sigma_c = \frac{\sigma_s}{E_s} E_c = \frac{\sigma_s}{\alpha_{ES}} \tag{6-5}$$

式中的 α_{ES} 称为钢筋混凝土构件截面的换算系数，等于钢筋弹性模量与混凝土弹性模量的比值 $\alpha_{ES} = E_s / E_c$。

式（6-5）表明在钢筋同一水平位置处混凝土拉应力 σ_c 为钢筋应力 σ_s 的 $1/\alpha_{ES}$ 倍，换言之，钢筋的拉应力 σ_s 是同一水平位置处混凝土拉应力 σ_c 的 α_{ES} 倍。

6.1.2 换算截面几何特征表达式

由钢筋混凝土受弯构件第 II 工作阶段计算假定而得到的计算图式与材料力学中匀质梁计算图式非常接近，主要区别是钢筋混凝土梁的受拉区混凝土不参与工作。因此，如果能将钢筋和受压区混凝土两种材料组成的实际截面换算成一种拉压性能相同的假想材料组成的匀质截面（称换算截面），这样一来，换算截面可以看作是由匀质弹性材料组成的截面，从而能采用材料力学公式进行截面计算。

通常，将钢筋截面面积 A_s 换算成假想的受拉混凝土截面积 A_{sc}，位于钢筋的重心处（图 6-2）。

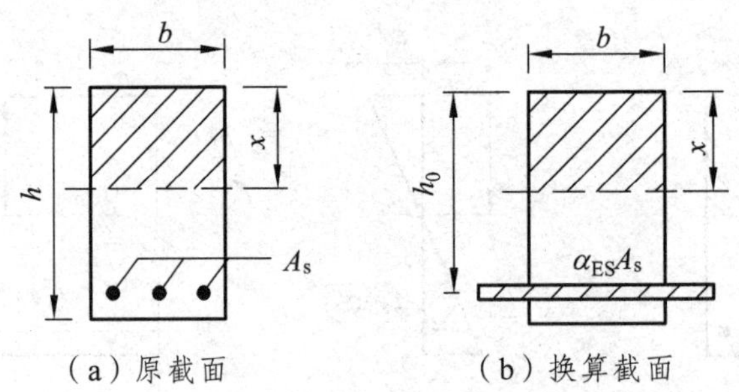

（a）原截面　　（b）换算截面

图 6-2　换算截面图

假想的混凝土所承受的总拉力应该与钢筋承受的总拉力相等，故：

$$A_s \sigma_s = A_{sc} \sigma_c$$

又由式（6-5）知 $\sigma_c = \sigma_s / \alpha_{Es}$，则可得到

$$A_{sc} = A_s \sigma_s / \sigma_c = \alpha_{ES} A_s \tag{6-6}$$

将 $A_{sc} = \alpha_{ES} A_s$ 称为钢筋的换算面积，而将受压区的混凝土面积和受拉区的钢筋换算面积所

组成的截面称为钢筋混凝土构件开裂截面的换算截面（图 6-2）。这样就可以按材料力学的方法来计算换算截面的几何特性。

对于图 6-2 所示的单筋矩形截面，换算截面的几何特性计算表达式为：

换算截面面积 A_0

$$A_0 = bx + \alpha_{ES} A_s \tag{6-7}$$

换算截面对中和轴的静矩 S_0：

受压区 $$S_{oc} = \frac{1}{2} b x^2 \tag{6-8}$$

受拉区 $$S_{ot} = \alpha_{ES} A_s (h_0 - x) \tag{6-9}$$

换算截面惯性矩 I_{cr}

$$I_{cr} = \frac{1}{3} b x^3 + \alpha_{ES} A_s (h_0 - x)^2 \tag{6-10}$$

对于受弯构件，开裂截面的中和轴通过其换算截面的形心轴，即 $S_{oc} = S_{ot}$，可得到

$$\frac{1}{2} b x^2 = \alpha_{ES} A_s (h_0 - x)$$

化简后解得换算截面的受压区高度为

$$x = \frac{\alpha_{ES} A_s}{b}\left[\sqrt{1 + \frac{2bh_0}{\alpha_{ES} A_s}} - 1\right] \tag{6-11}$$

图 6-3 是受压翼缘有效宽度为 b_f' 时，T 形截面的换算截面计算图式。

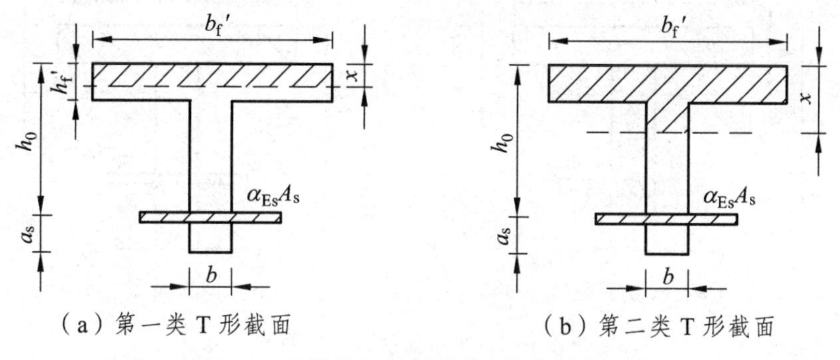

图 6-3　开裂状态下 T 形截面换算计算图式

当受压区高度 $x \leqslant$ 受压翼板高度 h_f' 时，为第一类 T 形截面，可按宽度为 b_f' 的矩形截面，应用式（6-7）~（6-11）来计算开裂截面的换算截面几何特性。

当受压区高度 $x > h_f'$，表明中和轴位于 T 形截面的肋部，为第二类 T 形截面。这时，换算截面的受压区高度 x 计算式为

$$x = \sqrt{A^2 + B} - A \tag{6-12}$$

其中

$$A = \frac{\alpha_{ES} A_s + (b_f' - b) h_f'}{b}$$

$$B = \frac{2\alpha_{ES}A_s h_0 + (b_f' - b)(h_f')^2}{b}$$

开裂截面的换算截面对其中和轴的惯性 I_{cr} 为

$$I_{cr} = \frac{b_f' x^3}{3} - \frac{(b_f' - b)(x - h_f')^3}{3} + \alpha_{ES}A_s(h_0 - x)^2 \tag{6-13}$$

在钢筋混凝土受弯构件的使用阶段和施工阶段的计算中，有时会遇到全截面换算截面的概念。

全截面的换算截面是混凝土全截面面积和钢筋的换算面积所组成的截面。对于图 6-4 所示的 T 形截面，全截面的换算截面几何特性计算式为

换算截面面积：

$$A_0 = bh + (b_f' - b)h_f' + (\alpha_{ES} - 1)A_s \tag{6-14}$$

受压区高度：

$$x = \frac{\frac{1}{2}bh^2 + \frac{1}{2}(b_f' - b)(h_f')^2 + (\alpha_{ES} - 1)A_s h_0}{A_0} \tag{6-15}$$

换算截面对中和轴的惯性矩：

$$I_o = \frac{1}{12}bh^3 + bh\left(\frac{1}{2}h - x\right)^2 + \frac{1}{12}(b_f' - b)(h_f')^3 + (b_f' - b)h_f'\left(\frac{h_f'}{2} - x\right)^2 + (\alpha_{ES} - 1)A_s(h_0 - x)^2 \tag{6-16}$$

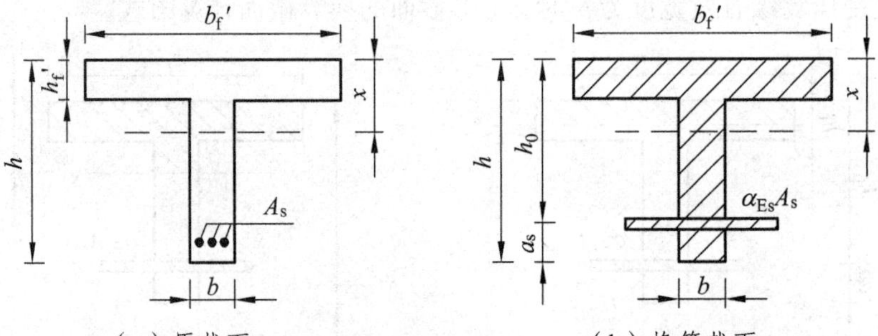

（a）原截面　　（b）换算截面

图 6-4　全截面换算示意图

6.2　受弯构件应力计算

对于钢筋混凝土受弯构件,《公路桥规》要求进行施工阶段的应力计算，即短暂状况的应力验算。

钢筋混凝土梁在施工阶段，特别是梁的运输、安装过程中，梁的支承条件、受力图式会发生变化。例如，图 6-5（b）所示简支梁的吊装，吊点的位置并不在梁设计的支座截面，当吊点位置 a 较大时，将会在吊点截面处引起较大负弯矩。又如图 6-5（c）所示，采用“钩鱼法”架设简支梁，在安装施工中，其受力简图不再是简支体系。因此，应该根据受弯构件在

施工中的实际受力体系进行正截面和斜截面的应力计算。

《公路桥规》规定进行施工阶段验算，施工荷载除有特别规定外均采用标准值，当有组合时不考虑荷载组合系数。构件在吊装时，构件重力应乘以动力系数 1.2 或 0.85，并可视构件具体情况适当增减。当用吊机（吊车）在桥梁上行驶来进行安装时，应对已安装的构件进行验算，吊机（车）应乘以 1.15 的荷载系数，但当由吊机（车）产生的效应设计值小于按持久状况承载能力极限状态计算的荷载效应设计值时，则可不必验算。

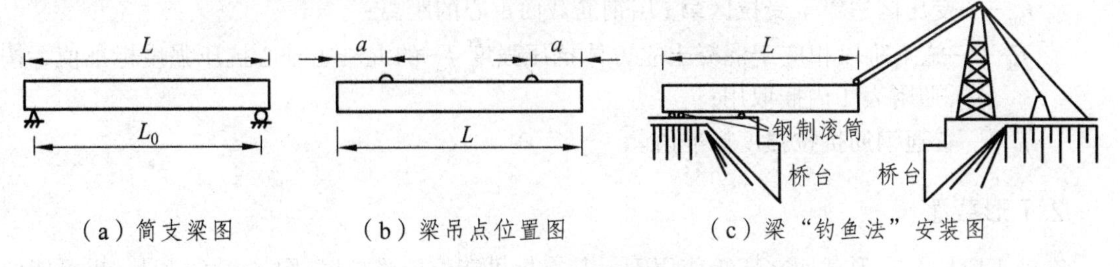

图 6-5　施工阶段受力图

对于钢筋混凝土受弯构件施工阶段的应力计算，可按第Ⅱ工作阶段进行。《公路桥规》规定受弯构件正截面应力应符合下列条件：

（1）受压区混凝土边缘纤维应力

$$\sigma_{cc}^{t} \leqslant 0.80 f_{ck}'$$

（2）受拉钢筋应力

$$\sigma_{si}^{t} \leqslant 0.75 f_{sk}$$

式中　f_{ck}' 和 f_{sk} 分别为施工阶段相应的混凝土轴心抗压强度标准值和普通钢筋的抗拉强度标准值，详见附表 1 和附表 3；

σ_{si}^{t} 为按短暂状况计算时受拉区第 i 层钢筋的应力。

对受弯构件正截面应力进行验算，一般仅需验算最外排受拉钢筋的应力，当内排钢筋强度小于外排钢筋强度时，则应分排验算。应已知梁的截面尺寸、材料强度、钢筋数量及布置，以及梁在施工阶段控制截面上的弯矩 M_k^t。下面按照换算截面法分别介绍矩形截面和 T 形截面正应力验算方法。

1. 矩形截面

按照式（6-11）计算受压区高度 x，再按式（6-10）求得开裂截面换算截面惯性矩 I_{cr}。截面应力验算按式（6-17）和式（6-18）进行：

（1）受压区混凝土边缘

$$\sigma_{cc}^{t} = \frac{M_k^t x}{I_{cr}} \leqslant 0.80 f_{ck}' \tag{6-17}$$

（2）受拉钢筋的面积重心处

$$\sigma_{si}^{t} = \alpha_{Es} \frac{M_k^t (h_{oi} - x)}{I_{cr}} \leqslant 0.75 f_{sk} \tag{6-18}$$

式中 M_k^t——由临时施工荷载标准值产生的弯矩值；

x——换算截面的受压区高度，按换算截面受压区和受拉区对中性轴面积矩相等的原则求得；

I_{cr}——开裂截面换算截面的惯性矩，根据已求得的受压区高度 x，按开裂换算截面对中性轴惯性矩之和求得；

σ_{si}^t——按短暂状况计算时受拉区第 i 层钢筋的应力；

h_{0i}——受压区边缘至受拉区第 i 层钢筋截面重心的距离；

f'_{ck}——施工阶段相应于混凝土立方体抗压强度 f'_{cu} 的混凝土轴心抗压强度标准值，按照附表 1 内插取用；

f_{sk}——普通钢筋抗拉强度标准值。

2. T 形截面

在施工阶段，T 形截面在弯矩作用下，其翼板可能位于受拉区［图 6-6（a）］，也可能位于受压区［图 6-6（b）、图 6-6（c）］。

当翼板位于受拉区时，按照宽度为 b、高度为 h 的矩形截面进行应力验算。

当翼板位于受压区时，则先应按下式进行计算判断：

$$\frac{1}{2}b'_f x^2 = \alpha_{ES} A_s (h_0 - x) \tag{6-19}$$

式中 b'_f——受压翼缘有效宽度；

α_{ES}——截面换算系数。

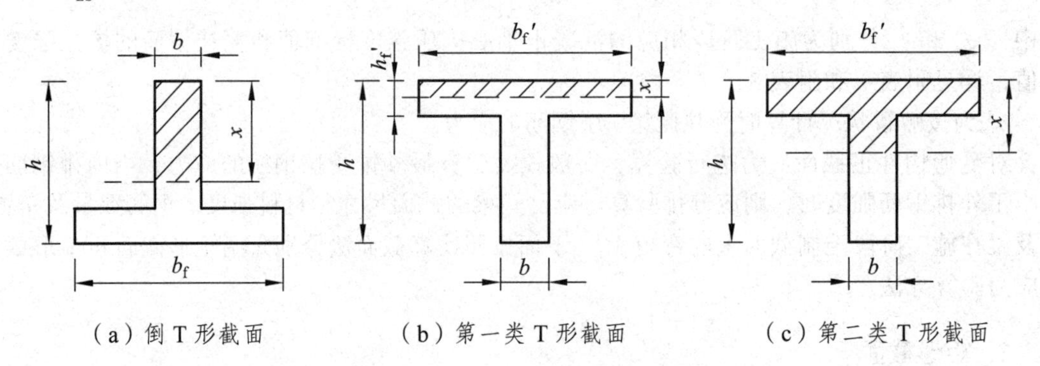

（a）倒 T 形截面　（b）第一类 T 形截面　（c）第二类 T 形截面

图 6-6　T 形截面梁受力状态图

若按式（6-19）计算的 $x \leq h'_f$，表明中和轴在翼板中，为第一类 T 形截面，则可按宽度为 b'_f 的矩形梁计算。

若按式（6-19）计算的 $x > h'_f$，为第二类 T 形截面，这时应按式（6-12）重新计算受压区高度 x，再按式（6-13）计算换算截面惯性矩 I_{cr}。

截面应力验算表达式及应满足的要求，仍按式（6-17）和式（6-18）进行。

当钢筋混凝土受弯构件施工阶段应力验算不满足时，应该调整施工方法，或者补充、调整某些钢筋。

对于钢筋混凝土受弯构件在施工阶段的主应力验算详见《公路桥规》规定，这里不再复述。

【例 6-1】 钢筋混凝土简支梁 T 梁梁长 $L_0 = 19.96\ \text{m}$，计算跨径 $L = 19.50\ \text{m}$。C30 混凝土，$f_{ck} = 20.1\ \text{MPa}$；Ⅰ类环境条件，安全等级为二级。

主梁截面尺寸及纵向受拉钢筋布置见图 6-7（a）。跨中截面主筋为 HRB400 级，钢筋截面积 A_s（8⏀32+2⏀16），$a_s = 111\ \text{mm}$，$f_{sk} = 400\ \text{MPa}$，主筋的最小保护层厚度为 35 mm。

简支梁吊装时，其吊点设在距梁端 $a = 400$ mm 处［图 6-7（a）］，梁自重在跨中截面引起的弯矩 $M_{G1} = 505.69\ \text{kN} \cdot \text{m}$。

试进行钢筋混凝土简支 T 梁截面应力的验算。

解：根据图 6-7（b）所示梁的吊点位置及主梁自重（均布荷载），在吊点截面处有最大负弯矩，在梁跨中截面有最大正弯矩，均为正应力验算截面。本例以梁跨中截面正应力验算为例介绍计算方法。

（1）T 形截面梁受压翼板的有效宽度 b_f'。

由图 6-7（a）所示的 T 形截面受压翼板厚度的尺寸，可得翼板平均厚度，$h_f' = \dfrac{80+60+80}{2} = 110\ \text{mm}$，可得到

$$b_{f2}' = \frac{1}{3}L = \frac{1}{3} \times 19\ 500 = 6\ 500\ \text{mm}$$

$b_{f2}' = 1\ 600\ \text{mm}$（本算例为装配式 T 梁，相邻两主梁的平均间距 1 600 mm，图 6-7（a）所示 1 580 mm 为预制梁翼板宽度）

$$b_{f3}' = b + 2b_h + 12h_f' = 180 + 2 \times 0 + 12 \times 110 = 1\ 500\ \text{mm}$$

故取受压翼板的有效宽度 $b_f' = 1\ 500\ \text{mm}$。

（2）梁跨中截面的换算截面惯性矩计算。

根据《公路桥规》规定计算得到梁受压翼板的有效宽度 $b_f' = 1\ 500\ \text{mm}$，而受压翼板平均厚度 110 mm，有效高度 $h_0 = h - a_s = 1\ 300 - 111 = 1189\ \text{mm}$。

$$\alpha_{Es} = \frac{E_s}{E_c} = \frac{2.0 \times 10^5}{3.0 \times 10^4} = 6.667$$

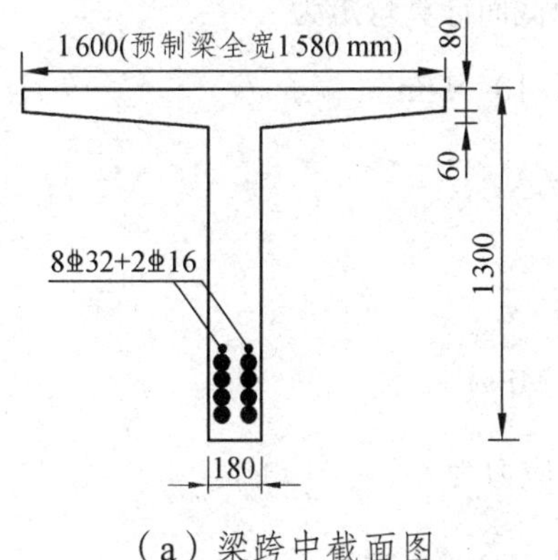

（a）梁跨中截面图

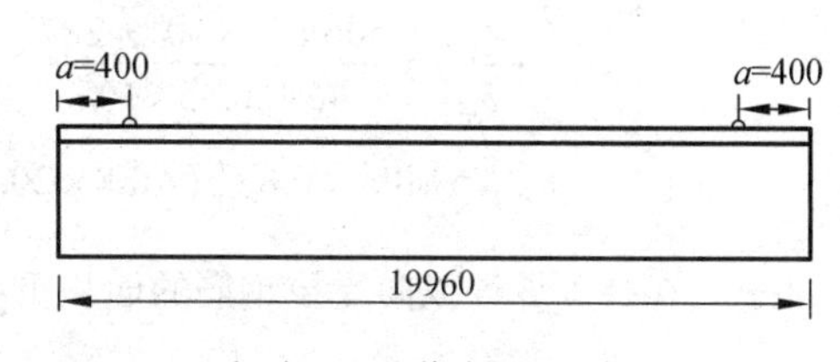

（b）梁吊装位置示意图

图 6-7　例 6-1 图（尺寸单位：mm）

由式（6-11）计算截面混凝土受压区高度为

$$\frac{1}{2}\times 1\,500x^2 = 6.667\times 6\,836\times(1189-x)$$

得到

$$x = 240.12\ \text{mm} > h'_f(=110\ \text{mm})$$

故为第二类 T 形截面。

这时，换算截面受压区高度 x 应由式（6-12）确定

$$A = \frac{\alpha_{Es}A_s + h'_f(b'_f - b)}{b} = \frac{6.667\times 6\,836 + 110\times(1\,500-180)}{180} = 1\,060$$

$$B = \frac{2\alpha_{Es}A_s h_0 + (b'_f - b)h_f^2}{b} = \frac{2\times 6.667\times 6\,836\times 1189 + (1\,500-180)\times 110^2}{180} = 690\,838$$

故

$$x = \sqrt{A^2 + B} - A = \sqrt{1\,060^2 + 690\,838} - 1\,060 = 287\ \text{mm} > h'_f(=110\ \text{mm})$$

按式（6-13）计算开裂截面的换算截面惯性矩 I_{cr} 为

$$I_{cr} = \frac{b'_f x^3}{3} - \frac{(b'_f - b)(x - h'_f)^3}{3} + \alpha_{Es}A_s(h_0 - x)^2$$
$$= \frac{1\,500\times 287^3}{3} - \frac{(1\,500-180)(287-110)^3}{3} + 6.667\times 6\,836\times(1189-287)^2$$
$$= 46\,460.55\times 10^6\ \text{mm}^4$$

（3）截面正应力验算。

吊装时动力系数为 1.2（起吊时主梁超重），则跨中截面计算弯矩为

$$M_k^t = 1.2M_{G1} = 1.2\times 505.69\times 10^6 = 606.828\times 10^6\ \text{N}\cdot\text{m}$$

由式（6-17）算得截面受压区混凝土边缘正应力为

$$\sigma_c^t = \frac{M_k^t x}{I_{cr}} = \frac{606.828\times 10^6\times 287}{46\,460.55\times 10^6}$$
$$= 3.75\ \text{MPa} < 0.8f'_{ck}(=0.8\times 20.1 = 16.08\ \text{MPa})$$

由式（6-18）算得纵向受拉钢筋的面积重心处的拉应力为

$$\sigma_s^t = \alpha_{Es}\frac{M_k^t(h_0 - x)}{I_{cr}} = 6.667\times\frac{606.828\times 10^6\times(1189-287)}{46\,460.55\times 10^6}$$
$$= 78.54\ \text{MPa} < 0.75f_{sk}(=0.75\times 400 = 300\ \text{MPa})$$

最下面一层纵向受拉钢筋（2Φ32）重心距受压边缘高度为 $h_{01}=1300-\left(\dfrac{35.8}{2}+35\right)=1247\ \text{mm}$，则钢筋应力为

$$\begin{aligned}\sigma_{s1}&=\alpha_{Es}\frac{M_k^t}{I_{cr}}(h_{01}-x)=6.667\times\frac{606.828\times10^6}{46\,460.55\times10^6}\times(1247-287)\\&=83.6\ \text{MPa}<0.75f_{sk}\ (=300\,\text{MPa})\end{aligned}$$

验算结果表明，吊装时主梁跨中截面混凝土正应力和钢筋拉应力均小于规范限值，可取图 6-7（b）的吊点位置。

6.3　受弯构件的裂缝及最大裂缝宽度验算

6.3.1　钢筋混凝土结构的裂缝成因

混凝土的抗拉强度很低，在不大的拉应力作用下就可能出现裂缝。按钢筋混凝土结构的裂缝产生的原因可分为以下几类：

（1）作用效应（如弯矩、剪力等）引起的裂缝。其裂缝形态如前面第 4 章、第 5 章所述。由直接作用引起的裂缝一般是与受力钢筋以一定角度相交的横向裂缝。但是，应该指出的是，由于局部黏结应力过大引起的，沿钢筋长度出现的黏结裂缝也是由直接作用引起的一种裂缝，这种裂缝通常是针脚状及劈裂裂缝。

（2）由外加变形或约束变形引起的裂缝。外加变形一般有地基的不均匀沉降、混凝土的收缩及温度差等。约束变形越大，裂缝宽度也越大。例如，在钢筋混凝土薄腹 T 梁的肋板表面上出现中间宽两端窄的竖向裂缝，这是混凝土结硬时，肋板混凝土受到四周混凝土及钢筋骨架约束而引起的裂缝。

（3）钢筋锈蚀裂缝。由于保护层混凝土碳化或冬季施工中掺氯盐（这是一种混凝土促凝、早强剂）过多导致钢筋锈蚀。锈蚀产物的体积比被侵蚀的钢筋体积大 2~3 倍，这种体积膨胀使外围混凝土产生相当大的拉应力，引起混凝土开裂，甚至保护层混凝土剥落。钢筋锈蚀裂缝是沿钢筋长度方向劈裂的纵向裂缝。

过多的裂缝或过大的裂缝宽度会影响结构的外观，造成使用者不安。从结构本身来看，某些裂缝的发生或发展，将影响结构的使用寿命。为了保证钢筋混凝土构件的耐久性，必须在设计、施工等方面控制裂缝。

对外加变形或约束变形引起的裂缝，往往是在构造上提出要求和在施工工艺上采取相应的措施予以控制。例如，混凝土收缩引起的裂缝，往往发生在混凝土的结硬初期，因此需要良好的初期养护条件和合适的混凝土配合比设计，所以在施工规程中，提出要严格控制混凝土的配合比，保证混凝土的养护条件和时间。同时，《公路桥规》还规定，为防止过宽的收缩裂缝，对于钢筋混凝土薄腹梁，应沿梁肋的两侧分别设置直径为 6~8 mm 的水平纵向钢筋，并且具有规定的配筋率（0.001~0.002）bh，其中 b 为肋板宽度，h 为梁的高度，其间距在受拉区不应大于肋板宽度，且不应大于 200 mm；在受压区不应大于 300 mm。在支点附近剪力较大

区段，肋板两侧纵向钢筋截面面积应予增加，纵向钢筋间距宜为 100~150 mm。

对于钢筋锈蚀裂缝，由于它的出现将影响结构的使用寿命，危害性较大，故必须防止其出现。钢筋锈蚀裂缝是目前正处于研究的一种裂缝，在实际工程中，为了防止它的出现，一般认为必须有足够厚度的混凝土保护层和保证混凝土的密实性，严格控制早凝剂的掺入量。一旦钢筋锈蚀裂缝出现，应当及时处理。

在钢筋混凝土结构的使用阶段，直接作用引起的混凝土裂缝，只要不是沿混凝土表面延伸过长或裂缝的发展处于不稳定状态，均属正常（指一般构件）。但在直接作用下，若裂缝宽度过大，仍会造成裂缝处钢筋锈蚀。

钢筋混凝土构件在荷载作用下产生的裂缝宽度，主要通过设计计算进行验算和构造措施上加以控制。由于裂缝发展的影响因素很多，较为复杂，例如，荷载作用及构件性质、环境条件、钢筋种类等，因此，本节只介绍钢筋混凝土受弯构件弯曲裂缝宽度的验算方法。

6.3.2 受弯构件弯曲裂缝宽度计算理论和方法

裂缝宽度是指混凝土构件裂缝的横向尺寸。对于钢筋混凝土受弯构件弯曲裂缝宽度问题，各国均做了大量的试验和理论研究工作，提出了各种不同的裂缝宽度计算理论和方法。总的来说，可以归纳为两大类：第一类是计算理论法。它是根据某种理论来建立计算图式，最后得到裂缝宽度计算公式，然后对公式中一些不易通过计算获得的系数，利用试验资料加以确定。第二类是分析影响裂缝宽度的主要因素，然后利用数理统计方法来处理大量的试验数据而建立计算公式。

1. 黏结滑移理论法

黏结滑移理论法是由 D.Watstein 等人在 1940—1960 年间建立和发展起来的裂缝计算理论，一直被认为是经典的裂缝理论。这个理论认为裂缝控制主要取决于钢筋和混凝土之间的黏结性能。其理论要点是钢筋应力通过钢筋与混凝土之间的黏结应力传给混凝土，当混凝土裂缝出现以后，由于钢筋和混凝土之间产生了相对滑移，变形不一致而导致裂缝开展。因此，在一个裂缝区段（裂缝间距 l_{cr}）内，钢筋伸长和混凝土伸长之差就是裂缝开展平均宽度 W_f，而且还意味着混凝土表面裂缝宽度与钢筋表面处的裂缝宽度是一样的[图 6-8（a）]。

按这一理论建立的裂缝平均宽度 W_f 的计算式为

$$W_f = l_{cr}\left(\bar{\varepsilon}_s - \bar{\varepsilon}_c\right) = l_{cr}\,\bar{\varepsilon}_s(1-\bar{\varepsilon}_c\sqrt{\varepsilon_s}) = l_{cr}\,\bar{\varepsilon}_s\,\alpha$$

式中 l_{cr}——平均裂缝间距，与钢筋直径 d 和配筋率有关；

$\bar{\varepsilon}_s$、$\bar{\varepsilon}_c$——裂缝间的钢筋和混凝土的平均应变。

式中的钢筋平均应变 $\bar{\varepsilon}_s$ 进一步可表达为 $\bar{\varepsilon}_s = \dfrac{\sigma_{ss}}{E_s}\psi$ 其中 ψ 为裂缝间混凝土参与受拉工作的程度，即裂缝间距内受拉钢筋应变不均匀系数，$\psi \leqslant 1.0$。另外，由于 $\bar{\varepsilon}_c$ 通常远远小于 $\bar{\varepsilon}_s$，常可忽略不计。由此得到裂缝平均宽度为

$$W_f = \psi \cdot \frac{\sigma_{ss}}{E_s} l_{cr} \tag{6-20}$$

式中：σ_{ss}——钢筋在裂缝处的应力；

ψ——钢筋应变不均匀系数。

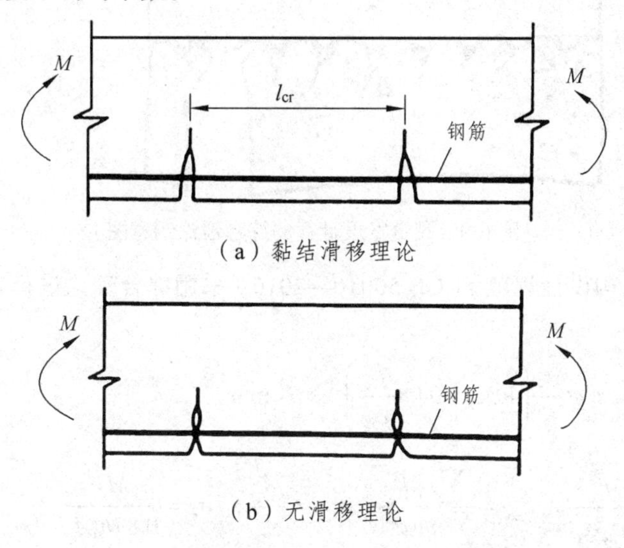

图 6-8　裂缝宽度计算的理论方法示意图

2. 无滑移理论

1966 年英国水泥混凝土学会 G.D.Base、J.b.Read 等人提出了无滑移理论。这一理论认为，在通常允许的裂缝宽度范围内，钢筋与混凝土之间的黏结力并不破坏，相对滑移很小，可以忽略不计，钢筋表面处裂缝宽度要比构件表面裂缝宽度小得多，这表明裂缝的形状如图 6-8（b）所示。该理论要点是表面裂缝宽度是由钢筋至构件表面的应变梯度控制的，即裂缝宽度随着离钢筋距离的增大而增大，钢筋的混凝土保护层厚度是影响裂缝宽度的主要因素。

C.D.Base 等学者通过理论与试验导出钢筋侧面的最大裂缝宽度($W_{f\,max}$)为

$$W_{f\,max} = kc\frac{\sigma_{ss}}{E_s} \tag{6-21}$$

式中　c——裂缝观测点距最近一根钢筋表面的距离，若 c 点位于构件表面，则 c 为保护层厚度；

k——最大裂缝宽度与平均裂缝宽度的扩大倍数。

3. 综合理论

综合理论是黏结滑移理论和无滑移理论的综合。1971 年日本的 Y.Coto 在轴心拉杆的钢筋周围预埋导管并注入墨水，试验后剖开试件发现在主裂缝附近变形钢筋周围形成如图 6-9 所示的内部微裂纹，主裂缝附近区段黏结力遭到破坏，同时证明裂缝宽度在构件外表面处最大，钢筋表面处最小，这为综合理论的研究提供了试验观察现象。综合理论既考虑了混凝土保护层厚度对裂缝宽度 W_f 的影响，也考虑了钢筋和混凝土之间可能出现的滑移，这无疑比前两种理论更为合理。

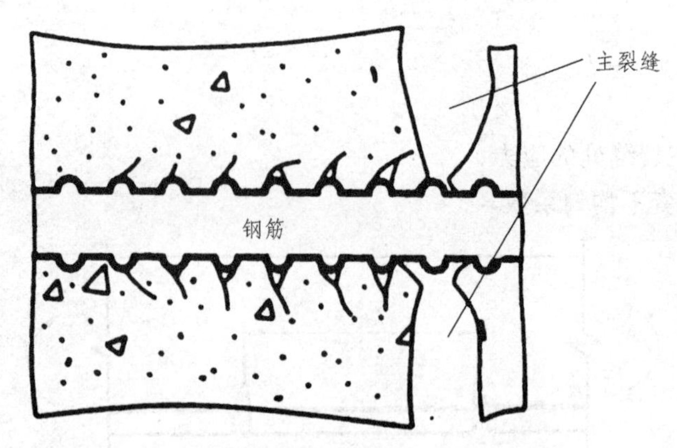

图 6-9　裂缝宽度计算的综合理论示意图

我国《混凝土结构设计规范》（GB 50010—2010）采用综合理论进行裂缝宽度计算的公式如下

$$W_{\text{fmax}}=\alpha_{\text{cr}}\psi\frac{\sigma_{\text{s}}}{E_{\text{s}}}\left(1.9c_{\text{s}}+0.08\frac{d_{\text{eq}}}{\rho_{\text{te}}}\right)\quad(\text{mm})\tag{6-22}$$

其中，$\psi=1.1-0.65\dfrac{f_{\text{tk}}}{\rho_{\text{te}}\sigma_{\text{s}}}$，$d_{\text{eq}}=\dfrac{\sum n_i d_i^2}{\sum n_i v_i d_i^2}$，$\rho_{\text{te}}=\dfrac{A_{\text{q}}}{A_{\text{te}}}$，$\sigma_{\text{s}}=\dfrac{M_{\text{q}}}{0.87h_0A_{\text{s}}}$。

式中　M_{q}——按荷载准永久组合计算的弯矩值；

σ_{s}——钢筋混凝土受弯构件受拉区纵向钢筋的应力；

ψ——裂缝间纵向受拉钢筋应变不均匀系数，当 $\psi<0.2$ 时取 $\psi=0.2$，当 $\psi>1.0$ 时取 $\psi=0.1$，对直接承受重复荷载的构件取 $\psi=0.1$；

c_{s}——最外层纵向受拉钢筋保护层厚度（mm），当 $c_{\text{s}}<20$ mm 时取 c_{s}=20 mm，当 $c_{\text{s}}>65$ mm 时取 $c_{\text{s}}=65$ mm；

A_{te}——有效受拉混凝土面积，对轴拉构件为构件截面面积，对受弯构件则取 $\frac{1}{2}$ 梁高以下的混凝土截面面积；

ρ_{te}——按有效受拉混凝土截面面积计算的纵向受拉钢筋配筋率，当 $\rho_{\text{te}}<0.01$ 时，取 $\rho_{\text{te}}=0.01$；

A_{s}——纵向受拉钢筋截面面积；

d_{eq}——纵向受拉钢筋等效直径（mm）；

n_i、d_i——第 i 种纵向受拉钢筋的根数和公称直径；

v_i——第 i 种纵向受拉钢筋的相对黏结特征系数，对带肋钢筋取 1.0，对光面钢筋取 0.7。

在式（6-22）中括号内数值相当于平均裂缝间距，其第一项反映保护层厚度 c 的影响，一般指主筋侧面的保护层厚度；第二项反映钢筋与混凝土相对滑移对裂缝宽度的影响。这些都反映了综合理论方法的特点。

影响裂缝宽度的因素很多，裂缝机理也十分复杂。近数十年来人们已积累了相当多的研究裂缝问题的试验资料，利用这些已有的试验资料，分析影响裂缝宽度的各种因素，找出主要的因素，舍去次要因素，再用数理统计方法给出简单适用而又有一定可靠性的裂缝宽度计算公式，这种方法称为数理统计方法。

根据大连理工大学和东南大学的试验结果，分析影响裂缝宽度的主要因素有：钢筋应力 σ_{ss}、钢筋直径 d、配筋率 ρ、保护层厚度 c、钢筋外形、荷载作用性质（短期、长期、重复作用）、构件受力性质（受弯、轴心受拉、偏心受拉、偏心受压）等。

根据轴心受拉、偏心受拉、偏心受压构件裂缝宽度的试验资料和以往的设计经验,基于上述主要因素采用数理统计方法推出的矩形、T 形、倒 T 形和工字形截面的受弯、轴心受拉、偏心受压、偏心受拉构件的最大裂缝宽度 W_{fk}（mm）的计算公式为

$$W_{fk} = c_1 c_2 c_3 \frac{\sigma_{ss}}{E_s} \cdot \frac{30+d}{0.28+10\rho} \tag{6-23}$$

式中　c_1——考虑钢筋表面形状的系数，对带肋钢筋取 $c_1 = 1.0$，对光圆钢筋取 $c_1 = 1.4$；

c_2——考虑荷载作用的系数，短期静力荷载作用时取 $c_2 = 1.0$，荷载长期或重复作用时，取 $c_2 = 1.5$；

c_3——考虑构件受力特征的系数，对受弯构件取 $c_3 = 1.0$，对大偏心受压构件取 $c_3 = 0.9$，对偏心受拉构件取 $c_3 = 1.1$，对轴心受拉构件取 $c_3 = 1.2$；

d——纵向钢筋直径（mm）;

ρ——截面配筋率;

σ_{ss}——按短期效应组合计算的构件裂缝处纵向受拉钢筋应力（MPa）;

E_s——受拉钢筋弹性模量（MPa）。

6.3.3　最大裂缝宽度计算方法和裂缝宽度限值

矩形、T 形和工字形截面的钢筋混凝土受弯构件的最大裂缝宽度可按式（6-24）计算

$$W_{fmax} = c_1 c_2 c_3 \frac{\sigma_{ss}}{E_s} \cdot \frac{c+d}{0.36+1.7\rho_{te}} \tag{6-24}$$

式中　c_1——钢筋表面形状系数，对于光圆钢筋 c_1=1.4，对于带肋钢筋 c_1=1.0，对于环氧树脂涂层带肋钢筋 c_1=1.15。

c_2——长期效应影响系数，$c_2=1+0.5\dfrac{M_l}{M_s}$，其中 M_l 和 M_s 分别为按作用准永久组合和作用频遇组合计算的弯矩设计值;

c_3——与构件受力性质有关的系数，当为钢筋混凝土板式受弯构件时 c_3=1.15，当为其他受弯构件时 c_3=1.0。

c——最外排纵向受拉钢筋的混凝土保护层厚度（mm），当 $c > 50$ mm 时，取 50 mm。

d——纵向受拉钢筋的直径(mm),当用不同直径的钢筋时,改用换算直径 d_e，$d_e = \dfrac{\sum n_i d_i^2}{\sum n_i d_i}$，

对钢筋混凝土构件，n_i 为受拉区第 i 种普通钢筋的根数，d_i 为受拉区第 i 种普通钢筋的公称直径；对于焊接钢筋骨架，式（6-24）中的 d 或 d_e 应乘以 1.3 的系数。

ρ_{te}——纵向受拉钢筋的有效配筋率，$\rho_{te}=\dfrac{A_s}{A_{te}}$，对钢筋混凝土构件，当 $\rho_{te}>0.1$ 时取 $\rho_{te}=0.1$，当 $\rho_{te}<0.01$ 时取 $\rho_{te}=0.01$。

A_{te}——有效受拉混凝土截面面积（mm^2）（图 6-10），对受弯构件取 $2a_sb$，其中 a_s 为受拉钢筋重心至受拉边缘的距离；对矩形截面，b 为截面宽度，而对有受拉翼缘的倒 T 形、I 形截面，b 为受拉区有效翼缘宽度；

σ_{ss}——由作用频遇组合引起的开裂截面纵向受拉钢筋应力（MPa），对于钢筋混凝土受弯构件，$\sigma_{ss}=\dfrac{M_s}{0.87A_sh_0}$；其他受力性质构件的 σ_{ss} 计算式参见《公路桥规》。

M_s——按作用频遇组合计算的弯矩值（N · mm）。

E_s——钢筋弹性模量（MPa）。

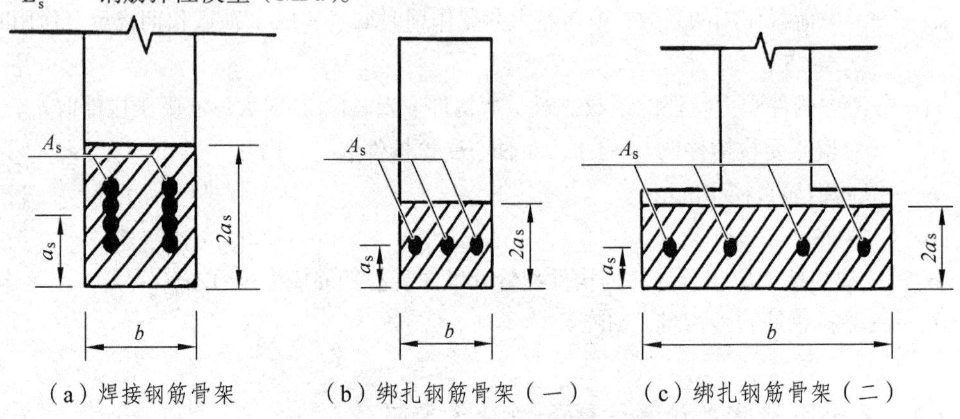

（a）焊接钢筋骨架　（b）绑扎钢筋骨架（一）　（c）绑扎钢筋骨架（二）

图 6-10　有效受拉混凝土截面面积计算取法示意图

在式（6-24）中采用了纵向受拉钢筋的有效配筋率 ρ_{te} 及有效受拉混凝土截面面积 A_{te},而不是式（6-23）的一般截面配筋率 ρ，主要原因是基于黏结滑移理论对钢筋混凝土构件的混凝土裂缝间距和裂缝宽度推求过程中，揭示出纵向受拉钢筋的作用仅影响到它周围的有限区域混凝土，裂缝出现后距钢筋较远的混凝土受到钢筋的约束影响很小，只有钢筋周围有限范围内的混凝土受到钢筋的约束并且参与共同作用，就把纵向受拉钢筋周围有限范围内的这部分混凝土面积称为有效受拉混凝土截面面积。

《公路桥规》规定，在正常使用极限状态下钢筋混凝土构件的最大裂缝宽度，应按作用（或荷载）频遇组合并考虑长期效应组合影响进行验算，且不得超过规定的裂缝限值[W_f]:

（1）在Ⅰ类（一般环境）、Ⅱ类（冻融环境）和Ⅵ类（磨蚀环境）环境条件下的钢筋混凝土构件，算得的最大裂缝宽度不应超过 0.20 mm。

（2）处于Ⅲ类（海洋氯化物环境）和Ⅳ类（除冰盐等其他氯化物环境）环境条件下的钢筋混凝土受弯构件，容许裂缝宽度不应超过 0.15 mm。

（3）处于Ⅴ类（盐结晶环境）和Ⅵ类（化学腐蚀环境）环境下的钢筋混凝土受弯构件，容许裂缝宽度不应超过 0.10 mm。

《公路桥规》规定的混凝土裂缝宽度限值是对在作用（或荷载）频遇组合并考虑长期效应组合影响下与构件轴线方向呈垂直的裂缝而言，不包括施工中混凝土收缩、养护不当及钢筋锈蚀等引起的其他非受力裂缝。

【例 6-2】钢筋混凝土简支 T 梁梁长 L_0=19.96 m，计算跨径 L=19.50 m；C30 混凝土，f_{ck}=20.1MPa，f_{tk}=2.01MPa，$E_c = 3.00\times10^4$ MPa；Ⅰ类环境条件，安全等级为二级。

主梁截面尺寸及受拉纵向钢筋布置见图 6-7（a）：跨中截面主筋为 HRB400 级，钢筋截面面积 $A_s = 6\,836\ \text{mm}^2$ (8⌀32+2⌀16)，$a_s = 111$ mm，$E_s = 2\times10^5$ MPa，$f_{sk} = 400$ MPa。

T 梁跨中截面使用阶段汽车荷载标准值产生的弯矩为 $M_{Q1} = 596.04\ \text{kN}\cdot\text{m}$（未计入汽车冲击系数），人群荷载标准值产生的弯矩 $M_{Q2} = 55.30\ \text{kN}\cdot\text{m}$，永久作用（恒载）标准值产生的弯矩 $M_G = 751\ \text{kN}\cdot\text{m}$。

试进行钢筋混凝土简支 T 梁最大弯曲裂缝宽度的验算。

解：按式（6-24）进行钢筋混凝土简支 T 梁弯曲最大裂缝宽度 W_{max} 计算。

（1）系数 c_1、c_2 和 c_3 的计算。

带肋钢筋系数 c_1=1.0。汽车荷载（不计冲击力）作用的频遇值系数 $\psi_{f1} = 0.7$，人群荷载作用的准永久值系数 $\psi_{q2} = 0.4$。汽车荷载（不计冲击力）作用的准永久值系数 $\psi_{q1} = 0.4$。

作用频遇组合的弯矩计算值为

$$\begin{aligned} M_s &= M_G + \psi_{f1}M_{Q1} + \psi_{q2}M_{Q2} \\ &= 751+0.7\times596.04+0.4\times55.30 \\ &= 1190.35\ \text{kN}\cdot\text{m} \end{aligned}$$

作用准永久组合的弯矩计算值为

$$\begin{aligned} M_l &= M_G + \psi_{q1}M_{Q1} + \psi_{q2}M_{Q2} \\ &= 751+0.4\times596.04+0.4\times55.30 \\ &= 1\,011.54\ \text{kN}\cdot\text{m} \end{aligned}$$

系数 c_2：$c_2 = 1 + 0.5\dfrac{M_l}{M_s} = 1 + 0.5\times\dfrac{1\,011.54}{1190.35} = 1.42$。

系数 c_3：非板式受弯构件 $c_3 = 1.0$。

（2）钢筋应力 σ_{ss} 的计算。

由作用频遇组合的弯矩计算值 $M_s = 1190.35\ \text{kN}\cdot\text{m}$，计算开裂截面纵向受拉钢筋的应力为

$$\sigma_{ss} = \frac{M_s}{0.87h_0A_s} = \frac{1190.35\times10^6}{0.87\times1189\times6\,836} = 168\ \text{MPa}$$

（3）换算直径 d 的计算。

因为受拉区采用不同的钢筋直径，按式（6-24）要求，d 应取用换算直径 d_e，则可得到

$$d = d_e = \frac{8\times32^2 + 2\times16^2}{8\times32 + 2\times16} = 30.2\ \text{mm}$$

对于焊接钢筋骨架

$$d = d_e = 1.3\times30.2 = 39.26\ \text{mm}$$

（4）纵向受拉钢筋的有效配筋率 ρ_{te} 的计算。

如图 6-7（a）所示 T 梁截面相关尺寸，计算有效受拉混凝土截面面积为

$$A_{te}=2a_s b=2\times111\times180=39\,960\ \text{mm}^2$$

得到纵向受拉钢筋的有效配筋率 ρ_{te} 的计算值为

$$\rho_{te}=\frac{A_s}{A_{te}}=\frac{6\,836}{39\,960}=0.171>0.1$$

取 $\rho_{te}=0.1$。

（5）简支 T 梁混凝土最大弯曲裂缝宽度 W_{max} 的计算。

由式（6-24）计算可得到

$$\begin{aligned}W_{max}&=c_1c_2c_3\frac{\sigma_{ss}}{E_s}\cdot\frac{c+d}{0.36+1.7\rho_{te}}\\&=1\times1.42\times1\times\frac{168}{2\times10^5}\times\frac{35+39.26}{0.36+1.7\times0.1}\\&=0.17\ \text{mm}<[W_f]=0.2\ \text{mm}\end{aligned}$$

满足要求。

6.4 受弯构件的变形（挠度）验算

钢筋混凝土受弯构件在使用阶段，因作用（或荷载）将产生挠曲变形，而过大的挠曲变形将影响结构的正常使用。因此，为了确保桥梁的正常使用，受弯构件的变形计算列为持久状况正常使用极限状态计算的一项主要内容，要求受弯构件具有足够刚度，使得构件在使用荷载作用下的最大变形（挠度）计算值不得超过容许的限值。

受弯构件在使用阶段的挠度应考虑作用（或荷载）长期效应的影响，即按作用（或荷载）频遇组合和给定的刚度计算的挠度值，再乘以挠度长期增长系数 η_θ。挠度长期增长系数取用规定是：当采用 C40 以下混凝土时，η_θ=1.60；当采用 C40~C80 混凝土时，$\eta_\theta=1.45\sim1.35$，中间强度等级可按直线内插取用。

《公路桥规》规定，钢筋混凝土和预应力混凝土受弯构件按上述计算的长期挠度值，由汽车荷载（不计冲击力）和人群荷载频遇组合在梁式桥主梁产生的最大挠度不应超过计算跨径的 1/600；在梁式桥主梁悬臂端产生的最大挠度不应超过悬臂长度的 1/300。

本节将介绍《公路桥规》关于受弯构件在使用阶段变形验算的方法。

6.4.1 受弯构件的刚度计算

在使用阶段，钢筋混凝土受弯构件是带裂缝工作的。对这个阶段的计算，前已介绍有三个基本假定，即平截面假定、弹性体假定和不考虑受拉区混凝土参与工作，故可以采用材料力学或结

构力学中关于受弯构件变形处理的方法，但应考虑到钢筋混凝土构件在第 II 阶段的工作特点。

钢筋混凝土梁在弯曲变形时，纯弯段的各横截面将绕中和轴转动一个角度 φ ，但截面仍保持平面（图 6-11）。这时，按材料力学可得到挠度曲线的曲率为

$$\varphi=\frac{1}{\rho}=\frac{\mathrm{d}^2y}{\mathrm{d}x^2}=\frac{M}{B} \tag{6-25}$$

挠度计算公式为

$$y=w=\alpha\frac{ML^2}{B} \tag{6-26}$$

式中　B——抗弯刚度。对匀质弹性梁，抗弯刚度 $B=EI$（截面和材料确定后，截面刚度就是常数）。

α——挠度计算系数，对于不同形式的梁采用不同的系数，具体取值参数《材料力学》。

构件截面抵抗弯曲变形的能力称为抗弯刚度。构件截面的弯曲变形是用曲率 φ 来度量的，$\varphi=\dfrac{1}{\rho}$，ρ 是变形曲线（指平均中和轴）在该截面处的曲率半径，因此，曲率 φ 也就等于构件单位长度上两截面间的相对转角（图 6-11）。

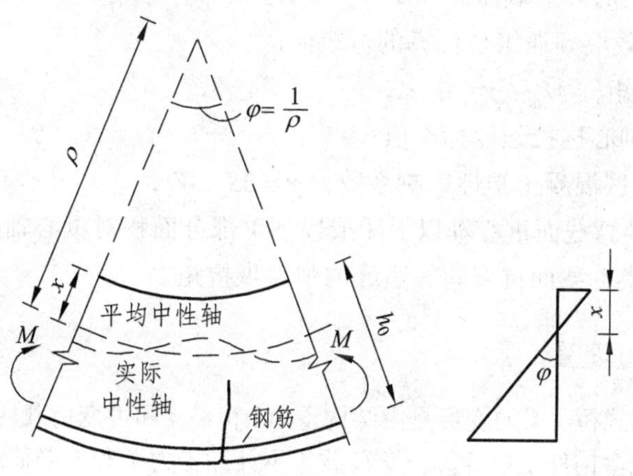

图 6-11　平截面假定示意图

钢筋混凝土受弯构件各截面的配筋不一样，承受的弯矩也不相等，弯矩小的截面可能不出现弯曲裂缝，其刚度要较弯矩大的开裂截面大得多，因此沿梁长度的抗弯刚度是个变值。如图 6-12 所示，将一根带裂缝的受弯构件视为一根不等刚度的构件，裂缝处刚度小，两裂缝间截面刚度大，图中实线表示截面刚度变化规律。为简化起见，把图中变刚度构件等效为图 6-12（c）中的等刚度构件，采用结构力学方法，按在两端部弯矩作用下构件转角相等的原则，则可求得等刚度受弯构件的等效刚度 B，即为开裂构件等效截面的抗弯刚度。

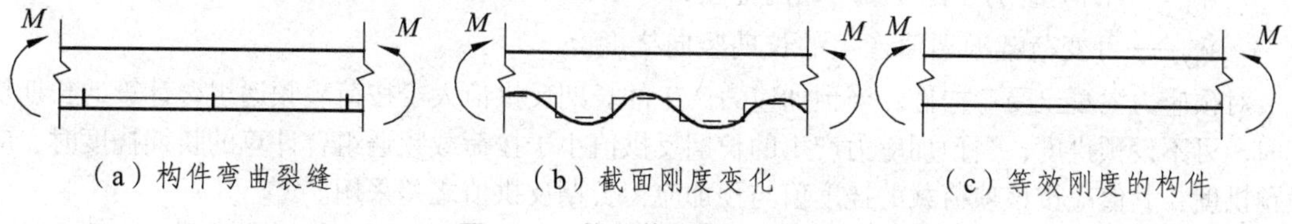

图 6-12　构件截面等效示意图

对钢筋混凝土受弯构件,《公路桥规》规定计算挠度时的抗弯刚度为

$M_s \geqslant M_{cr}$ 时

$$B=\frac{B_0}{\left(\frac{M_{cr}}{M_s}\right)^2+\left[1-\left(\frac{M_{cr}}{M_s}\right)^2\right]\frac{B_0}{B_{cr}}} \tag{6-27}$$

$M_s < M_{cr}$ 时

$$B=B_0 \tag{6-28}$$

式中 B——开裂构件等效截面的抗弯刚度;

B_0——全截面的抗弯刚度,$B_0=0.95E_cI_0$;

B_{cr}——开裂截面的抗弯刚度,$B_{cr}=E_cI_{cr}$;

E_c——混凝土的弹性模量;

I_0——全截面换算截面惯性矩;

I_{cr}——开裂截面的换算截面惯性矩;

M_s——按作用效应频遇组合计算的弯矩值;

M_{cr}——开裂弯矩,$M_{cr}=\gamma f_{tk}W_0$;

f_{tk}——混凝土轴心抗拉强度标准值;

γ——构件受拉区混凝土塑性影响系数,$\gamma=2S_0/W_0$;

S_0——全截面换算截面重心轴以上(或以下)部分面积对重心轴的面积矩;

W_0——全截面换算截面抗裂验算边缘的弹性抵抗矩。

6.4.2 预拱度的设置

对于钢筋混凝土梁式桥,梁的变形是由结构重力(恒载)和可变荷载两部分荷载作用产生的。《公路桥规》对受弯构件主要计算汽车荷载(不计冲击力)和人群荷载频遇组合并考虑长期效应影响的挠度值且应满足限值。对结构重力引起的变形,一般采用设置预拱度来加以消除。

《公路桥规》规定:对钢筋混凝土受弯构件,当由作用(荷载)频遇组合并考虑长期效应影响产生的长期挠度不超过计算跨径 1/1 600 时,可不设预拱度;当不符合上述规定时则应设预拱度。

预拱度值按结构自重和$\frac{1}{2}$可变荷载频遇值计算的长期挠度值之和采用,即

$$\varDelta=w_G+\frac{1}{2}w_Q \tag{6-29}$$

式中 $\varDelta$——预拱度值;

w_G——结构重力产生的长期竖向挠度;

w_Q——可变荷载频遇值产生的长期竖向挠度。

对预应力混凝土受弯构件:当预加应力产生的长期反拱值大于按荷载频遇组合计算的长期挠度时,可不设预拱度;当预加应力产生的长期反拱值小于按荷载频遇组合计算的长期挠度时,应设预拱度,其值应按该项荷载的挠度值与预加应力长期反拱值之差采用。

对自重相对于活载较小的预应力混凝土受弯构件,应考虑预加应力反拱值过大可能造成的不

利影响，必要时采取反预拱或设计和施工上的其他措施，避免桥面隆起甚至开裂破坏。

【例 6-3】钢筋混凝土简支 T 梁已知条件与例 6-2 相同，试进行钢筋混凝土简支 T 梁跨中挠度验算。

解：在进行梁变形计算时，应取梁与相邻梁横向连接后截面的全宽度受压翼缘板计算，即为 $b'_{f1}=1\,600\text{ mm}$，而 h'_f 仍为 110 mm。

（1）T 梁跨中截面换算截面的惯性矩 I_{cr} 和 I_0 计算。

由例 6-1 可知，系数 $\alpha_{Es}=6.667$，对 T 梁的开裂截面，由式（6-19）计算

$$\frac{1}{2}\times 1\,600x^2=6.667\times 6\,836\times(1189-x)$$

$$x=233\text{ mm}>h'_f(=110\text{ mm})$$

因此，梁跨中截面为第二类 T 形截面。这时，开裂截面受压区高度 x 由式（6-12）确定。

则
$$A=\frac{\alpha_{Es}A_s+h'_f(b'_{f1}-b)}{b}$$

$$=\frac{6.667\times 6\,836+110\times(1\,600-180)}{180}=1121\text{ mm}$$

$$B=\frac{2\alpha_{Es}A_sh_0+(b'_{f1}-b)h'^2_f}{b}$$

$$=\frac{2\times 6.667\times 6\,836\times 1189+(1\,600-180)\times 110^2}{180}$$

$$=697\,560\text{ mm}^2$$

$$x=\sqrt{A^2+B}-A=\sqrt{1121^2+697\,560}-1121=277\text{ mm}>h'_f(=110\text{ mm})$$

开裂截面的换算截面惯性矩 I_{cr} 为

$$I_{cr}=\frac{b'_fx^3}{3}-\frac{\left(b'_f-b\right)\left(x-h'_f\right)^3}{3}+\alpha_{Es}A_s\left(h_0-x\right)^2$$

$$=\frac{1\,600\times 277^3}{3}-\frac{(1\,600-180)\times(277-110)^3}{3}+6.667\times 6\,836\times(1189\times 277)^2$$

$$=47\,038.1\times 10^6\text{ mm}^4$$

T 梁的全截面换算截面面积 A_0 为

$$A_0=bh+\left(b'_f-b\right)h'_f+\left(\alpha_{Es}-1\right)A_s$$

$$=180\times 1\,300+(1\,600-180)\times 110+(6.667-1)\times 6\,836=428\,940\text{ mm}^2$$

受压区高度 x 为

$$x=\frac{\frac{1}{2}bh^2+\frac{1}{2}(b'_f-b)h'^2_f+\left(\alpha_{Es}-1\right)A_sh_0}{A_0}$$

$$=\frac{\frac{1}{2}\times 180\times 1\,300^2+\frac{1}{2}\times(1\,600-180)\times 110^2+\left(6.667-1\right)\times 6\,836\times 1189}{428\,940}$$

$$=482\text{ mm}$$

全截面换算惯性矩 I_0 为

$$I_0=\frac{1}{12}bh^3+bh\left(\frac{h}{2}-x\right)^2+\frac{1}{12}\left(b'_{f1}-b\right)h_f'^3+\left(b_{f1}-b\right)h'_f\left(x-\frac{h'_f}{2}\right)^2+\left(\alpha_{Es}-1\right)A_s\left(h_0-x\right)^2$$

$$=\frac{1}{12}\times180\times1\,300^3+180\times1\,300\times\left(\frac{1\,300}{2}-482\right)^2+\frac{1}{12}\left(1\,600-180\right)\times110^3+$$

$$\left(1\,600-180\right)\times110\times\left(482-\frac{110}{2}\right)^2+(6.667-1)\times6\,836\times\left(1189-482\right)^2$$

$$=8.76\times10^{10}\ \text{mm}^4$$

（2）计算开裂构件的抗弯刚度。

全截面抗弯刚度

$$B_0=0.95E_cI_0=0.95\times3.0\times10^4\times8.76\times10^{10}=2.5\times10^{15}\ \text{N}\cdot\text{mm}^2$$

开裂截面抗弯刚度

$$B_{cr}=E_cI_{cr}=3.0\times10^4\times47\,038.1\times10^6=1.41\times10^{15}\ \text{N}\cdot\text{mm}^2$$

全截面换算截面受拉区边缘的弹性抵抗矩

$$W_0=\frac{I_0}{h-x}=\frac{8.76\times10^{10}}{1\,300-482}=1.07\times10^8\ \text{mm}^3$$

全截面换算截面的面积矩

$$S_0=\frac{1}{2}b'_{f1}x^2-\frac{1}{2}\left(b_{f1}-b\right)\left(x-h'_f\right)^2$$

$$=\frac{1}{2}\times1\,600\times482^2-\frac{1}{2}\times\left(1\,600-180\right)\times\left(482-110\right)^2$$

$$=8.76\times10^7\ \text{mm}^3$$

塑性影响系数

$$\gamma=\frac{2S_0}{W_0}=\frac{2\times8.76\times10^7}{1.07\times10^8}=1.64$$

开裂弯矩

$$M_{cr}=\gamma f_{tk}W_0=1.64\times2.01\times1.07\times10^8=3.527\times10^8\,\text{N}\cdot\text{mm}$$

$$=352.7\text{kN}\cdot\text{m}<M_s=1190.35\ \text{kN}\cdot\text{m}$$

开裂构件的抗弯刚度为

$$B=\frac{B_0}{\left(\frac{M_{cr}}{M_s}\right)^2+\left[1-\left(\frac{M_{cr}}{M_s}\right)^2\right]\frac{B_0}{B_{cr}}}$$

$$=\frac{2.5\times10^{15}}{\left(\frac{352.71}{1190.35}\right)^2+\left[1-\left(\frac{352.71}{1190.35}\right)^2\right]\times\frac{2.50\times10^{15}}{1.41\times10^{15}}}=1.46\times10^{15}\ \text{N}\cdot\text{mm}^2$$

（2）钢筋混凝土简支 T 梁跨中的挠度验算。

作用频遇组合下梁跨中截面计算的弯矩值 $M_s = 1190.35\ \text{kN}\cdot\text{m}$，结构自重作用下跨中截面弯矩值 $M_G = 751\ \text{kN}\cdot\text{m}$。C30 混凝土，挠度长期增长系数 $\eta_\theta = 1.60$。

在使用阶段简支 T 梁跨中的长期挠度值为

$$w_l = \frac{5}{48}\cdot\frac{M_s L^2}{B}\cdot\eta_\theta$$

$$= \frac{5}{48}\times\frac{1190.35\times10^6\times\left(19.5\times10^3\right)^2}{1.46\times10^{15}}\times1.60 = 52\ \text{mm}$$

在结构自重作用下跨中截面的长期挠度值为

$$w_G = \frac{5}{48}\times\frac{M_{Gk}L^2}{B}\cdot\eta_\theta$$

$$= \frac{5}{48}\times\frac{751\times10^6\times\left(19.5\times10^3\right)^2}{1.46\times10^{15}}\times1.60$$

$$= 33\ \text{mm}$$

由汽车荷载（不计冲击力）和人群荷载频遇值组合计算的长期挠度值 w_Q 为

$$w_Q = w_l - w_G = 52 - 33 = 19\ \text{mm} < \frac{L}{600}\left(= \frac{19.5\times10^3}{600} = 33\ \text{mm}\right)$$

符合《公路桥规》的要求。

（4）预拱度设置。

由作用频遇值组合并考虑长期效应影响产生的钢筋混凝土简支 T 梁跨中长期挠度为

$$w_l = 52\ \text{mm} > \frac{L}{1\,600}\left(= \frac{19.5\times10^3}{1\,600} = 12\ \text{mm}\right)$$

故简支 T 梁需设置预拱度。

根据《公路桥规》对预拱度设置的规定，由式（6-29）得到梁跨中截面处的预拱度值为

$$\varDelta = w_G + \frac{1}{2}w_Q = 33 + \frac{1}{2}\times19 = 43\ \text{mm}$$

6.5　混凝土结构的耐久性

钢筋混凝土应用于土木工程结构已有上百年时间，相当数量的钢筋混凝土结构由于各种各样的原因而提前失效，达不到规定的使用年限。这其中有的是由于结构设计上考虑不周和施工质量缺陷，有的是由于使用荷载的不利变化，但更多的是由于结构的耐久性不足。结构耐久性不足虽不会立即造成桥梁安全性问题，但会降低使用功能。因此，保证混凝土结构能在自然和人为的化学和物理环境下满足耐久性的要求，是一个十分重要的问题。在设计桥梁混凝土结构时，除了进行混凝土结构和构件承载力计算、变形和裂缝验算外，还应在设计上

考虑混凝土结构耐久性问题。

6.5.1 混凝土结构耐久性与耐久性损伤现象

从工程角度来看，混凝土结构的耐久性是指混凝土结构和构件在实际使用条件下，长期保持材料性能以及安全使用和外观要求的能力。

钢筋混凝土结构及构件是用混凝土和钢筋两种材料建造的。其中，混凝土是多孔性的材料，水泥石和集料都含有各种大小的孔隙及微裂缝、内部缺陷等。而自然环境的作用，例如温度和湿度变化（干湿交替、冻融循环等），环境中水、汽、盐、酸等介质作用，就会通过混凝土的孔隙、内部微裂缝以及表面裂缝和其他质量缺陷进入混凝土，与水泥石发生化学作用或者物理作用，造成混凝土材料劣变或整体性受损，这称之为混凝土结构耐久性损伤。

随着时间的推移，混凝土结构耐久性损伤的积累与发展将导致混凝土结构耐久性下降，严重时会降低结构的安全性，甚至破坏。

根据国内外广泛的现场调查资料及研究，桥梁混凝土结构和构件耐久性损伤的现象主要是钢筋锈蚀和混凝土的劣化。

1. 钢筋锈蚀

钢筋锈蚀指埋置在混凝土中的钢筋表面出现均匀锈蚀（锈蚀分布于钢筋整个表面且以相同速率使钢筋截面减小的现象）和局部锈蚀（钢筋表面上各处锈蚀程度不同，即一小部分表面锈蚀速率和锈蚀梯度远大于整个表面锈蚀平均值的现象）并出现褐红锈皮现象。

混凝土是一种强碱性材料，新浇筑混凝土的 pH 值一般为 12~13。在这样的强碱性环境中，埋置在其中的钢筋表面会生成一层钝化膜，这层钝化膜对钢筋有良好的保护作用，免于锈蚀。一旦这层钝化膜受到破坏，钢筋的锈蚀就会发生。

钢筋锈蚀是一个电化学过程，需要阳极、阴极和电解液。潮湿的混凝土是电解液，而钢筋提供了阳极和阴极。电流在阳极和阴极间流动并使得钢筋发生化学反应。在这个反应过程中，Fe 被氧化成 $Fe(OH)_2$ 和 $Fe(OH)_3$，还生成了沉淀物 FeO · OH（褐红锈皮）。水和氧气是这个电化学反应的必要条件，没有水和氧气的存在，这个电化学反应就不会发生。

钢筋锈蚀沉淀物（褐红锈皮）的体积比被锈蚀的钢筋相应部分的体积要大 2~6 倍，以致能产生足够膨胀挤压力使混凝土开裂，即钢筋所在位置的混凝土表面出现沿钢筋方向的裂缝（图 6-13）。这是钢筋严重锈蚀最早可看见的外观征兆。随着时间的推移，开裂的混凝土保护层剥离（指混凝土表面出现片块状的混凝土脱落，且剥离面上粗集料外露的现象），使钢筋表面裸露在大气环境中，处于自由锈蚀状态。

钢筋锈蚀是一种随时间而发展的渐进性病害，造成了混凝土结构耐久性损伤和结构破坏，主要有以下几个方面：

（1）钢筋锈蚀使混凝土和钢筋之间的黏结性能退化和下降。

（2）钢筋锈蚀造成钢筋截面减少。

（3）钢筋混凝土构件的承载力受到影响。已有研究发现，当纵向受拉钢筋的锈蚀率超过 1.5%时，钢筋混凝土梁的承载力下降约 12%。

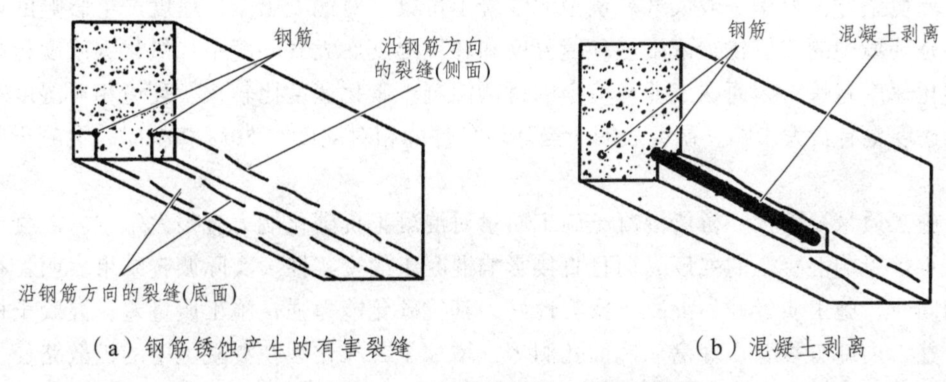

（a）钢筋锈蚀产生的有害裂缝　　（b）混凝土剥离

图 6-13　钢筋锈蚀裂缝与混凝土剥离

2. 混凝土的劣化

混凝土的劣化是指结构混凝土材料物理力学性能变差、混凝土整体性削弱甚至混凝土破碎的现象。

在混凝土桥梁上，混凝土劣化的主要现象是混凝土强度和弹性模量降低、混凝土分层变色、混凝土剥落（结构或构件混凝土表面水泥浆流失、集料外露的现象）、混凝土剥离、混凝土表面磨损（局部混凝土表面的粗细集料以及水泥浆都被均匀磨掉的现象）、混凝土破碎以及宽度超过限值且混凝土裂缝仍在发展等。

6.5.2　混凝土结构耐久性损伤产生原因

1. 混凝土碳化

大气中的二氧化碳通过混凝土的毛细孔及孔隙中液相表面向混凝土内部扩散，与混凝土中的氢氧化钙发生作用，生成碳酸钙和水，使这部分混凝土由强碱性变为中性，pH 值由原来约为 13 下降到 8.5 左右，这就是混凝土碳化。

当混凝土保护层完全被碳化后，混凝土中埋置的钢筋表面钝化膜被逐渐破坏，在同时有潮气和氧气存在的情况下，钢筋就会发生锈蚀，如图 6-14 所示。

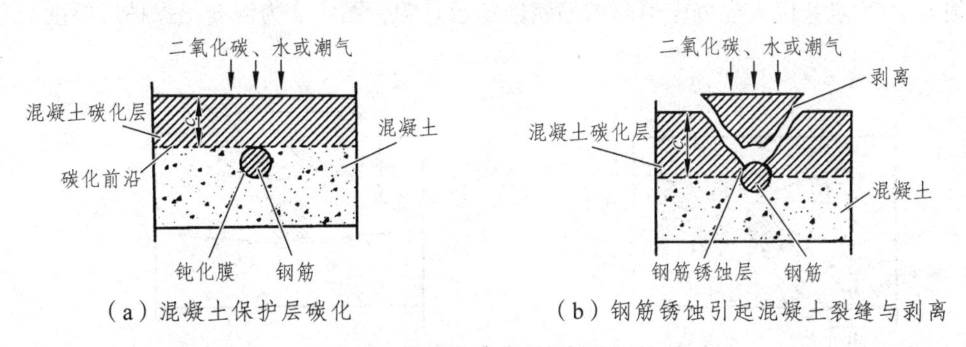

（a）混凝土保护层碳化　　（b）钢筋锈蚀引起混凝土裂缝与剥离

图 6-14　混凝土碳化引起钢筋锈蚀

处于一般大气环境中的桥梁混凝土结构和构件，混凝土碳化是引起钢筋锈蚀的重要原因。在工程上，影响混凝土碳化的主要因素有：

（1）环境条件。处于一般大气环境中的混凝土桥梁，对混凝土碳化速度产生影响的环境条件主要是环境中的二氧化碳浓度、环境温度和环境湿度。大气环境中二氧化碳浓度越高，混凝土碳化速度越快，因而在工业环境中的桥梁混凝土碳化速度比较快。环境相对湿度对混凝土碳化速度也有很大影响，研究表明，当环境条件的相对湿度在 50%~70%时，混凝土碳化速度最快。

（2）施工质量及养护。桥梁混凝土施工质量对混凝土抗碳化能力有很大影响。混凝土浇筑及振捣不仅影响混凝土的强度，而且直接影响混凝土的密实性。实际调查结果表明：在其他条件相同时，施工质量好，混凝土密实性好，其抗碳化能力强；施工质量差，混凝土构件表面不平整，内部有裂缝、蜂窝、麻面孔洞等，增加了二氧化碳在混凝土中的扩散路径，使混凝土碳化速度加快。桥梁混凝土构件在浇筑完混凝土后的养护状况对混凝土碳化也有一定影响，混凝土早期养护不良，水泥的水化不充分，使构件表层混凝土渗透性增大，混凝土碳化也会加快。

2. 氯离子侵蚀

氯离子进入混凝土中并到达钢筋表面附近或表面处，当氯离子浓度达到临界浓度时，钢筋表面的局部钝化膜开始破坏。而局部钝化膜的破坏使钢筋表面相应部位（局部区域、点）露出了铁基体，与尚完好的钝化膜区域之间构成电位差，加之混凝土内一般有水或潮气存在，钢筋锈蚀就由局部区域点逐渐在钢筋表面扩散，钢筋锈蚀程度逐渐严重，锈蚀层范围不断增加。

引起混凝土内钢筋锈蚀的氯盐主要来源是：

（1）由混凝土桥梁结构所处的环境及环境条件渗入。

处于近海或海洋环境、除冰盐等其他氯化物环境和盐结晶环境的混凝土桥梁，氯离子会渗入桥梁混凝土结构内部。

氯盐渗透始于桥梁混凝土结构表面，然后逐渐向混凝土内部发展，渗透的速度取决于与混凝土接触的氯离子浓度、混凝土本身的渗透性以及大气环境的潮湿度等。

当有潮气和氧气存在时，沉淀在混凝土内钢筋表面的氯化物就会引起钢筋锈蚀，锈蚀层不断增加，其产生的张力就会使混凝土开裂和分层。

图 6-15 为氯盐侵入混凝土引起钢筋锈蚀的示意图，图中 c 为混凝土保护层厚度。

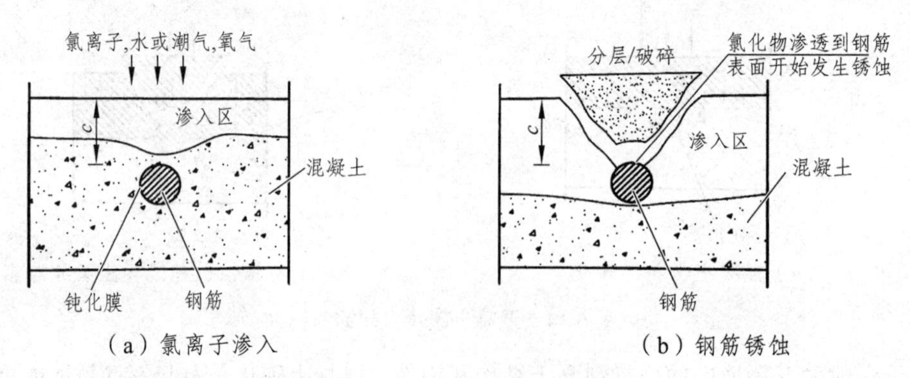

图 6-15　氯盐渗入混凝土腐蚀钢筋

对于处于氯离子环境下的混凝土桥梁而言，氯离子侵入混凝土有不同的方式。对未开裂的混凝土，氯离子的渗透主要靠毛细管吸收和扩散；相对干燥的混凝土与盐水接触，混凝土吸收盐水相对快；干湿交替能够在混凝土中积累高浓度的氯离子；对已有混凝土裂缝或施工不良的接缝，则氯离子可以渗透到结构混凝土内部并接近钢筋，钢筋会发生锈蚀。在锈蚀过程中，氯离子起的是一种催化剂作用，它并不直接参与锈蚀反应，在反应过程中氯离子不会被消耗，是长期保留在桥梁混凝土结构中，继续起到破坏作用。

（2）在一般大气环境条件下混入（渗入）混凝土的氯化物。

不处于氯离子环境下的混凝土桥梁，有时在桥梁混凝土结构上出现因氯离子浓度超过临界浓度而导致钢筋锈蚀的现象，最大的可能是在混凝土施工时氯化物被掺入到混凝土中，例如使用了含氯盐的速凝剂，也可能是某些集料的天然成分中含超标的氯盐，例如含氯盐的砂（如海砂）、含氯盐（超标）施工水等。

3. 混凝土冻融破坏

桥梁处于Ⅱ类环境条件下，潮湿或水饱和的混凝土结构在冻融循环的反复作用下产生的混凝土冻害，称为混凝土冻融破坏。

冻融破坏通常发生在经常与水接触的结构水平表面，对结构立面造成的破坏多发生在淹没在水中的结构的水线附近。当温度下降，结构孔隙中的水转化成冰时，体积逐渐膨胀，这种膨胀会产生一种局部张力，使其周围的水泥基质断裂，造成结构破损。这种破损是从外向里混凝土一小片、一小片地破碎。

混凝土是由水泥砂浆和粗集料组成的多孔材料，其孔隙（又称孔结构）主要由凝胶孔、毛细孔和非毛细孔（水泥石内部缺陷和微裂缝的总称）组成，其中毛细孔对混凝土渗透性的影响最大。在拌制混凝土时，为了保证其必要的和易性，加入的拌和水总是要多于水泥所需的水化水，这部分多余的水便以游离水的形式滞留于混凝土中形成连通的毛细孔，并占有一定的体积。当混凝土处于饱和水状态时，混凝土饱和浸润区的毛细孔中水结冰，凝胶孔中处于过冷状态的水分子向压力毛细孔中冰的界面处渗透，于是在毛细孔中又产生了一种渗透压力，其结果使毛细孔中自由水结冰膨胀情况更严重。处于饱和水状态的混凝土受冻时，其毛细孔壁同时承受膨胀压和渗透压两种压力，这时对毛细孔壁截面的混凝土产生的是拉力，此拉力如超过混凝土的抗拉强度，混凝土就会产生微裂缝。如果裂缝在构件表面，混凝土就会出现破碎，见图 6-16。

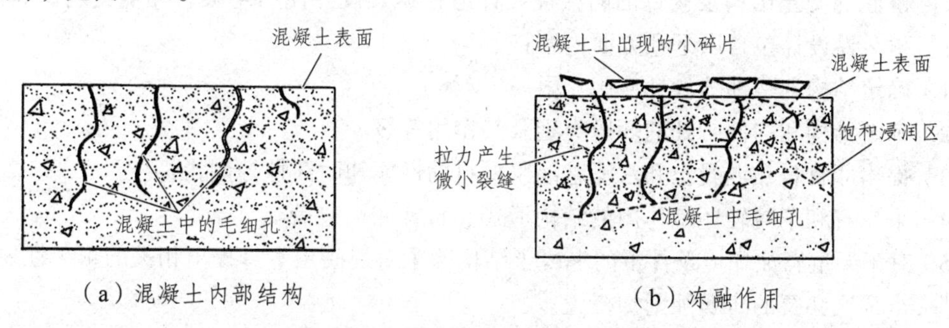

（a）混凝土内部结构　　（b）冻融作用

图 6-16　混凝土冻融破坏过程示意图

盐冻破坏是盐溶液与冻融的共同作用引起的混凝土破坏，比单纯冻融严酷得多。一般把盐冻破坏看作冻融破坏的一种特殊形式即最严酷的冻融破坏，混凝土的破坏程度和速率比普通冻融的大数倍。

一般来讲，桥梁混凝土冻融破坏主要是混凝土受到反复冻融造成内部损伤，产生开裂甚至混凝土表面破碎，导致集料裸露。混凝土保护层遭受冻害后，钢筋更易锈蚀。冻融破坏的主要条件是水、最低温度和反复冻融次数。桥梁混凝土盐冻病害不仅造成混凝土内部损伤，而且使混凝土表面破碎，盐中的氯离子还引起钢筋严重锈蚀。

除冰盐环境的作用程度与混凝土湿度和混凝土表面累积的氯离子浓度有关，后者取决于冬季撒盐的频度、除冰盐的类别和用量以及受雨水冲淋等许多因素，不同构件及部位，由于方向、位置不同，受除冰盐直接、间接污染或溅射的程度也会有很大差别。

除了上述混凝土碳化、氯离子侵蚀和冻融破坏外，造成桥梁混凝土结构和构件耐久性损伤的原因还有硫酸盐侵蚀（指混凝土结构所处的土壤及水中富含硫酸钠、硫酸钙和硫酸镁等硫酸盐，通过混凝土表面裂缝和孔隙进入混凝土内部而产生的物理、化学破坏作用）、混凝土碱-集料反应（指水泥或混凝土中的碱与某些集料发生化学反应，引起混凝土的内部膨胀开裂，甚至破坏）、气蚀和磨损等。

从混凝土结构耐久性问题的成因机理来看，混凝土结构耐久性问题主要涉及两个方面：一个方面是结构所处的环境条件（外因），另一个方面是结构本身材料和工程质量（内因）。因此，在混凝土结构的设计和施工中，根据混凝土结构所处环境条件考虑细部构造和施工工艺，最重要的是保证混凝土密实度和足够的混凝土保护层厚度。同时，在混凝土结构使用阶段保证正常维修，才能解决混凝土结构耐久性问题。

在混凝土桥梁的耐久性问题中，水的作用应当充分注意，除桥梁墩台和基础会直接受到河水和土壤侵蚀性介质的腐蚀外，桥梁上部承重结构和构件、墩台帽顶面混凝土都会受到桥梁伸缩缝等连接部位桥面渗漏水的作用，引起和加速混凝土结构耐久性损伤。

6.5.3 混凝土结构耐久性设计基本要求

混凝土结构在设计确定的环境作用和维修、使用条件下，应能满足在设计使用年限内保持其适用性和安全性，即具有足够的耐久性。因此对混凝土结构和构件设计，除了进行承载能力极限状态和正常使用极限状态计算外，还应进行结构耐久性设计。混凝土结构耐久性设计按正常使用极限状态控制。

公路桥涵混凝土结构及构件的耐久性设计应根据其设计使用年限、环境类别及其作用等级进行。耐久性设计包含以下几方面内容：

（1）确定结构和构件的设计使用年限。

（2）确定结构和构件所处的环境类别及其作用等级。

（3）提出原材料、混凝土和水泥基灌浆材料的性能和耐久性控制指标。

（4）采用有利于减轻环境作用的结构形式、布置和构造措施。

（5）对于严重腐蚀环境条件下的混凝土结构除了对混凝土本身提出相关的耐久性要求外，还应进一步采取必要的防腐蚀附加措施。

《公路桥规》对公路桥涵混凝土结构及构件的耐久性设计提出了基本要求，行业推荐性标准《公路工程混凝土结构耐久性设计细则》（JTG/T B07-01）对常见环境下的公路桥涵混凝土结构及构件的耐久性设计制定了详细技术规定，包括设计使用年限的选用、环境作用等级、基于混凝土结构耐久性的混凝土材料要求、桥梁混凝土结构耐久性构造措施以及防腐蚀附加措施等。

1. 设计使用年限的选用

结构设计使用年限是结构耐久性设计的依据，公路桥涵结构设计使用年限应根据实际工程的重要性或可更换程度按表 2-1 的规定选用。

（1）设计使用年限应由业主与设计人员共同确定，并满足有关法规的最低要求。因此对于一些特别重要的公路桥梁或在业主有特殊要求时，可在表 2-1 的基础上经过技术经济论证后调整，其设计使用年限可以大于 100 年。

同一座公路桥梁中，不同构件的设计使用年限也可以不同，例如，桥梁主体结构构件和护栏、桥面铺装等可有不同的设计使用年限。

（2）公路桥梁结构构件应依据更换难易程度确定不同的设计使用年限。行业推荐性标准《公路工程混凝土结构耐久性设计细则》（JTG/T B07-01）按公路桥梁的不同受力体系和组成，把公路桥梁结构构件划分为不可更换构件和可更换构件（根据构件在使用过程中不同的退化模式和在维护管理及更换方面的不同要求，需要周期性更换的构件）。这里的不可更换构件是对应于表 2-1 的主体结构构件而言的，桥梁混凝土结构构件基本属于不可更换构件，但公路桥梁上的钢筋混凝土护栏、栏杆等属于可更换构件。

行业推荐性标准《公路工程混凝土结构耐久性设计细则》（JTG/T B07-01）又进一步把可更换构件划分为难更换构件和易更换构件，规定不可更换构件的设计使用年限根据其重要性按照表 2-1 的要求选用，难更换构件的设计使用年限不宜小于 20 年，易更换构件不应小于 15 年。

（3）桥梁结构及构件的使用年限可以通过维修而延长。维修是指为维持结构或其构件在使用年限内所需结构性能而采取的各种技术和管理活动，包括维护和修理（修复）。修理（修复）是指通过修补、更换或加固，使损伤的结构或构件恢复到可接受的状态。按修理（修复）的规模，费用及其对结构正常使用的影响，可将修理分为大修和小修。当修理（修复）需在一定期限内停止结构的正常使用，或需大面积置换结构构件中的受损材料（例如混凝土）、加固或更换结构的主要构件时称为大修。

（4）当技术条件不能保证结构的所有部件或构件均能达到与结构设计使用年限相同的耐久性时，或从经济角度考虑认为有必要时，中国土木工程学会标准《混凝土结构耐久性设计与施工指南》（CCES 01—2004）建议，在业主认可的前提下，可在设计中规定结构的某些构件需在结构设计使用年限内进行 1~2 次或更多次数的大修，并应在设计文件中说明。

2. 桥梁结构使用环境类别与环境作用等级

混凝土结构的耐久性应根据使用环境类别和设计使用年限进行设计。根据工程经验，并参考国外有关规范，《公路桥规》将混凝土结构的使用环境分为 7 类（表 6-1）。

环境对桥涵混凝土结构的作用程度采用环境作用等级（根据环境作用对混凝土及结构破坏或腐蚀程度的不同而划分的若等级来表达，行业推荐性标准《公路工程混凝土结构耐久性设计细则》（JTG/T B07-01）划分的环境作用等级见表 6-2。

表 6-1　桥梁结构及构件所处环境类别

环境类别	环境条件
Ⅰ类：一般环境	混凝土碳化引起钢筋锈蚀的环境
Ⅱ类：冻融环境	最冷月平均气温低于 2.5℃、长期与水直接接触并会发生反复冻融的环境
Ⅲ类：海洋氯化环境	海洋环境下海水或大气中的氯盐侵蚀的环境
Ⅳ类：除冰盐等其他氯化物环境	除冰盐环境是指依靠喷洒盐水除冰化雪，构件受到侵蚀的环境；其他氯化物环境是指地下水、土及含氯盐消毒剂中的氯盐对混凝土侵蚀的环境
Ⅴ类：盐结晶环境	土及水中富含硫酸盐的侵蚀环境
Ⅵ类：化学腐蚀环境	SO_4^{2-}、Mg^{2+}、酸雨和腐蚀性气体等化学腐蚀物长期侵蚀的环境
Ⅶ类：磨蚀环境	风或水中夹杂物的摩擦、切削、冲击等作用，或因高速水流速度变化产生的压力降形成的气蚀的环境

表 6-2　环境作用等级

环境类别	环境作用等级					
	A 轻微	B 轻度	C 中度	D 严重	E 非常严重	F 极端严重
一般环境（Ⅰ）	I-A	I-B	I-C	—	—	—
冻融环境（Ⅱ）	—	—	Ⅱ-C	Ⅱ-D	Ⅱ-E	—
近海或海洋氯化物环境（Ⅲ）	—	—	Ⅲ-C	Ⅲ-D	Ⅲ-E	Ⅲ-F
除冰盐等其他氯化物环境（Ⅳ）	—	—	Ⅳ-C	Ⅳ-D	Ⅳ-E	—
盐结晶环境（Ⅴ）	—	—	—	—	V-E	V-F
化学腐蚀环境（Ⅵ）	—	—	Ⅵ-C	Ⅵ-D	Ⅵ-E	—
磨蚀环境（Ⅶ）	—	—	Ⅶ-C	Ⅶ-D	—	—

桥涵混凝土结构的耐久性设计，应根据结构所处区域位置和构件表面的局部环境特点，判断其所属的环境类别，根据进一步环境调研结果判定结构所属的环境作用等级，要求在设计上：

（1）混凝土结构和构件应根据其表面直接接触的环境并按表 6-2 的规定，选择所处环境类别。

（2）当结构构件受到多种环境共同作用时，应分别满足每种环境类别单独作用下的耐久性要求。

（3）当结构的不同部位所受环境作用变化较大时，宜对不同部位所处环境类别和作用等分别进行确定，并分段进行耐久性设计。

3.《公路桥规》对混凝土桥梁结构耐久性设计的基本要求

（1）各类环境桥梁结构混凝土强度等级最低要求应符合表 6-3 的规定。

表 6-3　混凝土强度等级最低要求

环境类别	设计使用年限	
	100 年	50 年、30 年
Ⅰ	C30	C25
Ⅱ	C35	C30
Ⅲ	C35	C30
Ⅳ	C35	C30
Ⅴ	C40	C35
Ⅵ	C40	C35
Ⅶ	C35	C30

（2）钢筋的混凝土最小保护层厚度要满足规范的要求，见附表 8。

（3）有抗渗要求的混凝土结构，混凝土的抗渗等级要符合有关标准的要求。

（4）严寒和寒冷地区的潮湿环境中，混凝土应满足抗冻要求，混凝土抗冻等级符合有关标准的要求。

混凝土耐久性设计与混凝土材料、结构构造和裂缝控制措施、施工要求和必要的防腐蚀附加措施等内容有关，并且混凝土结构的耐久性在很大程度上取决于结构施工过程中的质量控制与质量保证以及结构使用过程中的正确维修与例行检测，单独采取某一种措施可能效果不理想，需要根据混凝土结构的使用环境、使用年限采取综合防治措施，结构才能取得较好的耐久性。

复习思考题

1. 对于钢筋混凝土构件，为什么《公路桥规》规定必须进行持久状况正常使用极限状态计算和短暂状况应力计算？与持久状况承载能力极限状态计算有何不同之处？

2. 什么是钢筋混凝土构件的换算截面？将钢筋混凝土开裂截面化为等效的换算截面的基本前提是什么？

3. 如何验算钢筋混凝土受弯构件在施工阶段的应力？

4. 引起钢筋混凝土构件出现裂缝的主要因素有哪些？

5. 影响钢筋混凝土构件抗弯刚度的因素有哪些？

6. 影响混凝土结构耐久性的主要因素有哪些？混凝土结构耐久性设计应考虑哪些问题？

7. 什么叫预拱度？为什么要设置预拱度？

8. 已知矩形截面钢筋混凝土简支梁的截面尺寸为 $b \times h$=400 mm×800 mm，a_s =40 mm。C30 混凝土，HRB400 级钢筋。在截面受拉区配有纵向抗弯受拉钢筋 A_s=1 256 mm^2，梁承受的弯矩设计值 M_d =150 kN·m。试计算受压区混凝土边缘的纤维应力。

9. 已知某钢筋混凝土 T 形截面梁截面尺寸为 $b_f' = 1\,600$ mm，$h_f' = 110$ mm，b=160 mm，h=1 000 mm。C30 混凝土，HRB400 级钢筋，梁承受的弯矩设计值 M_d =630 kN·m，A_s=3 217 mm^2，

a_s=75 mm，M_S = 751 kN·m。c_1=c_2=c_3=1.0，梁处于一般Ⅱ类使用环境中，设计使用年限为 100 年。验算此梁的裂缝宽度。

10. 已知某钢筋混凝土 T 形截面梁计算跨径 L=19.5 m，截面尺寸为 b_f' =1 580 mm，h_f' =110 mm，b=180 mm，h=1 300 mm，h_0=1 180 mm。C30 混凝土。HRB400 级钢筋，在截面受拉区配有纵向抗弯受拉钢筋为（8⌀32，a_s=99 mm），焊接钢筋骨架。永久作用（恒载）产生的弯矩标准值 M_G = 560 kN · m，汽车荷载产生的弯矩标准值为 M_Q = 760 kN · m（未计入汽车冲击系数）。I 类环境条件，设计使用年限为 100 年，安全等级为二级。试验算此梁跨中挠度并确定是否应设计预拱度。

第 7 章　受压构件正截面承载力计算

受压构件是钢筋混凝土结构中的重要章节，它分为轴心受压和偏心受压（单向偏心受压构件和双向偏心受压构件）两部分。

轴心受压构件截面应力分布均匀，两种材料承受压力之和，在考虑构件稳定影响系数后，即为构件承载力计算公式。对于配有纵筋及螺旋箍筋的柱，由于螺旋箍筋约束混凝土的横向变形，因而其承载力将会有限度的提高。

偏心受压构件因偏心距大小和受拉钢筋多少的不同，截面将有两种破坏情况，即大偏心受压（截面破坏时受拉钢筋能屈服）和小偏心受压（截面破坏时受拉钢筋不能屈服）构件。在考虑了偏心距增大系数后，根据截面力的平衡条件，即可得偏心受压构件的计算公式。截面有对称配筋和不对称配筋两类，实际上对称配筋截面居多。无论是对称配筋或不对称配筋，计算时均应判别大、小偏心的界限，分别用其计算公式对截面进行计算。

7.1　普通箍筋轴心受压构件正截面承载力计算

轴心受压构件是指受到位于截面形心的轴向压力作用时的构件。在工程结构设计中，以承受恒荷载为主的钢筋混凝土桁架拱中的某些杆件（如受压腹杆）是可以按轴心受压构件计算。

钢筋混凝土受压构件按照箍筋的作用及配置方式的不同分为两种：① 配有纵向钢筋和普通箍筋的受压构件，简称普通箍筋柱，如图 7-1 所示；② 配有纵向钢筋和螺旋式（或焊接环式）箍筋的受压构件，简称螺旋箍筋柱，如图 7-2 所示。最常见的受压构件是普通箍筋柱。

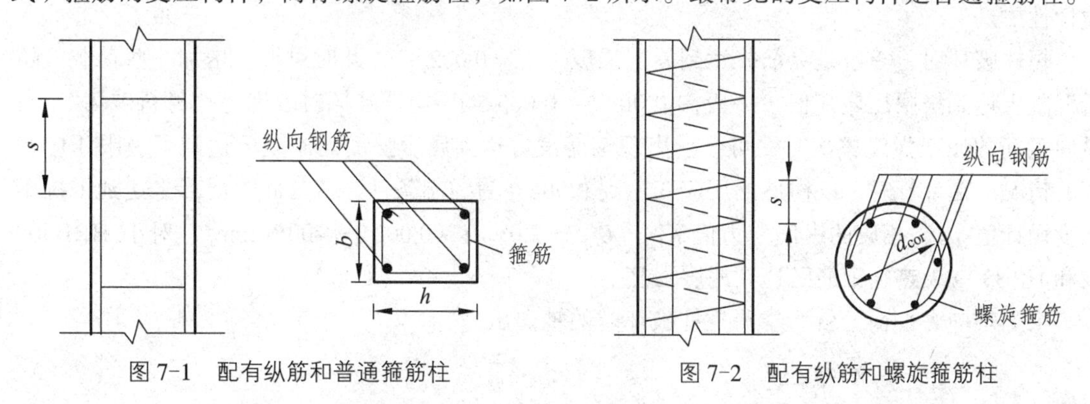

图 7-1　配有纵筋和普通箍筋柱　　图 7-2　配有纵筋和螺旋箍筋柱

受压构件中纵筋的作用是提高柱的承载力，减小构件的截面尺寸，防止因偶然偏心产生的破坏，改善破坏时构件的延性和减小混凝土的徐变。普通箍筋能防止纵筋受力后局部压屈外凸，并与纵筋形成钢筋骨架，便于施工。螺旋箍筋使截面中间部分的混凝土成为约束混凝土，从而提高构件的承载力和延性。

7.1.1 受力分析和破坏特征

1. 短柱的受力分析和破坏特征$\left(\dfrac{l_0}{b}\leqslant 8、\dfrac{l_0}{d}\leqslant 7\right)$

当荷载较小时，混凝土和钢筋都处于弹性阶段，纵筋和混凝土的压应力与荷载成正比，但钢筋的压应力比混凝土的压应力增加的快；随着荷载的继续增加，柱中开始出现微细裂缝，在临近破坏荷载时，柱四周出现明显的纵向裂缝，箍筋间的纵筋发生压屈，向外凸出，混凝土被压碎，柱子即告破坏，如图 7-3 所示。

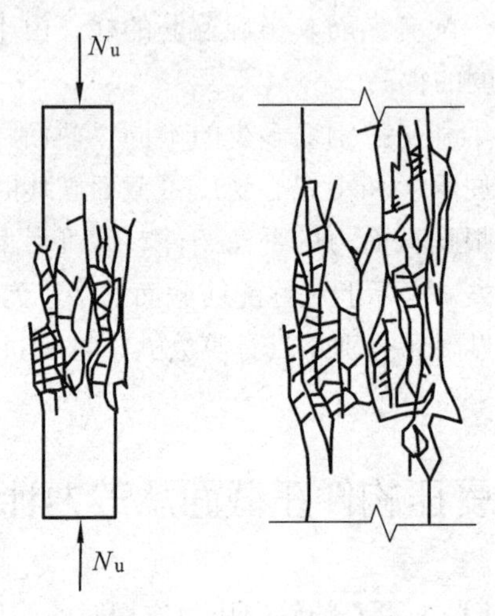

图 7-3　短柱破坏形貌

试验表明，素混凝土短柱达到最大压应力值时的压应变值为 0.001 5 ~ 0.002 0，而钢筋混凝土短柱达到应力峰值时的压应变值一般在 0.002 5 ~ 0.003 5。其主要原因是纵向钢筋起到了调整混凝土应力的作用，使混凝土的塑性性质得到了较好的发挥，改善了混凝土受压破坏的脆性性质。

短柱破坏时，一般是纵筋先达到屈服强度（$\varepsilon_s' = 0.002\,0$），此时可继续增加一些荷载，随后混凝土达到极限压应变值（一般在 0.002 5 ~ 0.003 5），构件破坏时表现为“材料破坏”。当纵向钢筋的屈服强度较高时，可能会出现钢筋没有达到屈服强度而混凝土达到了极限压应变值的情况。在计算时，以构件的压应变达到 0.002 0 为控制条件，认为此时混凝土达到了抗压强度设计值 f_{cd}，相应的纵筋应力值 $f_{sd}' = E_s'\varepsilon_s' = 2.0\times 10^5\times 0.002\,0 = 400\ \text{N/mm}^2$，对于 HRB400 级和 HPB300 级热轧钢筋已达到屈服强度。

根据轴向力平衡，就可求得短柱破坏时的轴向压力

$$P_s = f_{cd}A + f_{sd}'A_s' \tag{7-1}$$

式中　P_s——短柱破坏时的轴心压力；

A——柱截面混凝土面积；

A_s'——纵向钢筋截面面积。

2. 长柱的受力分析和破坏特征$\left(\frac{l_0}{b}>8、\frac{l_0}{d}>7\right)$

长柱受压时，不仅发生压缩变形，柱中部还产生较大的横向挠度，产生附加弯矩，凹侧压应力较大，凸侧较小，当长细比$\frac{l_0}{b}$或$\frac{l_0}{d}$很大时，柱的破坏表现为失稳破坏。

长柱破坏时，首先在凹侧出现纵向裂缝，随后混凝土被压碎，纵筋被压屈向外凸出；凸侧混凝土出现横向裂缝，侧向挠度不断增加，柱子破坏时表现为“材料破坏”和“失稳破坏”（图 7-4）。

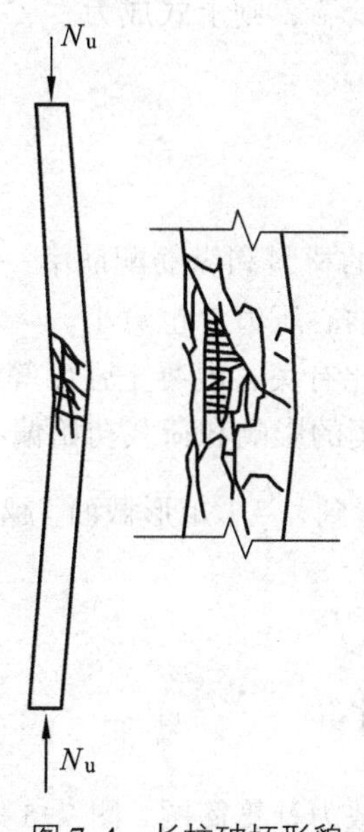

图 7-4　长柱破坏形貌

根据材料力学，各种支承条件长柱的临界轴向压力计算式为

$$P_1=\frac{\pi^2 EI}{l_0^2} \tag{7-2}$$

式中　P_1——长柱失稳时的轴心压力；

EI——柱截面的抗弯刚度；

l_0——柱的计算长度。

由大量的试验可知，短柱总是受压破坏，长柱则是失稳破坏；长柱的承载力要小于相同截面、配筋、材料的短柱承载力。因此，可以将短柱的承载力乘以一个折减系数φ来表示相同截面、配筋和材料的长柱承载力：

$$\varphi=\frac{P_1}{P_s}=\frac{\pi^2 EI}{l_0^2(f_{cd}A+f'_{sd}A'_s)}=\frac{\pi^2 EI}{l_0^2 A(f_{cd}+f'_{sd}\rho')} \tag{7-3}$$

式中　P_s——短柱破坏时的轴心压力；

P_1——相同截面、配筋和材料的长柱失稳时的轴心压力。

试验表明，长柱的破坏荷载低于其他条件相同的短柱破坏荷载，长细比越大，承载能力降低越多，采用稳定系数 φ 来表示长柱承载力的降低程度。

对钢筋混凝土来说，由于长柱失稳时截面往往已经开裂，刚度大大降低，大约为弹性阶段的 30% ~ 50%，所以式（7-3）中的 EI 值要改用柱裂缝出现后的刚度，即用 $\beta_1 E_c$ 来代替式（7-3）中的 E ，β_1 为柱刚度折减系数。于是，可得到

$$\varphi=\frac{\pi^2\beta_1 E_c I}{l_0^2 A(f_{cd}+f'_{sd}\rho')}=\frac{\pi^2\beta_1 E_c}{(f_{cd}+f'_{sd}\rho')}\cdot\frac{I}{l_0^2 A} \tag{7-4}$$

柱截面回转半径 $r=\sqrt{\frac{I}{A}}$ ，长细比 $\lambda=\frac{l_0}{r}$ ，则上式成为

$$\varphi=\frac{\pi^2\beta_1 E_c}{f_{cd}+f'_{sd}\rho'}\cdot\frac{1}{\lambda^2} \tag{7-5}$$

显然，由上式可以看到，当柱的材料和纵筋配筋率一定时，随着长细比的增加，稳定系数 φ 值就减小，相应的长柱破坏时轴心压力 P_l 也愈小。

稳定系数 φ 主要与构件的长细比有关，混凝土强度等级及配筋率 ρ' 对其影响较小。根据国内试验资料，考虑到长期荷载作用的影响和荷载初始偏心影响，《公路桥规》规定了稳定系数 φ 值（附表 10）。由附表 10 可以看到，$\frac{l_0}{b}$（矩形截面）越大，φ 值越小，当 $\frac{l_0}{b}\leqslant 8$ 时，$\varphi\approx 1$ ，构件的承载力没有降低，即为短柱。

7.1.2　构件正截面承载力计算

根据普通箍筋柱正截面受压承载力计算简图（图 7-5），《公路桥规》规定配有纵向受力钢筋和普通箍筋的轴心受压构件正截面承载力计算式为

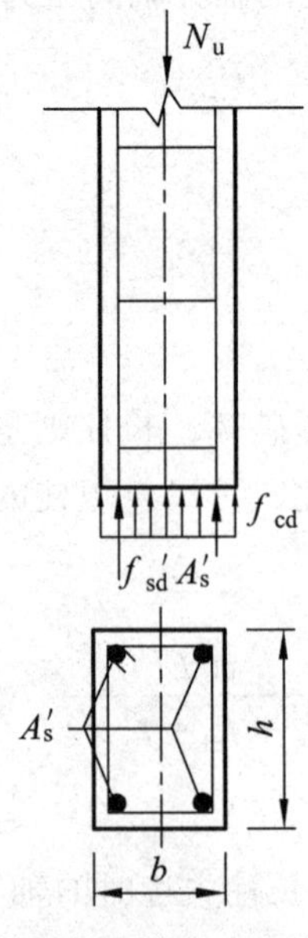

图 7-5　普通箍筋柱正截面受压承载力计算简图

$$\gamma_0 N_d \leqslant N_u = 0.9\varphi(f_{cd}A + f'_{sd}A'_s) \tag{7-6}$$

式中　N_d——轴向压力组合设计值；

φ——轴心受压构件稳定系数，按附表 10 取用；

A——构件毛截面面积；

A'_s——全部纵向钢筋截面面积；

f_{cd}——混凝土轴心抗压强度设计值；

f'_{sd}——纵向普通钢筋抗压强度设计值。

当纵向钢筋配筋率 $\rho' > 3\%$ 时，式（7-6）中 A 应改用混凝土截面净面积 $A_n = A - A'_s$。

普通箍筋轴心受压构件的正截面承载力计算分为截面设计和截面复核两种情况。

1. 截面设计

已知截面尺寸，计算长度 l_0，混凝土轴心抗压强度设计值和钢筋抗压强度设计值，轴向压力组合设计值 N_d，求纵向钢筋所需面积 A'_s。

首先计算长细比，再由附表 10 查得相应的稳定系数 φ。

在式（7-6）中，令 $N_u = \gamma_0 N_d$，γ_0 为结构重要性系数，则可得到

$$A'_s = \frac{1}{f'_{sd}}\left(\frac{\gamma_0 N_d}{0.9\varphi} - f_{cd}A\right) \tag{7-7}$$

由 A'_s 计算值及构造要求选择并布置纵向钢筋。

2. 截面复核

已知截面尺寸，计算长度 l_0，全部纵向钢筋的截面面积 A'_s，混凝土轴心抗压强度设计值和钢筋抗压强度设计值，轴向力组合设计值 N_d，求截面承载力 N_u。

首先应检查纵向钢筋及箍筋的布置是否符合要求。

由已知截面尺寸和计算长度 l_0 计算长细比，由附表 10 查得相应的稳定系数 φ。

由式（7-6）计算普通箍筋轴心受压杆件正截面承载力 N_u，且应满足 $N_u \geqslant \gamma_0 N_d$。

7.1.3　构造要求

（1）截面尺寸：轴心受压构件截面尺寸不宜过小，因长细比越大，φ 值越小，承载力降低很多，不能充分利用材料强度，构件截面尺寸不宜小于 250 mm。

（2）混凝土：轴心受压构件的正截面承载力主要由混凝土来提供，故一般多采用 C25～C40 级混凝土。

（3）纵向钢筋：纵向受力钢筋一般采用 HRB300 级和 HRB400 级等热轧钢筋。纵向受力钢筋的直径应不小于 12 mm。在构件截面上，纵向受力钢筋至少应有 4 根并且在截面每一角隅处必须布置一根。纵向受力钢筋的净距不应小于 50 mm，也不应大于 350 mm；对水平浇筑混凝土预制构件，其纵向钢筋的最小净距采用受弯构件的规定要求。纵向钢筋最小混凝土保护层厚度详见附表 8。

对于纵向受力钢筋的配筋率要求，《公路桥规》规定了纵向钢筋的最小配筋率 $\rho'_{\min}$（%），详见附表 9；构件的全部纵向钢筋配筋率不宜超过 5%，一般纵向钢筋的配筋率 ρ' 为 1%～2%。

（4）箍筋：普通箍筋柱中的箍筋必须做成封闭式，箍筋直径应不小于纵向受力钢筋最大直径的 1/4，且不小于 8 mm。一般情况下，箍筋的间距应不大于纵向受力钢筋直径的 15 倍（d 为纵向受力钢筋的最小直径）、且不大于构件截面的较小尺寸（圆形截面采用 0.8 倍构件截面直径）并不大于 400 mm。在纵向钢筋搭接范围内，箍筋的间距应不大于纵向受力钢筋最小直径的 10 倍且不大于 200 mm。当纵向钢筋截面积超过混凝土截面面积 3%时，箍筋间距应不大于纵向受力钢筋最小直径的 10 倍，且不大于 200 mm。

《公路桥规》将位于箍筋折角处的纵向钢筋定义为角筋。沿箍筋设置的纵向钢筋离角筋间距 S 不大于 150 mm 或 15 倍箍筋直径（取较大者）范围内。

【例 7-1】预制的钢筋混凝土轴心受压构件截面尺寸为 $b\times h=300\text{ mm}\times 350\text{ mm}$，计算长度 $l_0=4.5\text{ m}$。采用 C30 级混凝土，HRB400 级钢筋（主筋）和 HPB300 级钢筋（箍筋），箍筋直径为 8mm。作用的轴向压力组合设计值 $N_{\rm d}=1\,600\text{ kN}$，Ⅰ类环境条件，设计使用年限 100 年，安全等级二级，试进行构件的截面设计。

解：轴心受压构件截面短边尺寸 $b=300\text{ mm}$，则计算长细比 $\lambda=\dfrac{l_0}{b}=\dfrac{4.5\times10^3}{300}=15$，查附表 10 可得到稳定系数 $\varphi=0.895$。根据已给材料分别由附表 1 和附表 3 查得 $f_{\rm cd}$=13.8 MPa，$f'_{\rm sd}$=330 MPa。现取轴心压力计算值 $N=\gamma_0 N_{\rm d}=1\,600\text{ kN}$，由式（7-6）可得所需要的纵向钢筋数量 $A'_{\rm s}$ 为

$$
\begin{aligned}
A'_{\rm s}&=\frac{1}{f'_{\rm sd}}\left(\frac{N}{0.9\varphi}-f_{\rm cd}A\right)\\
&=\frac{1}{330}\left[\frac{1\,600\times10^3}{0.9\times0.895}-13.8\times(300\times350)\right]\\
&=1\,628\text{ mm}^2
\end{aligned}
$$

现选用纵向钢筋为 6Φ20，$A'_{\rm s}=1\,884\text{ mm}^2$，截面配筋率 $\rho'=\dfrac{A'_{\rm s}}{A}\times100\%=\dfrac{1884}{300\times350}\times100\%$ $=1.79\%>\rho'_{\min}(=0.5\%)$，且小于 $\rho'_{\max}(=5\%)$。截面一侧的纵筋配筋率 $\rho'=\dfrac{628}{300\times350}=0.60\%>$ 0.2%（附表 9）。

根据附表 8 保护层厚度取 $c=25\text{ mm}$，每根纵向钢筋中心距截面边缘的距离 $a'_{\rm s}=25+22.7/2+8=44.35\text{ mm}$，取 $a'_{\rm s}=45\text{ mm}$，实际保护层厚度满足 $>d=20\text{ mm}$ 要求。布置在截面短边 b 方向上的纵向钢筋间距 $S_{\rm n}=300-2\times45-22.7=187.3\text{ mm}>50\text{ mm}$，布置在截面长边 h 方向上的纵向钢筋间距 $S_{\rm n}=\dfrac{350-2\times45-2\times22.7}{2}=107.3\text{ mm}>50\text{ mm}$，且均小于 350 mm，满足规范要求。纵向钢筋在截面上布置如图 7-6 所示。

封闭式箍筋选用 ϕ8，满足直径大于 $\dfrac{1}{4}d=\dfrac{1}{4}\times20=5\text{ mm}$，且不小于 8 mm 的要求。根据构造要求，箍筋间距 S 应满足：$S\leqslant15d=15\times20=300\text{ mm}$，$S\leqslant b=300\text{ mm}$；$S\leqslant400\text{ mm}$。故

选用箍筋间距 $S = 300$ mm（图 7-6）。

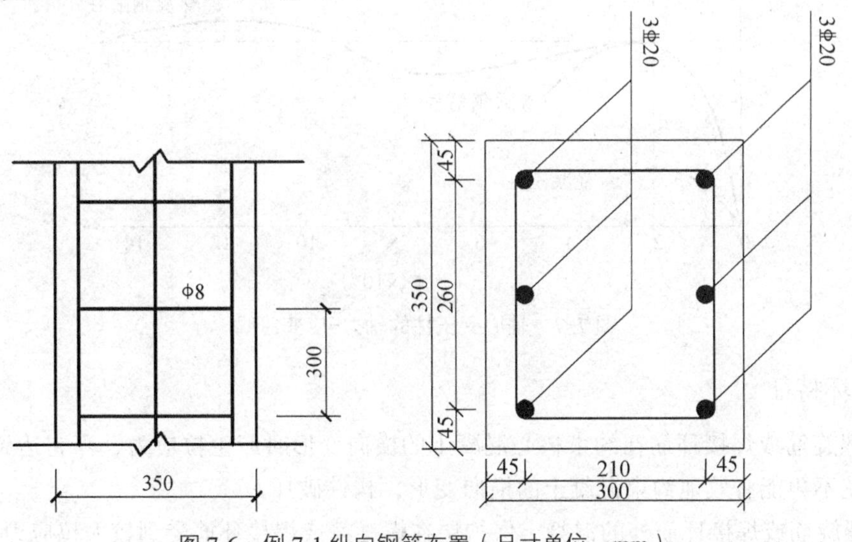

图 7-6　例 7-1 纵向钢筋布置（尺寸单位：mm）

7.2　螺旋箍筋轴心受压构件正截面承载力计算

当轴心受压构件承受很大的轴向压力，而截面尺寸又受到限制，若采用普通箍筋，即使提高了混凝土强度等级和增加了纵向钢筋用量也不足以承受该轴向压力时，可以考虑采用螺旋箍筋或焊接环筋以提高受压构件的承载力。螺旋箍筋轴心受压构件（螺旋筋柱）的截面形状一般为圆形或多边形，螺旋筋柱的构造形式见图 7-2。

螺旋筋柱或焊接环筋柱的配箍率高，而且不会像普通箍筋那样容易“崩出”，因而能约束核心混凝土在纵向受压时产生的横向变形，从而提高了混凝土抗压强度和变形能力。

7.2.1　受力分析与破坏特征

1. 受力分析

由螺旋箍筋柱轴心压力-应变曲线图 7-7 可见，在混凝土压应变 $\varepsilon_c = 0.0020$ 以前，螺旋箍筋柱轴心压力-应变变化曲线与普通箍筋柱基本相同。当轴力继续增加，直至混凝土和纵筋的压应变 ε 达到 0.003 0 ~ 0.003 5 时，纵筋已经开始屈服，箍筋外面的混凝土保护层开始崩裂剥落，混凝土的截面面积减小，轴力略有下降。这时，核心部分混凝土由于受到螺旋箍筋的约束，仍能继续受压。核心混凝土处于三向受压状态，其抗压强度超过了轴心抗压强度，补偿了剥落的外围混凝土，压力曲线逐渐回升。随着轴力不断增大，螺旋箍筋中的环向拉力也不断增大，直至螺旋箍筋达到屈服，不能再约束核心混凝土横向变形，混凝土被压碎，构件即告破坏。这时，荷载达到第二次峰值，柱的纵向压应变可达到 0.01 以上。

由图 7-7 也可知，螺旋箍筋柱具有很好的延性，在承载力不降低情况下，其变形能力比普通箍筋柱提高很多。

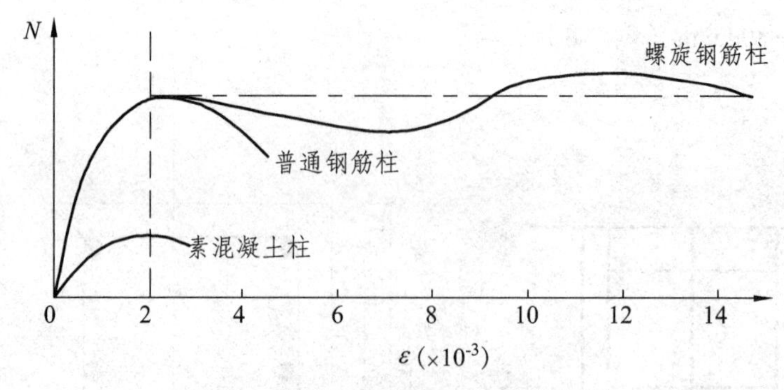

图 7-7　轴心受压柱的轴力-应变曲线

2. 破坏特征

（1）螺旋筋或焊接环筋在约束核心混凝土的横向变形时产生拉应力，当它达到抗拉屈服强度时，就不再能有效地约束混凝土的横向变形，构件破坏。

（2）螺旋筋或焊接环筋外的混凝土保护层在螺旋筋或焊接环筋受到较大拉应力时就开裂，故在计算时不考虑此部分混凝土。

7.2.2　构件正截面承载力计算

螺旋箍筋柱的正截面破坏时，核心混凝土压碎、纵向钢筋已经屈服，而在破坏之前，柱的混凝土保护层早已剥落。

根据图 7-8 螺旋箍筋柱截面受力计算简图，由平衡条件可得到

$$N_u = f_{cc}A_{cor} + f_s'A_s' \tag{7-8}$$

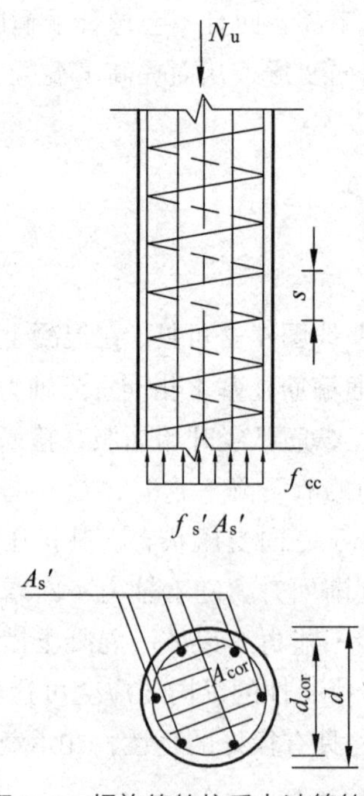

图 7-8　螺旋箍筋柱受力计算简图

式中　f_{cc}——处于三向压应力作用下核心混凝土的抗压强度；

A_{cor}——核心混凝土面积；

f_s'——纵向钢筋抗压强度；

A_s'——纵向钢筋面积。

螺旋箍筋对其核心混凝土的约束作用，使混凝土抗压强度提高，根据圆柱体三向受压试验结果，约束混凝土的轴心抗压强度得到下述近似表达式：

$$f_{cc} = f_c + k'\sigma_2 \tag{7-9}$$

式中　f_c——混凝土轴心抗压强度；

σ_2——作用于核心混凝土的径向压应力值。

螺旋箍筋柱破坏时，螺旋箍筋达到了屈服强度，它对核心混凝土提供了最后的侧压应力 σ_2。现取螺旋箍筋间距 S 范围内，沿螺旋箍筋的直径切开成脱离体（图 7-9），由隔离体的平衡条件可得到

$$\sigma_2 d_{cor} S = 2 f_s A_{s01}$$

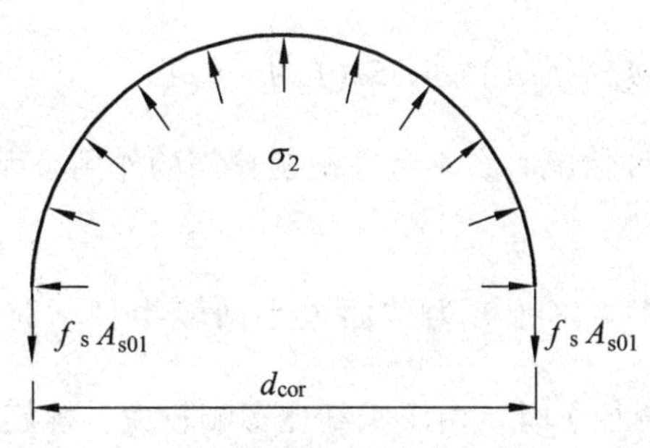

图 7-9　螺旋箍筋的受力状态

整理后为

$$\sigma_2 = \frac{2 f_s A_{s01}}{d_{cor} S} \tag{7-10}$$

式中　A_{s01}——单根螺旋箍筋的截面面积；

f_s——螺旋箍筋的抗拉强度；

S——螺旋箍筋的间距；

d_{cor}——截面核心混凝土的直径，$d_{cor} = d - 2c$，c 为纵向钢筋混凝土保护层厚度。

现将间距为 S 的螺旋箍筋，按钢筋体积相等的原则换算成纵向钢筋的面积，称为螺旋箍筋柱的间接钢筋换算截面面积 A_{s0}，则

$$\pi d_{cor} A_{s01} = A_{s0} S$$

整理后得

$$A_{s01} = \frac{A_{s0} S}{\pi d_{cor}} \tag{7-11}$$

将式（7-11）代入式（7-10），则可得到

$$\sigma_2 = \frac{2f_s A_{s01}}{d_{cor} S} = \frac{2f_s}{d_{cor} S} \cdot \frac{A_{s0} S}{\pi d_{cor}} = \frac{2f_s A_{s0}}{\pi d_{cor}^2} = \frac{f_s A_{s0}}{2\frac{\pi d_{cor}^2}{4}} = \frac{f_s A_{s0}}{2A_{cor}} \tag{7-12}$$

将式（7-12）代入式（7-9），可得到

$$f_{cc} = f_c + \frac{k' f_s A_{s0}}{2A_{cor}} \tag{7-13}$$

将式（7-13）代入式（7-8），整理并考虑实际间接钢筋作用影响，即得到螺旋箍筋柱正截面承载力的计算式为

$$\gamma_0 N_d \leqslant N_u = 0.9(f_{cd} A_{cor} + k f_{sd} A_{s0} + f'_{sd} A') \tag{7-14}$$

式中，k 称为间接钢筋影响系数，$k = k'/2$，混凝土强度等级 C50 及以下时，取 $k = 2.0$；C50~C80 取 $k = 2.0 \sim 1.7$，中间值直线插入取用。

对于式（7-14）的使用条件，《公路桥规》有如下规定：

（1）为了保证在使用荷载作用下，螺旋箍筋混凝土保护层不致过早剥落，螺旋箍筋柱的承载力按式（7-14）计算值不应比按式（7-6）计算的普通箍筋柱承载力大 50%，即满足：

$$0.9(f_{cd} A_{cor} + k f_{sd} A_{s0} + f'_{sd} A'_s) \leqslant 1.35\varphi(f_{cd} A + f'_{sd} A'_s) \tag{7-15}$$

（2）当遇到下列任意一种情况时，不考虑螺旋箍筋的作用，而按式（7-6）计算轴心受压构件的承载力。

① 当构件长细比 $\lambda = \frac{l_0}{r} \geqslant 48$（$r$ 为截面最小回转半径）时，对圆形截面柱，长细比 $\lambda = \frac{l_0}{d} \geqslant 12$（$d$ 为圆形截面直径）时，由于长细比影响较大，螺旋箍筋不能发挥其作用。

② 当按式（7-14）计算承载力小于按式（7-6）计算的承载力时，因为式（7-14）中只考虑了混凝土核心面积，当柱截面外围混凝土较厚时，核心面积相对较小，会出现这种情况；

③ 当 $A_{s0} < 0.25 A'_s$ 时，螺旋钢筋配置得太少，起不到螺旋钢筋径向约束的作用。

7.2.3 构造要求

（1）螺旋箍筋柱的纵向钢筋应沿圆周均匀分布，其截面面积应不小于箍筋圈内核心截面面积的 0.5%。常用的配筋率 $\rho' = \frac{A'_s}{A_{cor}}$ 在 0.8%~1.2%。

（2）构件核心截面面积 A_{cor} 应不小于构件毛截面面积 A 的 2/3。

（3）螺旋箍筋的直径不应小于纵向钢筋直径的 1/4 且不小于 8 mm，一般采用 8~12 mm。为了保证螺旋箍筋的作用，螺旋箍筋的间距 S 应满足：

① S 应不大于核心直径 d_{cor} 的 1/5，即 $S \leqslant \frac{1}{5} d_{cor}$。

② S 应不大于 80 mm 且不应小于 40 mm，以便施工。

【例 7-2】配有纵向钢筋和螺旋箍筋的轴心受压构件的截面为圆形，直径 $d = 400$ mm，构

件计算长度 $l_0 = 3.0\ \text{m}$；采用 C30 混凝土，HRB400 级纵向钢筋，HPB300 级箍筋；Ⅱ类环境条件，设计使用年限 50 年，安全等级为一级；轴向压力组合设计值 $N_d = 1\,560\ \text{kN}$，试进行构件的截面设计与复核。

解：根据已给材料分别由附表 1 和附表 3 查得：混凝土抗压强度设计值 $f_{cd} = 13.8\ \text{MPa}$，HRB400 级钢筋抗压强度设计值 $f'_{sd} = 330\ \text{MPa}$，HPB300 级钢筋抗拉强度设计值 $f_{sd} = 250\ \text{MPa}$。轴心压力计算值 $N = \gamma_0 N_d = 1.1 \times 1\,560 = 1\,716\ \text{kN}$。

1）截面设计

由于长细比 $\lambda = l_0/d = \dfrac{3\times10^3}{400} = 7.5 < 12$，故可以按螺旋箍筋柱设计。

（1）计算所需的纵向钢筋截面积。

由附表 8，取纵向钢筋的混凝土保护层厚度为 $c = 30\ \text{mm}$，则可得到

核心面积直径

$$d_{cor} = d - 2c = 400 - 2\times30 = 340\ \text{mm}$$

柱截面面积

$$A = \frac{\pi d^2}{4} = \frac{3.14\times400^2}{4} = 125\,600\ \text{mm}^2$$

核心面积

$$A_{cor} = \frac{\pi d_{cor}^2}{4} = \frac{3.14\times340^2}{4} = 90\,746\ \text{mm}^2 > \frac{2}{3}A(=83\,733\text{mm}^2)$$

假定纵向钢筋配筋率 $\rho' = 0.010$，则可得到

$$A'_s = \rho' A_{cor} = 0.010\times90\,7469 = 907\ \text{mm}^2$$

现选用 6⌀14，A'_s=924 mm^2。

（2）确定箍筋的直径和间距 S。

由式（7-14）且取 $N_u = N = 1\,716\ \text{kN}$，可得到螺旋箍筋换算截面面积 A_{s0} 为

$$\begin{aligned}A_{s0} &= \frac{N/0.9 - f_{cd}A_{cor} - f'_{sd}A'_s}{kf_{sd}}\\ &= \frac{1\,716\times10^3/0.9 - 13.8\times90\,746 - 330\times924}{2\times250}\\ &= 699\ \text{mm}^2 > 0.25A'_s(=0.25\times924 = 231\ \text{mm}^2)\end{aligned}$$

现选 Φ8 单肢箍筋的截面积 $A_{s01} = 50.3\ \text{mm}^2$。这时，螺旋箍筋所需的间距为

$$S = \frac{\pi d_{cor}A_{s01}}{A_{s0}} = \frac{3.14\times340\times50.3}{699} = 76.8\ \text{mm}$$

由构造要求，间距 S 应满足 $S \leqslant d_{cor}/5(=68\ \text{mm})$，同时 $40\ \text{mm} \leqslant S \leqslant 80\ \text{mm}$，取 $S = 65\ \text{mm}$。

2）截面复核

经检查，图 7-10 所示截面构造布置符合构造要求。实际设计截面的 $A_{cor} = 90\,746\ \text{mm}^2$，

$A'_s = 924\ \text{mm}^2$ ， $\rho' = 924 / 90\,746 = 1.02\% > 0.5\%$ ， $A_{s0} = \dfrac{\pi d_{cor} A_{s01}}{S} = \dfrac{3.14 \times 340 \times 50.3}{65} = 826\ \text{mm}^2$ 。

考虑螺旋箍筋作用时，由式(7-14)可得到受压构件承载力为：

$$\begin{aligned} N_u &= 0.9(f_{cd} A_{cor} + k f_{sd} A_{s0} + f'_{sd} A'_s) \\ &= 0.9 \times (13.8 \times 90\,746 + 2 \times 250 \times 826 + 330 \times 924) \\ &= 1\,773.10 \times 10^3\ \text{N} = 1\,773.10\ \text{kN} \end{aligned}$$

不考虑螺旋箍筋作用时，由式(7-6)可得到受压构件承载力为：

$$\begin{aligned} N'_u &= 0.9\varphi(f_{cd} A + f'_{sd} A'_s) \\ &= 0.9 \times 1 \times (13.8 \times 125\,600 + 330 \times 924) \\ &= 1\,834.38 \times 10^3\ \text{N} = 1\,834.38\ \text{kN} \end{aligned}$$

由于 $N'_u > N_u$ ，所以该受压构件承载力取不考虑螺旋箍筋作用时的承载力，即为 $N'_u = 1\,834.38\ \text{kN} > N = 1\,716\ \text{kN}$ ，截面承载力满足要求。

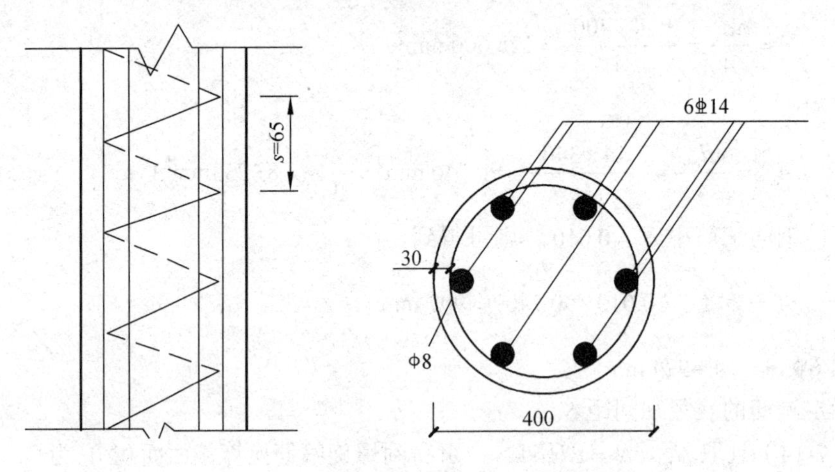

图 7-10　例 7-2 纵向钢筋布置（尺寸单位：mm）

【例 7-3】圆形截面轴心受压构件直径 $d = 400\ \text{mm}$ ，计算长度 $l_0 = 2.75\ \text{m}$ 。混凝土强度等级为 C30，采用 HRB400 级纵向钢筋，HPB300 级箍筋，轴心压力组合设计值 $N_d = 1\,640\ \text{kN}$ 。I 类环境条件，设计使用年限 50 年，安全等级为二级，试按照螺旋箍筋柱进行设计和截面复核。

解：根据已给材料分别由附表 1 和附表 3 查得：混凝土抗压强度设计值 $f_{cd} = 13.8\ \text{MPa}$ ，HRB400 级钢筋抗压强度设计值 $f'_{sd} = 330\ \text{MPa}$ ，HPB300 级钢筋抗拉强度设计值 $f_{sd} = 250\ \text{MPa}$ 。轴心压力计算值 $N = \gamma_0 N_d = 1\,640\ \text{kN}$ 。

1）截面设计

由于长细比 $\lambda = l_0 / d = 2\,750 / 400 = 6.88 < 12$ ，故可以按螺旋箍筋柱设计。

（1）计算所需的纵向钢筋截面积。

由附表 8，取纵向钢筋的混凝土保护层厚度为 c=30mm，则可得到

核心面积直径 $d_{cor} = d - 2c = 400 - 2 \times 30 = 340\ \text{mm}$

柱截面面积 $A=\dfrac{\pi d^2}{4}=\dfrac{3.14\times 400^2}{4}=125\,600\ \text{mm}^2$

核心面积 $A_{\text{cor}}=\dfrac{\pi d_{\text{cor}}^2}{4}=\dfrac{3.14\times 340^2}{4}=90\,746\ \text{mm}^2>\dfrac{2}{3}A=83\,733\ \text{mm}^2$

假定纵向钢筋配筋率 $\rho'=0.012$，则可得到

$$A_s'=\rho' A_{\text{cor}}=0.012\times 90\,746=1\,089\ \text{mm}^2$$

现选用 6⏀16，$A_s'=1\,206\ \text{mm}^2$。

（2）确定箍筋的直径和间距 S。

由式（7-14）且取 $N_u=N=1\,640\ \text{kN}$，可得到螺旋箍筋换算截面面积 A_{s0} 为

$$\begin{aligned}A_{s0}&=\frac{N/0.9-f_{\text{cd}}A_{\text{cor}}-f_{\text{sd}}'A_s'}{kf_{\text{sd}}}\\&=\frac{1\,640\,000/0.9-13.8\times 90\,746-330\times 1\,206}{2\times 250}\\&=344\ \text{mm}^2>0.25A_s'=0.25\times 1\,206=302\ \text{mm}^2\end{aligned}$$

现选 ϕ10，单肢箍筋的截面积 $A_{s01}=78.5\ \text{mm}^2$。这时，螺旋箍筋所需的间距为

$$S=\frac{\pi d_{\text{cor}}A_{s01}}{A_{s0}}=\frac{3.14\times 340\times 78.5}{344}=243.6\ \text{mm}$$

由构造要求，间距 S 应满足 $S\leqslant\dfrac{d_{\text{cor}}}{5}=\dfrac{340}{5}=68\ \text{mm}$ 和 $40\ \text{mm}\leqslant S\leqslant 80\ \text{mm}$，故取 $S=60\ \text{mm}$，截面设计布置如图 7-11。

2）截面复核

经检查，图 7-11 所示截面构造布置符合构造要求。实际设计截面的 $A_{\text{cor}}=90\,746\ \text{mm}^2$，$A_s'=1\,206\ \text{mm}^2$，$\rho'=1\,206/90\,746=1.32\%>0.5\%$，$A_{s0}=\dfrac{\pi d_{\text{cor}}A_{s01}}{S}=\dfrac{3.14\times 340\times 78.5}{60}=1\,397\ \text{mm}^2$。

考虑螺旋箍筋作用时，由式（7-14）可得到受压构件承载力为：

$$\begin{aligned}N_u&=0.9\left(f_{\text{cd}}A_{\text{cor}}+kf_{\text{sd}}A_{s0}+f_{\text{sd}}'A_s'\right)\\&=0.9\times(13.8\times 90\,746+2\times 250\times 1\,397+330\times 1\,206)\\&=2\,113.90\times 10^3\ \text{N}=2\,113.90\ \text{kN}\end{aligned}$$

不考虑螺旋箍筋作用时，由式（7-6）可得到受压构件承载力为：

$$\begin{aligned}N_u'&=0.9\varphi\left(f_{\text{cd}}A+f_{\text{sd}}'A_s'\right)\\&=0.9\times 1\left(13.8\times 125\,600+330\times 1\,206\right)\\&=1918.13\times 10^3\ \text{N}=1\,918.13\ \text{kN}\end{aligned}$$

由于 $N_u'<N_u$，所以该受压构件承载力取考虑螺旋箍筋作用时的承载力，即 $N_u=2\,113.90\ \text{kN}>N=1\,640\ \text{kN}$，截面承载力满足要求。

检查混凝土保护层是否会剥落，由于 $1.5N_u'=1.5\times 1\,918.13=2\,877.20\ \text{kN}>N_u=2\,113.90\ \text{kN}$，故混凝土保护层不会剥落。

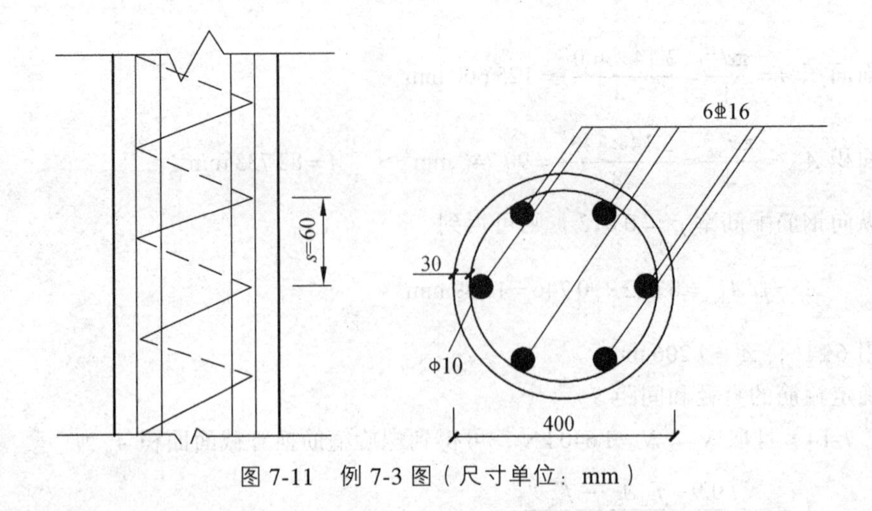

图 7-11　例 7-3 图（尺寸单位：mm）

7.3　偏心受压构件正截面受压破坏形态及偏心距增大系数

7.3.1　偏心受压短柱的正截面破坏形态

钢筋混凝土偏心受压短柱的正截面破坏形态有受拉破坏和受压破坏两种。

1. 受拉破坏形态

受拉破坏又称大偏心受压破坏，它发生于轴向压力 N 的相对偏心距 e_0/h 较大，且受拉钢筋配置得不太多时。

1）受力分析

在靠近轴向力作用的一侧受压，另一侧受拉。首先在受拉区产生横向裂缝，随之不断地开展，在破坏前主裂缝逐渐明显，受拉钢筋的应力达到屈服强度，中和轴上升，使混凝土压区高度迅速减小，最后压区混凝土被压碎，构件破坏。

2）破坏特点

受拉钢筋先达到屈服强度，随后受压区混凝土被压碎，大偏心受压构件破坏形态与适筋梁破坏形态相似，均属于延性破坏类型。

2. 受压破坏形态

1）受力分析

受压破坏形态又称小偏心受压破坏，截面破坏是从受压区开始的，发生于以下两种情况。

（1）当轴向力 N 的偏心距 e_0 较小时，构件截面全部受压或大部分受压。破坏时，受压应力较大一侧的混凝土被压坏，同侧的受压钢筋的应力也达到抗压屈服强度。而离轴向力 N 较远一侧的钢筋（以下简称“远侧钢筋”），可能受拉也可能受压，但都不屈服。

（2）当轴向力 N 的偏心距较小时，或偏心距 e_0 虽然较大，但却配置了特别多的受拉钢筋，致使受拉钢筋始终不屈服。破坏时，受压区混凝土被压坏，受压钢筋应力达到抗压屈服强度，而远侧钢筋受拉而不屈服。

（3）当轴向力 N 的偏心距很小，但是离纵向压力较远一侧钢筋 A_s 数量少而靠近纵向力 N 一侧钢筋 A_s' 较多时，全截面受压，但远离纵向力 N 一侧的钢筋 A_s 将由于混凝土的应变达到极限压应变而屈服，但靠近纵向力 N 一侧的钢筋 A_s' 的应力有可能达不到屈服强度。这种破坏也称反向破坏。

2）破坏特点

小偏心受压构件的破坏一般是受压区边缘混凝土的应变达到极限压应变，受压区混凝土被压碎；同一侧的钢筋压应力达到屈服强度，而另一侧的钢筋，不论受拉还是受压，其应力均达不到屈服强度，破坏前构件横向变形无明显的急剧增长，这种破坏被称为“受压破坏”，其正截面承载力取决于受压区混凝土抗压强度和受压钢筋强度。

3. 界限破坏

在“受拉破坏形态”与“受压破坏形态”之间存在着一种界限破坏形态，称为“界限破坏”，它具有明显的横向主裂缝。其主要特征是：在受拉钢筋应力达到屈服强度时，同时受压区混凝土被压碎。界限破坏形态也属于受拉破坏形态。

7.3.2　偏心受压长柱的正截面破坏形态

试验表明，钢筋混凝土柱在承受偏心受压荷载后，会产生纵向弯曲。但长细比小的柱，即所谓“短柱”，由于纵向弯曲小，在设计时一般可忽略不计。对于长细比较大的柱，即所谓“长柱”，由于纵向弯曲比较大，设计时必须予以考虑。

1. 破坏形式

偏心受压长柱在纵向弯曲影响下，可能发生两种形式的破坏，即失稳破坏和材料破坏。

1）失稳破坏

长细比很大时，构件的破坏不是由于材料引起的，而是由于构件纵向弯曲失去平衡引起的，称为“失稳破坏”。

2）材料破坏

当柱长细比在一定范围内时，在承受偏心受压荷载后，虽然偏心距由 e_0 增大至 e_0+y，使柱的承载能力比同样截面的短柱减小，但就其破坏本质来讲，跟短柱破坏相同，属于“材料破坏”，即为截面材料强度耗尽的破坏。

2. 不同长细比的柱从加载到破坏的 N–M 关系

截面尺寸、配筋和材料强度等完全相同，仅长细比不相同的 3 根柱，从加载到破坏的过程曲线如图 7-12 所示。曲线 $ABCD$ 表示某钢筋混凝土偏心受压构件截面材料破坏时的承载力 N 与 M 之间的关系。

（1）短柱从加载到破坏的 $N-M$ 关系（直线 OB）：其变化轨迹呈直线形状，M/N 为常数，表示偏心距始终保持不变，短柱破坏属于“材料破坏”。

（2）长柱从加载到破坏的 $N-M$ 关系（曲线 OC）：其变化轨迹呈曲线形状，M/N 是变数，表示偏心距是随着纵向力 N 的加大而不断非线性增加的，此时长柱的破坏也属于“材料破坏”。

（3）长细比很大的长柱从加载到破坏的 $N-M$ 关系（曲线 OE）：柱的长细比很大时，则在没有达到 M 、N 的材料破坏关系曲线 $ABCD$ 前，由于轴向力的微小增量 ΔN 可引起不收敛的弯矩 M 的增加而破坏，即“失稳破坏”。此时钢筋和混凝土材料强度均未得到充分发挥。

由图 7-12 中还可知，这三根柱的轴向力偏心距 e_0 值虽然相同，但其承受纵向力 N 值的能力是不同的，分别为 $N_0 > N_1 > N_2$ ，这表明构件长细比的加大会降低构件的正截面受压承载力。产生这一现象的原因是：当长细比较大时，偏心受压构件的纵向弯曲引起了不可忽略的二阶弯矩。

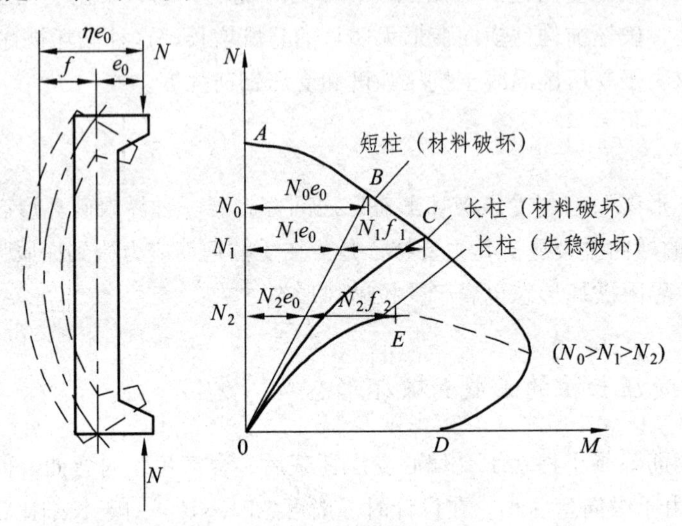

图 7-12　不同长细比柱从加载到破坏的 N-M 关系

7.3.3　偏心受压长柱的偏心距增大系数

实际工程中最常用到的是长柱，由于其最终破坏是材料破坏。但在设计计算中须考虑由于构件侧向变形而引起的二阶弯矩的影响，偏心受压长柱受力简图如图 7-13 所示。

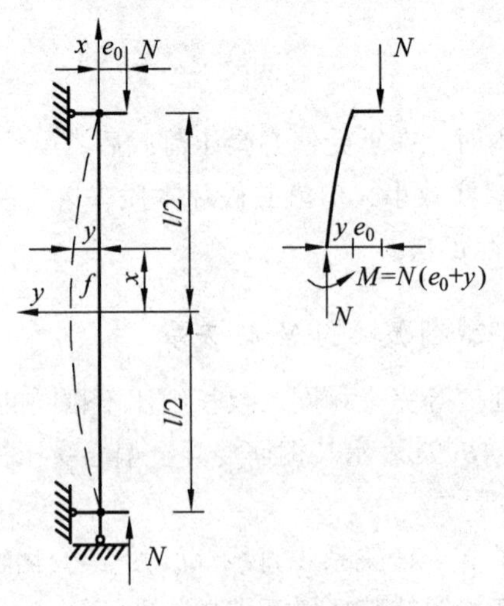

图 7-13　偏心受压长柱受力简图

1）构件上任一点的弯矩 M

$$M = M_0 + Ny = Ne_0 + Ny \tag{7-16}$$

式中　Ne_0——一阶弯矩；

Ny——由纵向弯曲引起的二阶弯矩。

2）构件上的最大挠度或最大弯矩 M_{max}

最大挠度或最大弯矩均发生在柱的中点。令 f 为最大弯矩 M_{max} 点的挠度，则有

$$M_{max} = Ne_0 + Nf = N(e_0 + f) = N\frac{e_0 + f}{e_0}e_0 \tag{7-17}$$

令
$$\eta = \frac{e_0 + f}{e_0} = 1 + \frac{f}{e_0} \tag{7-18}$$

则
$$M = N \cdot \eta e_0 \tag{7-19}$$

式中，η 称为偏心受压构件考虑纵向挠曲影响的偏心距增大系数。

3）η 值计算公式

《公路桥规》根据偏心受压杆件的极限曲率理论分析，规定偏心距增大系数 η 计算表达式为

$$\eta = 1 + \frac{1}{1\,300(e_0/h_0)}\left(\frac{l_0}{h}\right)^2 \zeta_1\zeta_2 \tag{7-20}$$

$$\zeta_1 = 0.2 + 2.7\frac{e_0}{h_0} \leqslant 1.0 \tag{7-21a}$$

$$\zeta_2 = 1.15 - 0.01\frac{l_0}{h} \leqslant 1.0 \tag{7-21b}$$

式中　l_0——构件的计算长度；

h——偏心方向截面尺寸，圆形截面取直径 d，环形截面取外直径 D；

h_0——截面的有效高度；

ζ_1——偏心受压构件截面曲率修正系数，当 $\zeta_1 > 1.0$ 时，取 $\zeta_1 = 1.0$；

ζ_2——偏心受压构件长细比对截面曲率的影响系数，当 $l_0/h < 15$，取 $\zeta_2 = 1.0$。

《公路桥规》规定，计算偏心受压构件正截面承载力时，对长细比 $l_0/r > 17.5$ 或长细比 $l_0/h > 5$（矩形截面）的构件、长细比 $l_0/d > 4.4$（圆形截面）的构件，应考虑构件在弯矩作用平面内的挠曲变形对轴向力偏心距的影响。

7.4　矩形截面偏心受压构件正截面承载力计算基本公式

7.4.1　大、小偏心受压破坏形态的界限判据

受弯构件正截面承载力计算的四个基本假定同样也适用于偏心受压构件正截面受压承载力的计算。

当混凝土受压区高度达到 x_b 时，混凝土和受拉纵筋分别达到极限压应变（ε_{cu}）和屈服应变值（ε_y），即为界限破坏形态。因此，与受弯构件正截面承载力计算相同，可用受压区界限高度 x_b 或相对界限受压区高度 ξ_b 来判别两种不同偏心受压破坏形态：当 $\xi \leqslant \xi_b$ 时，属于大偏心受压破坏形态；当 $\xi > \xi_b$ 时，属于小偏心受压破坏形态。

在偏心受压构件截面设计时，纵向钢筋数量是未知的，ξ 值尚无法计算，故不能利用上述条件进行判定受压构件属于哪一类偏心受压，但可采用下述方法来初步判定大、小偏心受压：

（1）当 $\eta e_0 \leqslant 0.3h_0$ 时，可先按小偏心受压构件进行截面设计。

（2）当 $\eta e_0 > 0.3h_0$ 时，则可按大偏心受压构件进行截面设计。

这种初步判定的方法，是对于常用混凝土强度、常用热轧钢筋级别的偏心受压在界限破坏形态计算简图基础上，进行计算分析及简化得到的近似方法，仅适用于矩形偏心受压构件截面设计时初步判断。

7.4.2 受压构件正截面承载力计算基本公式

1. 大偏心受压构件正截面承载力计算公式

按受弯构件的处理方法，把受压区混凝土曲线压应力图用等效矩形图形来替代，其应力值取为 f_{cd}，受压区高度取为 x，矩形截面大偏心受压构件正截面承载力计算简图如图 7-14 所示。

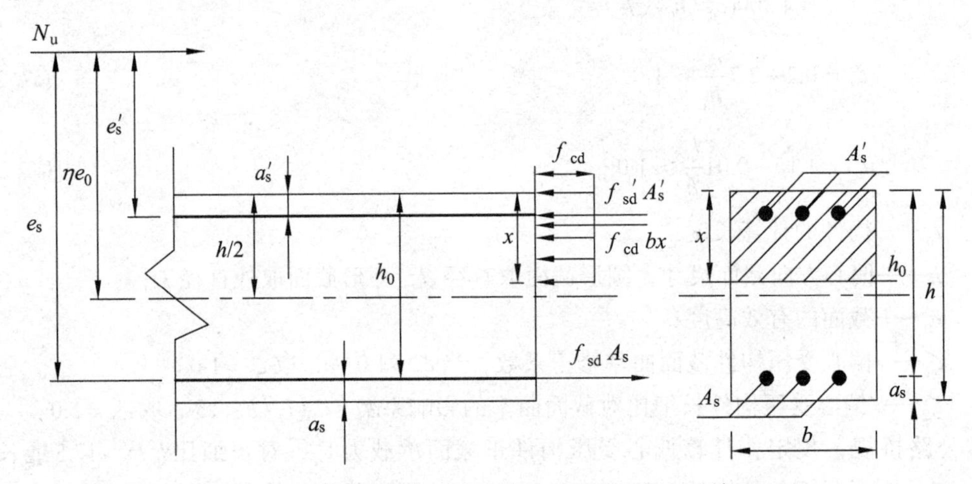

图 7-14 矩形截面大偏心受压构件正截面承载力计算简图

1）计算公式

取沿构件纵轴方向的内外力之和为零，可得到

$$\gamma_0 N_d \leqslant N_u = f_{cd}bx + f_{sd}'A_s' - f_{sd}A_s \tag{7-22}$$

由截面上所有对钢筋 A_s 合力点的力矩之和等于零，可得到

$$\gamma_0 N_d e_s \leqslant N_u e_s = f_{cd}bx\left(h_0 - \frac{x}{2}\right) + f_{sd}'A_s'(h_0 - a_s') \tag{7-23}$$

由截面上所有力对钢筋 A_s' 合力点的力矩之和等于零，可得到

$$\gamma_0 N_d e_s' \leqslant N_u e_s' = -f_{cd}bx\left(\frac{x}{2} - a_s'\right) + f_{sd}A_s(h_0 - a_s') \tag{7-24}$$

由截面上所有力对 $\gamma_0 N_d$ 作用点力矩之和为零，可得到

$$f_{cd}bx\left(e_s - h_0 + \frac{x}{2}\right) = f_{sd}A_s e_s - f'_{sd}A'_s e'_s \tag{7-25}$$

式中　N_u——偏心受压构件正截面受压承载力极限值；

e_s——轴向力作用点至受拉钢筋 A_s 合力点之间的距离；

e'_s——轴向力作用点至受压钢筋 A'_s 合力点之间的距离：

$$e_s = \eta e_0 + \frac{h}{2} - a_s \tag{7-26}$$

$$e'_s = \eta e_0 - \frac{h}{2} + a'_s \tag{7-27}$$

η——考虑二阶弯矩影响的轴力偏心距增大系数，按式（7-20）计算；

e_0——轴向力对截面重心的偏心距，$e_0 = M_d / N_d$；

a'_s——纵向受压钢筋合力点至受压区边缘的距离。

2）适用条件

（1）$x \leqslant \xi_b h_0$：保证构件破坏时，受拉钢筋先达到屈服。

（2）$x \geqslant 2a'_s$：保证构件破坏时，受压钢筋能达到屈服。若 $x < 2a'_s$ 时，受压钢筋 A'_s 的应力可能达不到 f'_{sd}，这时取 $x = 2a'_s$，截面应力分布如图 7-15 所示，则有

$$\gamma_0 N_d e'_s \leqslant N_u e'_s = f_{sd}A_s(h_0 - a'_s) \tag{7-28}$$

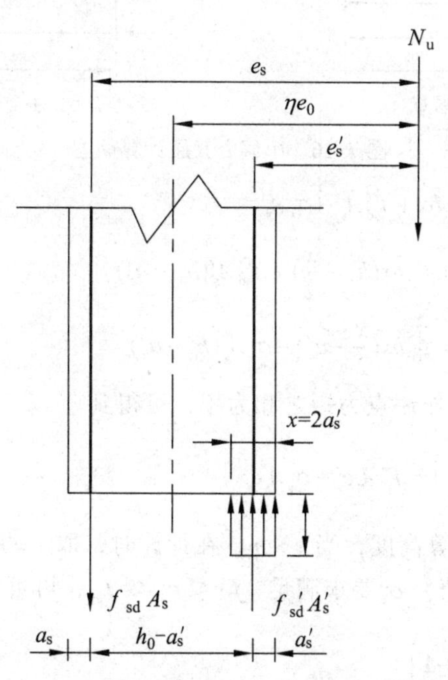

图 7-15　当 $x < 2a'_s$ 时，大偏心受压截面计算简图

2. 小偏心受压构件正截面承载力计算公式

小偏心受压破坏时，受压区混凝土被压碎，受压钢筋 A'_s 的应力达到屈服强度，而远侧钢筋 A_s 可能受拉或受压但都达不到屈服强度，计算简图如图 7-16（a）和图 7-16（b）所示。在

计算时，受压区的混凝土曲线压应力图仍用等效矩形图来替代。

（1）当在轴向力近侧钢筋 A_s' 的应力达到屈服强度，而远侧钢筋 A_s 不论受拉还是受压均不屈服[图 7-16（a）、图 7-16（b）]，根据力的平衡条件及力矩平衡条件可得

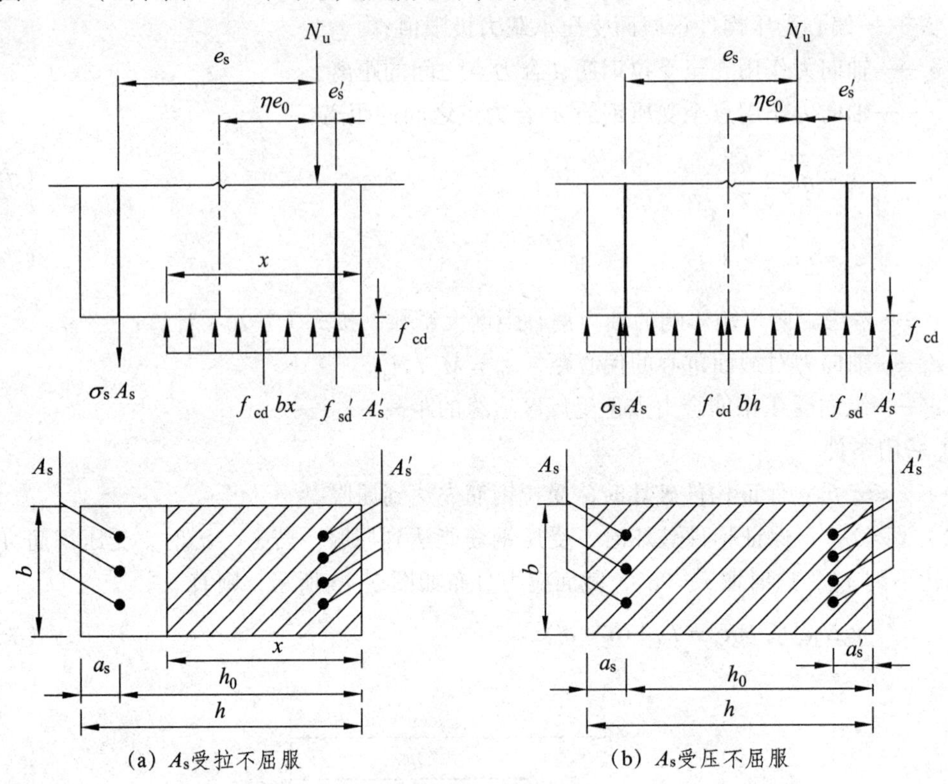

图 7-16　小偏心受压计算简图

$$\gamma_0 N_d \leqslant N_u = f_{cd}bx + f_{sd}'A_s' - \sigma_s A_s \tag{7-29}$$

$$\gamma_0 N_d e_s \leqslant N_u e_s = f_{cd}bx(h_0 - \frac{x}{2}) + f_{sd}'A_s'(h_0 - a_s') \tag{7-30}$$

或

$$\gamma_0 N_d e_s' \leqslant N_u e_s' = f_{cd}bx(\frac{x}{2} - a_s') - \sigma_s A_s(h_0 - a_s') \tag{7-31}$$

由截面上所有力对 $\gamma_0 N_d$ 作用点力矩之和为零，可得到

$$f_{cd}bx\left(\frac{x}{2} - e_s' - a_s'\right) = f_{sd}'A_s'e_s' + \sigma_s A_s e_s \tag{7-32}$$

式中　x——混凝土受压区计算高度，当 $x > h$，在计算时，取 $x = h$；

σ_s——钢筋 A_s 的应力值，σ_s 要求满足 $-f_{sd}' \leqslant \sigma_s \leqslant f_{sd}$，可近似取

$$\sigma_s = \varepsilon_{cu}E_s\left(\frac{\beta h_0}{x} - 1\right) \tag{7-33}$$

ε_{cu} 和 β 值可按表 4-1 取用，界限受压区高度 ξ_b 值见表 4-2；

e_s、e_s'——轴向力作用点至受拉钢筋 A_s 合力点和受压钢筋 A_s' 合力点之间的距离。

$$e_s = \eta e_0 + \frac{h}{2} - a_s \tag{7-34}$$

$$e_s' = \frac{h}{2} - \eta e_0 - a_s' \tag{7-35}$$

（2）当相对偏心距 e_0 / h 很小，即小偏心受压情况下，全截面受压。且 A_s' 比 A_s 大得很多时，也可能在离轴压力较远的一侧混凝土先压坏，此时钢筋 A_s 受压，应力达到 f_{sd}'，称为反向破坏，如图 7-17 所示。

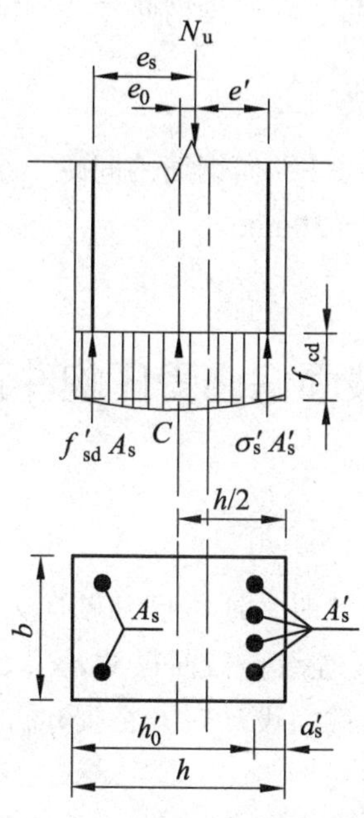

图 7-17　偏心距很小时截面计算简图

若出现全截面受压时，为了避免发生这种反向破坏，《公路桥规》规定小偏心受压构件还应满足下列条件：

$$\gamma_0 N_d e_s' \leqslant N_u e_s' = f_{cd} b h \left(h_0' - \frac{h}{2} \right) + f_{sd}' A_s (h_0' - a_s) \tag{7-36}$$

式中　h_0'——钢筋 A_s' 合力点至离轴压力较远一侧混凝土边缘的距离，即 $h_0' = h - a_s'$；

e_s'——不考虑偏心距增大系数，按 $e_s' = h / 2 - e_0 - a_s'$ 计算。

7.4.3　矩形截面偏心受压构件的构造要求

矩形偏心受压构件的构造要求与配有纵向钢筋及普通箍筋的轴心受压构件相仿，轴心受压构件对箍筋直径、间距的构造要求，也适用于偏心受压构件。

1. 构件的截面尺寸

矩形截面的最小尺寸不宜小于 300 mm，同时截面的长边与短边的比值常选用 $h / b = 1.5 \sim 3.0$，此外长边还应设在弯矩作用方向。为了模板尺寸的模数化便于现场施工，边长宜采用 50 mm 的倍数。

2. 纵向钢筋的配筋率

矩形截面偏心受压构件的纵向受力钢筋沿截面短边 b 配置，截面全部纵向钢筋和一侧钢

筋的最小配筋率 ρ_{min}（%）见附表 9。

纵向受力钢筋的常用筋配筋率（全部钢筋截面面积与构件截面面积之比），对大偏心受压构件宜为 $\rho=1\% \sim 3\%$；对小偏心受压宜为 $\rho=0.5\% \sim 2\%$。

当截面长边 $h \geqslant 600$ mm 时，应在长边 h 方向设置直径为 10 ~ 16 mm 的纵向构造钢筋，必要时相应地设置附加箍筋或复合箍筋，以保持钢筋骨架刚度。

3. 纵向钢筋的间距

对于现浇钢筋混凝土偏心受压构件纵向钢筋的间距不小于 50 mm；对于预制钢筋混凝土偏心受压构件纵向钢筋的间距不小于 30 mm。

7.5 不对称配筋矩形截面偏心受压构件正截面承载力计算

7.5.1 截面设计

在进行偏心受压构件的截面设计时，通常已知轴向力组合设计值 N_d 和相应的弯矩组合设计值 M_d (或偏心距 e_0)，材料强度等级，截面尺寸 $b \times h$，以及弯矩作用平面内构件的计算长度 l_0，要求确定纵向钢筋数量。截面设计时，根据 ηe_0 的大小，分别按照大、小偏心受压构件进行。

1. 当 $\eta e_0 > 0.3h_0$ 时，可以按照大偏心受压构件进行截面设计

1）第一种情况：A_s 与 A_s' 均未知

（1）补充条件：根据偏心受压构件计算的基本公式，独立公式为式（7-22）、式（7-23）或式（7-24），即仅有两个独立公式。但未知数却有三个，即 A_s'、A_s 和 x（或 ξ），不能求得唯一的解，必须补充设计条件。

与双筋矩形截面受弯构件截面设计相仿，从充分利用混凝土的抗压强度、使受拉和受压钢筋的总用量最少的原则出发，近似取 $\xi=\xi_b$，即 $x=\xi_b h_0$ 为补充条件。

（2）求 A_s'：令 $N=\gamma_0 N_d$、$N_u e_s = N e_s$，由式（7-23）可得到受压钢筋的截面面积 A_s' 为

$$A_s' = \frac{N e_s - f_{cd} b h_0^2 \xi_b (1-0.5\xi_b)}{f_{sd}'(h_0 - a_s')} \geqslant \rho_{min}' bh \tag{7-37}$$

ρ_{min}' 为截面一侧（受压）钢筋的最小配筋率，由附表 9 取 $\rho_{min}' = 0.2\%$。当计算的 $A_s' < \rho_{min}' bh$ 或负值时，应取 $A_s' = \rho_{min}' bh$。根据计算所得 A_s' 选择钢筋并布置，然后按选配 A_s' 为已知的情况（后面将介绍的设计情况）继续计算求 A_s。

（3）求 A_s：当计算 $A_s' \geqslant \rho_{min}' bh$ 时，则以求得的 A_s' 代入式（7-22），则所需要的钢筋 A_s 为

$$A_s = \frac{f_{cd} b h_0 \xi_b + f_{sd}' A_s' - N}{f_{sd}} \geqslant \rho_{min} bh \tag{7-38}$$

式中，ρ_{min} 为截面一侧（受拉）钢筋的最小配筋率，按附表 9 选用。

（4）由于适用条件 $x \leqslant \xi_b h_0$ 和 $x \geqslant 2a_s'$ 均满足，不需再验算。

（5）最后，按轴心受压构件验算垂直于弯矩作用平面的受压承载力。当其不小于 N 值时为满足，否则要重新设计。

2）第二种情况：A_s' 已知，A_s 未知

（1）当钢筋 A_s' 为已知时，只有钢筋 A_s 和 x 两个未知数，故可以用基本公式来直接求解。由式（7-23），令 $N=\gamma_0 N_d$、$N_u e_s = N e_s$，则可得到关于 x 一元二次方程为

$$Ne_s = f_{cd}bx\left(h_0 - \frac{x}{2}\right) + f_{sd}'A_s'(h_0 - a_s')$$

解此方程，可得到受压区高度为

$$x = h_0 - \sqrt{h_0^2 - \frac{2[Ne_s - f_{sd}'A_s'(h_0 - a_s')]}{f_{cd}b}} \tag{7-39}$$

（2）验算适用条件。当计算的 x 满足 $2a_s' < x \leqslant \xi_b h_0$，则可由式（7-22）得到受拉区所需钢筋数量 A_s。

$$A_s = \frac{f_{cd}bx + f_{sd}'A_s' - N}{f_{sd}} \tag{7-40}$$

当计算的 x 满足 $x \leqslant \xi_b h_0$，且 $x \leqslant 2a_s'$，则按式（7-28）得到所需的受拉钢筋数量 A_s。令 $N_u e_s' = N e_s'$，可求得

$$A_s = \frac{Ne_s'}{f_{sd}(h_0 - a_s')} \tag{7-41}$$

式中　　　$N = \gamma_0 N_d$

当计算的 x 满足 $x > \xi_b h_0$，表明 A_s' 不足，应加大截面尺寸，或按 A_s 未知的第一种情况计算。

（3）验算配筋率：① $0.5\%bh \leqslant A_s + A_s' \leqslant 5\%\,bh$；②（$A_s$，$A_s'$）$\geqslant 0.2\%\,bh$。

（4）最后，按轴心受压构件验算垂直于弯矩作用平面的受压承载力。当其不小于 N 值时为满足，否则要重新设计。

2. 当 $\eta e_0 \leqslant 0.3h_0$ 时，可按照小偏心受压构件进行截面设计

1）第一种情况：A_s' 与 A_s 均未知

要利用小偏心构件承载力计算基本公式进行设计，仍面临独立的基本公式只有两个，而存在 A_s、A_s' 和 x 三个未知数的情况，不能得到唯一的解。这时，和解决大偏压构件截面设计方法一样，必须补充条件以便求解。

试验表明，对于小偏心受压的一般情况，即图 7-15（a）、（b）所示的破坏形态，远离偏心压力一侧的纵向钢筋无论受拉还是受压，其应力一般均未达到屈服强度，显然，A_s 可取等于受压构件截面一侧钢筋的最小配筋量。由附表 9 可得 $A_s = \rho_{min}' bh = 0.002\,bh$。

按照 $A_s = 0.002bh$ 补充条件后，剩下两个未知数 x 与 A_s'，可利用基本公式来进行设计计算。

首先可计算出其相对受压区计算高度 x，令 $N = \gamma_0 N_d$，由下式可得到以 x 为未知数的方程为

$$Ne'_s = f_{cd}bx\left(\frac{x}{2}-a'_s\right)-\sigma_s A_s(h_0-a'_s)$$

以及
$$\sigma_s=\varepsilon_{cu}E_s\left(\frac{\beta h_0}{x}-1\right)$$

即可得到关于 x 的一元三次方程。

$$Ax^3+Bx^2+Cx+D=0 \tag{7-42}$$

式中
$$A=0.5f_{cd}b$$

$$B=-f_{cd}ba'_s$$

$$C=-\varepsilon_{cu}E_sA_s(a'_s-h_0)-Ne'_s$$

$$D=-\beta\varepsilon_{cu}E_sA_s(h_0-a'_s)h_0$$

其中
$$e'_s=\frac{h}{2}-\eta e_0-a'_s$$

由式（7-42）求得 x 值后，即可得到相应的相对受压区高度 $\xi=x/h_0$。

当 $\frac{h}{h_0}>\xi>\xi_b$ 时，截面为部分受压、部分受拉，这时以 $\xi=x/h_0$ 代入式 $\sigma_s=\varepsilon_{cu}E_s\left(\frac{\beta h_0}{x}-1\right)$，求得钢筋 A_s 中的应力值 σ_s。再将钢筋面积 A_s、钢筋应力计算值 σ_s 以及 x 值代入式 $\gamma_0N_d=f_{cd}bx+f'_{sd}A'_s-\sigma_sA_s$ 中，即可得到所需钢筋面积 A'_s 且应满足 $A'_s\geqslant\rho'_{min}bh$。

当 $\xi\geqslant h/h_0$ 时，截面为全截面受压，受压混凝土应力图形渐趋丰满，但实际受压区最多也只能为截面高度 h。因此，在这种情况下，取 $x=h$，则由式（7-30）计算得钢筋面积 A'_s 为

$$A'_s=\frac{Ne_s-f_{cd}bh\left(h_0-\frac{h}{2}\right)}{f'_{sd}(h_0-a'_s)}\geqslant\rho'_{min}bh$$

上述按照小偏心受压构件进行截面设计计算中，必须先求解 x 的一元三次方程[式（7-42）]，计算烦琐。下面介绍用经验公式来计算钢筋应力 σ_s 及求解截面混凝土受压区高度 x 的方法。

根据我国关于小偏心受压构件大量试验资料分析并且考虑外界条件：$\xi=\xi_b$ 时，$\sigma_s=f_{sd}$；$\xi=\beta$ 时，$\sigma_s=0$，依次可以将式 $\sigma_s=\varepsilon_{cu}E_s(\frac{\beta h_0}{x}-1)$ 转化为近似的线性关系式：

$$\sigma_s=\frac{f_{sd}}{\xi_b-\beta}(\xi-\beta) \tag{7-43}$$

式中，$-f'_{sd}\leqslant\sigma_s\leqslant f_{sd}$，以式（7-43）代入式 $Ne'_s=f_{cd}bx\left(\frac{x}{2}-a'_s\right)-\sigma_sA_s(h_0-a'_s)$ 可得到关于 x 的一元二次方程为

$$Ax^2+Bx+C=0 \tag{7-44}$$

式中
$$A=0.5f_{cd}bh_0$$

$$B=-\frac{h_0-a_s'}{\xi_b-\beta}f_{sd}A_s-f_{cd}bh_0a_s'$$

$$C=\beta\frac{h_0-a_s'}{\xi_b-\beta}f_{sd}A_sh_0-Ne_s'h_0$$

其中　　　　$N=\gamma_0N_d$

由于式（7-43）中钢筋应力 σ_s 与 ξ 的关系近似为线形关系，因而，利用式（7-44）来求近似解 x 就避免了按式（7-42）来解 x 的一元三次方程的麻烦。这种近似方法适用于构件混凝土强度级别 C50 以下的普通强度混凝土。

2）第二种情况：A_s' 已知，A_s 未知

这时，欲求解的未知数（x 和 A_s）个数与独立基本公式数目相同，故可以直接求解。

由式 $\gamma_0N_de_s=f_{cd}bx\left(h_0-\frac{x}{2}\right)+f_{sd}'A_s'(h_0-a_s')$ 求截面受压区高度 x，并得到截面相对受压区高度 $\xi=x/h_0$。

当 $h/h_0>\xi>\xi_b$ 时，截面部分受压、部分受拉。以计算得到的 ξ 值代入式 $\sigma_s=\varepsilon_{cu}E_s\left(\frac{\beta h_0}{x}-1\right)$，求得钢筋 A_s 的应力 σ_s，再由式 $\gamma_0N_d=f_{cd}bx+f_{sd}'A_s'-\sigma_sA_s$ 可求得钢筋面积 A_s。

当 $\xi>h/h_0$ 时，全截面受压。以 $x=h$ 代入式 $\sigma_s=\varepsilon_{cu}E_s\left(\frac{\beta h_0}{x}-1\right)$，求得钢筋 A_s 的应力 σ_s，再由式 $\gamma_0N_d=f_{cd}bx+f_{sd}'A_s'-\sigma_sA_s$ 可求得钢筋面积 A_{s1}。

小偏心受压时，若出现全截面受压的情况，为防止设计的小偏心受压构件可能出现反向破坏，钢筋数量 A_s 应当满足式 $\gamma_0N_de_s'\leqslant N_ue_s'=f_{cd}bh(h_0'-h/2)+f_{sd}'A_s(h_0'-a_s)$ 的要求。变换此式可得到

$$A_{s2}\geqslant\frac{Ne_s'-f_{cd}bh(h_0'-h/2)}{f_{sd}'(h_0'-a_s)}\tag{7-45}$$

式中　　　　$N=\gamma_0N_d$

由式（7-45）可求得截面需要钢筋一侧的钢筋数量 A_{s2}。而设计所采用的钢筋面积 A_s 应取上述计算值 A_{s1} 和 A_{s2} 中的较大值，以防止出现远离偏心压力作用的一侧混凝土边缘先破坏的情况。

7.5.2　截面复核

在进行偏心受压构件的截面复核时，通常已知偏心受压构件截面尺寸 $b\times h$、构件的计算长度 l_0、纵向钢筋和混凝土强度设计值、钢筋面积 A_s 和 A_s' 以及在截面上的布置、环境条件和结构安全等级，并已知轴向力组合设计值 N_d 和相应的弯矩组合设计值 M_d，然后复核偏心受压构件截面是否能承受已知的组合设计值。

偏心受压构件需要进行截面在两个方向上的承载力复核，即弯矩作用平面内和垂直于弯矩作用平面内截面承载力复核。

1. 弯矩作用平面内截面承载力复核

（1）大、小偏心受压的判别。大、小偏心受压构件截面设计时，采用ηe_0与$0.3h_0$之间关系来确定按何种偏心受压情况进行配筋设计，这是一种近似和初步的判定方法，并不一定能准确判定是大偏心受压还是小偏心受压。判定偏心受压构件是大偏心受压还是小偏心受压的充分必要条件是ξ与ξ_b之间的关系。即当$\xi \leqslant \xi_b$时，为大偏心受压构件；当$\xi > \xi_b$时，为小偏心受压。在截面承载力复核中，因截面的钢筋布置已确定，故必须采用这个充要条件来判定偏心受压的类型。

截面承载力复核时，可先假设为大偏心受压。由式（7-25）解得受压区高度x，再由x求得$\xi = \dfrac{x}{h_0}$。当$\xi \leqslant \xi_b$时，为大偏心受压；当$\xi > \xi_b$时，为小偏心受压。

（2）当$\xi \leqslant \xi_b$时：

若$2a_s' \leqslant x \leqslant \xi_b h_0$，由式（7-25）计算的$x$即为大偏心受压构件截面受压区高度，然后按式$\gamma_0 N_d \leqslant N_u = f_{cd}bx + f_{sd}'A_s' - f_{sd}A_s$进行截面承载力复核。

若$x < 2a_s'$，由式$\gamma_0 N_d e_s' \leqslant N_u e_s' = f_{sd}A_s(h_0 - a_s')$求截面承载力$N_u$。

$$N_u = \frac{f_{sd}A_s(h_0 - a_s')}{e_s'}$$

（3）当$\xi > \xi_b$时，为小偏心受压构件。由于小偏心受压情况下，离偏心压力较远一侧钢筋A_s中的应力往往达不到屈服强度。这时，需要联合使用式（7-32）和式（7-33）来确定小偏心受压构件截面受压区高度x。

得到的x的一元三次方程为

$$Ax^3 + Bx^2 + Cx + D = 0 \tag{7-46a}$$

式中

$$A = 0.5 f_{cd} b$$

$$B = -f_{cd}b(e_s' + a_s') = f_{cd}b(e_s - h_0)$$

$$C = \varepsilon_{cu}E_s A_s e_s - f_{sd}'A_s'e_s'$$

$$D = -\beta\varepsilon_{cu}E_s A_s e_s h_0$$

其中，e_s'仍按$e_s' = \dfrac{h}{2} - \eta e_0 - a_s'$计算。

若钢筋A_s中的应力σ_s采用ξ的线性表达，即$\sigma_s = \dfrac{f_{sd}}{\xi_b - \beta}(\xi - \beta)$，则可得到关于$x$的一元二次方程

$$Ax^2 + Bx + C = 0 \tag{7-46b}$$

式中

$$A = 0.5 f_{cd} b h_0$$

$$B = -\left[f_{cd}bh_0(e_s' + a_s') + \frac{f_{sd}A_s e_s}{\xi_b - \beta}\right]$$

$$C=\left(\frac{\beta f_{sd}A_s e_s}{\xi_b-\beta}-f'_{sd}A'_s e'_s\right)h_0$$

由式（7-46a）或者式（7-46b），可得到小偏心受力构件截面受压区高度 x 及相应的 ξ 值。

当 $h/h_0>\xi>\xi_b$ 时，截面部分受压，部分受拉。将计算的 ξ 值代入 $\sigma_s=\varepsilon_{cu}E_s\left(\frac{\beta h_0}{x}-1\right)$，可求得钢筋 A_s 的应力 σ_s 值。然后，按照基本公式 $\gamma_0 N_d\leqslant N_u=f_{cd}bx+f'_{sd}A'_s-\sigma_s A_s$，求截面承载力 N_u 并复核截面承载力。

当 $\xi>h/h_0$ 时，截面全部受压。这种情况下，偏心距较小。首先考虑近纵向压力作用点侧的截面边缘混凝土破坏，取 $x=h$ 代入式 $\sigma_s=\varepsilon_{cu}E_s\left(\frac{\beta h_0}{x}-1\right)$，可求得钢筋 A_s 中的应力 σ_s，然后由式 $N_u=f_{cd}bh+f'_{sd}A'_s-\sigma_s A_s$ 求得截面承载力 N_{u1}。

若出现截面全部受压，还需考虑距纵向压力的作用点远侧截面边缘破坏的可能性，再由式 $N_u e'_s=f_{cd}bh(h'_0-h/2)+f'_{sd}A_s(h'_0-a_s)$ 求得截面承载力 N_{u2}。

构件承载能力 N_u 应取 N_{u1} 和 N_{u2} 中较小值，其意义为既然截面破坏有这种可能性，则截面承载力也可能由其决定。

2. 垂直于弯矩作用平面内截面承载力复核

偏心受压构件，除了在弯矩作用平面内可能发生破坏外，还可能在垂直于弯矩作用平面内发生破坏，例如，设计轴向压力 N_d 较大而在弯矩作用平面内偏心距较小时。垂直于弯矩作用平面的构件长细比 l_0/b 较大时，有可能是垂直于弯矩作用平面的承载力起控制作用。因此，当偏心受压构件在两个方向的截面尺寸 b、h 及长细比 λ 值不同时，应对垂直于弯矩作用平面进行承载力复核。

《公路桥规》规定，对于偏心受压构件，除应计算弯矩作用平面内的承载力外，还应按轴心受压构件复核垂直于弯矩作用平面的承载力。这时不考虑弯矩作用，而按轴心受压构件考虑稳定系数 φ，并取 b 来计算相应的长细比。

【例 7-4】钢筋混凝土偏心受压构件，截面尺寸为 $b\times h=300\text{ mm}\times400\text{ mm}$，两个方向（弯矩作用方向和垂直于弯矩作用方向）的计算长度均为 $l_0=4\text{ m}$。轴向力组合设计值 $N_d=188\text{ kN}$，相应弯矩组合设计值 $M_d=120\text{ kN}\cdot\text{m}$。预制构件拟采用水平浇筑 C30 混凝土，HRB400 级纵向钢筋，I 类环境条件，设计使用年限 50 年，安全等级为二级。试选择钢筋，并进行截面复核。

解：根据已给材料分别由附表 1 和附表 3 查得 f_{cd}=13.8 MPa，$f_{sd}=f'_{sd}=330\text{ MPa}$，由表 4-2 查得 $\xi_b=0.53$，$\gamma_0=1.0$。

1）截面设计

轴向力计算值 $N=\gamma_0 N_d=188\text{ kN}$，弯矩计算值 $M=\gamma_0 M_d=120\text{ kN}\cdot\text{m}$，可得到偏心距 e_0 为

$$e_0=\frac{M}{N}=\frac{120\times10^6}{188\times10^3}=638\text{ mm}$$

弯矩作用平面内的长细比为 $\frac{l_0}{h}=\frac{4\,000}{400}=10>5$，故应考虑偏心距增大系数 η。η 值按式

（7-20）计算。设 $a_s = a_s' = 40\ \text{mm}$，则 $h_0 = h - a_s = 400 - 40 = 360\ \text{mm}$。

$$\xi_1 = 0.2 + 2.7\frac{e_0}{h_0} = 0.2 + 2.7\times\frac{638}{360} = 4.99 > 1\text{，取 }\xi_1 = 1.0\text{；}$$

$$\xi_2 = 1.15 - 0.01\frac{l_0}{h} = 1.15 - 0.01\times 10 = 1.05 > 1\text{，取 }\xi_2 = 1.0\text{。}$$

则 $$\eta = 1 + \frac{1}{1300e_0/h_0}\left(\frac{l_0}{h}\right)^2\xi_1\xi_2 = 1 + \frac{1}{1300\times\frac{638}{360}}\times 10^2 = 1.04$$

（1）大、小偏心受压的初步判定。

$\eta e_0 = 1.04\times 638 = 664\ \text{mm} > 0.3h_0 (= 0.3\times 360 = 108\ \text{mm})$，故可先按大偏心受压情况进行设计。$e_s = \eta e_0 + h/2 - a_s = 664 + 400/2 - 40 = 824\ \text{mm}$。

（2）计算所需的纵向钢筋面积。

属于大偏心受压求钢筋 A_s 和 A_s' 的情况。取 $\xi = \xi_b = 0.53$，由式（7-37）可得到

$$\begin{aligned} A_s' &= \frac{Ne_s - f_{cd}bh_0^2\xi_b(1-0.5\xi_b)}{f_{sd}'(h_0 - a_s')} \\ &= \frac{188\times 10^3\times 824 - 13.8\times 300\times 360^2\times 0.53(1-0.5\times 0.53)}{330(360-40)} \\ &= -512\ \text{mm}^2 < 0.002\times 300\times 400 = 240\ \text{mm}^2 \end{aligned}$$

取 $A_s' = 240\ \text{mm}^2$。

现选择受压钢筋为 3⌀12，则实际受压钢筋面积 A_s'=339 mm²，$\rho' = \dfrac{A_s'}{bh} = \dfrac{339}{300\times 400} = 0.28\% > 0.2\%$。

由式（7-39）可得到截面受压区高度 x 值为

$$\begin{aligned} x &= h_0 - \sqrt{h_0^2 - \frac{2\left[Ne_s - f_{sd}'A_s'(h_0 - a_s')\right]}{f_{cd}b}} \\ &= 360 - \sqrt{360^2 - \frac{2\times[188\times 10^3\times 824 - 330\times 339\times(360-40)]}{13.8\times 300}} \\ &= 91\ \text{mm}\begin{cases} < \xi_b h_0 = 0.53\times 360 = 191\ \text{mm} \\ > 2a_s' = 2\times 40 = 80\ \text{mm} \end{cases} \end{aligned}$$

由式（7-22）可得到

$$\begin{aligned} A_s &= \frac{f_{cd}bx + f_{sd}'A_s' - N}{f_{sd}} \\ &= \frac{13.8\times 300\times 91 + 330\times 339 - 188\times 10^3}{330} \\ &= 911\ \text{mm}^2 > \rho_{\min}bh = 0.002\times 300\times 400 = 240\ \text{mm}^2 \end{aligned}$$

现选受拉钢筋为 3⌀22，$A_s = 1140\ \text{mm}^2$，$\rho' = \dfrac{A_s}{bh} = \dfrac{1140}{300\times 400} = 0.95\% > 0.2\%$，$\rho + \rho' = 0.95\% + 0.28\% = 1.23\% > 0.5\%$。

设计的纵向钢筋沿截面短边 b 方向布置一排（图 7-18），因偏心压杆采用水平浇筑混凝土预制构件，故纵筋最小净距采用 30 mm。查附表 8 可得混凝土保护层最小厚度取 20 mm，A_s 的心形距截面下边缘距离为 $a_s = 20+8+25.1/2 = 40.55\ \text{mm}$，实际截面中取 $a_s = a_s' = 45\text{mm}$。所需截面最小宽度 $b_{\min} = 2\times 45 + 2\times 30 + 2\times 25.1 = 200.2\ \text{mm} < b = 300\ \text{mm}$，满足规范要求。

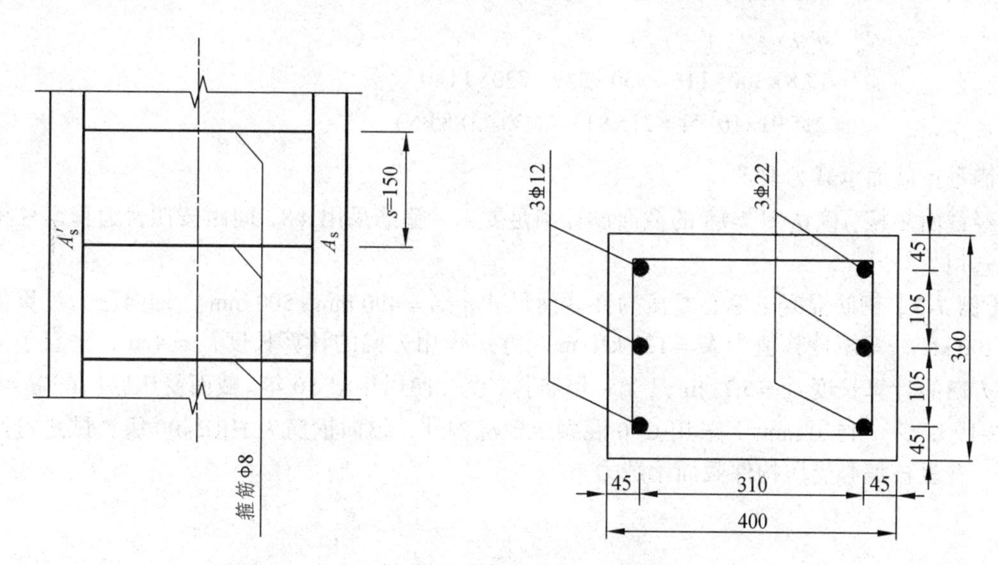

图 7-18　例 7-4 题截面配筋图（尺寸单位：mm）

2）截面复核

（1）垂直于弯矩作用平面内的截面复核。

因为长细比 $l_0 / b = 4\,000/300 = 13 > 8$，故由附表 10 中可查得 $\phi = 0.935$，则

$$
\begin{aligned}
N_u &= 0.9\varphi\left[f_{cd}bh + f_{sd}'(A_s + A_s')\right]\\
&= 0.9\times 0.935\times\left[13.8\times 300\times 400 + 330\times(1140+339)\right]\\
&= 1\,804.23\times 10^3\ \text{N} = 1\,804.23\ \text{kN} > N\ (=188\ \text{kN})
\end{aligned}
$$

满足设计要求。

（2）弯矩作用平面内的截面复核。

截面实际有效高度 $h_0 = 400 - 45 = 355\ \text{mm}$，计算得 $\eta = 1.04$。而 $\eta e_0 = 664\ \text{mm}$，

$$
e_s = \eta e_0 + \frac{h}{2} - a_s = 664 + \frac{400}{2} - 45 = 819\ \text{mm}
$$

$$
e_s' = \eta e_0 - \frac{h}{2} + a_s' = 664 - \frac{400}{2} + 45 = 509\ \text{mm}
$$

假定为大偏心受压，由式（7-25）可解得混凝土受压区高度 x 为

$$x=(h_0-e_s)+\sqrt{(h_0-e_s)^2+2\times\frac{f_{sd}A_se_s-f'_{sd}A'_se'_s}{f_{cd}b}}$$

$$=(355-819)+\sqrt{(355-819)^2+2\times\frac{330\times1140\times819-330\times339\times509}{13.8\times300}}$$

$$=116\ \text{mm}<\xi_b h_0(=0.56\times355=199\ \text{mm})\text{且}>2a'_s(=2\times45=90\ \text{mm})$$

计算表明为大偏心受压。

由式（7-22）可得截面承载力为

$$N_u=f_{cd}bx+f'_{sd}A'_s-f_{sd}A_s$$
$$=13.8\times300\times116+330\times339-330\times1140$$
$$=215.91\times10^3\ \text{N}=215.91\ \text{kN}>N(=188\ \text{kN})$$

满足正截面承载力要求。

经截面复核，确认图 7-18 的截面设计满足要求。箍筋采用 Φ8，间距按照普通箍筋柱构造要求选用。

【例 7-5】钢筋混凝土偏心受压构件截面尺寸 $b\times h=400\ \text{mm}\times500\ \text{mm}$，轴向压力计算值为 $N=200\ \text{kN}$，弯矩计算值为 $M=120\ \text{kN}\cdot\text{m}$。弯矩作用方向的计算长度 $l_{oy}=4\ \text{m}$，垂直于弯矩作用方向的计算长度 $l_{ox}=5.71\ \text{m}$，I 类环境条件，设计使用年限 50 年。截面受压区已配置 4Φ22（图 7-19），$A'_s=1520\ \text{mm}^2$。采用 C30 混凝土现浇构件，纵向钢筋为 HRB400 级，试进行配筋计算，并复核偏心受压构件截面承载力。

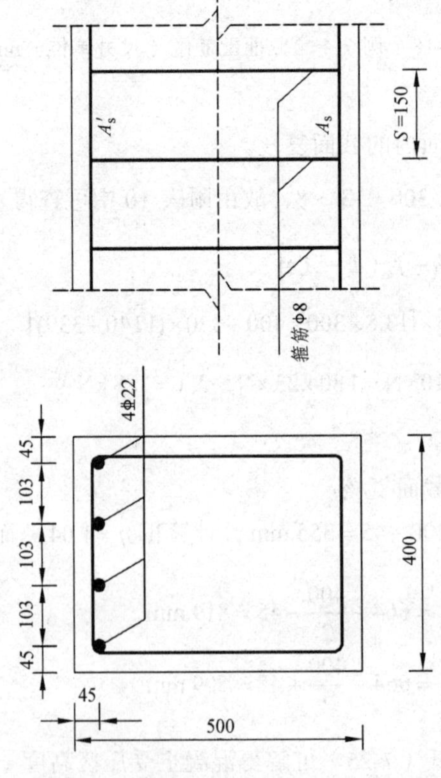

图 7-19　例题 7-5 图（尺寸单位：mm）

解： 根据已给材料分别由附表 1 和附表 3 查得 $f_{cd}=13.8\ \text{MPa}$， $f_{sd}=f'_{sd}=330\ \text{MPa}$，由表 4-2 查得 $\xi_b=0.53$， $\gamma_0=1.0$。

1）截面设计

由已知 $N=200\ \text{kN}$， $M=120\ \text{kN}\cdot\text{m}$，可得到偏心距 e_0 为

$$e_0=\frac{M}{N}=\frac{120\times10^6}{200\times10^3}=600\ \text{mm}$$

偏心压杆在弯矩作用方向的长细比为

$$\frac{l_0}{h}=\frac{4\,000}{500}=8>5$$

由图 7-18 可知，$a'_s=45\ \text{mm}$，现取 $a_s=45\ \text{mm}$，则 $h_0=h-a_s=500-45=455\ \text{mm}$。$\eta$ 值按式（7-20）计算。

$$\zeta_1=0.2+2.7\frac{e_0}{h_0}=0.2+2.7\times\frac{600}{455}=3.76>1\text{，取 }\zeta_1=1.0\text{；}$$

$$\zeta_2=1.15-0.01\frac{l_0}{h}=1.15-0.01\times8=1.07>1\text{，取 }\zeta_2=1.0\text{。}$$

则
$$\eta=1+\frac{1}{1\,300e_0/h_0}\left(\frac{l_0}{h}\right)^2\zeta_1\zeta_2=1+\frac{1}{1\,300\times\frac{600}{455}}\times8^2=1.035$$

（1）大、小偏心受压的初步判定。

$\eta e_0=1.035\times600=621\ \text{mm}>0.3h_0(=0.3\times455=137\ \text{mm})$，故可先按大偏心受压构件进行设计计算。

$$e_s=\eta e_0+\frac{h}{2}-a_s=621+\frac{500}{2}-45=826\ \text{mm}$$

$$e'_s=\eta e_0-\frac{h}{2}+a'_s=621-\frac{500}{2}+45=416\ \text{mm}$$

（2）计算所需纵向钢筋 A_s 的面积。

由式（7-39）计算受压区高度 x

$$\begin{aligned}x&=h_0-\sqrt{h_0^2-\frac{2\left[Ne_s-f'_{sd}A'_s(h_0-a'_s)\right]}{f_{cd}b}}\\&=455-\sqrt{455^2-\frac{2\times[200\times10^3\times826-330\times1\,520\times(455-45)]}{13.8\times400}}\\&=-16\ \text{mm}\end{aligned}$$

计算得到受压区高度 x 为负值，可以认为是 $x<2a'_s$ 的情况，取 $x=2a'_s$。由式（7-41）可得到

$$A_s=\frac{Ne'_s}{f_{sd}(h_0-a'_s)}=\frac{200\times10^3\times416}{330\times(455-45)}=615\ \text{mm}^2$$

由此，现选择3Φ18，$A_s = 763\ \text{mm}^2 > \rho_{\min}bh(=0.2\%\times400\times500=400\ \text{mm}^2)$。设计截面的纵筋布置见图7-20。经检查，纵筋间距和保护层厚度符合构造要求，$\rho+\rho'=(1520+763)/(400\times500)=1.14\% > 0.5\%$，满足要求。截面布置见图7-20。

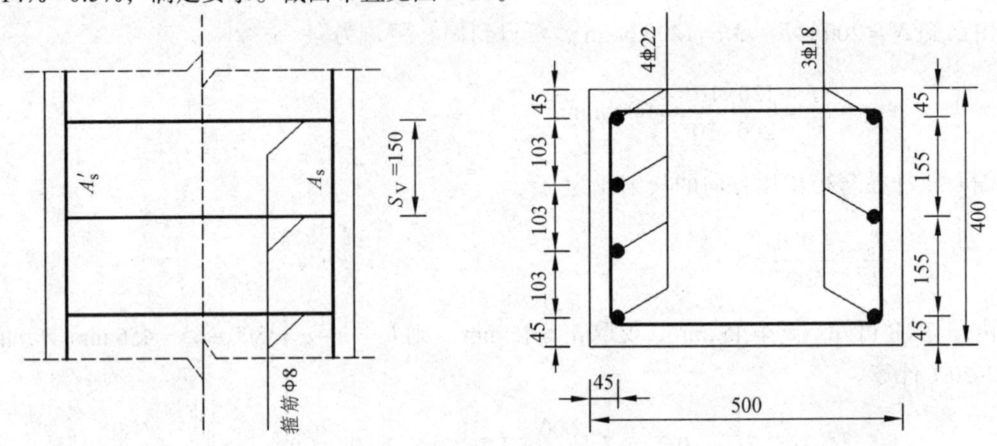

图7-20 例题7-5截面配筋图

2）截面复核

（1）垂直于弯矩作用平面内的截面复核。

构件在垂直于弯矩作用方向上的长细比 $l_0/b=5\,710/400=14.3$，查附表10得到 $\phi=0.91$，则可得到

$$
\begin{aligned}
N_u &= 0.9\varphi\left[f_{cd}bh+f_{sd}'(A_s+A_s')\right]\\
&=0.9\times0.91\times\left[13.8\times400\times500+330\times(763+1\ \ 520)\right]\\
&=2\ 877.47\times10^3\ N=2\ 877.47\ \text{kN}>N(=200\ \text{kN})
\end{aligned}
$$

故偏心受压构件在垂直于弯矩作用平面内的承载力 N_u 满足设计规范要求。

（2）弯矩作用平面内的截面复核。

由图7-19可知，$a_s=45\ \text{mm}$，$a_s'=45\ \text{mm}$，$A_s=763\ \text{mm}^2$，$A_s'=1520\ \text{mm}^2$，$h_0=455\ \text{mm}$，计算得到 $\eta=1.035$，$\eta e_0=621\ \text{mm}$，$e_s=826\ \text{mm}$，$e_s'=416\ \text{mm}$。

假定为大偏心受压，由式（7-25）可解得混凝土受压区高度 x 为

$$
\begin{aligned}
x&=(h_0-e_s)+\sqrt{(h_0-e_s)^2+2\times\frac{f_{sd}A_se_s-f_{sd}'A_s'e_s'}{f_{cd}b}}\\
&=(455-826)+\sqrt{(455-826)^2+2\times\frac{330\times763\times826-330\times1\,520\times416}{13.8\times400}}\\
&=-0.34\ \text{mm}<\xi_bh_0(=0.53\times455=241\ \text{mm})
\end{aligned}
$$

计算表明确为大偏心受压，但受压区高度 $x<2a_s'(=2\times45=90\ \text{mm})$，则由式（7-41）计算：

$$
\begin{aligned}
N_u&=\frac{f_{sd}A_s(h_0-a_s')}{e_s'}\\
&=\frac{330\times763\times(455-45)}{416}\\
&=248.16\times10^3\ \text{N}=248.16\ \text{kN}>N(=200\ \text{kN})
\end{aligned}
$$

故偏心受压构件在弯矩作用平面内的承载力 N_u 满足设计规范要求。

【例 7-6】钢筋混凝土偏心受压构件，截面尺寸 $b\times h = 400\ \text{mm}\times 600\ \text{mm}$。弯矩作用方向及垂直于弯矩作用方向的构件计算长度 l_0 均为 4.5 m。作用在构件截面上的计算轴向力 $N = 3\,000\ \text{kN}$，计算弯矩 $M = 200\ \text{kN}\cdot\text{m}$，Ⅰ类环境条件，设计使用年限 50 年，现浇构件欲采用 C30 混凝土，HRB400 级纵向钢筋。试进行配筋设计并进行截面复核。

解：根据已给材料分别由附表 1 和附表 3 查得 $f_{cd} = 13.8\ \text{MPa}$，$f_{sd} = f'_{sd} = 330\ \text{MPa}$，由附表 4 查得 $E_s = 2.0\times 10^5\ \text{MPa}$，由表 4-2 查得 $\xi_b = 0.53$，$\beta = 0.8$。

1）截面设计

由 $N = 3\,000\ \text{kN}$，$M = 200\ \text{kN}\cdot\text{m}$，可得到偏心距 e_0 为

$$e_0 = \frac{M}{N} = \frac{200\times 10^6}{3\,000\times 10^3} = 67\ \text{mm}$$

构件在弯矩作用平面内的长细比为

$$\lambda = \frac{l_0}{h} = \frac{4.5\times 10^3}{600} = 7.5 > 5$$

设 $a_s = a'_s = 45\ \text{mm}$，则 $h_0 = h - a_s = 600 - 45 = 555\ \text{mm}$，$\eta$ 值按式（7-20）计算。

$$\zeta_1 = 0.2 + 2.7\frac{e_0}{h_0} = 0.2 + 2.7\times\frac{67}{555} = 0.526 < 1\text{；}$$

$$\zeta_2 = 1.15 - 0.01\frac{l_0}{h} = 1.15 - 0.01\times 7.5 = 1.075 > 1\text{，取 } \zeta_2 = 1.0\text{。}$$

则
$$\eta = 1 + \frac{1}{1\,300 e_0/h_0}\left(\frac{l_0}{h}\right)^2\zeta_1\zeta_2 = 1 + \frac{1}{1\,300\times\frac{67}{555}}\times 7.5^2\times 0.526 = 1.175$$

（1）大、小偏心受压的初步判定。

$$\eta e_0 = 1.175\times 67 = 79\ \text{mm} < 0.3h_0 (= 167\ \text{mm})$$

初步判定属小偏心受压。

（2）计算所需的纵向钢筋面积。

本例属于小偏心受压构件欲求钢筋 A_s 和 A'_s 的情况。

取 $A_s = 0.002bh = 0.002\times 400\times 600 = 480\ \text{mm}^2$

$$e_s = \eta e_0 + h/2 - a_s = 1.175\times 67 + 600/2 - 45 = 334\ \text{mm}$$

$$e'_s = \frac{h}{2} - \eta e_0 - a'_s = 600/2 - 1.175\times 67 - 45 = 176\ \text{mm}$$

下面采用式（7-42）来计算 x 值：

$$Ax^3 + Bx^2 + Cx + D = 0$$

其中 $A = 0.5 f_{cd} b = 0.5\times 13.8\times 400 = 2\,760$

$$B=-f_{cd}ba_s'=-13.8\times400\times45=-248\ 400$$

$$C=-\varepsilon_{cu}E_sA_s(a_s'-h_0)-Ne_s'$$
$$=-0.003\ 3\times2\times10^5\times480\times(45-555)-3\ 000\times10^3\times176$$
$$=-366.432\times10^6$$

$$D=-\beta\varepsilon_{cu}E_sA_s(h_0-a_s')h_0$$
$$=-0.8\times0.003\ 3\times2\times10^5\times480\times(555-45)\times555$$
$$=-7.173\ 6\times10^{10}$$

用牛顿迭代法，可解得 $x=480\ \mathrm{mm}$。

按式（7-44），解得近似值 $x\approx477\mathrm{mm}$。与按式（7-42）解得的 $x=480\ \mathrm{mm}$ 相比，误差仅为 0.6%。

现取截面受压区高度 $x=480\ \mathrm{mm}$，则可得到

$$\xi=\frac{x}{h_0}=\frac{480}{555}=0.865>\xi_b(=0.53)\text{且}<h/h_0(=1.081)$$

故可按截面部分受压、部分受拉的小偏心受压构件计算。

以 $\xi=0.865$ 代入式（7-33），钢筋 A_s 中的应力为

$$\sigma_s=\varepsilon_{cu}E_s\left(\frac{\beta}{\xi}-1\right)$$
$$=0.003\ 3\times2\times10^5\times(\frac{0.8}{0.865}-1)$$
$$=-50\ \mathrm{MPa}\text{（压应力）}$$

将 $A_s=480\ \mathrm{mm}^2$，$\sigma_s=-50\ \mathrm{MPa}$，$x=480\ \mathrm{mm}$ 及有关已知值代入式（7-29）

$$N=f_{cd}bx+f_{sd}'A_s'-\sigma_sA_s$$

即 $$3\ 000\times10^3=13.8\times400\times480+330A_s'-(-50)\times480$$

解得 $A_s'=989\ \mathrm{mm}^2>\rho_{\min}'bh(=0.002\times400\times600=480\ \mathrm{mm}^2)$。

现选择 A_s 为 4⌀14，$A_s=616\ \mathrm{mm}^2$；A_s' 为 4⌀18，$A_s'=1018\ \mathrm{mm}^2$。查附表 8 得钢筋最小保护层厚度为 20mm，取 $a_s=a_s'$=40 mm 满足规范要求。设计的纵向钢筋沿截面短边 b 方向布置一排（图 7-21），所需截面最小宽度 $b_{\min}=2\times40+3\times30+3\times20.5=231.5\ \mathrm{mm}<b=400\ \mathrm{mm}$，图 7-21 中箍筋采用 φ8，间距按照普通箍筋柱构造要求选用。

2）截面复核

（1）垂直于弯矩作用平面内的截面复核。

构件在垂直于弯矩作用方向上的长细比 $l_0/b=4500/400=11.25$。查附表 10 得到稳定系数 $\varphi=0.969$。由式（7-6）计算得到在垂直于弯矩作用平面的正截面承载力

$$N_u = 0.9\varphi(f_{cd}A + f'_{sd}A'_s)$$
$$= 0.9 \times 0.969 \times [13.8 \times 400 \times 600 + 330 \times (616 + 1\,018)]$$
$$= 3\,358.64\ \text{kN} > N = 3\,000\ \text{kN}$$

故偏心受压构件在垂直于弯矩作用平面内的承载力 N_u 满足设计规范要求。

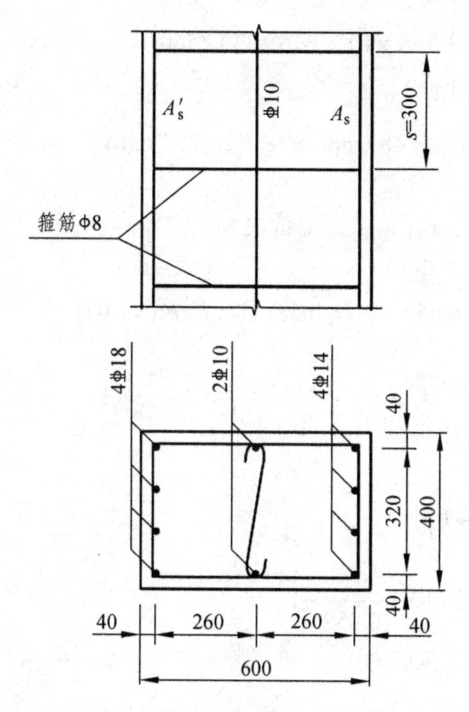

图 7-21　例 7-6 截面配筋图（尺寸单位：mm）

（2）在弯矩作用平面内的截面复核。

由图 7-21 可得 $a_s = a'_s$=40 mm，$A_s = 616\ \text{mm}^2$，$A'_s = 1\,018\ \text{mm}^2$，$h_0 = 600 - 40 = 560\ \text{mm}$。

由式（7-20）计算得到 $\eta = 1.176$，$\eta e_0 = 79\ \text{mm}$，则

$$e_s = \eta e_0 + h/2 - a_s = 1.175 \times 67 + 600/2 - 40 = 339\ \text{mm}$$

$$e'_s = \eta e_0 - \frac{h}{2} + a'_s = 1.175 \times 67 - 600/2 + 40 = -181\ \text{mm}$$

假定为大偏心受压构件，由式（7-25）可求得受压区高度 $x = 531\ \text{mm} > \xi_b h_0 (= 297\ \text{mm})$，故截面应为小偏心受压。

$$e'_s = \frac{h}{2} - \eta e_0 - a'_s = 600/2 - 1.175 \times 67 - 40 = 181\ \text{mm}$$

按小偏心受压，由式（7-46a）重新计算截面受压区高度 x 为

$$Ax^3 + Bx^2 + Cx + D = 0$$

其中　$A = 0.5 f_{cd} b = 0.5 \times 13.8 \times 400 = 2\,760$

$$B = -f_{cd} b (e_s - h_0) = -13.8 \times 400 \times (339 - 560)$$
$$= -1\,219\,920$$

$$C=\varepsilon_{cu}E_sA_se_s-f'_{sd}A'_se'_s$$
$$=0.003\ 3\times2\times10^5\times616\times339-330\times1\ 018\times181$$
$$=77.018\ 7\times10^6$$

$$D=-\beta\varepsilon_{cu}E_sA_se_sh_0$$
$$=-0.8\times0.003\ 3\times2\times10^5\times616\times339\times560$$
$$=-6.174\ 5\times10^{10}$$

由牛顿迭代法，解得 $x=481\text{ mm}>\xi_bh_0(=297\text{ mm})$。而由式（7-46b）解得近似解 $x=478\text{ mm}$。

现取截面受压区高度 $x=481\text{ mm}$，则可得到

$$\xi=\frac{x}{h_0}=\frac{481}{560}=0.859>\xi_b(=0.53)\text{ 且 }<h/h_0(=1.07)$$

故本例为小偏心受压构件。

由式（7-33）求钢筋 A_s 中的应力 σ_s 为

$$\sigma_s=\varepsilon_{cu}E_s\left(\frac{\beta}{\xi}-1\right)$$
$$=0.003\ 3\times2\times10^5\left(\frac{0.8}{0.859}-1\right)$$
$$=-45\text{ MPa（压应力）}$$

由式（7-29）可求得截面承载力为

$$N_{u1}=f_{cd}bx+f'_{sd}A'_s-\sigma_sA_s$$
$$=13.8\times400\times481+330\times1\ 018-(-45)\times616$$
$$=3\ 018.78\text{ kN}>N(=3\ 000\text{ kN})$$

故受压构件承载力满足要求。

7.6 对称配筋矩形截面偏心受压构件正截面承载力计算

在实际工程中，偏心受压构件在不同荷载作用下，可能会产生方向相反的两个弯矩，当两者数值相差不大时，或即使相差很大，但按对称配筋设计求得的纵筋总量比按非对称设计所得纵筋的总量增加不多时，为使构造简单及便于施工，宜采用对称配筋。装配式偏心受压构件，为了保证安装时不会出错，一般也宜采用对称配筋。

对称配筋是指截面的两侧用相同等级和数量的钢筋，即 $A_s=A'_s$，$f_{sd}=f'_{sd}$，$a_s=a'_s$。

对于矩形截面对称配筋的偏心受压构件，仍依据前述基本公式（7-22）~（7-36）进行计算，也分为截面设计和截面复核两种情况。

7.6.1　截面设计

1. 大、小偏心受压构件判别

先假定为大偏心受压，由于是对称配筋，$A_s = A_s'$，$f_{sd} = f_{sd}'$，相当于补充了一个设计条件。现令轴向力计算值 $N = \gamma_0 N_d$，则由式 $\gamma_0 N_d = f_{cd}bx + f_{sd}'A_s' - f_{sd}A_s$ 可得到 $N = f_{cd}bx$，以 $x = \xi h_0$ 代入整理后可得到

$$\xi = \frac{N}{f_{cd}bh_0} \tag{7-47}$$

当按式（7-47）计算的 $\xi \leqslant \xi_b$ 时，按大偏心受压构件进行截面设计；当 $\xi > \xi_b$ 时，按小偏心受压构件进行截面设计。

2. 大偏心受压构件（$\xi \leqslant \xi_b$）的截面设计

当 $2a_s' \leqslant x \leqslant \xi_b h_0$ 时，直接利用式 $\gamma_0 N_d e_s = f_{cd}bx\left(h_0 - \dfrac{x}{2}\right) + f_{sd}'A_s'(h_0 - a_s')$ 可得到

$$A_s = A_s' = \frac{Ne_s - f_{cd}bh_0^2\xi(1-0.5\xi)}{f_{sd}'(h_0 - a_s')}$$

式中，$e_s = \eta e_0 + \dfrac{h}{2} - a_s$。当 $x < 2a_s'$ 时，按照式 $\gamma_0 N_d e_s' = f_{sd}A_s(h_0 - a_s')$ 计算钢筋数量。

3. 小偏心受压构件（$\xi > \xi_b$）的截面设计

对称配筋的小偏心受压构件，由于 $A_s = A_s'$，即使在全截面受压情况下，也不会出现远离偏心压力作用点一侧混凝土先破坏的情况。

首先，计算截面受压区高度 x。《公路桥规》建议矩形截面对称配筋的小偏心受压构件截面相对受压区高度 ξ 按下式计算：

$$\xi = \frac{N - f_{cd}bh_0\xi_b}{\dfrac{Ne_s - 0.43f_{cd}bh_0^2}{(\beta-\xi_b)(h_0 - a_s')} + f_{cd}bh_0} + \xi_b \tag{7-48}$$

式中，β 为截面受压区矩形应力图高度与实际受压区高度的比值，取值详见表 4-1。其次，由式 $\gamma_0 N_d e_s = f_{cd}bx\left(h_0 - \dfrac{x}{2}\right) + f_{sd}'A_s'(h_0 - a_s')$ 可求得所需的钢筋面积，即

$$A_s = A_s' = \frac{Ne_s - f_{cd}bh_0^2\xi(1-0.5\xi)}{f_{sd}'(h_0 - a_s')}$$

式中　　$e_s = \eta e_0 + \dfrac{h}{2} - a_s$

7.6.2 截面复核

截面复核仍是对偏心受压构件垂直于弯矩作用平面内和弯矩作用平面内都进行承载力计算复核，计算方法与截面非对称配筋方法相同。

【例 7-7】钢筋混凝土偏心受压构件，截面尺寸为 $b\times h=400\ \text{mm}\times 500\ \text{mm}$，构件在弯矩作用方向和垂直于弯矩作用方向上的计算长度均为 4 m。Ⅰ类环境条件，设计使用年限 50 年。轴向力计算值 $N=600\ \text{kN}$，弯矩计算值 $M=360\ \text{kN}\cdot\text{m}$。采用 C30 级混凝土，HRB400 级纵向钢筋，试求对称配筋时所需钢筋数量并复核截面。

解：根据已给材料分别由附表 1 和附表 3 查得 $f_{\text{cd}}=13.8\ \text{MPa}$，$f_{\text{sd}}=f'_{\text{sd}}=330\ \text{MPa}$，由表 4-2 查得 $\xi_{\text{b}}=0.53$。

1）截面设计

由 $N=600\ \text{kN}$，$M=360\ \text{kN}\cdot\text{m}$，可得到偏心距为

$$e_0=\frac{M}{N}=\frac{360\times10^6}{600\times10^3}=600\ \text{mm}$$

在弯矩作用方向，构件长细比 $l_0/h=4000/500=8>5$。设 $a_{\text{s}}=a'_{\text{s}}=50\ \text{mm}$，$h_0=h-a_{\text{s}}=450\ \text{mm}$，由式（7-20）可计算得到 $\eta=1.034$，$\eta e_0=1.034\times600=620\ \text{mm}$。

（1）判别大、小偏心受压。

由式（7-51）可得截面相对受压区高度 ξ 为

$$\xi=\frac{N}{f_{\text{cd}}bh_0}=\frac{600\times10^3}{13.8\times400\times450}=0.242<\xi_{\text{b}}(=0.53)$$

故可按大偏心受压构件设计。

（2）求纵向钢筋面积。

由 $\xi=0.242$，$h_0=450\text{mm}$，得到受压区高度

$$x=\xi h_0=0.242\times450=109\ \text{mm}>2a'_{\text{s}}=100\ \text{mm}$$

而
$$e_{\text{s}}=\eta e_0+\frac{h}{2}-a_{\text{s}}=620+\frac{500}{2}-50=820\ \text{mm}$$

由式（7-23）可得到所需纵向钢筋面积为

$$\begin{aligned}A_{\text{s}}=A'_{\text{s}}&=\frac{Ne_{\text{s}}-f_{\text{cd}}bh_0^2\xi(1-0.5\xi)}{f_{\text{sd}}(h_0-a'_{\text{s}})}\\&=\frac{600\times10^3\times820-13.8\times400\times450^2\times0.242\times(1-0.5\times0.242)}{330\times(450-50)}\\&=1\,926\ \text{mm}^2\end{aligned}$$

选每侧钢筋为 4⌀25，即 $A_{\text{s}}=A'_{\text{s}}=1\,964\ \text{mm}^2>0.002bh=0.002\times400\times500=400\ \text{mm}^2$，$a_{\text{s}}$ 和 a'_{s} 取为 45mm，则混凝土实际保护层厚度为 $c=45-8-28.4/2=22.8\ \text{mm}$，满足附表 8 中规定钢筋最小保护层厚度 20 mm 的要求。每侧布置钢筋所需最小宽度 $b_{\min}=2\times45+3\times50+3\times28.4=325.2\ \text{mm}<b=400\text{mm}$。箍筋按构造要求布置，截面布置如图 7-22。

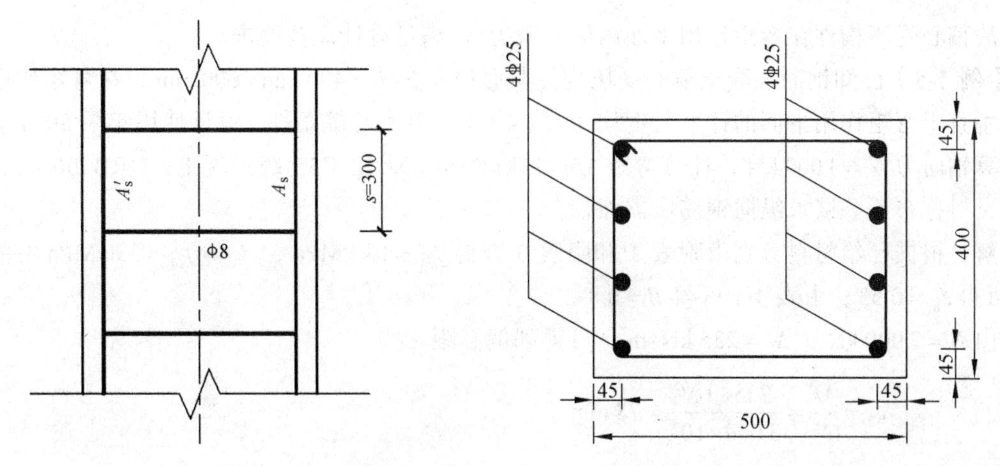

图 7-22　例题 7-7 截面配筋图（尺寸单位：mm）

2）截面复核

（1）在垂直于弯矩作用平面内的截面复核。

长细比 $l_0/b = 4\,000/400 = 10$，由附表 10 查得 $\varphi = 0.98$，则由式（7-6）可求得

$$\begin{aligned}N_u &= 0.9\varphi(f_{cd}A + f'_{sd}A'_s)\\ &= 0.9\times0.98(13.8\times400\times500 + 330\times1\,964\times2)\\ &= 3\,577.60\ \text{kN} > N(=400\ \text{kN})\end{aligned}$$

故偏心受压构件在垂直于弯矩作用平面内的承载力 N_u 满足设计规范要求。

（2）在弯矩作用平面内的截面复核。

由图 7-22 可得到 $a_s = a'_s = 45\ \text{mm}$，$A_s = A'_s = 1\,964\ \text{mm}^2$，$h_0 = 455\text{mm}$。由式（7-20）求得 $\eta = 1.034$，则 $\eta e_0 = 620\ \text{mm}$。

$$e_s = \eta e_0 + \frac{h}{2} - a_s = 620 + \frac{500}{2} - 45 = 825\ \text{mm}$$

$$e'_s = \eta e_0 - \frac{h}{2} + a'_s = 620 - \frac{500}{2} + 45 = 415\ \text{mm}$$

假定为大偏心受压，由式（7-25）可解得混凝土受压区高度 x 为

$$\begin{aligned}x &= (h_0 - e_s) + \sqrt{(h_0 - e_s)^2 + \frac{2f_{sd}A_s(e_s - e'_s)}{f_{cd}b}}\\ &= (455-825) + \sqrt{(455-825)^2 + \frac{2\times330\times1\,964(825-415)}{13.8\times400}}\\ &= 113\ \text{mm} < \xi_b h_0(=0.53\times455 = 241\ \text{mm})\text{且} > 2a'_s(=2\times45 = 90\ \text{mm})\end{aligned}$$

故确为大偏心受压构件。

由式（7-22）可得截面承载力为

$$N_u = f_{cd}bx = 13.8\times400\times113 = 623.76\times10^3\ \text{N} = 623.76\ \text{kN} > N(=400\text{kN})$$

故偏心受压构件在弯矩作用平面内的承载力 N_u 满足设计规范要求。

【例 7-8】已知钢筋混凝土偏心受压构件截面尺寸 $b \times h = 400\ \text{mm} \times 600\ \text{mm}$，在弯矩作用平面及垂直于弯矩作用平面的计算长度均为 $l_0 = 4.5\ \text{m}$，Ⅱ类环境条件，设计使用年限 50 年。承受计算轴向力 $N = 3\,000\ \text{kN}$，计算弯矩 $M = 235\ \text{kN}\cdot\text{m}$。采用 C35 级混凝土，HRB400 级纵向钢筋，对称布筋。试求纵向钢筋所需面积。

解：根据已给材料分别由附表 1 和附表 3 查得 $f_{cd} = 16.1\ \text{MPa}$，$f_{sd} = f'_{sd} = 330\ \text{MPa}$，由表 4-2 可得 $\xi_b = 0.53$，由表 4-1 可得 $\beta = 0.8$。

由 $N = 3\,000\ \text{kN}$，$M = 235\ \text{kN}\cdot\text{m}$，可得到偏心距 e_0 为

$$e_0 = \frac{M}{N} = \frac{235 \times 10^6}{3\,000 \times 10^3} = 78\ \text{mm}$$

构件在弯矩作用方向的长细比 $l_0 / h = 4500/600 = 7.5 > 5$。设 $a_s = a'_s = 55\ \text{mm}$，$h_0 = h - a_s = 545\ \text{mm}$。由式（7-20）计算得到偏心距增大系数 $\eta = 1.165$，则 $\eta e_0 = 91\ \text{mm}$。

（1）判别大、小偏心受压。

由式（7-47）可得到

$$\xi = \frac{N}{f_{cd} b h_0} = \frac{3\,000 \times 10^3}{16.1 \times 400 \times 545} = 0.855 > \xi_b (= 0.53)$$

故应按照小偏心受压构件设计。

（2）求纵向钢筋面积。

$$e_s = \eta e_0 + h/2 - a_s = 91 + 600/2 - 55 = 336\ \text{mm}$$

按式（7-48）计算 ξ 值为

$$\begin{aligned}
\xi &= \frac{N - f_{cd} b h_0 \xi_b}{\dfrac{N e_s - 0.43 f_{cd} b h_0^2}{(\beta - \xi_b)(h_0 - a'_s)} + f_{cd} b h_0} + \xi_b \\
&= \frac{3\,000 \times 10^3 - 16.1 \times 400 \times 545 \times 0.53}{\dfrac{3\,000 \times 10^3 \times 336 - 0.43 \times 16.1 \times 400 \times 545^2}{(0.8 - 0.53)(545 - 55)} + 16.1 \times 400 \times 545} + 0.53 \\
&= 0.762 > \xi_b (= 0.53)
\end{aligned}$$

将 $\xi = 0.762$ 代入式（7-23）可得到

$$\begin{aligned}
A_s = A'_s &= \frac{N e_s - f_{cd} b h_0^2 \xi (1 - 0.5\xi)}{f'_{sd}(h_0 - a'_s)} \\
&= \frac{3\,000 \times 10^3 \times 336 - 16.1 \times 400 \times 545^2 \times 0.762(1 - 0.5 \times 0.762)}{330 \times (545 - 55)} \\
&= 654\ \text{mm}^2
\end{aligned}$$

截面每侧设置 3Φ18，$A_s = A'_s = 763\ \text{mm}^2 > 0.002bh (= 480\text{mm}^2)$，查附表 8 得钢筋最小保护层厚度为 25 mm，取 $a_s = a'_s = 45\ \text{mm}$ 满足规范要求。截面所需最小宽度 $b_{min} = 2 \times 45 + 2 \times 50 + 2 \times 20.5 = 231\ \text{mm} < b (= 400\text{mm})$。截面布置如图 7-23 所示。

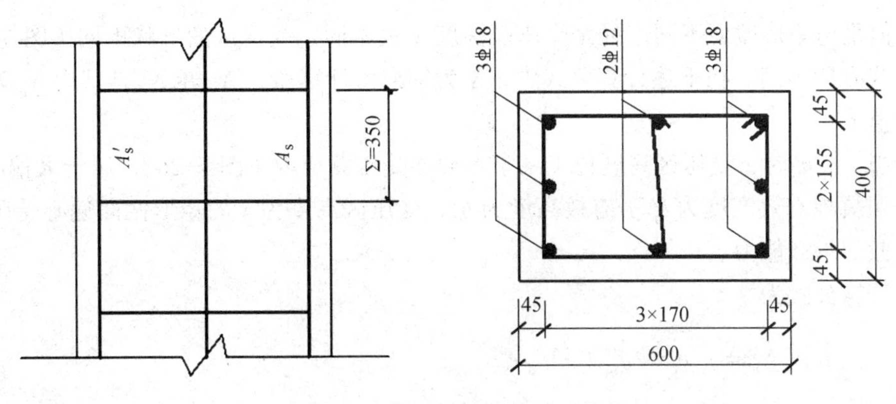

图 7-23　例题 7-8 截面配筋图（尺寸单位：mm）

7.7　工字形和 T 形截面偏心受压构件正截面承载力计算

为了节省混凝土和减轻自重，对于截面尺寸较大的偏心受压构件，例如，大跨径钢筋混凝土拱桥的拱肋、刚架桥的立柱等，一般采用工字形、箱形和 T 形截面。

对于工字形、箱形和 T 形截面偏心受压构件的要求，与矩形偏心受压构件相同。在箍筋的布置上，应注意不允许采用有内折角的箍筋[图 7-24（a）]，因为有内折角的箍筋受力后有拉直的趋势，其合力使内折角处混凝土崩裂。应采用[图 7-24（b）]所示的叠套箍筋形式并要求在箍筋转角处设置纵向箍筋，以形成骨架。

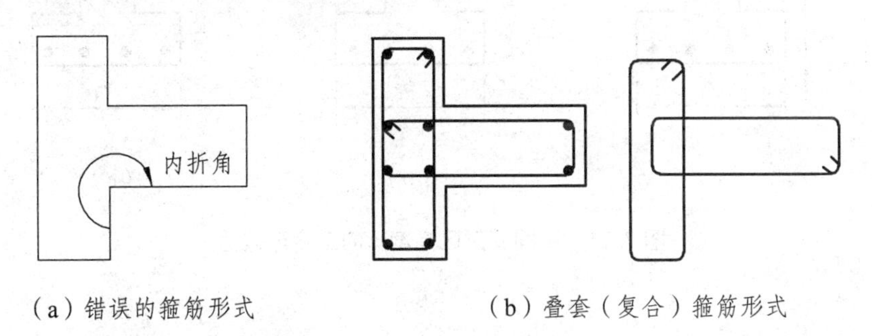

（a）错误的箍筋形式　　　　（b）叠套（复合）箍筋形式

图 7-24　T 形截面偏压构件箍筋形式

试验研究和技术分析表明，工字形、箱形和 T 形截面偏心受压构件的破坏形式、计算方法及原则都与矩形截面偏心受压构件相同，也分为大偏心受压和小偏心受压两类偏心受压构件，仅截面的几何特征值不同。

工字形截面除去其受拉翼板，即成为具有受压翼板的 T 形截面，而箱形截面也很容易化为等效工字形截面来计算，可以说工字形截面偏心受压构件具有 T 形截面和箱形截面偏心受压构件的共性，故本节以工字形截面偏心受压构件来介绍这一类截面形式的偏压构件计算原理。

7.7.1　正截面承载力计算公式

工字形截面偏心受压构件，也有大偏心受压和小偏心受压两种情况，取决于截面受压区

高度 x。但是与矩形截面不同之处是受压区高度 x 的不同，受压区的形状不同（图 7-25）因而计算公式有所不同。在下述计算公式中，N 为轴向力计算值，$N=\gamma_0 N_d$，其中 N_d 为轴向力组合设计值。

（1）当 $x \leqslant h_f'$ 时，受压区高度位于工字形截面受压翼板内（图 7-26），属于大偏心受压。这时可按照翼板有效宽度为 b_f'、有效高度为 h_0、受压区高度为 x 的矩形截面偏心受压构件来计算其正截面承载能力。

基本计算公式为

$$N \leqslant N_u = f_{cd} b_f' x + f_{sd}' A_s' - f_{sd} A_s \tag{7-49}$$

$$N e_s \leqslant N_u e_s = f_{cd} b_f' x\left(h_0 - \frac{x}{2}\right) + f_{sd}' A_s'(h_0 - a_s') \tag{7-50}$$

$$f_{cd} b_f' x\left(e_s - h_0 + \frac{x}{2}\right) = f_{sd} A_s e_s - f_{sd}' A_s' e_s' \tag{7-51}$$

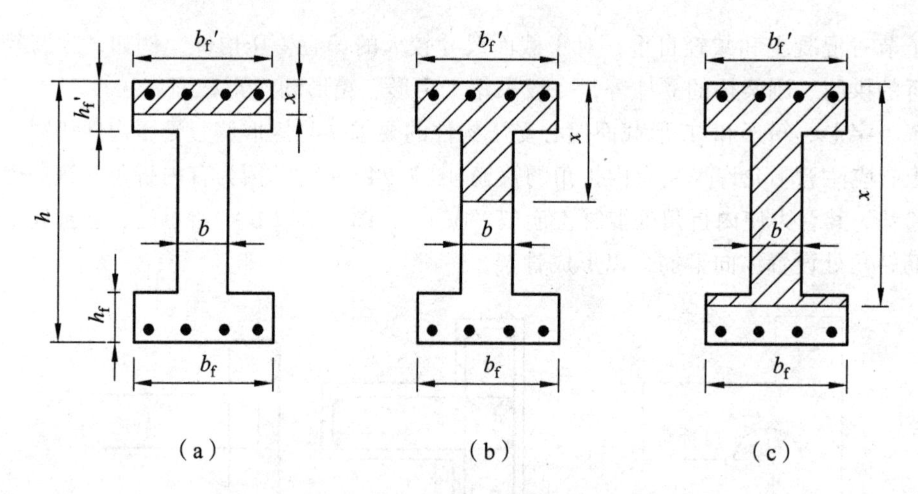

图 7-25　不同受压区高度 x 的工字形截面

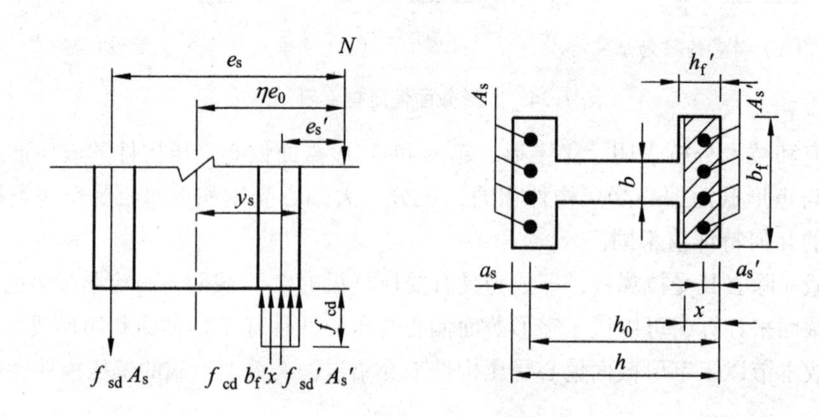

图 7-26　$x \leqslant h_f'$ 时截面计算简图

式中，$e_s = \eta e_0 + h_0 - y_s$，$e_s' = \eta e_0 - y_s + a_s'$，$y_s$ 为截面形心轴至偏心压力作用一侧截面边缘的距离。

公式的适用条件是：$x \leqslant \xi_b h_0$ 及 $2a_s' \leqslant x \leqslant h_f'$，$h_f'$ 为截面受压翼板厚度。

当 $x < 2a_s'$ 时，应按式 $\gamma_0 N_d e_s' \leqslant N_u e_s' = f_{sd} A_s (h_0 - a_s')$ 进行计算。

（2）当 $h_f' < x \leqslant (h - h_f)$ 时，受压区高度 x 位于肋板内（图 7-27）。基本计算公式为

$$N \leqslant N_u = f_{cd}[bx + (b_f' - b)h_f'] + f_{sd}' A_s' - \sigma_s A_s \tag{7-52}$$

$$Ne_s \leqslant N_u e_s = f_{cd}\left[bx\left(h_0 - \frac{x}{2}\right) + (b_f' - b)h_f'\left(h_0 - \frac{h_f'}{2}\right)\right] + f_{sd}' A_s'(h_0 - a_s') \tag{7-53}$$

$$f_{cd} bx\left(e_s - h_0 + \frac{x}{2}\right) + f_{cd}(b_f' - b)h_f'\left(e_s - h_0 + \frac{h_f'}{2}\right) = \sigma_s A_s e_s + f_{sd}' A_s' e_s' \tag{7-54}$$

式中各符号意义与前相同。

对于式（7-52）和式（7-54）中钢筋 A_s 的应力 σ_s 取值规定为：当 $x \leqslant \xi_b h_0$ 时，取 $\sigma_s = f_{sd}$；当 $x > \xi_b h_0$ 时，取 $\sigma_s = \varepsilon_{cu} E_s \left(\dfrac{\beta}{\xi} - 1\right)$。

（3）当 $(h - h_f) < x \leqslant h$ 时，受压区高度 x 进入工字形截面受拉或受压较小的翼板内（图 7-28）。这时，显然为小偏心受压，基本计算公式为

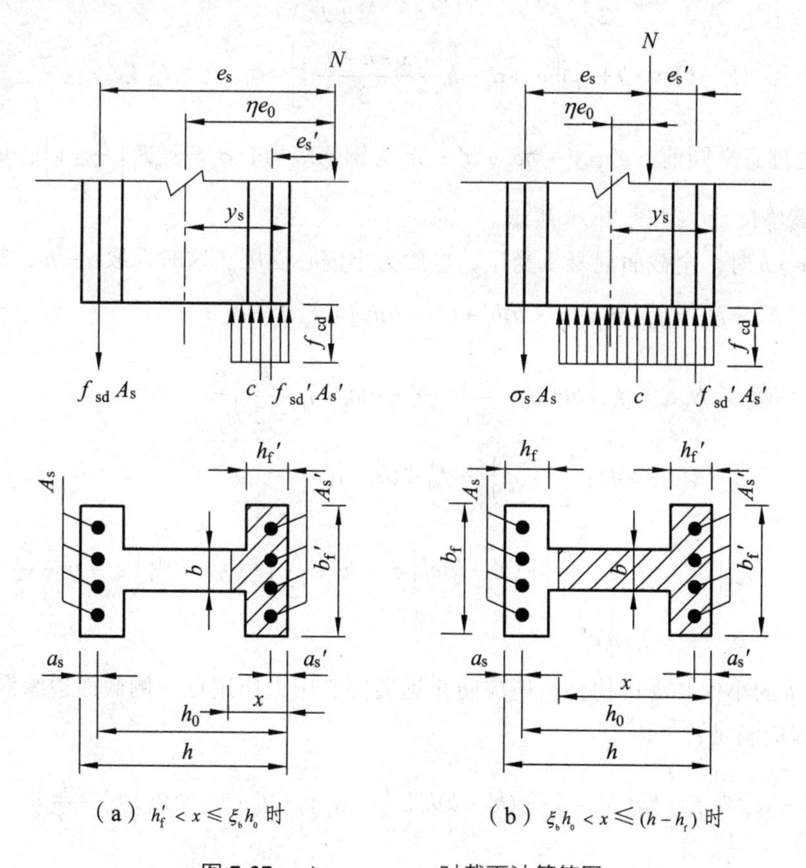

（a）$h_f' < x \leqslant \xi_b h_0$ 时　　（b）$\xi_b h_0 < x \leqslant (h - h_f)$ 时

图 7-27　$h_f' < x \leqslant (h - h_f)$ 时截面计算简图

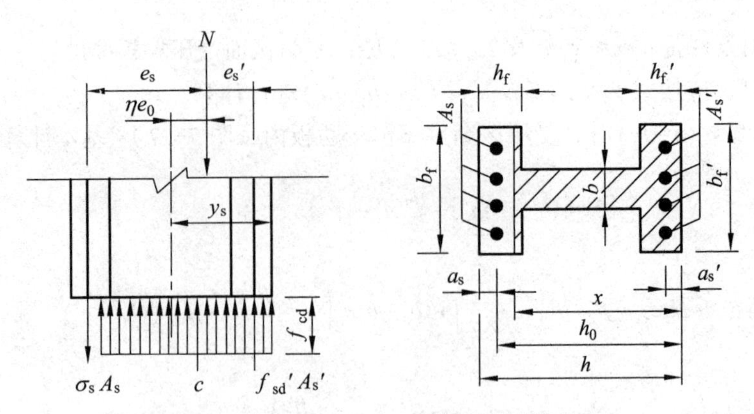

图 7-28　$(h-h_f)<x\leqslant h$ 时截面的计算简图

$$N\leqslant N_u=f_{cd}[bx+(b_f'-b)h_f'+(b_f-b)(x-h+h_f)]+f_{sd}'A_s'-\sigma_s A_s \tag{7-55}$$

$$Ne_s\leqslant N_u e_s=f_{cd}\left[bx\left(h_0-\frac{x}{2}\right)+(b_f'-b)h_f'\left(h_0-\frac{h_f'}{2}\right)+\right.$$
$$\left.(b_f-b)(x-h+h_f)\left(h_f-a_s-\frac{x-h+h_f}{2}\right)\right]+f_s'A_s'(h_0-a_s') \tag{7-56}$$

$$f_{cd}\left[bx\left(e_s-h_0+\frac{x}{2}\right)+(b_f'-b)h_f'\left(e_s-h_0+\frac{h_f'}{2}\right)+\right.$$
$$\left.(b_f-b)(x-h+h_f)\left(e_s+a_s-h_f+\frac{x-h+h_f}{2}\right)\right]=\sigma_s A_s e_s+f_{sd}'A_s'e_s' \tag{7-57}$$

式中，e_s 的物理意义同前，$e_s'=y_s-\eta e_0-a_s'$；σ_s 为钢筋应力，$\sigma_s=\varepsilon_{cu}E_s\left(\dfrac{\beta}{\xi}-1\right)$；$h_f$、$h_f'$、$b_f$ 和 b_f' 为截面的翼缘尺寸，如图 7-28 所示。

（4）当 $x>h$ 时，全截面混凝土受压，显然为小偏心受压。这时，取 $x=h$，基本公式为

$$N\leqslant N_u=f_{cd}[bh+(b_f'-b)h_f'+(b_f-b)h_f]+f_{sd}'A_s'+\sigma_s A_s \tag{7-58}$$

$$Ne_s\leqslant N_u e_s=f_{cd}\left[bh\left(h_0-\frac{h}{2}\right)+(b_f'-b)h_f'\left(h_0-\frac{h_f'}{2}\right)+\right.$$
$$\left.(b_f-b)h_f\left(\frac{h_f}{2}-a_s\right)\right]+f_{sd}'A_s'(h_0-a_s') \tag{7-59}$$

$$f_{cd}\left[bh\left(e_s-h_0+\frac{h}{2}\right)+(b_f'-b)h_f'\left(e_s-h_0+\frac{h_f'}{2}\right)+(b_f-b)h_f\left(e_s+a_s-\frac{h_f}{2}\right)\right]$$
$$=-\sigma_s A_s e_s+f_{sd}'A_s'e_s' \tag{7-60}$$

对于 $x>h$ 的小偏心受压构件，还应防止远离偏心压力作用点一侧截面边缘混凝土先压坏的可能性，即应满足；

$$Ne_s'\leqslant f_{cd}\left[bh\left(h_0'-\frac{h}{2}\right)+(b_f'-b)h_f'\left(\frac{h_f'}{2}-a_s'\right)\right]+f_{cd}(b_f-b)h_f\left(h_0'-\frac{h_f}{2}\right)+$$
$$f_{sd}'A_s(h_0'-a_s) \tag{7-61}$$

式中　$e_s'=y_s-\eta e_0-a_s'$，$h_0'=h-a_s'$

式（7-49）~（7-61）给出了工字形偏心受压构件正截面承载力计算公式。当 $h_{\mathrm{f}}=0$，$b_{\mathrm{f}}=b$ 时，即为 T 形截面承载力计算公式；当 $h_{\mathrm{f}}'=h_{\mathrm{f}}=0$，$b_{\mathrm{f}}'=b_{\mathrm{f}}=b$ 时，即为矩形截面承载力计算公式。

7.7.2　正截面承载力计算方法

工字形、箱形和 T 形截面的偏心受压构件中，T 形截面一般采用非对称配筋形式；工字形和箱形截面可采用非对称配筋形式，也可采用对称配筋形式。在实际工程中，工字形截面偏心受压构件一般采用对称配筋，因此，以下仅介绍对称配筋的工字形截面的计算方法。

对称配筋截面指的是截面对称且钢筋配置对称，对于对称配筋的工字形和箱形截面，就是 $b_{\mathrm{f}}'=b_{\mathrm{f}}$，$h_{\mathrm{f}}'=h_{\mathrm{f}}$，$A_{\mathrm{s}}'=A_{\mathrm{s}}$，$f_{\mathrm{sd}}'=f_{\mathrm{sd}}$，$a_{\mathrm{s}}'=a_{\mathrm{s}}$。

1．截面设计

对于对称配筋截面，可由式（7-52）并且取 $\sigma_{\mathrm{s}}=f_{\mathrm{sd}}$，可得到

$$\xi=\frac{N-f_{\mathrm{cd}}(b_{\mathrm{f}}'-b)h_{\mathrm{f}}'}{f_{\mathrm{cd}}bh_0} \tag{7-62}$$

当 $\xi \leqslant \xi_{\mathrm{b}}$ 时，按大偏心受压计算；当 $\xi>\xi_{\mathrm{b}}$ 时，按小偏心受压计算。

（1）当 $\xi \leqslant \xi_{\mathrm{b}}$ 时。

若 $h_f'<x\leqslant \xi_{\mathrm{b}}h_0$，中和轴位于肋板中，则可将 x 代入式（7-53），求得钢筋截面面积为

$$A_{\mathrm{s}}=A_{\mathrm{s}}'=\frac{Ne_{\mathrm{s}}-f_{\mathrm{cd}}\left[bx\left(h_0-\dfrac{x}{2}\right)+(b_f'-b)h_{\mathrm{f}}'\left(h_0-\dfrac{h_{\mathrm{f}}'}{2}\right)\right]}{f_{\mathrm{sd}}'(h_0-a_{\mathrm{s}}')} \tag{7-63}$$

式中，$e_{\mathrm{s}}=\eta e_0+h/2-a_{\mathrm{s}}$。

若 $2a_s'\leqslant x\leqslant h_f'$，中和轴位于受压翼板内，应该重新计算受压区高度：

$$x=\frac{N}{f_{\mathrm{cd}}b_{\mathrm{f}}'} \tag{7-64}$$

则所需钢筋截面为

$$A_{\mathrm{s}}=A_{\mathrm{s}}'=\frac{Ne_{\mathrm{s}}-f_{\mathrm{cd}}b_{\mathrm{f}}'x(h_0-0.5x)}{f_{\mathrm{sd}}'(h_0-a_{\mathrm{s}}')} \tag{7-65}$$

当 $x<2a_{\mathrm{s}}'$ 时，则可按矩形截面方法计算，即用式（7-28），即用 $Ne_{\mathrm{s}}'=f_{\mathrm{sd}}A_{\mathrm{s}}(h_0-a_{\mathrm{s}}')$ 来计算所需钢筋 $A_{\mathrm{s}}=A_{\mathrm{s}}'$。

（2）当 $\xi>\xi_{\mathrm{b}}$ 时。

这时必须重新计算受压区高度 x，然后代入相应公式求得 $A_{\mathrm{s}}=A_{\mathrm{s}}'$。

计算受压区高度 x 时，采用 $\sigma_{\mathrm{s}}=\varepsilon_{\mathrm{cu}}E_{\mathrm{s}}\left(\dfrac{\beta}{\xi}-1\right)$ 与相应的基本公式联立求解。例如，当 $h_{\mathrm{f}}'<x\leqslant(h-h_{\mathrm{f}})$ 时，应与式（7-52）和式（7-53）联立求解；当 $(h-h_{\mathrm{f}})<x\leqslant h$ 时，应与式（7-55）和式（7-56）联立求解，将导致关于 x 的一元三次方程的求解。

在设计时，也可以近似采用下式求截面受压区相对高度ξ：

① 当$\xi_b h_0 < x \leqslant (h-h_f)$时。

$$\xi = \frac{N - f_{cd}[(b_f'-b)h_f' + b\xi_b h_0]}{\dfrac{Ne_s - f_{cd}\left[(b_f'-b)h_f'\left(h_0 - \dfrac{h_f'}{2}\right) + 0.43bh_0^2\right]}{(\beta-\xi_b)(h_0-a_s')} + f_{cd}bh_0} + \xi_b \tag{7-66}$$

② 当$(h-h_f) < x \leqslant h$时。

$$\xi = \frac{N + f_{cd}[(b_f-b)(h-2h_f) - b_f\xi_b h_0]}{\dfrac{Ne_s + f_{cd}[0.5(b_f-b)(h-2h_f)(h_0-a_s') - 0.43b_f h_0^2]}{(\beta-\xi_b)(h_0-a_s')} + f_{cd}b_f h_0} + \xi_b \tag{7-67}$$

③ 当$x > h$时，取$x = h$。

2. 截面复核

截面复核方法与矩形截面对称配筋截面复核方法相似，唯计算公式不同。

【例 7-9】已知工字形截面的钢筋混凝土偏心受压构件，截面尺寸如图 7-29（a）。构件的计算长度$l_{ox} = l_{oy} = 11.5\ \text{m}$。计算轴向力$N = 1700\ \text{kN}$，计算弯矩$M = 700\ \text{kN·m}$。I 类环境条件，设计使用年限 50 年，安全等级为二级。采用 C35 级混凝土和 HRB400 级钢筋，按对称配筋进行截面设计。

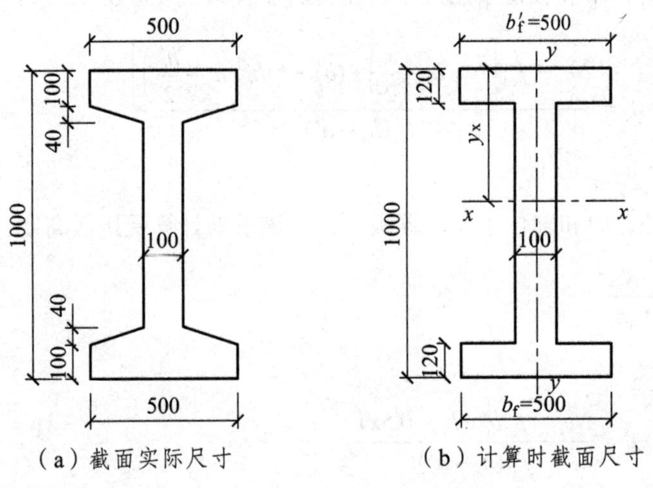

（a）截面实际尺寸　　（b）计算时截面尺寸

图 7-29　例题 7-9 截面尺寸图（尺寸单位：mm）

解：根据已给材料分别由附表 1 和附表 3 查得$f_{cd} = 16.1\ \text{MPa}$；$f_{sd} = 330\ \text{MPa}$，由表 4-2 查得$\xi_b = 0.53$，由表 4-1 查得$\beta = 0.8$，$\gamma_0 = 1.0$。图 7-29（b）为计算截面，$b_f = b_f' = 500\ \text{mm}$，$h_f = h_f' = 120\ \text{mm}$，$b = 100\ \text{mm}$，$h = 1000\ \text{mm}$。

1）截面设计

由已知$N = 1\,700\ \text{kN}$，$M = 700\ \text{kN·m}$，得到偏心距e_0为

$$e_0 = \frac{M}{N} = \frac{700\times10^6}{1\,700\times10^3} = 412\ \text{mm}$$

设 $a_s = a_s' = 50\text{ mm}$，则 $h_0 = h - a_s = 1\,000 - 50 = 950\text{ mm}$，长细比 $l_{ox}/h = 11\,500/1\,000 = 11.5$，则可得到

$$\zeta_1 = 0.2 + 2.7 \times \frac{412}{950} = 1.37 > 1\text{，取 }\zeta_1 = 1$$

$$\zeta_2 = 1.15 - 0.01 \times \frac{11\,500}{1\,000} = 1.035 > 1\text{，取 }\zeta_2 = 1$$

$$\begin{aligned}\eta &= 1 + \frac{1}{1\,300(e_0/h_0)}\left(\frac{l_0}{h}\right)^2 \zeta_1\zeta_2 \\ &= 1 + \frac{1}{1\,300(412/950)}\left(\frac{11\,500}{1\,000}\right)^2 \times 1 \times 1 \\ &= 1.218\end{aligned}$$

$$\eta e_0 = 1.218 \times 412 = 502\text{ mm}$$

（1）大、小偏心受压的初步判定。

假设为大偏心受压，且中和轴在肋板内，则由式（7-62）可得到

$$\begin{aligned}\xi &= \frac{N - f_{cd}(b_f' - b)h_f'}{f_{cd}bh_0} \\ &= \frac{1\,700 \times 10^3 - 16.1(500 - 100) \times 120}{16.1 \times 100 \times 950} \\ &= 0.606 > \xi_b = 0.53\end{aligned}$$

故按小偏心受压构件设计。这时，$e_s = \eta e_0 + h/2 - a_s = 502 + 500 - 50 = 952\text{ mm}$。

（2）求纵向钢筋面积。

设中和轴位于工字形截面肋板内，即为 $\xi_b h_0 < x \leqslant (h - h_f)$ 情况。按近似公式（7-66）来计算小偏心受压的相对受压区高度 ξ 为

$$\xi = \frac{N - f_{cd}\left[(b_f' - b)h_f' + b\xi_b h_0\right]}{\dfrac{Ne_s - f_{cd}\left[(b_f' - b)h_f'(h_0 - \dfrac{h_f'}{2}) + 0.43bh_0^2\right]}{(\beta - \xi_b)(h_0 - a_s')} + f_{cd}bh_0} + \xi_b$$

$$= \frac{1\,700 \times 10^3 - 16.1\left[(500 - 100) \times 120 + 100 \times 0.53 \times 950\right]}{\dfrac{1\,700 \times 10^3 \times 952 - 16.1\left[(500 - 100) \times 120 \times \left(950 - \dfrac{120}{2}\right) + 0.43 \times 100 \times 950^2\right]}{(0.8 - 0.53)(950 - 50)} + 16.1 \times 100 \times 950} + 0.53$$

$$= 0.572$$

受压区高度 $x = 0.572 \times 950 = 543\text{ mm}$，位于肋板内。所需的钢筋面积 $A_s = A_s'$ 由式（7-63）可求得

$$A_s = A_s' = \frac{Ne_s - f_{cd}\left(b_f' - b\right)h_f'\left(h_0 - \frac{h_f'}{2}\right) - f_{cd}bx\left(h_0 - \frac{x}{2}\right)}{f_{sd}'\left(h_0 - \alpha_s'\right)}$$

$$= \frac{1700\times10^3\times952 - 16.1\left(500-100\right)\times120\times\left(950-\frac{120}{2}\right) - 16.1\times100\times543\left(950-\frac{543}{2}\right)}{330\left(950-50\right)}$$

$$= 1\,137\ \text{mm}^2$$

取受压钢筋和受拉钢筋均为 4⏀20，$A_s = A_s' = 1\,256\ \text{mm}^2$，全部纵向钢筋配筋率 $\rho + \rho' = \frac{2\times1\,256}{196\,000} = 1.28\% > 0.5\%$，其中构件毛截面面积 $A = 196\,000\ \text{mm}^2$，一侧纵向钢筋配筋率 $\rho = \frac{1\,256}{196\,000} = 0.64\% > 0.2\%$，满足要求。取 $a_s = a_s' = 45\ \text{mm}$，钢筋布置如图 7-30，供截面复核用。

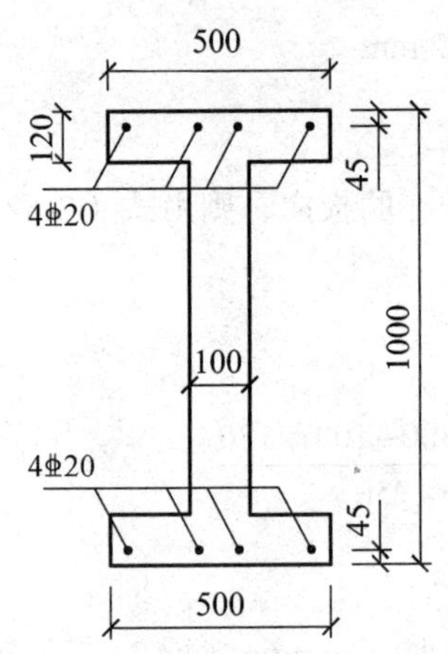

图 7-30　例 7-9 的截面配筋图（尺寸单位：mm）

2）截面复核

（1）在垂直于弯矩作用平面内的截面复核。

对截面 y-y 轴的惯矩及回转半径分别为

$$I_{hy} = \frac{2\times120\times500^3}{12} + \frac{760\times100^3}{12} = 2.563\times10^9\ \text{mm}^4$$

$$r_y = \sqrt{\frac{I_{hy}}{A}} = \sqrt{\frac{2.563\times10^9}{196\,000}} = 114$$

长细比 $l_{oy}/r_y = 11\,500/114 = 101$，查附表 10 可得 $\varphi = 0.54$，则可得到

$$\begin{aligned}N_u &= 0.9\varphi\left(f_{cd}A + 2f_{sd}'A_s'\right)\\ &= 0.9\times0.54\left(16.1\times196\,000 + 2\times330\times1\,256\right)\\ &= 1\,936.5\times10^3\ \text{N} = 1\,936.5\ \text{kN} > N\left(=1700\ \text{kN}\right)\end{aligned}$$

（2）在弯矩作用平面内的截面复核。

由截面设计及图 7-31 可得，$\eta e_0 = 502\,\text{mm}$，$A_s = A'_s = 1\,256\,\text{mm}^2$，$a_s = a'_s = 45\,\text{mm}$，$h_0 = 955\,\text{mm}$，$e_s = 957\,\text{mm}$，$e'_s = \eta e_0 - \dfrac{h}{2} + a'_s = 502 - 500 + 45 = 47\,\text{mm}$。

设为中和轴位于肋板内的大偏心受压，取 $\sigma_s = f_{sd}$，由式（7-54）计算得到 $x = 638\,\text{mm} > \xi_b h_0 = 506\,\text{mm}$，故应为小偏心受压构件。

设小偏心受压构件的截面中和轴位于肋板内，则可由式（7-54）和式（7-33）来求解相对受压区高度，即

$$f_{cd} bx(e_s - h_0 + \frac{x}{2}) + f_{cd}(b'_f - b)h'_f(e_s - h_0 + \frac{h'_f}{2}) = \sigma_s A_s e_s - f'_{sd} A'_s e'_s$$

$$\sigma_s = \varepsilon_{cu} E_s \left(\frac{\beta}{\xi} - 1\right)$$

则可得到关于 ξ 的一元三次方程为

$$A\xi^3 + B\xi^2 + C\xi + D = 0$$

其中

$$A = 0.5 f_{cd} b h_0^2 = 0.5 \times 16.1 \times 100 \times (955)^2 = 7.342 \times 10^8$$

$$\begin{aligned} B &= f_{cd} b (e_s - h_0) h_0 \\ &= 16.1 \times 100 (957 - 955) 955 \\ &= 0.030\,75 \times 10^8 \end{aligned}$$

$$\begin{aligned} C &= f_{cd}(b'_f - b) h'_f \left(e_s - h_0 + \frac{h'_f}{2}\right) + f'_{sd} A'_s e'_s + \varepsilon_{cu} E_s A_s e_s \\ &= 16.1 \times (500 - 100) \times 120 \times \left(957 - 955 + \frac{120}{2}\right) + 330 \times 1\,256 \times 47 + \\ &\quad 0.003\,3 \times 2 \times 10^5 \times 1\,256 \times 957 \\ &= 8.61 \times 10^8 \end{aligned}$$

$$D = -\varepsilon_{cu} E_s \beta e_s A_s = -0.003\,3 \times 2 \times 10^5 \times 0.8 \times 957 \times 1\,256 = -6.346\,5 \times 10^8$$

解得 $\xi = 0.574 > \xi_b = 0.53$

且 $x = \xi h_0 = 0.574 \times 955 = 548\,\text{mm} < h - h_f = 1\,000 - 120 = 880\,\text{mm}$，故确定为中和轴在肋板内的小偏心受压。

钢筋 A_s 中的应力 σ_s 为

$$\sigma_s = \varepsilon_{cu} E_s \left(\frac{\beta}{\xi} - 1\right) = 0.003\,3 \times 2 \times 10^5 \times \left(\frac{0.8}{0.574} - 1\right) = 260\,\text{MPa}\ (\text{拉应力})$$

截面承载力由式（7-52）可求得

$$
\begin{aligned}
N_u &= f_{cd}\left[bx+\left(b_f'-b\right)h_f'\right]+\left(f_{sd}'-\sigma_s\right)A_s' \\
&= 16.1[100\times548+(500-100)\times120]+(330-260)\times1\,256 \\
&= 1\,743\times10^3\ \text{N} \\
&= 1\,743\ \text{kN} > N(=1\,700\ \text{kN})
\end{aligned}
$$

故满足设计要求。实际截面的钢筋布置如图 7-31。Φ20 为计算所得的纵向钢筋，其余则为构造设置的纵向钢筋 Φ10。箍筋为叠套箍筋，直径为 ϕ8，箍筋间距 $S=300$ mm。

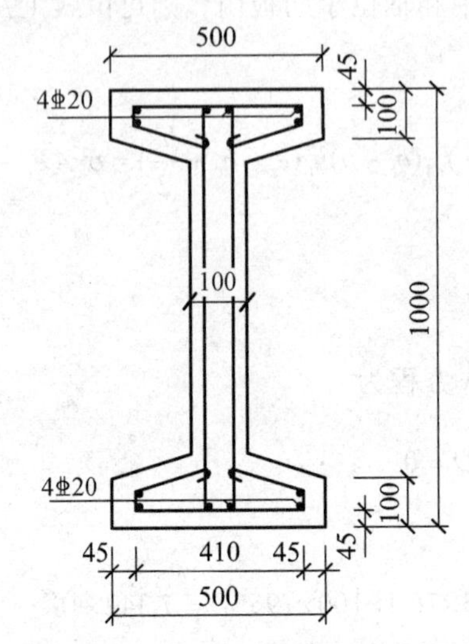

图 7-31　例题 7-9 的截面钢筋布置图（尺寸单位：mm）

7.8　圆形截面偏心受压构件

圆形截面偏心受压构件的纵向受力钢筋，通常是沿圆周均匀布置，其根数不少于 6 根。对于预制或现浇的一般钢筋混凝土圆形截面偏心受压构件，纵向钢筋的直径不宜小于 12 mm，混凝土保护层厚度详见附表 8。而对于钻孔灌注桩，其截面尺寸较大（桩直径 D=800~1 500 mm），桩内纵向受力钢筋的直径不宜小于 14 mm，根数不宜小于 8 根，钢筋间净距不宜小于 50 mm，混凝土保护层厚度不小于 60~80 mm；箍筋直径不小于 8 mm，箍筋间距 200~400 mm。

7.8.1　正截面承载力计算的基本假定

试验研究表明，钢筋混凝土圆形截面偏心受压构件的破坏，最终表现为受压区混凝土压碎。作用的轴向力对截面形心的偏心距不同，也会出现类似矩形截面偏心受压构件那样的“受拉破坏”和“受压破坏”两种破坏形态。但是，对于钢筋沿圆周均匀布置的圆形截面来说，构件破坏时各根钢筋的应变是不等的，应力也不完全相同。随着轴向压力的偏心距的增加，构件的破坏由“受压碎坏”向“受拉破坏”的过渡基本上是连续的。

国内外对于环形和圆形截面偏心受压构件的试验表明，均匀配筋的截面到达破坏时，其截面应变分布比集中配筋截面更为符合直线关系，相应的混凝土极限压应变实测值

0.002 7~0.004 6，平均值是 0.003 5。考虑到极限压应变超过 0.003 3 以后，其取值对正截面承载力的影响很小，《公路桥规》根据试验研究结果，对混凝土强度等级 C50 及以下的圆形截面偏心受压构件取混凝土极限压应变为 0.003 3。

沿周边均匀配筋的圆形截面偏心受压构件，其正截面承载力计算的基本假定是：

（1）截面变形符合平截面假定。

（2）构件达到破坏时，受压边缘处混凝土的极限压应变取为 $\varepsilon_{cu} = 0.0033$。

（3）受压区混凝土应力分布采用等效矩形应力图，正应力集度为 f_{cd}，计算高度为 $x = \beta x_0$（x_0 为实际受压区高度），β 值与实际相对受压区高度 $\xi = x_0 / 2r$（r 为圆形截面半径）有关，当 $\xi < 1$ 时，$\beta = 0.8$，当 $1 < \xi \leqslant 1.5$ 时，$\beta = 1.067 - 0.267\xi$。

（4）不考虑受拉区混凝土参加工作，拉力由钢筋承受。

（5）将钢筋视为理想的弹塑性体，应力-应变关系表达式为 $\sigma_s = \varepsilon_s E_s$（$0 \leqslant \varepsilon_s \leqslant \varepsilon_y$），$\sigma_s = \sigma_y$（$\varepsilon_s > \varepsilon_y$）。

上述假定，提供了圆形截面偏心受压构件截面的变形协调关系，和材料的应力-应变物理条件（本构关系），因而可以建立正截面承载力的计算图式，由内外力平衡关系来推导出承载力计算的基本公式。

对于周边均匀配筋的圆形偏心受压构件，当纵向钢筋不少于 6 根时，可以将纵向钢筋化为总面积为 $\sum_{i=1}^{n} A_{si}$（A_{si} 为单根钢筋面积，n 为钢筋根数），半径为 r_s 的等效钢环（图 7-32），这样的处理，可为推导钢筋的抗力采用连续函数的数学方法提供很大便利。

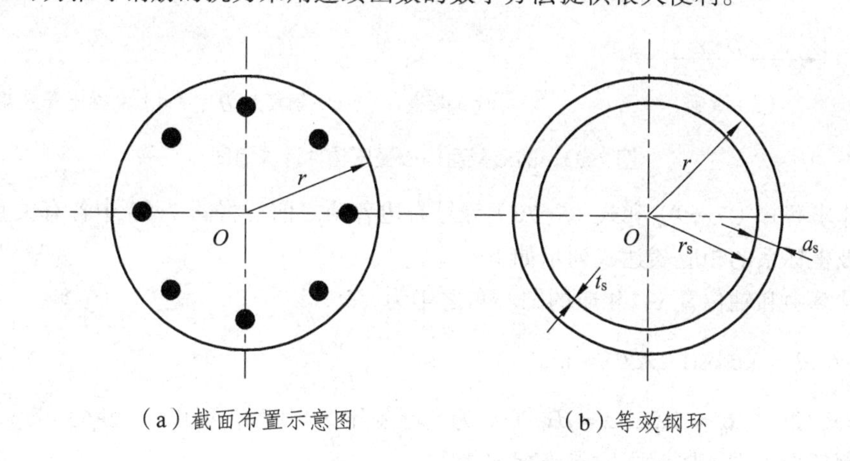

图 7-32　等效钢环示意图

设圆形截面的半径为 r，等效钢环的壁厚中心至截面圆心的距离为 r_s，一般 $r_s = gr$ 表示 r_s 与 r 之间的关系。那么等效钢环的厚度 t_s 为

$$t_s = \frac{\sum_{i=1}^{n} A_{si}}{2\pi r_s} = \frac{\sum_{i=1}^{n} A_{si}}{\pi r^2} \cdot \frac{r}{2g} = \frac{\rho r}{2g} \tag{7-68}$$

式中，ρ 为纵向钢筋配筋率，$\rho = \sum_{i=1}^{n} A_{si} / \pi r^2$。

7.8.2　正截面承载力计算的基本公式

根据基本假定，可以建立圆形截面偏心受压构件正截面承载力计算图式（图 7-33），同时，根据平衡条件可写出以下方程：

由截面上所有水平力平衡条件：

$$N_u = D_c + D_s \tag{7-69}$$

由截面上所有力对截面形心轴 y—y 的合力矩平衡条件：

$$M_u = M_c + M_s \tag{7-70}$$

式中　D_c、D_s——受压区混凝土压应力的合力和所有钢筋的应力合力；

M_c、M_s——受压区混凝土应力的合力对 y 轴力矩和所有钢筋应力合力对 y 轴的力矩。

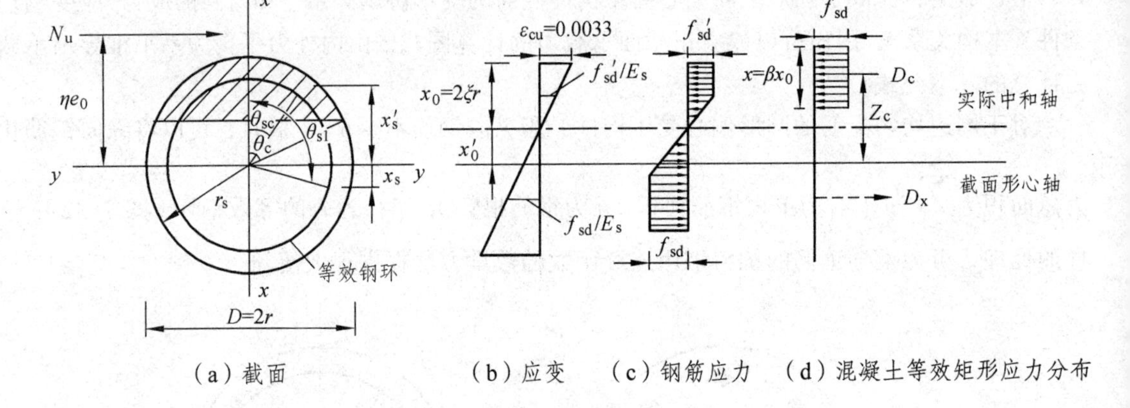

图 7-33　圆形截面偏心受压构件计算简图

在具体求解式（7-69）和式（7-70）等号右边各项之前，将图 7-33 中各有关直角坐标系中符号与极坐标系的相应表达式列示如下：

（1）计算中和轴位置 x，相应的圆心角之半为

$$\theta_c = \arccos(1-2\xi\beta) \leqslant \pi \tag{7-71}$$

式中，$\xi = x_0/2r$，$x_0 = 2r\xi$，$x = \beta x_0$（x_0 为实际受压区高度），所以 $x = 2r\beta\xi$。

（2）钢环受压进入屈服强度点坐标 x'_s 为

$$x'_s = \left[\frac{2r\xi}{\varepsilon_{cu}} \cdot \frac{f'_{sd}}{E_s} + r(1-2\xi)\right] \leqslant gr$$

相应的圆心角之半为

$$\theta_{sc} = \arccos\left[\frac{2\xi}{g\varepsilon_{cu}} \cdot \frac{f'_{sd}}{E_s} + \frac{1-2\xi}{g}\right] \leqslant \pi \tag{7-72}$$

（3）钢环受拉进入屈服强度点坐标 x_s 为

$$x_s=\left[-\frac{2r\xi}{\varepsilon_{cu}}\cdot\frac{f_{sd}}{E_s}+r(1-2\xi)\right]\geqslant -gr$$

相应的圆心角之半为

$$\theta_{st}=\arccos\left[-\frac{2\xi}{g\varepsilon_{cu}}\cdot\frac{f_{sd}}{E_s}+\frac{1-2\xi}{g}\right]\leqslant\pi \tag{7-73}$$

（4）钢环上任意一点的应力表达式为

当 $0<\theta\leqslant\theta_{sc}$ 时，$\sigma_s=f'_{sd}$

当 $\theta_{sc}<\theta\leqslant\theta_{st}$ 时，

$$\sigma_s=\frac{g\cos\theta-(1-2\xi)}{g\cos\theta_{sc}-(1-2\xi)}f'_{sd} \tag{7-74}$$

当 $\theta_{st}<\theta\leqslant\pi$ 时，$\sigma_s=-f_{sd}$

式中以负号表示拉应力。

（5）实际中和轴的位置为

$$x'_0=r(1-2\xi) \tag{7-75}$$

现分别推导式（7-69）和式（7-70）中各项的具体表达式。

① 受压区混凝土的应力合力 D_c。

根据图 7-33 中等效矩形应力图和相应的弓形受压区面积 A_c 来计算 D_c，即 $D_c=f_{cd}A_c$。

$$A_c=\frac{2\theta_c-\sin2\theta_c}{2}r^2$$

若令

$$A=\frac{2\theta_c-\sin2\theta_c}{2}$$

则

$$D_c=Ar^2f_{cd} \tag{7-76}$$

② 受压区混凝土的应力合力对 $y—y$ 轴的力矩 M_c。

$$M_c=f_{cd}A_cz_c$$

而

$$z_c=\frac{4\sin^3\theta_c}{3(2\theta_c-\sin2\theta_c)}r$$

故

$$M_c=\frac{(2\theta_c-\sin2\theta_c)}{2}r^2\cdot f_{cd}\cdot\frac{4\sin^3\theta_c}{3(2\theta_c-\sin2\theta_c)}r=\frac{2}{3}\sin^3\theta_c\cdot r^3f_{cd}$$

若令

$$B=\frac{2}{3}\sin^3\theta_c$$

则

$$M_c=Br^3f_{cd} \tag{7-77}$$

③ 钢环（钢筋）应力合力 D_s。

$$D_{s}=\sum_{i=1}^{n}\sigma_{si}A_{si}\approx 2\int_{0}^{\pi}\sigma_{s}\mathrm{d}A_{s}$$

式中　　$\mathrm{d}A_{s}=t_{s}r_{s}\mathrm{d}\theta=\frac{1}{2}\rho r^{2}\mathrm{d}\theta$

故　　$D_{s}=2\int_{0}^{\theta_{sc}}f'_{sd}\cdot\frac{1}{2}\rho r^{2}\mathrm{d}\theta+2\int_{\theta_{sc}}^{\theta_{st}}\frac{g\cos\theta-(1-2\xi)}{g\cos\theta_{sc}-(1-2\xi)}f'_{sd}\cdot\frac{1}{2}\rho r^{2}\mathrm{d}\theta r+2\int_{\theta_{st}}^{\pi}(-f_{sd})\cdot\frac{1}{2}\rho r^{2}\mathrm{d}\theta$

钢筋强度设计值 f'_{sd} 绝对值等于 $-f_{sd}$ 的绝对值，积分结果为

$$D_{s}=\rho r^{2}f_{sd}\left\{\theta_{sc}-\pi+\theta_{st}+\frac{1}{g\cos\theta_{sc}-(1-2\xi)}\left[g\left(\sin\theta_{st}-\sin\theta_{sc}\right)-(1-2\xi)\cdot(\theta_{st}-\theta_{sc})\right]\right\}$$

取上式中大括号内表示的内容为 C，则可得到

$$D_{s}=C\rho r^{2}f_{sd} \tag{7-78}$$

④ 钢环（钢筋）应力合力对截面 $y—y$ 轴的力矩 M_{s}

$$M_{s}=\sum_{i=1}^{n}\sigma_{si}A_{si}z_{si}\approx 2\int_{0}^{\pi}\sigma_{s}x\mathrm{d}A_{s}$$

式中　　$\mathrm{d}A_{s}=\frac{1}{2}\rho r^{2}\mathrm{d}\theta$，$x=gr\cos\theta$

故

$$M_{s}=2\int_{0}^{\theta_{sc}}f_{sd}(gr\cos\theta)\frac{1}{2}\rho r^{2}\mathrm{d}\theta+2\int_{\theta_{sc}}^{\theta_{st}}\frac{g\cos\theta-(1-2\xi)}{g\cos\theta_{sc}-(1-2\xi)}f_{sd}\cdot(gr\cos\theta)\frac{1}{2}\rho r^{2}\mathrm{d}\theta+2\int_{\theta_{st}}^{\pi}-f_{sd}(gr\cos\theta)\frac{1}{2}\rho r^{2}\mathrm{d}\theta$$

积分结果为

$$M_{s}=\rho g r^{3}f_{sd}\left\{\sin\theta_{sc}-\sin\theta_{st}+\frac{1}{g\cos\theta_{st}-(1-2\xi)}\left[g\left(\frac{\theta_{st}-\theta_{sc}}{2}+\frac{\sin 2\theta_{st}-\sin 2\theta_{sc}}{2}\right)-(1-2\xi)(\sin\theta_{st}-\sin\theta_{sc})\right]\right\}$$

令上式中大括号内表示的内容为 D，则可得到

$$M_{s}=D\rho g r^{3}f_{sd} \tag{7-79}$$

将式（7-76）~（7-79）分别代入式（7-69）和式（7-70）内，可得到圆形截面偏心受压构件正截面承载力的计算基本公式为

$$\gamma_{0}N_{d}\leqslant N_{u}=Ar^{2}f_{cd}+C\rho r^{2}f_{sd} \tag{7-80}$$

$$\gamma_{0}N_{d}(\eta e_{0})\leqslant M_{u}=Br^{3}f_{cd}+D\rho g r^{3}f_{sd} \tag{7-81}$$

式中，系数 A、B 仅与 $\xi=x/2r$ 有关；系数 C、D 与 ξ 、E_{s} 有关，其数值已编制成表，见附表 11。

7.8.3　计算方法

圆形截面偏心受压构件的正截面承载力计算方法，分为截面设计和截面复核。

1. 截面设计

已知截面尺寸，计算长度，材料强度级别，轴向力计算值 N，弯矩计算值 M。求纵向钢筋面积 A_s。

直接采用式（7-80）和式（7-81）是无法求得纵向钢筋面积 A_s，一般采用试算法。

现将式（7-81）除以式（7-80），整理可得到

$$\rho = \frac{f_{cd}}{f_{sd}} \cdot \frac{Br - A(\eta e_0)}{C(\eta e_0) - Dgr} \tag{7-82}$$

由已知条件求 ηe_0，确定 g、r_s 等值。

先假设 ξ $(\xi = x_0/2)$值，由附表 11 查得相应的系数 A、B、C 和 D，代入式（7-82）得到配筋率 ρ。再将系数 A、C 和 ρ 值代入式（7-80）可求得 N_u。若 N_u 值与已知的 N 基本相符，允许误差在 2%以内，则假定的 ξ 值及依此计算的 ρ 值即为设计用值。若两者不符，需重新假定 ξ 值，重复以上步骤，直至基本相符为止。

按最后确定的 ξ 值计算所得之 ρ 值，代入下式，即得到所需的纵筋面积 A_s 为

$$A_s = \rho \pi r^2 \tag{7-83}$$

2. 截面复核

已知截面尺寸，计算长度、纵向钢筋面积 A_s，材料强度级别，轴向力计算值 N 和弯矩计算 M，要求复核截面承载力。

仍需采用试算法。现将式（7-81）除以式（7-80），整理为

$$\eta e_0 = \frac{Bf_{cd} + D\rho g f_{sd}}{Af_{cd} + C\rho f_{sd}} r \tag{7-84}$$

先假设 ξ 值，由附表 11 查得系数 A、B、C 和 D 的值，代入式（7-84）算到（ηe_0）。若此（ηe_0）与由 M 和 N 并考虑偏心距增大系数后得到的 ηe_0 基本相符（允许误差在 2%以内），则假定的 ξ 值可为计算用的 ξ 值。若两者不符，需重新假设 ξ 值，重复以上步骤，直至两者基本相符为止。

按确定的 ξ 值及其所相应的系数 A、B、C 和 D 的值代入式（7-80）中，则可求得截面承载力为 N_u。

上述方法为《公路桥规》提出的沿周边均匀配筋的圆形截面钢筋混凝土偏心受压构件计算的查表法，需要反复试算。为了避免反复迭代的试算过程，《公路桥规》还提出了用查图法来进行圆形截面偏心受压构件截面设计和截面复核的方法，详见《公路桥规》条文说明。

【例 7-10】已知柱式桥墩的柱直径 $d_1 = 1.2$ m，计算长度 $l_0 = 7.5$ m。柱控制截面的轴向力计算值 $N = 6\,450$ kN，弯矩计算值为 $M = 1\,330.6$ kN·m。采用 C30 级混凝土，HRB400 级钢筋，

试进行配筋计算。

解： 根据已给材料分别由附表 1 和附表 3 查得 $f_{cd}=13.8\text{ MPa}$，$f_{sd}=330\text{ MPa}$。

（1）计算偏心距增大系数

$$e_0=\frac{M}{N}=\frac{1\,330.6\times10^6}{6\,450\times10^3}=206\text{ mm}$$

长细比 $\frac{l_0}{d_1}=\frac{7\,500}{1\,200}=6.25>4.4$，应考虑纵向弯曲对偏心距的影响。取 $g=0.9$，$r_s=0.9r=0.9\times600=540\text{ mm}$，则截面有效高度 $h_0=r+r_s=600+540=1\,140\text{ mm}$。由式（7-20）可求得 $\eta=1.106$，则 $\eta e_0=1.106\times206=228\text{ mm}$。

（2）计算受压区高度系数。

由式（7-82）可得到

$$\rho=\frac{f_{cd}}{f_{sd}}\cdot\frac{Br-A(\eta e_0)}{C(\eta e_0)-Dgr}=\frac{13.8}{330}\times\frac{B\times600-A\times228}{C\times228-D\times0.9\times600}$$
$$=\frac{8\,280B-3\,146.4A}{75\,240C-178\,200D}$$

由式（7-80）可得到

$$N_u=Ar^2f_{cd}+C\rho r^2f_{sd}=A(600)^2\times13.8+C\rho(600)^2\times330$$
$$=4\,968\,000A+118\,800\,000C\rho$$

以下采用试算法计算，计算结果如表 7-1 所示，表中各系数查附表 11。

表 7-1　例 7-10 的查表计算结果

ξ	A	B	C	D	ρ	$N_u\times10^3$/kN	$N\times10^3$/kN	N_u/N
0.66	1.682 7	0.663 5	0.876 6	1.593 3	−0.000 91	8 264	6450	1.28
0.67	1.714 7	0.661 5	0.943 0	1.553 4	−0.000 40	8 473	6450	1.31
0.68	1.746 6	0.658 9	1.007 1	1.514 6	0.000 21	8 701	6450	1.35

由计算表可见，当 $\xi=0.68$ 时，计算纵向力 $N_u>N$，且这时得到 $\rho=0.000\,21$，不为负。

（3）求所需的纵向钢筋截面积。

由于 $\rho=0.000\,21$ 小于规定的最小配筋率 $\rho_{min}=0.005$，故采用 $\rho=0.005$ 计算。由式（7-83），可得到

$$A_s=\rho\pi r^2=0.005\times3.14\times(600)^2=5\,652\text{ mm}^2$$

现选用 20Φ20，$A_s=6\,280\text{ mm}^2$，实际配筋率 $\rho=4A_s/(\pi d_1^2)=4\times6280/(3.14\times1\,200^2)=0.56\%>0.5\%$，钢筋布置如图 7-34，$a_s=45\text{ mm}$；纵向钢筋间净距为 174mm，满足规定的净距不应小于 50 mm 且不应大于 350 mm 的要求。

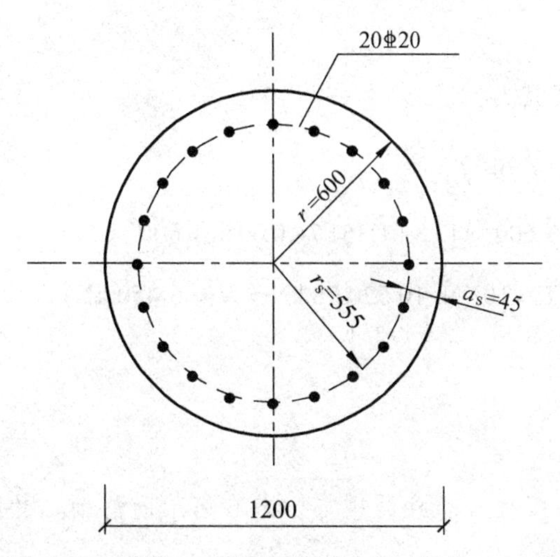

图 7-34　例题 7-7 截面配筋图（尺寸单位：mm）

【例 7-11】试对图 7-34 所示柱截面进行承载力复核。已知条件与例 7-10 相同。

解：由图 7-34 计算可得到 $\eta e_0 = 228\ \text{mm}$，$a_s = 45\ \text{mm}$，$r_s = 555\ \text{mm}$，$g = 0.925$，$\rho = 0.005\ 6$。

（1）在垂直于弯矩作用平面内。

长细比 $l_0 / d = 7\ 500 / 1\ 200 = 6.25 < 7$，故稳定系数 $\varphi = 1.0$。

混凝土截面积为 $A_c = \dfrac{\pi d^2}{4} = \pi \times (1\ 200)^2 / 4 = 1\ 130\ 973\ \text{mm}^2$，实际纵向钢筋面积 $A_s = 6\ 280\ \text{mm}^2$，则在垂直于弯矩作用平面的承载力为

$$N_u = 0.9\varphi\left(f_{cd}A_c + f'_{sd}A_s\right) = 0.9 \times 1.0 \times (13.8 \times 1\ 130\ 973 + 330 \times 6\ 280)$$
$$= 15\ 911.84 \times 10^3\ \text{N} = 15\ 911.84\ \text{kN} > N(= 6\ 450\ \text{kN})$$

（2）在弯矩作用平面内。

由式（7-84），可得到

$$\eta e_0 = \frac{Bf_{cd} + D\rho g f_{sd}}{Af_{cd} + C\rho f_{sd}} r = \frac{B \times 13.8 + D \times 0.005\ 6 \times 0.925 \times 330}{A \times 13.8 + C \times 0.005\ 6 \times 330} \times 600$$
$$= \frac{8\ 280B + 1\ 025.64D}{13.8A + 1.848C}$$

以下采用试算法，计算结果如表 7-2 所示，表中各系数查附表 11。

表 7-2　例 7-11 的查表计算结果

ξ	A	B	C	D	(ηe_0) /mm	ηe_0 /mm	误差（<2%）
0.73	1.905 2	0.638 6	1.298 7	1.335 8	232.0	228	1.77%
0.74	1.936 7	0.633 1	1.351 7	1.302 8	225.1	228	1.27%
0.75	1.968 1	0.627 1	1.40 3	1.270 6	218.3	228	4.25%

由计算表可见，当 $\xi = 0.74$ 时，计算 $(\eta e_0) = 225.1\ \text{mm}$ 与设计的 $\eta e_0 = 228\ \text{mm}$ 很接近，故取

$\xi = 0.74$ 为计算值。

在弯矩作用平面内的承载力为

$$
\begin{aligned}
N_{\mathrm{u}} &= Ar^2 f_{\mathrm{cd}} + C\rho r^2 f_{\mathrm{sd}} \\
&= 1.936\,7 \times 600^2 \times 13.8 + 1.351\,7 \times 0.005\,6 \times 600^2 \times 330 \\
&= 10\,520.78 \times 10^3\ \mathrm{N} = 10\,520.78\ \mathrm{kN} > N(= 6\,450\ \mathrm{kN})
\end{aligned}
$$

复习思考题

1. 轴心受压普通箍筋短柱与长柱的破坏形态有何不同？轴心受压长柱的稳定系数 φ 如何确定？

2. 简述偏心受压短柱的破坏形态。偏心受压构件如何分类？

3. 长柱的正截面受压破坏与短柱的破坏有何异同？什么是偏心受压长柱的二阶弯矩？

4. 怎样区分大、小偏心受压破坏的界限？

5. 对称配筋矩形截面偏心受压构件大、小偏心受压破坏的界限如何区分？

6. 预制的钢筋混凝土轴心受压构件截面尺寸为 $b \times h = 300\ \mathrm{mm} \times 350\ \mathrm{mm}$，计算长度 $l_0 = 5.5\ \mathrm{m}$。采用C30级混凝土，HRB400级钢筋（纵向钢筋）和HPB300级钢筋（箍筋）。作用的轴向压力组合设计值 $N_{\mathrm{d}} = 1\,500\ \mathrm{kN}$，Ⅰ类环境条件，安全等级二级，试进行构件的截面设计。

7. 配有纵向钢筋和螺旋箍筋的轴心受压构件的截面为圆形，直径 $d = 450\ \mathrm{mm}$，构件计算长度 $l_0 = 4\ \mathrm{m}$；C30混凝土纵向钢筋采用HRB400级钢筋，箍筋采用HPB300级钢筋；Ⅱ类环境条件，安全等级为一级；轴向压力组合设计值 $N_{\mathrm{d}} = 1\,660\ \mathrm{kN}$，试进行构件的截面设计和承载力复核。

8. 矩形截面偏心受压构件的截面尺寸为 $b \times h = 300\ \mathrm{mm} \times 400\ \mathrm{mm}$，弯矩作用平面内的构件计算长度 $l_0 = 4\ \mathrm{m}$。C30混凝土，HRB400级钢筋。Ⅰ类环境条件，安全等级为二级。轴向力组合设计值 $N_{\mathrm{d}} = 188\ \mathrm{kN}$，相应弯矩组合设计值 $M_{\mathrm{d}} = 120\ \mathrm{kN \cdot m}$，现截面受压区已配置了3⌀20钢筋（单排），$a_{\mathrm{s}}' = 40\ \mathrm{mm}$，试计算所需的受拉钢筋面积 A_{s}，并选择与布置受拉钢筋。

9. 矩形截面偏心受压构件的截面尺寸为 $b \times h = 300\ \mathrm{mm} \times 600\ \mathrm{mm}$，弯矩作用平面内和垂直于弯矩作用平面的计算长度 $l_0 = 6\ \mathrm{m}$。C30混凝土和HRB400级钢筋。Ⅰ类环境条件，安全等级为一级。轴向力组合设计值 $N_{\mathrm{d}} = 2\,645\ \mathrm{kN}$，相应弯矩组合设计值 $M_{\mathrm{d}} = 119\ \mathrm{kN \cdot m}$，试按非对称布筋进行截面设计和截面复核。

第 8 章　受拉构件正截面承载力计算

受拉构件与受压构件相似，也分为轴心受拉和偏心受拉两部分。当纵向拉力作用线与构件截面形心轴线相重合时，此构件为轴心受拉构件。当纵向拉力作用线偏离构件截面形心轴线时，或者构件上既作用有拉力，同时又作用有弯矩时，则为偏心受拉构件。轴心受拉构件截面应力分布均匀，两种材料承受拉力之和，即为构件承载力计算公式。偏心受拉构件因偏心距大小的不同，截面将有两种破坏情况，即大偏心受拉破坏和小偏心受拉破坏。根据截面力的平衡条件，即可得偏心受拉构件的承载力计算公式。截面有对称配筋和不对称配筋两类，实际上对称配筋截面居多。无论是对称配筋还是不对称配筋，计算时均应判别大、小偏心的界限，分别用其计算公式对截面进行计算。

在钢筋混凝土桥中，常见的受拉构件有桁架拱、桁梁中的拉杆和系杆拱的系杆等。

钢筋混凝土受拉构件需配置纵向钢筋和箍筋，箍筋直径应不小于 8 mm，间距一般为 150 ~ 200 mm（图 8-1）。由于混凝土的抗拉强度很低，受拉构件即使在外力不甚大时，混凝土表面也会出现裂缝。为此，可对受拉构件施加一定的预应力而形成预应力混凝土受拉构件，以改善受拉构件的抗裂性能。

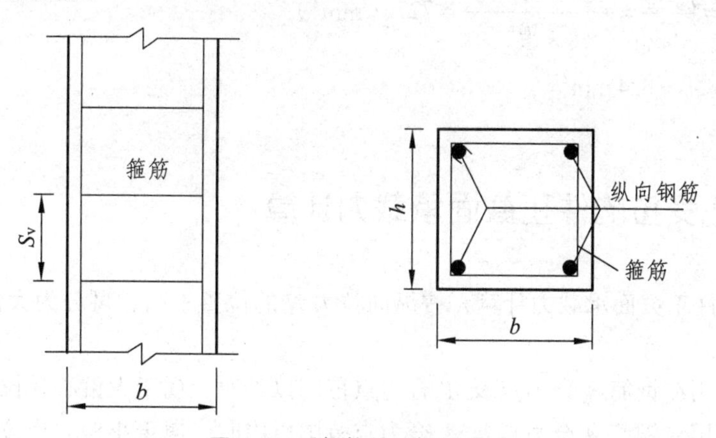

图 8-1　受拉构件的钢筋布置

8.1　轴心受拉构件正截面承载力计算

1. 受拉构件三个受力阶段（与适筋梁相似）

（1）第 I 阶段：未裂阶段——加载—混凝土受拉开裂前。

（2）第 II 阶段：裂缝阶段——混凝土开裂—钢筋即将屈服。

（3）第 III 阶段：破坏阶段——受拉钢筋开始屈服—全部受拉钢筋达到屈服。

2. 正截面承载力计算公式

钢筋混凝土轴心受拉构件开裂以前，混凝土与钢筋共同承担拉力。当构件开裂后，裂缝截面处的混凝土已完全退出工作，全部拉力由纵向钢筋承担。而当钢筋拉应力到达屈服强度时，构件也到达其极限承载能力。轴心受拉构件的正截面承载力计算式如下：

$$\gamma_0 N_d \leqslant N_u = f_{sd} A_s \tag{8-1}$$

式中 N_d——轴向拉力设计值；

f_{sd}——钢筋抗拉强度设计值；

A_s——截面上全部纵向受拉钢筋截面面积。

取轴向力计算值 $N = \gamma_0 N_d$，则由式（8-1）可得轴心受拉构件所需的纵向钢筋面积：

$$A_s = \frac{N}{f_{sd}}$$

《公路桥规》规定轴心受拉构件一侧纵筋的配筋率 ρ_{min}(%)应按毛截面面积计算，其值应不小于 $45 f_{td} / f_{sd}$，同时不小于 0.2。

【例 8-1】已知某钢筋混凝土桁架下弦杆，截面尺寸 $b \times h = 200\ \text{mm} \times 150\ \text{mm}$，其所受的轴心拉力组合设计值 N_d 为 240 kN，混凝土强度等级 C30，钢筋为 HRB400，安全等级为二级。求截面配筋。

解：HRB400 钢筋，$f_{sd} = 330\ \text{MPa}$，代入式（8-1）得

$$A_s = \frac{\gamma_0 N_d}{f_{sd}} = \frac{1.0 \times 240 \times 10^3}{330} = 727\ (\text{mm}^2)$$

选用 6⌀14，$A_s = 924\ \text{mm}^2$。

8.2 偏心受拉构件正截面承载力计算

偏心受拉构件正截面承载力计算，按纵向拉力 N 的位置不同，可分为大偏心受拉与小偏心受拉两种情况：

（1）当 N 作用在钢筋 A_s 合力点及 A'_s 合力点范围以外时，属于大偏心受拉。

（2）当 N 作用在钢筋 A_s 合力点及 A'_s 合力点范围以内时，属于小偏心受拉。

8.2.1 小偏心受拉构件正截面承载力计算

对于矩形截面偏心受拉构件，当偏心距 $e_0 \leqslant h/2 - a_s$ 时，即轴心拉力作用点在截面钢筋 A_s 和 A'_s 位置之间时，按小偏心受拉构件计算。在小偏心受拉情况下，构件临破坏前截面混凝土已全部裂通，拉力完全由钢筋承担。因此，小偏心受拉构件的正截面承载力计算简图（图 8-2）中，不考虑混凝土的受拉工作。构件破坏时，钢筋 A_s 及 A'_s 的应力均达到抗拉强度设计值 f_{sd}，基本计算式如下：

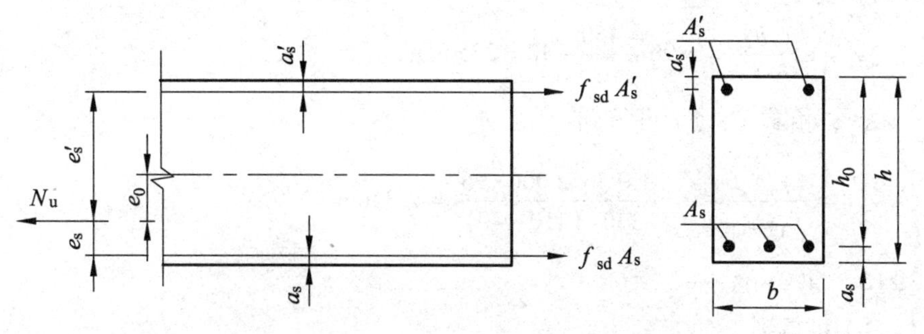

图 8-2　小偏心受拉构件计算简图

由平衡条件，可得

$$\gamma_0 N_d e_s \leqslant N_u e_s = f_{sd} A_s'(h_0 - a_s') \tag{8-2}$$

$$\gamma_0 N_d e_s' \leqslant N_u e_s' = f_{sd} A_s(h_0 - a_s') \tag{8-3}$$

式中

$$e_s = \frac{h}{2} - e_0 - a_s \tag{8-4}$$

$$e_s' = e_0 + \frac{h}{2} - a_s' \tag{8-5}$$

对称配筋时，离轴向力较远一侧的钢筋 A_s' 的应力可能达不到其抗拉强度设计值，可按式（8-3）计算，即

$$A_s' = A_s = \frac{Ne_s'}{f_{sd}(h_0 - a_s')} \geqslant \rho_{min} bh \tag{8-6}$$

《公路桥规》规定小偏心受拉构件一侧纵筋的配筋率（%）应按毛截面面积计算，其值应不小于 $45 f_{td} / f_{sd}$，同时不小于 0.2。

【例 8-2】已知一偏心受拉构件，承受轴向拉力组合设计值 $N_d = 672\ \text{kN}$，弯矩组合设计值 $M_d = 60.5\ \text{kN}\cdot\text{m}$。I 类环境条件，设计使用年限 50 年，结构安全等级为二级（γ_0=1.0）。截面尺寸为 $b \times h = 300\ \text{mm} \times 450\ \text{mm}$。采用 C30 混凝土和 HRB400 级钢筋，$f_{td} = 1.39\ \text{MPa}$，$f_{sd} = 330\ \text{MPa}$，求截面配筋。

解：设 $a_s = a_s' = 40\ \text{mm}$，$h_0 = h - a_s = 450 - 40 = 410\ \text{mm}$，$h_0' = 410\ \text{mm}$。

（1）判断偏心情况。

$$e_0 = \frac{60.5 \times 10^6}{672\,000} = 90\ \text{mm} < \frac{h}{2} - a_s (= \frac{450}{2} - 40 = 185\text{mm})$$

计算表明纵向力作用在钢筋 A_s 和 A_s' 合力点之间，属小偏心受拉。

（2）计算 A_s 和 A_s'。

由式（8-4）和式（8-5）可得到

$$e_s = \frac{h}{2} - e_0 - a_s = \frac{450}{2} - 90 - 40 = 95\ \text{mm}$$

$$e_s' = e_0 + \frac{h}{2} - a_s' = 90 + \frac{450}{2} - 40 = 275\ \text{mm}$$

令 $N_u = \gamma_0 N_d$，由式（8-2）可得到

$$A_s' = \frac{\gamma_0 N_d \cdot e_s}{f_{sd}\left(h_0 - a_s'\right)} = \frac{1.0 \times 672\,000 \times 95}{330 \times \left(410 - 40\right)} = 523\ \text{mm}^2$$

选用 3Φ16，$A_s' = 603\ \text{mm}^2$。

由式（8-3）可得到

$$A_s = \frac{\gamma_0 N_d \cdot e_s'}{f_{sd}\left(h_0' - a_s\right)} = \frac{1.0 \times 672\,000 \times 275}{330 \times \left(410 - 40\right)} = 1\,514\ \text{mm}^2$$

选用 4Φ22（图 8-3），$A_s = 1\,520\ \text{mm}^2$。

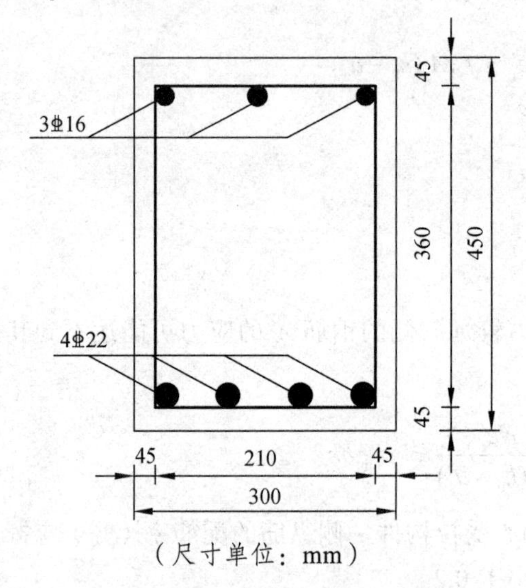

（尺寸单位：mm）

图 8-3　例 8-2 的钢筋布置图

《公路桥规》规定的一侧受拉钢筋最小配筋率：

$$\rho_{min} = 45 f_{td} / f_{sd} = 45 \times 1.39 / 330 = 0.19\ \%$$

同时不应小于 0.20%，故取 $\rho_{min} = 0.20\%$。

则构件截面一侧纵筋最小配筋面积为

$$\rho_{min} bh = 0.20\% \times 300 \times 450 = 270\ \text{mm}^2$$

设计表明，每侧钢筋面积均满足要求。

8.2.2　大偏心受拉构件正截面的承载力计算

当矩形截面偏心距 $e_0 > h/2 - a_s$ 时，即轴向拉力作用点在截面钢筋 A_s 和 A_s' 范围以外时，称

为大偏心受拉构件。对于正常配筋的矩形截面，当轴向力作用在钢筋 A_s 合力点和 A_s' 合力点范围以外时，离轴向力较近一侧混凝土将产生裂缝，而离轴向力较远一侧的混凝土仍然受压。因此，裂缝不会贯通整个截面。破坏时，钢筋 A_s 的应力达到屈服强度，裂缝开展很大，受压区混凝土被压碎，这种破坏特征称为大偏心受拉破坏。

1. 承载力计算基本公式

矩形截面大偏心受拉构件正截面承载力计算简图如图 8-4 所示，纵向受拉钢筋 A_s 的应力达到其抗拉强度设计值 f_{sd}，受压区混凝土应力图形可简化为矩形，其应力为混凝土抗压强度设计值 f_{cd}。受压钢筋 A_s' 的应力可假定达到其抗压强度设计值 f_{sd}'。根据平衡条件可得基本计算公式如下：

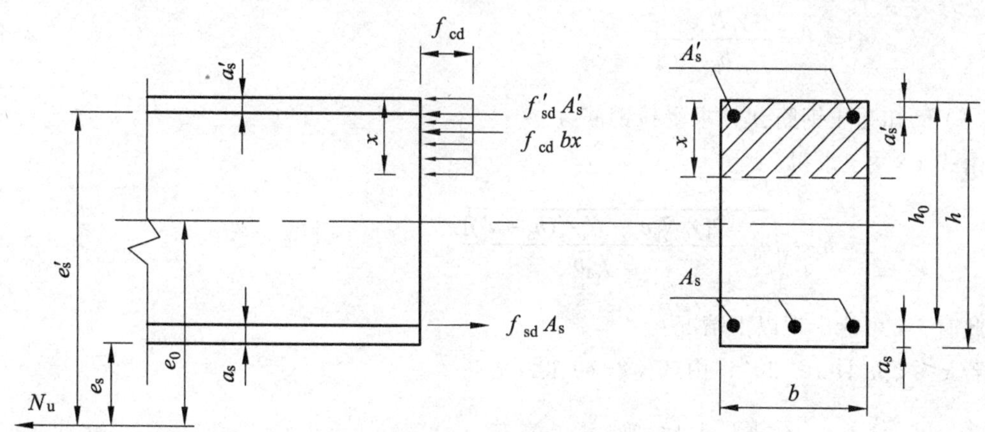

图 8-4　大偏心受拉构件计算简图

$$\gamma_0 N_d \leqslant N_u = f_{sd}A_s - f_{sd}'A_s' - f_{cd}bx \tag{8-7}$$

$$\gamma_0 N_d e_s \leqslant N_u e_s = f_{cd}bx\left(h_0 - \frac{x}{2}\right) + f_{sd}'A_s'(h_0 - a_s') \tag{8-8}$$

$$f_{sd}A_s e_s - f_{sd}'A_s'e_s' = f_{cd}bx\left(e_s + h_0 - \frac{x}{2}\right) \tag{8-9}$$

式中

$$e_s = e_0 - \frac{h}{2} + a_s \tag{8-10}$$

受压区的高度应当符合 $x \leqslant \xi_b h_0$ 的条件，计算中考虑受压钢筋时，还要符合 $x \geqslant 2a_s'$ 的条件。

若 $x < 2a_s'$，受压钢筋离中和轴距离很近，破坏时其应力不能达到抗压强度设计值。此时，可假定混凝土合力中心与受压钢筋 A_s' 形心重合，即近似取 $x = 2a_s'$，其承载力计算式为

$$\gamma_0 N_d e_s' \leqslant N_u e_s' = f_{sd}A_s(h_0 - a_s') \tag{8-11}$$

式中

$$e_s' = e_0 + \frac{h}{2} - a_s' \tag{8-12}$$

2. 截面设计方法

（1）受压钢筋 A_s' 和受拉钢筋 A_s 均未知。

设计时为了使钢筋总用量（ $A_s + A_s'$ ）最少，同偏心受压构件一样，应取 $x = \xi_b h_0$，代入式

（8.7）和式（8.8），可得

$$A_s' = \frac{\gamma_0 N_d e_s - f_{cd} b h_0^2 \xi_b (1-0.5\xi_b)}{f_{sd}'(h_0 - a_s')} \tag{8-13}$$

$$A_s = \frac{\gamma_0 N_d + f_{cd} b h_0 \xi_b + f_{sd}' A_s'}{f_{sd}} \tag{8-14}$$

式中　ξ_b——界限破坏时受压区相对高度。

当采用对称配筋时，即 $A_s = A_s'$、$f_{sd} = f_{sd}'$、$a_s = a_s'$，若将上述各值代入式（8.7）后，求出 x 值为负值，也即属于 $x < 2a_s'$ 的情况。此时可按式（8-11）求得 A_s 和 A_s'，即

$$A_s = A_s' = \frac{\gamma_0 N_d e_s'}{f_{sd}(h_0 - a_s')} \tag{8-15}$$

（2）已知受压钢筋 A_s'，求受拉钢筋 A_s。

由式（8-8）求得

$$x = h_0 - \sqrt{h_0^2 - \frac{2[\gamma_0 N_d e_s - f_{sd}' A_s'(h_0 - a_s')]}{f_{cd} b}} \tag{8-16}$$

此时，x 可能出现以下情况：

若 $x \leqslant \xi_b h_0$ 且 $x \geqslant 2a_s'$，由式（8-7）得

$$A_s = \frac{f_{cd} b x + f_{sd}' A_s' + \gamma_0 N_d}{f_{sd}} \tag{8-17}$$

若 $x \leqslant 2a_s'$，取 $x=2a_s'$，由式（8-15）计算。

若 $x > \xi_b h_0$，说明受压钢筋 A_s' 太少，应按 A_s' 未知，重新计算 A_s' 及 A_s。

《公路桥规》规定大偏心受拉构件一侧受拉纵筋的配筋百分率（%）按 A_s / bh_0 计算，其中 h_0 为截面有效高度。其值应不小于 $45 f_{td} / f_{sd}$，同时不小于 0.2。

【例 8-3】已知偏心受拉构件的截面尺寸为 $b \times h = 350\ \text{mm} \times 600\ \text{mm}$，采用 C30 混凝土和 HRB400 级钢筋，承受轴拉力组合设计值 $N_d = 140.6\ \text{kN}$，弯矩组合设计值 $M_d = 115\ \text{kN·m}$，I 类环境条件，设计使用年限 50 年，结构安全等级为二级（γ_0=1.0），$f_{cd} = 13.8\ \text{MPa}$，$f_{td} = 1.39\ \text{MPa}$，$f_{sd} = 330\ \text{MPa}$。试进行截面配筋计算。

解：（1）判定纵向力位置。

设 $a_s = a_s' = 40\ \text{mm}$，$h_0 = h - a_s$=600−40=560 mm，则偏心距为

$$e_0 = \frac{M_d}{N_d} = \frac{115 \times 10^6}{140.6 \times 10^3} = 818\ \text{mm} > \frac{h}{2} - a_s (= \frac{600}{2} - 40 = 260\ \text{mm})$$

表明纵向力不作用在 A_s 合力点与 A_s' 合力点之间，属于大偏心受拉构件。由式（8-10）和式（8-12）可得到

$$e_s = e_0 - \frac{h}{2} + a_s = 818 - \frac{600}{2} + 40 = 558\ \text{mm}$$

$$e_s' = e_0 + \frac{h}{2} - a_s' = 818 + \frac{600}{2} - 40 = 1\,078\ \text{mm}$$

$$h_0 = h - a_s = 600 - 40 = 560\ \text{mm}$$

（2）计算所需纵向钢筋截面面积。

取 $\xi = \xi_b = 0.53$，则可得到

$$A_s' = \frac{\gamma_0 N_d e_s - f_{cd} b h_0^2 \xi_b (1 - 0.5\xi_b)}{f_{sd}'(h_0 - a_s')}$$

$$= \frac{1.0 \times 140\,600 \times 558 - 13.8 \times 350 \times 560^2 \times 0.53(1 - 0.5 \times 0.53)}{330 \times (560 - 40)}$$

$$= -2\,981\ \text{mm}^2$$

计算得 A_s' 为负值，表明此时可不必配置受压钢筋。截面一侧最小配筋率为 0.2%，则最小配筋面积为 $A_s' = \rho_{\min} bh = 0.002 \times 350 \times 600 = 420\ \text{mm}^2$，现选用 3⌀14，$A_s' = 462\ \text{mm}^2$。

由式（8-16）计算混凝土受压区高度 x 为

$$x = h_0 - \sqrt{h_0^2 - \frac{2[\gamma_0 N_d e_s - f_{sd}' A_s'(h_0 - a_s')]}{f_{cd} b}}$$

$$= 560 - \sqrt{560^2 - 2 \times \frac{1.0 \times 140\,600 \times 558 - 330 \times 462 \times (560 - 40)}{13.8 \times 350}}$$

$$= -0.3\ \text{mm} < 2a_s' (= 2 \times 40 = 80\ \text{mm})$$

此时应按式（8-15）计算所需的 A_s 值：

$$A_s = \frac{\gamma_0 N_d e_s'}{f_{sd}(h_0 - a_s')} = \frac{1.0 \times 140\,600 \times 1\,078}{330 \times (560 - 40)} = 883\ \text{mm}^2$$

选用 3⌀20，$A_s = 942\ \text{mm}^2$。钢筋配置详见图 8-5。

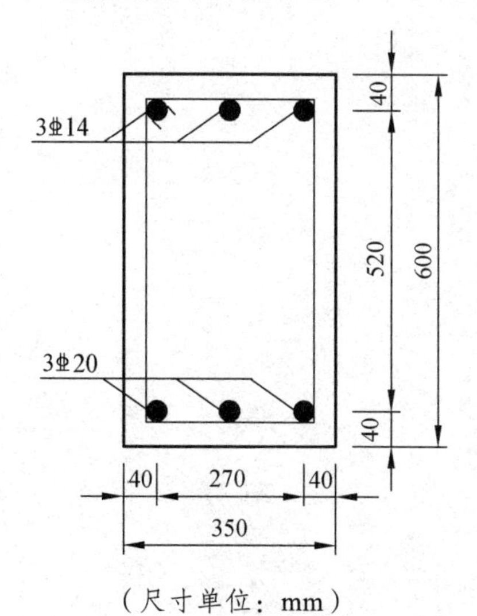

（尺寸单位：mm）

图 8-5　例 8-3 钢筋布置图

复习思考题

1. 大、小偏心受拉构件的界限如何区分？它们的受力特点与破坏特征各有何不同？

2. 试从破坏形态、截面应力来分析大、小偏心受拉与受压构件有什么不同之处？

3. 《公路桥规》对大、小偏心受拉构件纵向钢筋的最小配筋率有哪些要求？

4. 分析矩形截面受弯构件、偏心受压构件和偏心受拉构件正截面承载能力基本计算公式的异同性。

5. 一钢筋混凝土偏心受拉构件，$b \times h$=250 mm×450 mm，$a_s = a_s'$=35 mm。Ⅰ类环境条件，结构安全等级为二级，C30 混凝土，纵筋 HRB400 级，箍筋 HPB300 级。已知 N_d=500 kN，e_0=150 mm，求不对称配筋时的钢筋面积。

6. 一钢筋混凝土偏心受拉构件，$b \times h$=300 mm×500 mm，$a_s = a_s'$=40 mm。Ⅰ类环境条件，结构安全等级为二级，C30 混凝土，纵筋 HRB400 级，箍筋 HPB300 级。已知 N_d=450 kN，e_0=300 mm，分别求不对称配筋时的钢筋面积和对称配筋时的钢筋面积。

第 9 章　受扭构件正截面承载力计算

弯梁桥和斜梁（板）桥在荷载作用下，梁的截面上除有弯矩 M、剪力 V 外，还存在着扭矩 T。由于扭矩、弯矩和剪力的作用，构件的截面上将产生相应的主拉应力。当主拉应力超过混凝土的抗拉强度时，构件便会开裂。因此，必须配置适量的钢筋（纵筋和箍筋）来限制裂缝的开展和提高钢筋混凝土构件的承载能力。

在实际工程中，纯扭构件并不常见，较多出现的是弯矩、扭矩和剪力共同作用的构件。由于弯、扭、剪作用的相互影响，构件的受力状况非常复杂。而纯扭是研究弯扭构件受力的基础，因此，本章的介绍将从纯扭构件开始。

1. 平衡扭转

静定的受扭构件，由荷载产生的扭矩是由构件的静力平衡条件确定而与扭转构件的扭转刚度无关的，称为平衡扭转[图 9-1（a）]。

2. 协调扭转

超静定受扭构件，作用在构件上的扭矩除了静力平衡条件以外，还必须由相邻构件的变形协调条件才能确定的，称为协调扭转[图 9-1（b）]。

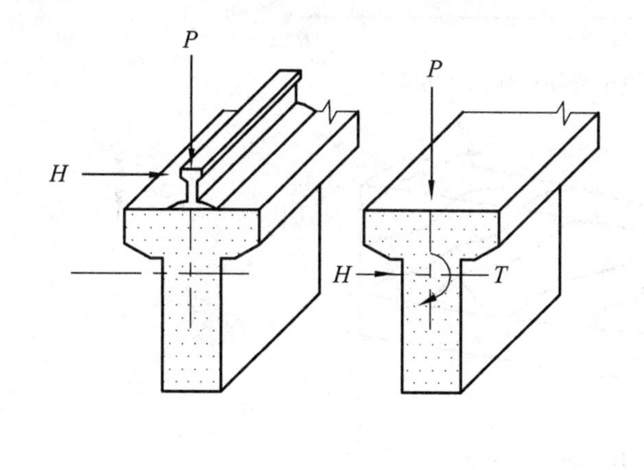

（a）吊车梁　　（b）边梁

图 9-1　平衡扭转与协调扭转

9.1 纯扭构件的破坏过程及破坏特征

9.1.1 纯扭构件的破坏全过程

配置箍筋和纵筋的钢筋混凝土受扭构件，从加载直到破坏全过程的扭矩 T 和扭转角 θ 的关系曲线如图 9-2 所示。加载初期截面扭转变形很小，其性能与素混凝土受扭构件相似。当斜裂缝出现以后，由于混凝土部分卸载，钢筋应力明显增大，扭转角加大，扭转刚度明显降低，在 $T-\theta$ 曲线上出现水平段。当扭转角增加到一定值后，钢筋应变趋于稳定形成新的受力状态。当继续施加荷载时，变形增长较快，裂缝的数量逐步增多，裂缝宽度逐渐加大，构件的四个面上形成连续的或不连续的与构件纵轴线成某个角度的螺旋形裂缝图 9-3。这时 $T-\theta$ 关系大体还是呈直线变化。当荷载接近极限扭转矩时，在构件截面长边上的斜裂缝中，有一条发展为临界裂缝，与这条空间斜裂缝相交的部分箍筋（长肢）或部分纵筋将首先屈服，产生较大的非弹性变形，这时 $T-\theta$ 曲线趋于水平。到达极限扭矩时，和临界斜裂缝相交的箍筋短肢及纵向钢筋相继屈服，但没有与临界斜裂缝相交的箍筋和纵筋并没有屈服。由于这时斜裂缝宽度已很大，混凝土在逐步退出工作，故构件的抵抗扭矩开始逐步下降，最后在构件的另一长边出现了压区塑性铰或出现两个裂缝间混凝土被压碎的现象时构件破坏。

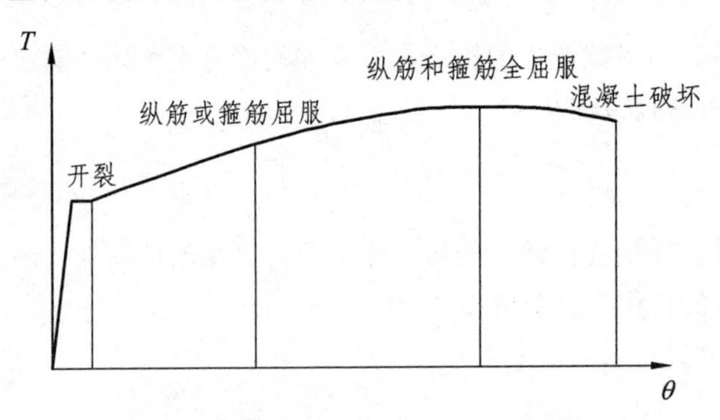

图 9-2 钢筋混凝土受扭构件的 T-θ 曲线

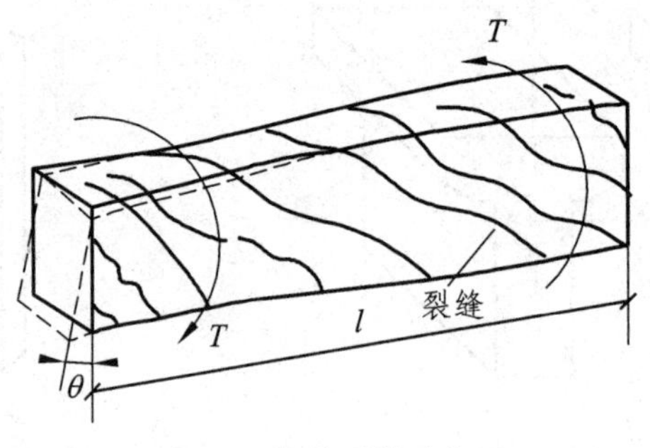

图 9-3 扭转裂缝分布图

9.1.2 纯扭构件的破坏特征

矩形截面构件在扭矩作用下，引起的主拉应力轨迹线与构件轴线成 45°，如图 9-4 所示。因此理论上讲，在纯扭构件中配置抗扭钢筋的最理想方案是沿 45°方向布置螺旋形箍筋，使其与主拉应力方向一致，以期取得较好的受力效果。然而，螺旋箍筋在受力上只能适应一个方向的扭矩，而在桥梁工程中，由于活载作用，扭矩将不断变换方向，如果扭矩改变方向，则螺旋箍筋也必须相应地改变方向，这在构造上是复杂的。因此，实际工程中通常都采用由箍筋和纵向钢筋组成的空间骨架来承担扭矩，并尽可能地在保证必要的混凝土保护层厚度下，沿截面周边布置钢筋以增强抗扭能力。

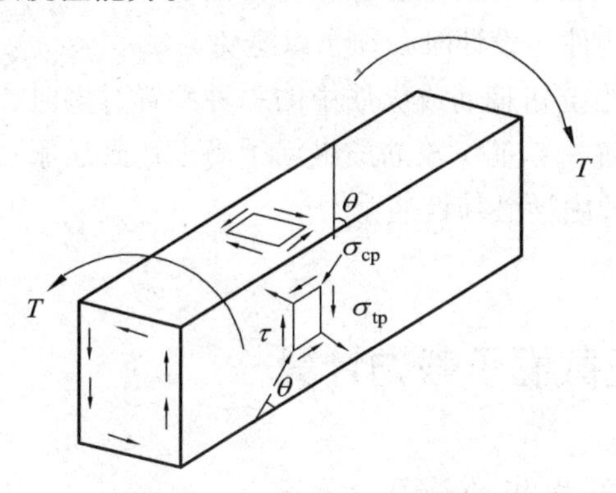

图 9-4　矩形截面纯扭构件

在抗扭钢筋骨架中，箍筋的作用是直接抵抗主拉应力，限制裂缝的发展；纵筋用来平衡构件中的纵向分力，且在斜裂缝处纵筋可产生销栓作用，抵抗部分扭矩并可抑制斜裂缝的开展。

抗扭钢筋的配置对矩形截面构件的抗扭能力有很大的影响。不同抗扭配筋率的受扭构件的 $T-\theta$ 关系试验曲线如图 9-5 所示，其中 ρ_v 为纵筋与箍筋的配筋率之和。由图 9-5 可知，抗扭钢筋越少，裂缝出现引起的钢筋的应力、突变就越大，水平段相对较长。当配筋很少时，会出现扭矩不再增大而扭转角不断加大导致的破坏。因此，极限扭矩和抗扭刚度的大小在很大程度上取决于抗扭钢筋的数量。

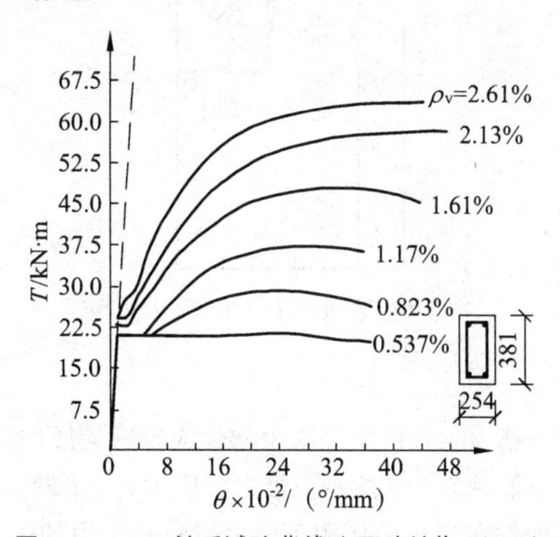

图 9-5　$T-\theta$ 关系试验曲线（尺寸单位：mm）

根据抗扭钢筋数量的多少，钢筋混凝土矩形截面受扭构件的破坏形态一般可分为以下几种：

（1）少筋破坏。当抗扭钢筋数量过少时，在构件受扭开裂后，由于钢筋没有足够的能力承受混凝土开裂后卸给它的那部分扭矩，因而构件立即破坏。其破坏性质与素混凝土构件无异。

（2）适筋破坏。在正常配筋的条件下，随着外扭矩的不断增加，抗扭箍筋和纵筋首先达到屈服强度，然后主裂缝迅速开展，最后促使混凝土受压面被压碎，构件破坏。这种破坏的发生是延性的、可预见的，与受弯构件适筋梁相类似。

（3）超筋破坏。当抗扭钢筋配置过多或混凝土强度过低时，随着外扭矩的增加，构件混凝土先被压碎，从而导致构件破坏，而此时抗扭箍筋和纵筋还均未达到屈服强度。这种破坏的特征与受弯构件超筋梁相类似，属于脆性破坏的范畴，又称为完全超筋破坏。由于其破坏的不可预见性，完全超筋构件在设计时必须予以避免。

（4）部分超筋破坏。当抗扭箍筋或纵筋中的一种配置过多时，构件破坏时只有部分纵筋或箍筋屈服，而另一部分抗扭钢筋（箍筋或纵筋）尚未达到屈服强度。这种构件称为部分超配筋构件，破坏具有一定的脆性破坏性质。

9.2 纯扭构件正截面承载力计算

9.2.1 纯扭构件开裂扭矩的计算

若混凝土为理想弹塑性材料，在弹性阶段构件截面上的计算应力分布如图 9-6 所示，最大扭剪应力 τ_{max} 及最大主应力，均发生在长边中点，且 $|\sigma_{tp}|=|\sigma_{cp}|=|\tau|$。

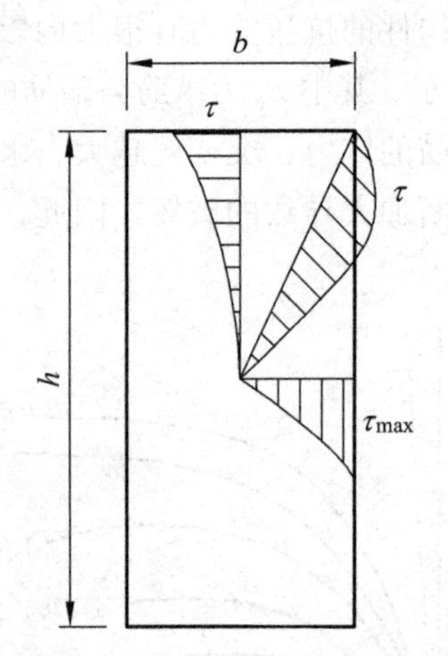

图 9-6 纯扭构件截面剪应力分布

1. 弹性分析法

计算混凝土纯扭构件承载力时，认为混凝土构件为单一均质的弹性材料。在扭矩作用下，矩形截面中的剪应力 τ 的分布如图 9-7 所示。最大剪应力 τ_{max}（最大的主应力）发生在截面长边的中点。所以矩形截面构件在扭矩的作用下，一般总是长边的中点先开裂，而且裂缝将很快发展而导致构件扭断。

2. 塑性分析法

对理想弹塑性材料的矩形截面受扭构件来说，在破坏以前或破坏瞬间，矩形截面中的剪应力 τ 的分布如图 9-8 所示。并且在数值上均匀地等于混凝土抗拉强度设计值 f_{td}。

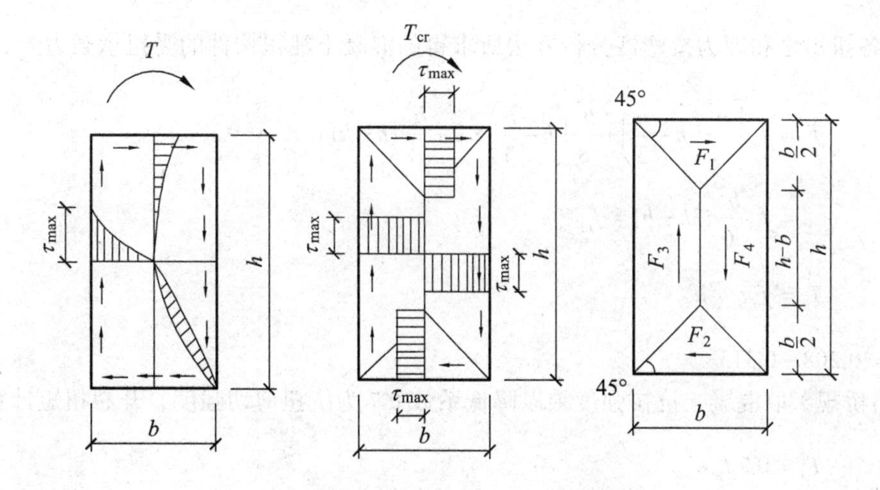

图 9-7　弹性分析中的剪应力分布

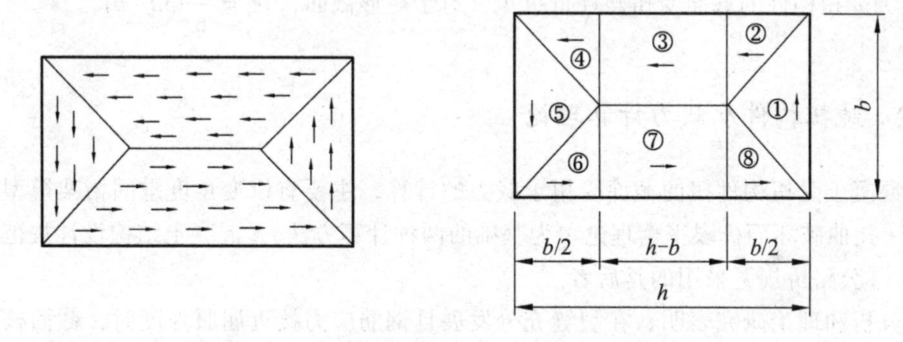

图 9-8　塑性分析中的剪应力分布

为了计算混凝土纯扭构件的承载力，可将图 9-8 中的剪应力分布分为 8 个部分，并计算各部分剪应力 τ 的合力 V，可求得

$$V_1 = V_5 = \frac{1}{4}b^2 f_{td}$$

$$V_2 = V_4 = V_6 = V_8 = \frac{1}{8}b^2 f_{td}$$

$$V_3 = V_7 = \frac{1}{2}b(h-b) f_{td}$$

其中，V_1 与 V_5、V_2 与 V_8、V_4 与 V_6、V_3 与 V_7 各组成扭矩 T_{1-5}、T_{2-8}、T_{4-6}、T_{3-7}。

$$T_{1-5} = \frac{1}{4}b^2 f_{td}\left(h-\frac{b}{3}\right)$$

$$T_{2-8} = T_{4-6} = \frac{1}{8}b^2 f_{td}\left(b-\frac{b}{3}\right)$$

$$T_{3-7} = \frac{1}{2}b(h-b) f_{td}\frac{b}{2}$$

上述各扭矩之和即为按塑性分析方法所求得的混凝土纯扭构件的受扭承载力T_u，即

$$T_u = f_{td}\left[\frac{b^2}{4}\left(h-\frac{b}{3}\right)+\frac{b^2}{8}\left(b-\frac{b}{3}\right)\times 2+\frac{b^2}{4}(h-b)\right]$$
$$= f_{td}\frac{b^2}{6}(3h-b) = f_{td}W_t \quad (9\text{-}1)$$

$$T_u = f_{td}\alpha b^2 h \quad (9\text{-}2)$$

式中，$\alpha = 0.208 \sim 0.313$。

《公路桥规》取混凝土抗拉强度乘以降低系数 0.7 为抗扭剪切强度，开裂扭矩计算公式为

$$T_{cr} = 0.7 f_{td} W_t \quad (9\text{-}3)$$

式中，W_t为受扭构件的截面受扭塑性抵抗矩，对于矩形截面，$W_t = \frac{b^2}{6}(3h-b)$。

9.2.2 纯扭构件承载力计算理论

钢筋混凝土受扭构件扭曲截面受扭承载力的计算，主要有以变角度空间桁架模型理论和斜弯理论（扭曲破坏面极限平衡理论）为基础的两种计算方法,《混凝土结构设计规范》采用的是前者,《公路桥规》采用的是后者。

试验分析和理论研究表明，在裂缝充分发展且钢筋应力接近屈服强度时，截面核心混凝土退出工作，从而实心截面的钢筋混凝土受扭构件可以假想为一箱形截面构件[图 9-9（a）]。此时，具有螺旋形裂缝的混凝土外壳、纵筋和箍筋共同组成空间桁架以抵抗扭矩。

变角度空间桁架模型的基本假定有：

（1）混凝土只承受压力，具有螺旋形裂缝的混凝土外壳组成桁架的斜压杆。

（2）纵筋和箍筋只承受拉力，分别为桁架的弦杆和腹杆。

（3）忽略核心混凝土的受扭作用及钢筋的销栓作用。

按弹性薄壁管理论，在扭矩 T 作用下，沿箱形截面侧壁中将产生大小相等的环向剪力流 q[图 9-9（b）]，且

$$q = \tau t = \frac{T_u}{2A_{cor}} \quad (9\text{-}4)$$

式中 A_{cor}——剪力流路线所围成的面积，按变角度空间桁架模型取为位于截面角部纵筋中心连线所围成的面积，即$A_{cor} = b_{cor}h_{cor}$；

τ——扭剪应力；

t——箱形截面侧壁厚度。

作用于侧壁的剪力流 q 所引起的桁架内力如图 9-9（c）所示。图中斜压杆倾角为α，N为单肢箍筋拉力总和，F为纵筋拉力总和，混凝土斜压杆的总压力为 D。由图示力学平衡条件可得到

$$N = F\tan\alpha \tag{9-5}$$

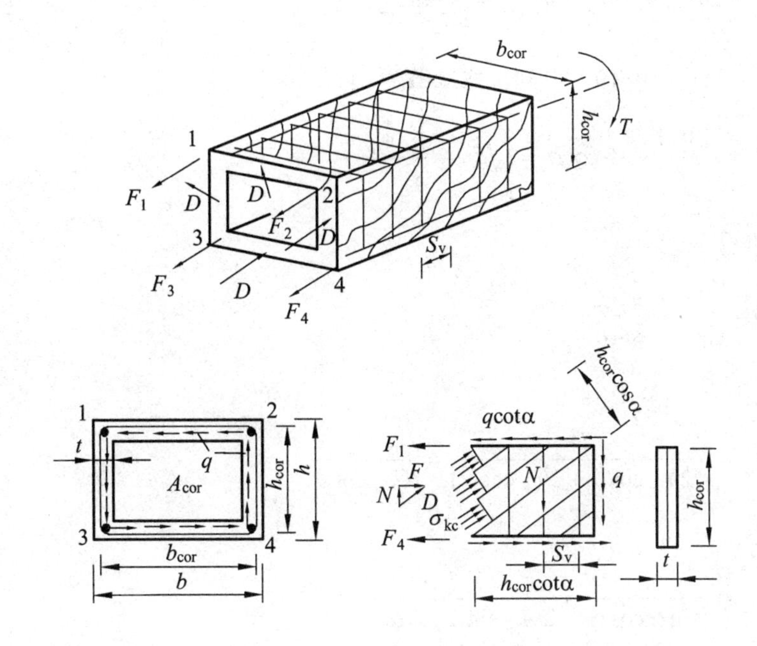

图 9-9　变角度空间桁架模型

在极限状态下：

由 $N = 2\dfrac{A_{sv1}f_{sv}h_{cor}\cot\alpha}{S_v} + 2\dfrac{A_{sv1}f_{sv}b_{cor}\cot\alpha}{S_v}$，得

$$N = \frac{A_{sv1}f_{sv}U_{cor}}{S_v}\cot\alpha \tag{9-6}$$

$$F = A_{st}f_{sd} \tag{9-7}$$

式中　A_{st}、f_{sd}——对称布置的全部纵筋截面面积及纵筋的抗拉强度设计值；

A_{sv1}、f_{sv}——单肢箍筋的截面面积和箍筋的抗拉强度设计值；

S_v——箍筋的间距；

U_{cor}——截面核心混凝土部分的周长，计算时可取箍筋内表皮间的距离来得到。

将式（9-6）、式（9-7）代入式（9-5）可得到

$$A_{sd}f_{sd}\tan\alpha = \frac{A_{sv1}f_{sv}U_{cor}}{S_v}\cot\alpha$$

故

$$\tan\alpha = \sqrt{\frac{A_{sv1}f_{sv}U_{cor}}{A_{st}f_{sd}S_v}} \tag{9-8}$$

令

$$\xi = \frac{A_{st}f_{sd}S_v}{A_{sv1}f_{sv}U_{cor}} \tag{9-9}$$

式中，ξ 为受扭构件纵筋与箍筋的配筋强度比。同时箍筋拉力为

$$N=2qh_{\text{cor}}+2qb_{\text{cor}}=qU_{\text{cor}}=\frac{T_{\text{u}}}{2A_{\text{cor}}}U_{\text{cor}} \tag{9-10}$$

由式（9-6）和式（9-10）得到抗扭承载力

$$T_{\text{u}}=2\frac{A_{\text{sv1}}f_{\text{sv}}A_{\text{cor}}}{S_{\text{v}}}\cot\alpha=2\sqrt{\xi}\frac{A_{\text{sv1}}f_{\text{sv}}A_{\text{cor}}}{S_{\text{v}}} \tag{9-11}$$

斜压杆总压力

$$D=\frac{N}{\sin\alpha}=\frac{qU_{\text{cor}}}{\sin\alpha} \tag{9-12}$$

混凝土平均压应力

$$\sigma_{\text{kc}}=\frac{D}{t(2h_{\text{cor}}\cos\alpha+2b_{\text{cor}}\cos\alpha)}=\frac{D}{tU_{\text{cor}}\cos\alpha}$$

故

$$\sigma_{\text{kc}}=\frac{q}{t\sin\alpha\cos\alpha}=\frac{T_{\text{u}}}{2tA_{\text{cor}}\sin\alpha\cos\alpha} \tag{9-13}$$

9.2.3 纯扭构件抗扭承载力计算

《公路桥规》对于不同的截面形式的纯扭构件正截面抗扭承载力采用不同的计算方法。

1. 矩形截面纯扭构件的抗扭承载力计算

基于变角度空间桁架的计算模型理论，并通过受扭构件的室内实验且使总的抗扭能力取试验数据的偏下值，得到《公路桥规》中采用的矩形截面钢筋混凝土纯扭构件抗扭承载力 T_{u} 计算公式为

$$\gamma_0 T_{\text{d}}\leqslant T_{\text{u}}=0.35f_{\text{td}}W_{\text{t}}+1.2\sqrt{\xi}\frac{f_{\text{sv}}A_{\text{sv1}}A_{\text{cor}}}{S_{\text{v}}} \tag{9-14}$$

《公路桥规》取 ξ 的限制条件为 $0.6\leqslant\xi\leqslant1.7$，当 $\xi>1.7$ 时，按 $\xi=1.7$ 计算。因此，应用式（9-14）计算构件的抗扭承载力时，必须满足《公路桥规》提出的限制条件。

1）抗扭配筋的上限值

当抗扭钢筋配量过多时，纯扭构件可能在抗扭钢筋屈服以前便由于混凝土被压碎而破坏。这时，即使进一步增加钢筋，构件所能承担的破坏扭矩几乎不再增长，也就是说，其破坏扭矩取决于混凝土的强度和截面尺寸。因此，《公路桥规》规定钢筋混凝土矩形截面纯扭构件的截面尺寸应符合下式要求：

$$\frac{\gamma_0 T_{\text{d}}}{W_{\text{t}}}\leqslant 0.51\times10^{-3}\sqrt{f_{\text{cu,k}}}\ (\text{kN/mm}^2) \tag{9-15}$$

式中　T_{d}——扭矩组合设计值（kN·mm）；

W_t——矩形截面受扭塑性抵抗矩（mm^3）；

$f_{cu,k}$——混凝土立方体抗压强度标准值（MPa）。

2）抗扭配筋的下限值

当抗扭钢筋配置过少或过稀时，配筋将无助于开裂后构件的抗扭能力。因此，为防止纯扭构件在低配筋时混凝土发生脆断，应使配筋纯扭构件所承担的扭矩不小于其抗裂扭矩。《公路桥规》规定钢筋混凝土纯扭构件满足式（9-16）的要求时，可不进行抗扭承载力计算，但必须按构造要求（最小配筋率）配置抗扭钢筋：

$$\frac{\gamma_0 T_d}{W_t} \leqslant 0.50\times10^{-3} f_{td}\ (\mathrm{kN/mm^2}) \tag{9-16}$$

式中　f_{td}——混凝土抗拉强度设计值（MPa）。

其余符号意义同前。

《公路桥规》规定，纯扭构件的箍筋配筋率应满足：

$$\rho_{sv} = \frac{A_{sv}}{S_v b} \geqslant 0.055\frac{f_{cd}}{f_{sv}} \tag{9-17}$$

纵向受力钢筋配筋率应满足：

$$\rho_{st} = \frac{A_{st}}{bh} \geqslant 0.08\frac{f_{cd}}{f_{sd}} \tag{9-18}$$

2. 箱形截面纯扭构件的抗扭承载力计算

在桥梁工程中，由于箱形截面具有抗扭刚度大、能承受异号弯矩且底部平整美观等优点。因此，在连续梁桥、曲线梁桥和城市高架桥中得以广泛采用。

实验和理论研究表明，一定壁厚的箱形截面的抗扭承载力与实心截面是相同的。对于箱形截面纯扭构件，《公路桥规》规定，当箱形梁壁厚与相应计量方向的宽度之比为 $t_2/b \geqslant 1/4$ 或 $t_1/h \geqslant 1/4$ 时，其抗扭承载力可按具有相同外形尺寸带翼缘的矩形截面进行计算（图 9-10）；当 $1/10 \leqslant t_2/b < 1/4$ 或 $1/10 \leqslant t_1/h < 1/4$ 时，由于箱壁相应尺寸减薄，其抗扭承载力较同尺寸带翼缘的实心矩形梁有所降低。将式（9-14）混凝土项乘以与截面相对壁厚有关的折减系数 β_a，得出下列计算公式

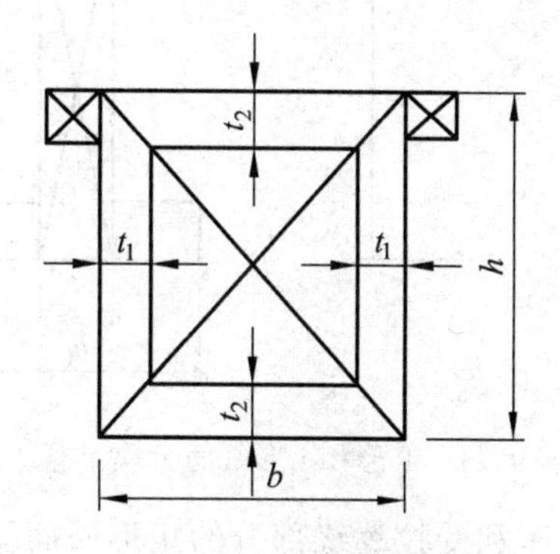

图 9-10　箱性截面构件

$$\gamma_0 T_{\mathrm{d}} \leqslant T_{\mathrm{u}} = 0.35\beta_{\mathrm{a}} f_{\mathrm{td}} W_{\mathrm{t}} + 1.2\sqrt{\xi}\,\frac{f_{\mathrm{sv}} A_{\mathrm{sv1}} A_{\mathrm{cor}}}{S_{\mathrm{v}}} \tag{9-19}$$

式中　β_{a}——箱形截面有效壁厚折减系数，当 $0.10b \leqslant t_2 \leqslant 0.25b$ 或 $0.10h \leqslant t_1 \leqslant 0.25h$ 时，取 $\beta_{\mathrm{a}} = \frac{4t_2}{b}$ 或 $\beta_{\mathrm{a}} = \frac{4t_1}{h}$ 两者较小值；当 $t_2 > 0.25b$ 或 $t_1 > 0.25h$ 时，取 $\beta_{\mathrm{a}} = 1.0$。

箱形截面受扭塑性抵抗矩为

$$W_{\mathrm{t}} = \frac{b^2}{6}(3h-b) - \frac{(b-2t_1)^2}{6}[3(h-2t_2)-(b-2t_1)] \tag{9-20}$$

3. T 形和 I 形截面纯扭构件的抗扭承载力计算

T 形、I 形截面可以看作是简单矩形截面所组成的复杂截面（图 9-11），在计算其抗裂扭矩、抗扭极限承载力时，可将截面划分为几个矩形截面，并将扭矩 T_{d} 按各个矩形分块的抗扭塑性抵抗矩按比例分配给各个矩形分块，以求得各个矩形分块所承担的扭矩。

（1）腹板：

$$T_{\mathrm{wd}} = \frac{W_{\mathrm{tw}}}{W_{\mathrm{t}}} T_{\mathrm{d}} \tag{9-21}$$

（2）受压翼缘：

$$T'_{\mathrm{fd}} = \frac{W'_{\mathrm{tf}}}{W_{\mathrm{t}}} T_{\mathrm{d}} \tag{9-22}$$

（3）受拉翼缘：

$$T_{\mathrm{fd}} = \frac{W_{\mathrm{tf}}}{W_{\mathrm{t}}} T_{\mathrm{d}} \tag{9-23}$$

式中　T_{d}——构件截面所承受的扭矩组合设计值；

T_{wd}——肋板所承受的扭矩组合设计值；

T'_{fd}、T_{fd}——上翼缘、下翼缘所承受的扭矩组合设计值。

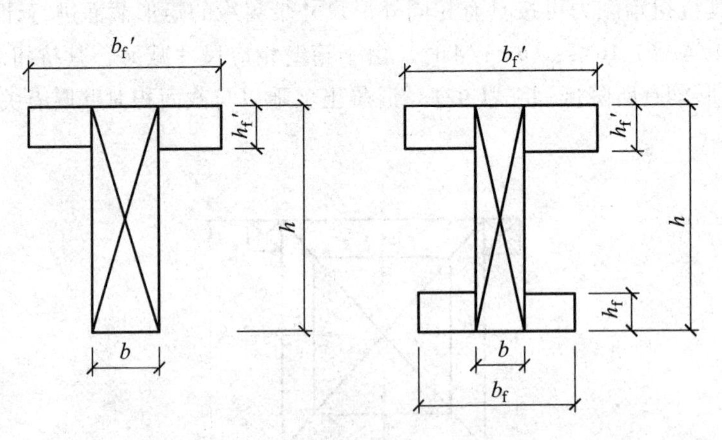

图 9-11　T 形和 I 形截面分块示意图

T 形和 I 形截面的腹板、受压和受拉翼缘部分的矩形截面受扭塑性抵抗矩 W_{tw}、W'_{tf}、W_{tf} 可分别按下列公式计算

$$W_{tw}=\frac{b^2}{6}(3h-b) \tag{9-24}$$

$$W'_{tf}=\frac{h_f'^2}{2}(b'_f-b) \tag{9-25}$$

$$W_{tf}=\frac{h_f^2}{2}(b_f-b) \tag{9-26}$$

截面总的受扭塑性抵抗矩为

$$W_t=W_{tw}+W'_{tf}+W_{tf} \tag{9-27}$$

计算时取用的翼缘宽度应符合 $b'_f \leqslant b+6h'_f$ 及 $b_f \leqslant b+6h_f$ 的要求。

9.3　弯剪扭共同作用构件正截面承载力计算

在实际工程中，真正纯扭构件或剪扭构件是很少见的，大多是同时承受弯矩、剪力和扭矩的构件。在弯矩、剪力和扭矩共同作用下，钢筋混凝土构件的受力状态十分复杂，故很难提出符合实际而又便于设计应用的理论计算公式。

对于弯矩、剪力和扭矩共同作用构件的配筋计算，采取先按弯矩、剪力和扭矩各自“单独”作用进行配筋计算，再把各种相应配筋叠加进行截面设计。《公路桥规》就是采取叠加计算的截面设计简化方法。

9.3.1　弯剪扭构件的破坏类型

构件的破坏特征及承载能力，与所作用的外部荷载条件和构件的内在因素有关。

对于外部荷载条件，通常以表征扭矩和弯矩相对大小的扭弯比 $\psi\left(\psi=\frac{T}{M}\right)$，以及表征扭矩和剪力的相对大小的扭剪比 $\chi\left(\chi=\frac{T}{Vb}\right)$ 来表示。所谓构件的内在因素，系指构件截面形状、尺寸、配筋及材料强度。当构件的内在因素不变时，其破坏特征仅与扭弯比 ψ 和扭剪比 χ 的大小有关；当 ψ 和 χ 值相同时，由于构件的内在因素（如截面尺寸）不同，亦可能出现不同类型的破坏形状。

由试验研究可知，弯、剪、扭共同作用的矩形截面构件，随着扭弯比或扭剪比的不同及配筋情况的差异，主要有三种破坏类型。

1. 第Ⅰ类型（弯型）：受压区在构件的顶面［图 9-12（a）］

对于弯矩、扭矩共同作用的构件，当扭弯比较小时，弯矩起主导作用。裂缝首先在弯曲受拉区梁底面出现，然后发展到两个侧面。顶部的受扭斜裂缝受到抑制而出现较迟，也可能一直不出现。但底部的弯扭裂缝开展较大，当底部钢筋应力达到屈服强度时裂缝迅速发展，即形成第Ⅰ类型（弯型）的破坏形态。

若底部配筋很多，弯、扭共同作用的构件也会发生顶部的混凝土先被压碎的破坏形式（脆性破坏），这也属第Ⅰ类型的破坏形态。

2. 第Ⅱ类型（扭剪型）：受压区在构件的一个侧面［图9-12（b）］

当扭矩和剪力起控制作用，特别是扭剪比 $\chi\,(T/Vb)$ 也较大时，裂缝首先在梁的某一竖向侧面出现，在该侧面由剪力与扭矩产生的拉应力方向一致，两者叠加后将加剧该侧面裂缝的开展；而在另一侧面，由于上述两者主拉应力方向相反，将抑制裂缝的开展，甚至不出现裂缝，这就造成一侧面受拉，另一侧面受压的破坏形态。

3. 第Ⅲ类型（扭型）：受压区在构件的底面［图9-12（c）］

当扭弯比较大而顶部钢筋明显少于底部纵筋时，弯曲受压区的纵筋不足以承受被弯曲压应力抵消后余下的纵向拉力，这时顶部纵筋先于底部纵筋屈服，斜破坏面由顶面和两个侧面上的螺旋裂缝引起，受压区仅位于底面附近，从而发生底部混凝土被压碎的破坏形态。

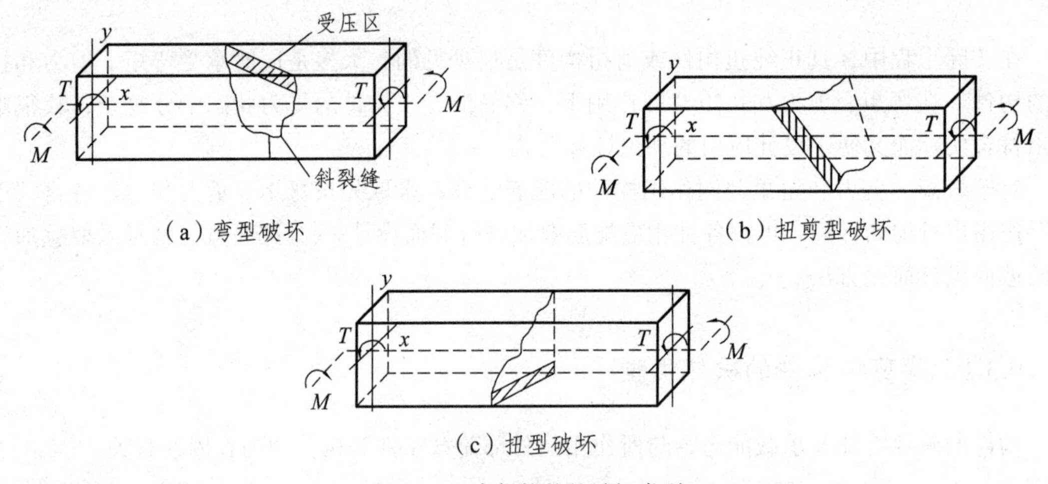

图9-12　弯扭构件的破坏类型

以上所述均属配筋适中的情况。若配筋过多，也能出现钢筋未屈服而混凝土压碎的破坏，设计应避免。

对弯剪扭共同作用的构件，若剪力作用十分明显，而扭矩较小，也可能发生与受剪构件的剪压破坏类型很近的破坏形态。

9.3.2　剪扭作用构件承载力计算

目前钢筋混凝土剪、扭构件的承载力一般按受扭和受剪构件分别计算承载力，然后叠加起来。但是剪、扭共同作用的构件，剪力和扭矩对混凝土和钢筋的承载力均有一定影响。如果采取简单叠加，对钢筋和混凝土尤其是混凝土是偏于不安全的。试验表明，构件在剪、扭共同作用下，其截面的某一受压区内承受剪切和扭转应力的双重作用，这必将降低构件内混凝土的抗剪和抗扭能力，且分别小于单独受剪和受扭时相应的承载力。由于受扭构件的受力情况比较复杂，目前钢筋所承担的承载力采取简单叠加，而混凝土的抗扭和抗剪承载力考虑其相互影响，因而在混凝土的抗扭承载力计算公式中引入剪、扭构件混凝土受扭承载力的降低系数。

正截面受弯承载力计算方法已如前述，现着重分析剪力和扭矩共同作用下构件的抗扭和抗剪承载力计算问题。

《公路桥规》在试验研究的基础上，对在剪、扭共同作用下矩形截面构件的抗剪和抗扭承载力分别采用了如下的计算公式。

1. 剪扭构件抗剪承载力计算公式

$$\gamma_0 V_d \leqslant V_u = \alpha_1 \alpha_3 \frac{(10-2\beta_t)}{20} b h_0 \sqrt{(2+0.6p)\sqrt{f_{cu,k}}\rho_{sv} f_{sv}} \tag{9-28}$$

$$\beta_t = \frac{1.5}{1+0.5\dfrac{V_d W_t}{T_d b h_0}} \tag{9-29}$$

式中　V_d——剪扭构件的剪力组合设计值（N）；

β_t——剪扭构件混凝土抗扭承载力降低系数，当 $\beta_t < 0.5$ 时，取 $\beta_t = 0.5$，当 $\beta_t > 1.0$ 时，取 $\beta_t = 1.0$；

W_t——矩形截面受扭塑性抵抗矩，$W_t = \dfrac{b^2}{6}(3h-b)$。

其他符号参见斜截面抗剪承载力计算式。

2. 剪扭构件抗扭承载力计算公式

$$\gamma_0 T_d \leqslant T_u = 0.35\beta_t f_{td} W_t + 1.2\sqrt{\xi}\frac{f_{sv} A_{sv1} A_{cor}}{s_v} \tag{9-30}$$

式中，β_t 意义同前；T_d 为剪、扭构件的扭矩组合设计值（N · mm）。

3. 剪扭构件配筋的上下限

1）剪扭构件配筋的上限

当构件抗扭钢筋配筋量过大时，构件由于混凝土被压碎而破坏，因此必须规定界面的限制条件，以防出现这种破坏现象。

《公路桥规》规定，在弯、剪、扭共同作用下，矩形截面构件的截面尺寸必须符合下列条件

$$\frac{\gamma_0 V_d}{b h_0} + \frac{\gamma_0 T_d}{W_t} \leqslant 0.51\times 10^{-3}\sqrt{f_{cu,k}}\ (\mathrm{kN/mm^2}) \tag{9-31}$$

式中　V_d——剪力组合设计值（kN）；

T_d——扭矩组合设计值（kN · mm）；

b——垂直于弯矩作用平面的矩形或箱形截面腹板总宽度（mm）；

h_0——平行于弯矩作用平面的矩形或箱形截面的有效高度（mm）；

W_t——截面受扭塑性抵抗矩（$\mathrm{mm^3}$）；

$f_{cu,k}$——混凝土立方体抗压强度标准值（MPa）。

2）剪扭构件配筋的下限

《公路桥规》规定，剪扭构件箍筋配筋率应满足：

$$\rho_{sv} \geqslant \rho_{sv,min} = (2\beta_t - 1)\left(0.055\frac{f_{cd}}{f_{sv}} - c\right) + c \qquad (9-32)$$

式中的β_t按公式（9-29）计算。对于式中的 c 值，当箍筋采用 HPB300 钢筋时取 0.001 4；当箍筋采用 HRB400 钢筋时取 0.001 1。

纵向受力钢筋配筋率应满足：

$$\rho_{st} \geqslant \rho_{st,min} = \frac{A_{st,min}}{bh} = 0.08(2\beta_t - 1)\frac{f_{cd}}{f_{sd}} \qquad (9-33)$$

式中　$A_{st,min}$——纯扭构件全部纵向钢筋最小截面面积；

h——矩形截面的长边长度；

b——矩形截面的短边长度；

ρ_{st}——纵向抗扭钢筋配筋率，$\rho_{st} = \dfrac{A_{st}}{bh}$；

A_{st}——全部纵向抗扭钢筋截面面积。

《公路桥规》规定，对于承受弯剪扭的矩形截面构件，当符合下列条件可不进行构件的抗扭承载力计算，仅需按构造要求配置钢筋

$$\frac{\gamma_0 V_d}{bh_0} + \frac{\gamma_0 T_d}{W_t} \leqslant 0.50 \times 10^{-3} f_{td}\ (\text{kN/mm}^2) \qquad (9-34)$$

9.3.3　弯剪扭作用构件配筋计算

对于在弯矩、剪力和扭矩共同作用下的构件，其纵向钢筋和箍筋应按下列规定计算并分别进行配置。

（1）抗弯纵向钢筋应按受弯构件正截面承载力计算所需的钢筋截面面积配置在受拉区边缘。

（2）按剪扭构件计算纵向钢筋和箍筋。矩形截面构件，由抗扭承载力计算公式计算所需的纵向抗扭钢筋面积，并均匀、对称布置在矩形截面的周边，其间距不应大于 300 mm，在矩形截面的四角必须配置纵向钢筋；箍筋为按抗剪和抗扭承载力计算所需的截面面积之和进行布置；对于 T 形、I 形截面构件，对于肋板，考虑其同时承受剪力（全部剪力）和相应的分配扭矩，按上节所述剪、扭共同作用下的情况，即式（9-28）~（9-34）计算，但应将公式中的T_d和W_t分别改为T_{wd}和W_{tw}。对于受压翼缘和受拉翼缘，不考虑其承受剪力，按承受相应的分配扭矩的纯扭构件进行计算，但应将T_d和W_t改为T'_{fd}、W'_{tf}或T_{fd}、W_{tf}，同时箍筋和纵向抗扭钢筋的配筋率应满足纯扭构件的相应规范值。

（3）叠加上述二者求得的纵向钢筋和箍筋截面面积，即得最后所需的纵向钢筋截面面积并配置在相应的位置。

《公路桥规》规定，纵向受力钢筋的配筋率不应小于受弯构件纵向受力钢筋最小配筋率与受

剪扭构件纵向受力钢筋最小配筋率之和，如配置在截面弯曲受拉边的纵向受力钢筋，其截面面积不应小于按受弯构件受拉钢筋最小配筋率计算出的面积与按受扭纵向钢筋最小配筋计算并分配到弯曲受拉边的面积之和。同时，其箍筋最小配筋率不应小于剪扭构件的箍筋最小配筋率。

9.4　构造要求

由于外荷载扭矩是靠抗扭钢筋的抵抗矩来平衡的，因此在保证必要的保护层的前提下，箍筋与纵筋均应尽可能地布置在构件周边的表面处，以增大抗扭效果。此外，由于位于角隅、棱边处的纵筋受到主压应力的作用，易弯出平面，使混凝土保护层向外侧推出而剥落，因此，纵向钢筋必须布置在箍筋的内侧，靠箍筋来限制其外鼓（图 9-13）。

根据抗扭强度要求，抗扭纵筋间距不宜大于 300 mm，数量至少要有 4 根，布置在矩形截面的四个角隅处，其直径不应小于 8 mm；纵筋末端应留有足够的锚固长度；架立钢筋和梁肋两侧纵向抗裂分布筋若有可靠的锚固，也可以当抗扭钢筋；在抗弯钢筋一边，可选用较大直径的钢筋来满足抵抗弯矩和扭矩的需要。

为保证箍筋在扭坏的连续裂缝面上都能有效地承受主拉应力作用，抗扭箍筋必须做成封闭式箍筋（图 9-14），并且将箍筋在角端用 135°弯钩锚固在混凝土核心内，锚固长度约等于 10 倍的箍筋直径。为防止箍筋间纵筋向外屈曲而导致保护层剥落，箍筋间距不宜过大，箍筋最大间距根据抗扭要求不宜大于梁高的 1/2 且不大于 400 mm，也不宜大于抗剪箍筋的最大间距。箍筋的直径不小于 8 mm，且不小于 1/4 主钢筋直径。

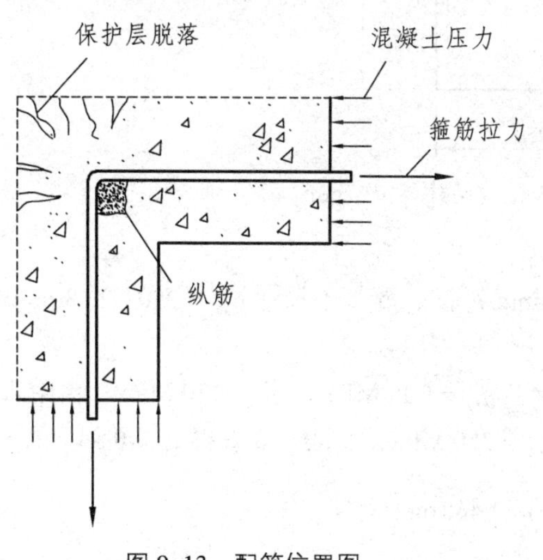

图 9-13　配筋位置图

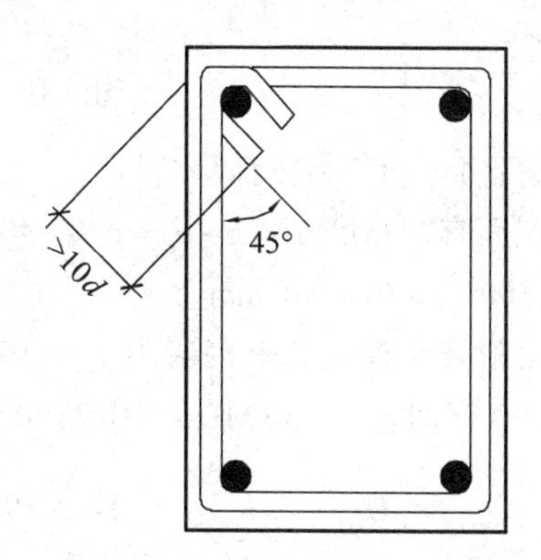

图 9-14　封闭式箍筋示意图

在梁的截面拐角外，由于箍筋受拉，有可能使混凝土保护层开裂，甚至向外推出而剥落。因此，在进行抗扭承载力计算时，都是取混凝土核心面积作为计算对象的。

对于由若干个矩形截面组成的复杂截面，如 T 形、L 形、工字形截面的受扭构件，必须将各个矩形截面的抗扭钢筋配成笼状骨架，且使复杂截面内各个矩形单元部分的抗扭钢筋互相交错地牢固连成整体，如图 9-15 所示。

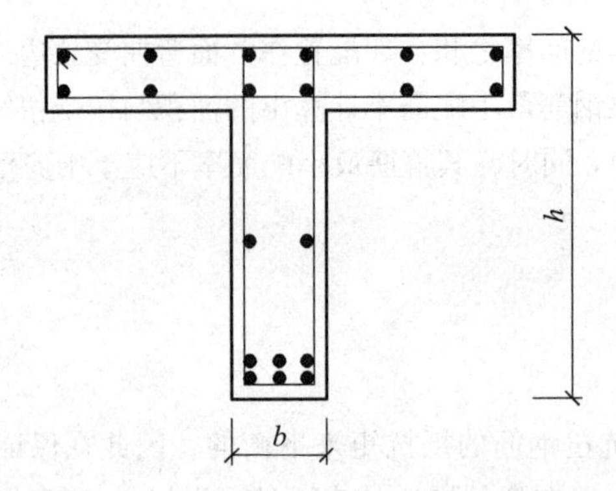

图 9-15　复杂截面箍筋配置图

【例 9-1】矩形截面的钢筋混凝土构件（图 9-16），短边尺寸 $b=250\ \text{mm}$，长边尺寸 $h=600\ \text{mm}$。截面上弯矩组合设计值 $M_d=117\ \text{kN}\cdot\text{m}$、剪力组合设计值 $V_d=109\ \text{kN}$、扭矩组合设计值 $T_d=9.23\ \text{kN}\cdot\text{m}$。I 类环境条件，设计使用年限 50 年，安全等级为二级。假定 $a_s=40\ \text{mm}$，箍筋内表皮至构件表面距离为 30 mm。采用 C30 混凝土，HRB400 级纵向钢筋和 HPB300 级箍筋。试进行截面的配筋设计。

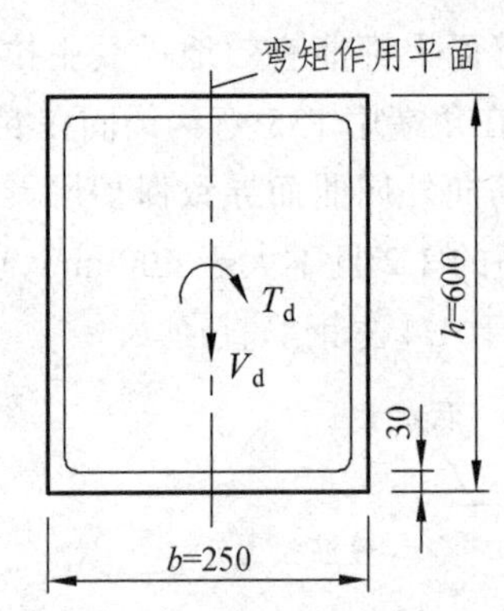

图 9-16　例 9-1 图（尺寸单位：mm）

解：1）相关参数计算

截面有效高度 $h_0=h-a_s=600-40=560\ \text{mm}$，核心混凝土尺寸 $b_{cor}=250-2\times30=190\ \text{mm}$，$h_{cor}=600-2\times30=540\ \text{mm}$。

由附表 1 查得 C30 混凝土 $f_{cd}=13.8\ \text{MPa}$，$f_{td}=1.39\ \text{MPa}$，$f_{cu,k}=30\ \text{MPa}$；由附表 3 查得 HRB400 钢筋 $f_{sd}=330\ \text{MPa}$，HPB300 箍筋 $f_{sv}=250\ \text{MPa}$。由表 4-2 查得 $\xi_b=0.53$。取 $\gamma_0=1.0$。

$$U_{cor}=2\left(h_{cor}+b_{cor}\right)=2\left(190+540\right)=1\,460\,\text{mm}$$

$$A_{cor}=h_{cor}b_{cor}=190\times540=102\,600\,\text{mm}^2$$

$$W_t=\frac{1}{6}b^2\left(3h-b\right)=\frac{1}{6}\times250^2\times\left(3\times600-250\right)=1.615\times10^7\,\text{mm}^3$$

2）截面适用条件检查

$$0.51\times10^{-3}\sqrt{f_{cu,k}}=0.51\times10^{-3}\times\sqrt{30}=2.79\times10^{-3}\,\text{kN}/\text{mm}^2$$

$$0.50\times10^{-3}f_{td}=0.50\times10^{-3}\times1.39=0.695\times10^{-3}\,\text{kN/mm}^2$$

$$\frac{\gamma_0V_d}{bh_0}+\frac{\gamma_0T_d}{W_t}=\frac{1.0\times109}{250\times560}+\frac{1.0\times9.23\times10^3}{1.615\times10^7}=1.35\times10^{-3}\,\text{kN/mm}^2$$

故满足 $0.5\times10^{-3}f_{td}<\dfrac{\gamma_0V_d}{bh_0}+\dfrac{\gamma_0T_d}{W_t}<0.51\times10^{-3}\sqrt{f_{cu,k}}$，构件截面尺寸符合要求，但需通过计算配置抗剪扭钢筋。

3）抗弯纵筋计算

截面受弯纵向受拉钢筋按单筋截面且按一层布置（绑扎钢筋骨架），根据已知条件取 $a_s=40\,\text{mm}$，则矩形截面有效高度 $h_0=h-a_s=600-40=560\,\text{mm}$。

将各已知值代入式（4-14）整理后得到关于截面受压区高度 x 的方程

$$x^2-1\,120x-67\,826=0$$

解得 $x_1=1\,056\,\text{mm}$（大于梁高，舍去）；$x_2=64\,\text{mm}<\xi_bh_0$（$=0.53\times560=297\,\text{mm}$）。

取截面受压区高度 $x=64\,\text{mm}$ 代入式（4-13），得到需要的截面受弯纵向钢筋计算值为

$$A_s=\frac{f_{cd}bx}{f_{sd}}=\frac{13.8\times250\times64}{330}=669\,\text{mm}^2$$

对受弯构件，规定截面一侧纵向受拉钢筋最小配筋率（%）为 $45f_{td}/f_{sd}=45\times13.9/330=0.19$ 且应不小于 0.2，故截面一侧纵向受拉钢筋最小配筋面积为 $A_{s,min}=0.002bh_0=0.002\times250\times560=280\,\text{mm}^2$。

现截面受弯纵向钢筋计算值为 $A_s=669\,\text{mm}^2>A_{s,min}=280\,\text{mm}^2$，满足要求。

4）构件所需抗剪箍筋计算

受扭承载力降低系数为

$$\beta_t=\frac{1.5}{1+0.5\dfrac{V_dW_t}{T_dbh_0}}=\frac{1.5}{1+0.5\dfrac{109\times1.615\times10^7}{9.23\times10^3\times250\times560}}=0.89$$

假定构件只设置抗剪箍筋，在斜截面投影长度范围内正截面纵向钢筋的计算配筋率为

$$p=100\frac{A_s}{bh_0}=100\times\frac{669}{250\times560}=0.48$$

假定构件为简支梁，即可取 α_1=1.0，同时取 α_3=1.0。抗剪箍筋配箍率为

$$\rho_{sv}=\left(\frac{\gamma_0V_d}{\alpha_1\alpha_3\dfrac{10-2\beta_t}{20}bh_0}\right)^2\Big/\left[(2+0.6P)\sqrt{f_{cu,k}}f_{sv}\right]$$

$$=\left(\frac{1.0\times109\times10^3}{1.0\times1.0\times\dfrac{10-2\times0.89}{20}\times250\times560}\right)^2/[(2+0.6\times0.48)\sqrt{30}\times250]=0.00115$$

选用双肢闭口箍筋，肢数 $n=2$，则可得到

$$\frac{A_{sv1}}{s_v}=\frac{b\rho_{sv}}{2}=\frac{250\times0.00115}{2}=0.14\ \text{mm}^2/\text{mm}$$

5）构件所需抗扭箍筋的计算

取 $\zeta=1.2$，由式（9-30）可得到

$$\frac{A_{sv1}}{s_v}=\frac{\gamma_0T_d-0.35\beta_t f_{td}W_t}{1.2\sqrt{\zeta}f_{sv}A_{cor}}$$
$$=\frac{1.0\times9.23\times10^6-0.35\times0.89\times1.39\times1.615\times10^7}{1.2\sqrt{1.2}\times250\times102\,600}=0.066\ \text{mm}^2/\text{mm}$$

6）构件抗剪扭箍筋钢筋配置计算

构件总的箍筋配置为 $\frac{A_{sv1}}{s_v}=0.14+0.066=0.206\ \text{mm}^2/\text{mm}$。设箍筋直径为 Φ8，取 $s_v=120$ mm，则所需箍筋截面积 $A_{sv1}=0.206\times120=24.72\,\text{mm}^2$。采用双肢闭合式箍筋，$A_{sv1}=50.30\,\text{mm}^2>24.72\ \text{mm}^2$，箍筋的相应配筋率 ρ_{sv} 为

$$\rho_{sv}=\frac{2A_{sv1}}{bs_v}=\frac{2\times50.3}{250\times120}=0.34\%$$

《公路桥规》规定的最小箍筋配筋率 $\rho_{sv,min}$ 由式（9-32）计算得

$$\rho_{sv,min}=(2\beta_t-1)\left(0.055\frac{f_{cd}}{f_{sv}}-c\right)+c=(2\times0.89-1)\left(\frac{0.055\times13.8}{250}-0.001\,4\right)+0.001\,4$$
$$=0.27\%<\rho_{sv}=0.34\%$$

故满足要求。

7）构件抗扭纵向钢筋配置计算

抗扭纵筋截面面积为

$$A_{st}=\frac{\zeta f_{sv}A_{sv1}U_{cor}}{f_{sd}s_v}=\frac{1.2\times250\times50.3\times1\,460}{330\times120}=556\ \text{mm}^2$$

按照《公路桥规》规定最小抗扭纵向钢筋配筋率为

$$\rho_{st,min}=0.08(2\beta_t-1)f_{cd}/f_{sd}=0.08(2\times0.89-1)13.8/330=0.261\%$$

而实际配筋率：$\rho_{st}=\frac{A_{st}}{bh}=\frac{556}{250\times600}=0.37\%$，则 $\rho_{st}>\rho_{st,min}$，故满足要求。

按构造要求，抗扭纵筋之间的间距不应大于 300mm，而矩形截面高 600mm，故抗扭纵筋沿截面高度可以布置三层或四层，现按四层布置，每层所需抗扭钢筋面积为 $A_{st}/4$。按截面所需抗弯纵向钢筋面积和抗扭纵向钢筋面积叠加进行纵筋布置如下：

（1）截面底层配置纵筋面积为 $A_{s,sum}=A_s+\frac{1}{4}A_{st}=669+\frac{556}{4}=808\ \text{mm}^2$，选用 3Φ20（$A_s=942\ \text{mm}^2$），经检查混凝土保护层厚度和纵筋横向净距均满足受弯构件要求。

（2）截面上层配置纵筋面积为 $A'_{s,sum}=\frac{1}{4}A_{st}=\frac{556}{4}=139\ \text{mm}^2$，选用 2Φ12 ($A'_s=226\ \text{mm}^2$)，满足要求。

（3）截面中间沿梁高按两层布置，每层配置纵筋面积为 $A_{sw}=\frac{1}{4}A_{st}=\frac{1}{4}\times556=139\ \text{mm}^2$，考虑与截面上层钢筋规格一致，选用选用 2Φ12 ($A'_s=226\ \text{mm}^2$)。

截面配筋图绘制如图 9-17 所示。

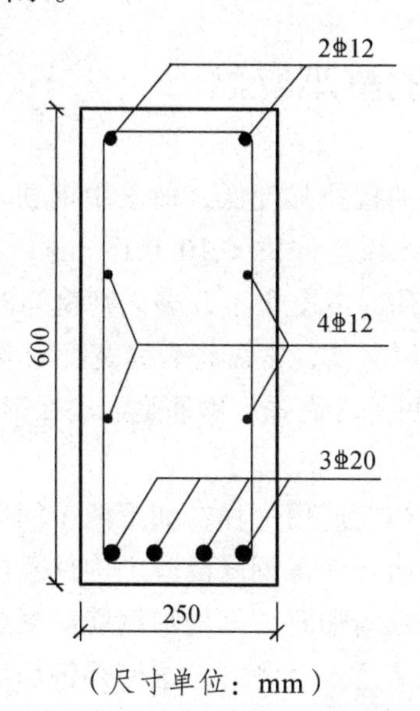

（尺寸单位：mm）

图 9-17　例题 9-1 截面配筋

复习思考题

1. 钢筋混凝土纯扭构件有哪几种破坏形式？钢筋配置量如何影响纯扭构件的破坏形式？

2. 受扭构件设计时，怎样避免出现少筋构件和完全超筋构件？什么情况下可不进行剪、扭承载力计算而仅按构造配置抗剪、扭钢筋？

3. 受弯、剪、扭共同作用的构件箍筋和纵筋最小配筋率在《公路桥规》中是如何规定的？

4. 已知钢筋混凝土矩形截面纯扭构件截面尺寸 $b\times h$=200 mm×400 mm。扭矩设计值 T_d=8.5 kN · m，C30 混凝土，纵筋 HRB400 级，箍筋 HRB335 级。I 类环境条件，安全等级为二级。试求所需钢筋的数量。

5. 已知钢筋混凝土矩形截面梁截面尺寸 $b\times h$=200 mm×400 mm。承受弯矩设计值 $M_d=50\ \text{kN}\cdot\text{m}$，扭矩设计值 $T_d=5.0\ \text{kN}\cdot\text{m}$，剪力设计值 V_d=25 kN。C30 混凝土，纵筋 HRB400 级，箍筋 HRB335 级。I 类环境条件，安全等级为二级。试求所需钢筋的数量。

6. 矩形截面悬臂梁，截面 $b\times h$=250 mm×500 mm。混凝土 C30 级，纵筋 HRB400 级，箍筋 HPB300 级。该梁在悬臂支座截面处承受的弯矩设计值 $M_d=100\ \text{kN}\cdot\text{m}$，扭矩设计值 $T_d=7.0\ \text{kN}\cdot\text{m}$，剪力设计值 $V_d=110\ \text{kN}$。I 类环境条件，安全等级为二级。试计算该梁的配筋并绘配筋图。

第 10 章　预应力受弯构件预应力损失及承载能力计算

10.1　预应力混凝土的基本概念

钢筋混凝土构件由于混凝土的抗拉强度低，而采用钢筋来代替混凝土承受拉力。但是，混凝土的极限拉应变也很小，每米仅能伸长 0.10~0.15 mm，若混凝土伸长值超过该极限值就要出现裂缝。如果要求构件在使用时混凝土不开裂，则钢筋的拉应力只能达到 20~30 MPa；即使允许开裂，为了保证构件的耐久性，常需将裂缝宽度限制在 0.20~0.25 mm，此时钢筋拉应力也只能达到 150~250 MPa，可见，高强度钢筋是无法在钢筋混凝土结构中充分发挥其抗拉强度的。

由上述可知，钢筋混凝土结构在使用中存在如下两个问题：一是需要带裂缝工作，裂缝的存在，不仅使构件刚度下降，而且使得钢筋混凝土构件不能应用于不允许开裂的场合；二是无法充分利用高强材料。当荷载增加时，靠增加钢筋混凝土构件的截面尺寸或增加钢筋用量的方法来控制构件的裂缝和变形是不经济的，这使得钢筋混凝土结构在桥梁工程中的使用范围受到很大限制。要使钢筋混凝土结构得到进一步的发展，就必须克服混凝土抗拉强度低这一缺点，于是人们在长期的工程实践及研究中，创造出了预应力混凝土结构。

10.1.1　预应力混凝土结构的基本原理

所谓预应力混凝土，就是事先人为地在混凝土或钢筋混凝土中引入内部应力，且其数值和分布恰好能将使用荷载产生的应力抵消到一个合适程度的配筋混凝土。例如，对混凝土或钢筋混凝土梁的受拉区预先施加压应力，使之建立一种人为的应力状态，这种应力的大小和分布规律，能有利于抵消使用荷载作用下产生的拉应力，因而使混凝土构件在使用荷载作用下不致开裂，或推迟开裂，或者使裂缝宽度减小。这种由配置预应力钢筋再通过张拉或其他方法建立预应力的结构，就称为预应力混凝土结构。

现以图 10-1 所示的简支梁为例，进一步说明预应力混凝土结构的基本原理。

设混凝土梁跨径为 L，截面为 $b\times h$，承受均布荷载 q（含自重在内），其跨中最大弯矩为 $M=qL^2/8$，此时跨中截面上、下缘的应力[图 10-1（c）]如下：

上缘：　$$\sigma_{cu}=\frac{6M}{bh^2}\text{（压应力）}$$

下缘：　$$\sigma_{cb}=-\frac{6M}{bh^2}\text{（拉应力）}$$

假如预先在离该梁下缘 $h/3$（即偏心距 $e=h/6$）处，设置高强钢丝束，并在梁的两端对拉锚固[图 10-1（a）]，使钢束中产生拉力 N_p，其弹性回缩的压力将作用于梁端混凝土截面与钢束同高的水平处[图 10-1（b）]，回缩力的大小亦为 N_p。如令 $N_p=3M/h$，则同样可求得 N_p 作用下，梁上、下缘所产生的应力[图 10-1d）]。

$$上缘：\sigma_{cpu}=\frac{N_p}{bh}-\frac{6N_p\cdot e}{bh^2}=\frac{3M}{bh^2}-\frac{6}{bh^2}\cdot\frac{3M}{h}\cdot\frac{h}{6}=0\text{（无应力）}$$

$$下缘：\sigma_{cpb}=\frac{N_p}{bh}+\frac{6N_p\cdot e}{bh^2}=\frac{3M}{bh^2}+\frac{6}{bh^2}\cdot\frac{3M}{h}\cdot\frac{h}{6}=\frac{6M}{bh^2}\text{（压应力）}$$

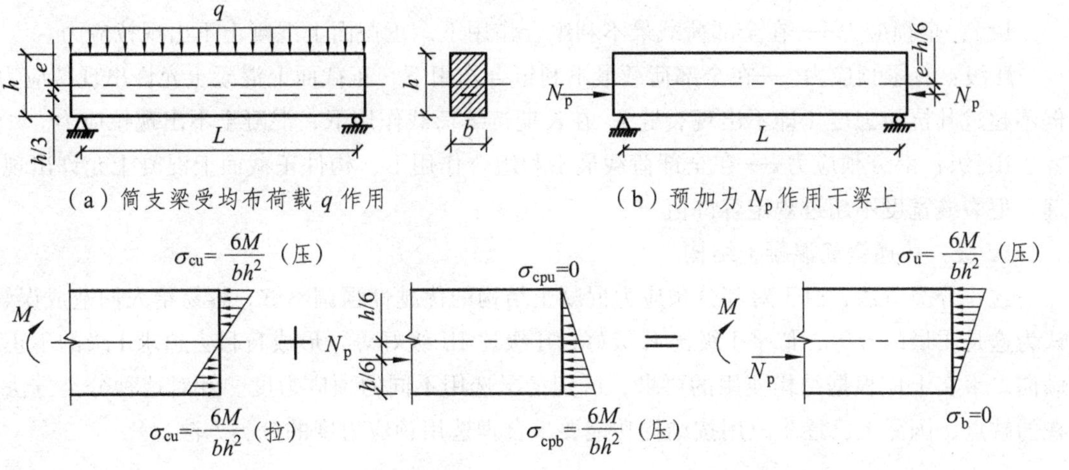

（a）简支梁受均布荷载 q 作用　　（b）预加力 N_p 作用于梁上

（c）荷载 q 作用下的跨中截面应力分布图　　（d）预加力 N_p 作用下的跨中截面应力分布图　　（e）梁在 q 和 N_p 共同作用下的跨中截面应力分布图

图 10-1　预应力混凝土结构基本原理图

现将上述两项应力叠加，即可求得梁在 q 和 N_p 共同作用下，跨中截面上、下缘的总应力[图 10-1e）]。

$$上缘：\sigma_u=\sigma_{cu}+\sigma_{cpu}=\frac{6M}{bh^2}+0=\frac{6M}{bh^2}\text{（压应力）}$$

$$下缘：\sigma_b=\sigma_{cb}+\sigma_{cpb}=-\frac{6M}{bh^2}+\frac{6M}{bh^2}=0\text{（无应力）}$$

由于预先给混凝土梁施加了预压应力，使混凝土梁在均布荷载 q 作用时在下边缘所产生的拉应力全部被抵消，因而可避免混凝土出现裂缝，混凝土梁可以全截面参加工作。这就相当于改善了梁中混凝土的抗拉性能，而且可以达到充分利用高强钢材的目的。

从图 10-1 还可看出，要有效地抵消外荷载作用所产生的拉应力，这不仅与 N_p 的大小有关，而且也与 N_p 所施加的位置（即偏心距 e 的大小）有关。预加力 N_p 所产生的反弯矩与偏心距 e 成正比例，为了节省预应力钢筋的用量，设计中常常尽量减小 N_p 值，因此在弯矩最大的跨中截面就必须尽量加大偏心距 e 值。如果沿全梁 N_p 值保持不变，对于外弯矩较小的截面，则需将 e 值相应地减小，以免由于预加力弯矩过大，使梁的上缘出现拉应力，甚至出现裂缝。预加力 N_p 在各截面的偏心距 e 值的调整工作，在设计时通常是通过曲线配筋的形式来实现的。

10.1.2　配筋混凝土结构的分类

国内通常把全预应力混凝土、部分预应力混凝土和钢筋混凝土结构总称为配筋混凝土结构系列。

1. 国外配筋混凝土结构的分类

1970 年国际预应力混凝土协会（FIP）——欧洲混凝土委员会（CEB）建议，将配筋混凝土按预加应力的大小划分为如下四级：

I 级：全预应力——在全部荷载最不利组合作用下，正截面上混凝土不出现拉应力。

II 级：有限预应力——在全部荷载最不利组合作用下，正截面上混凝土允许出现拉应力，但不超过其抗拉强度（即不出现裂缝）；在长期持续荷载作用下，混凝土不出现拉应力。

III 级：部分预应力——在全部荷载最不利组合作用下，构件正截面上混凝土允许出现裂缝，但裂缝宽度不超过规定容许值。

IV 级：普通钢筋混凝土结构

这一分类方法，由于对部分预应力混凝土结构的优越性强调不够，容易给人们造成误解，认为这是质量的分等，似乎 I 级比 II 级好，II 级比 III 级好等，形成盲目去追求 I 级的不正确倾向。事实上应根据结构使用的要求，区别情况选用不同的预应力度。针对这种分类方法存在的缺点，国际上已逐步改用按结构功能要求合理选用预应力度的分类方法。

2. 国内配筋混凝土结构的分类

根据国内工程习惯，我国对以钢材为配筋的配筋混凝土结构系列，采用按其预应力度分成全预应力混凝土、部分预应力混凝土和钢筋混凝土等三种结构的分类方法。

1）预应力度的定义

《公路桥规》将受弯构件的预应力度（λ）定义为由预加应力大小确定的消压弯矩 M_0 与外荷载产生的弯矩 M_s 的比值，即

$$\lambda = M_0 / M_s$$

式中　λ——预应力混凝土构件的预应力度；

M_0——消压弯矩，也就是构件抗裂边缘预压应力抵消到零时的弯矩；

M_s——按作用（或荷载）频遇组合计算的弯矩值。

2）配筋混凝土构件的分类

（1）全预应力混凝土构件——在作用（荷载）频遇组合下控制的正截面受拉边缘不允许出现拉应力（不得消压），即 $\lambda \geqslant 1$。

（2）部分预应力混凝土构件——在作用（荷载）频遇组合下控制的正截面受拉边缘出现拉应力或出现不超过规定宽度的裂缝，即 $1 > \lambda > 0$。

（3）钢筋混凝土构件——不预加应力的混凝土构件，即 $\lambda = 0$。

3）部分预应力混凝土构件的分类

由上述可知，部分预应力混凝土构件就是指其预应力度以全预应力混凝土构件和钢筋

混凝土构件为两个界限的中间广阔领域内的预应力混凝土构件。这一定义是采用了包括CEB/FIP规范中的有限预应力和部分预应力这两部分的广义定义。可以看出，对于部分预应力混凝土构件，如何根据结构使用要求，合理地确定构件的预应力度（λ）是一个非常重要的问题。

为了设计的方便,《公路桥规》又将在作用（荷载）短期效应组合下控制的正截面受拉边缘允许出现拉应力的部分预应力混凝土构件分为以下两类：

A 类：当对构件控制截面受拉边缘的拉应力加以限制时，为 A 类预应力混凝土构件。

B 类：当构件控制截面受拉边缘拉应力超过限值或出现不超过宽度限值的裂缝时，为 B 类预应力混凝土构件。

10.1.3　预应力混凝土结构的优缺点

预应力混凝土结构具有下列主要优点：

（1）提高了构件的抗裂度和刚度。对构件施加预应力后，使构件在使用荷载作用下可不出现裂缝，或可使裂缝大大推迟出现，有效地改善了构件的使用性能，提高了构件的刚度，增加了结构的耐久性。

（2）可以节省材料，减少自重。预应力混凝土由于采用高强材料，因而可减少构件截面尺寸，节省钢材与混凝土用量，降低结构物的自重。这对自重比例很大的大跨径桥梁来说，更有着显著的优越性。大跨度和重荷载结构，采用预应力混凝土结构一般是经济合理的。

（3）可以减小混凝土梁的竖向剪力和主拉应力。预应力混凝土梁的曲线钢筋（束），可使梁中支座附近的竖向剪力减小；又由于混凝土截面上预压应力的存在，荷载作用下的主拉应力也相应减小。这有利于减小梁的腹板厚度，使预应力混凝土梁的自重可以进一步减小。

（4）结构质量安全可靠。施加预应力时，钢筋（束）与混凝土都同时经受了一次强度检验。如果在张拉钢筋时构件质量表现良好，那么，在使用时也可以认为是安全可靠的。因此有人称预应力混凝土结构是经过预先检验的结构。

（5）预应力可作为结构构件连接的手段，促进了桥梁结构新体系与施工方法的发展。

此外，预应力还可以提高结构的耐疲劳性能。因为具有强大预应力的钢筋，在使用阶段由加荷或卸荷所引起的应力变化幅度相对较小，所以引起疲劳破坏的可能性也小。这对承受动荷载的桥梁结构来说是很有利的。

预应力混凝土结构也存在着一些缺点：

（1）工艺较复杂，对施工质量要求甚高，因而需要配备一支技术较熟练的专业队伍。

（2）需要有专门设备，如张拉机具、灌浆设备等。先张法需要有张拉台座；后张法还要耗用数量较多、质量可靠的锚具等。

（3）预应力反拱度不易控制。它随混凝土徐变的增加而加大，如存梁时间过久再进行安装，就可能使反拱度很大，造成桥面不平顺。

（4）预应力混凝土结构的开工费用较大，对于跨径小、构件数量少的工程，成本较高。

但是，以上缺点是可以设法克服的。例如应用于跨径较大的结构，或跨径虽不大，但构件数量很多时，采用预应力混凝土结构就比较经济了。总之，只要从实际出发，因地制宜地进行合理设计和妥善安排，预应力混凝土结构就能充分发挥其优越性。所以它在近数十年来得到了迅猛的发展，尤其对桥梁新体系的发展起了重要的推动作用。这是一种极有发展前途的工程结构。

10.2 预加应力的方法与设备

10.2.1 预加应力的主要方法

1. 先张法

先张法，即先张拉钢筋，后浇筑构件混凝土的方法，如图 10-2 所示。先在张拉台座上，按设计规定的拉力张拉预应力钢筋，并进行临时锚固，再浇筑构件混凝土，待混凝土达到要求强度（一般不低于强度设计值的 75%）后，放张（即将临时锚固松开，缓慢放松张拉力），让预应力钢筋的回缩，通过预应力钢筋与混凝土间的黏结作用，传递给混凝土，使混凝土获得预压应力。这种在台座上张拉预应力筋后浇筑混凝土并通过黏结力传递而建立预加应力的混凝土构件就是先张法预应力混凝土构件。

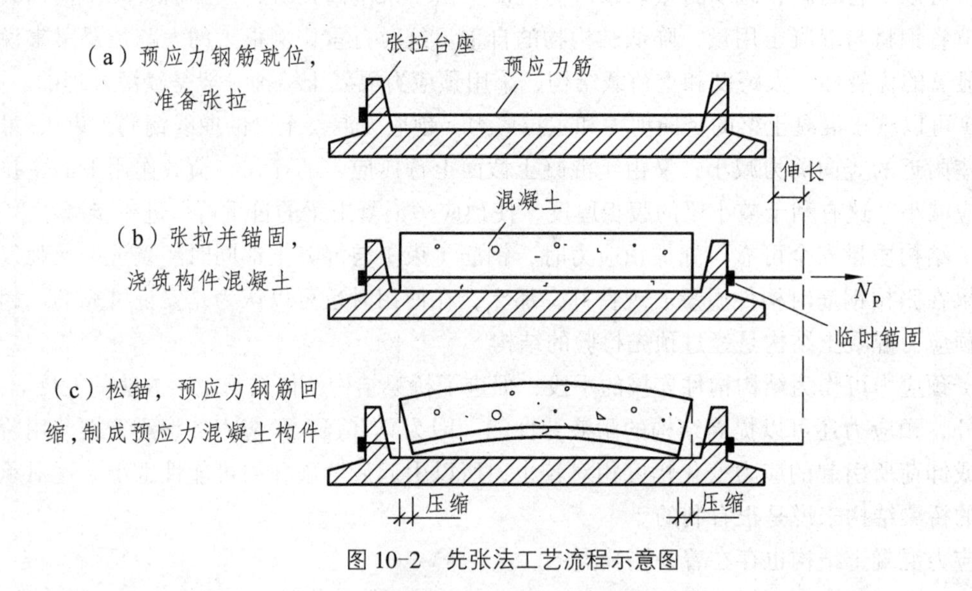

图 10-2 先张法工艺流程示意图

先张法所用的预应力钢筋，一般可用高强钢丝、钢绞线等。不专设永久锚具，借助与混凝土的黏结力，以获得较好的自锚性能。

先张法施工工序简单，预应力钢筋靠黏结力自锚，临时固定所用的锚具（一般称为工具式锚具或夹具）可以重复使用，因此大批量生产先张法构件比较经济，质量也比较稳定。目前，先张法在我国一般仅用于生产直线配筋的中小型构件。大型构件因需配合弯矩与剪力沿梁长度的分布而采用曲线配筋，这将使施工设备和工艺复杂化，且需配备庞大的张拉台座，因而很少采用先张法。

2. 后张法

后张法是先浇筑构件混凝土，待混凝土结硬后，再张拉预应力钢筋并锚固的方法，如图 10-3 所示。先浇筑构件混凝土，并在其中预留孔道（或设套管），待混凝土达到要求强度后，将预应力钢筋穿入预留的孔道内，将千斤顶支承于混凝土构件端部，张拉预应力钢筋，使构件也同时受到反力压缩。待张拉到控制拉力后，即用特制的锚具将预应力钢筋锚固于混凝土构件上，使混凝土获得并保持其预压应力。最后，在预留孔道内压注水泥浆，以保护预应力钢筋不致锈蚀，并使预应力钢筋与混凝土黏结成为整体。这种在混凝土硬结后通过张拉预应力筋并锚固而建立预加应力的构件称为后张法预应力混凝土构件。

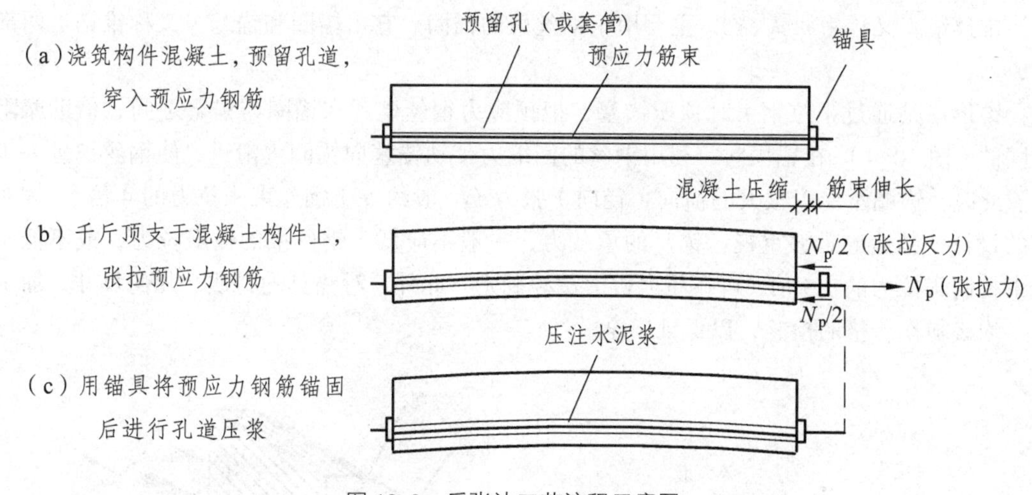

图 10-3　后张法工艺流程示意图

由上述内容可知，施工工艺不同，建立预应力的方法也不同。后张法是靠工作锚具来传递和保持预加应力的；先张法则是靠黏结力来传递并保持预加应力的。

10.2.2　锚　具

1. 对锚具的要求

临时夹具（在制作先张法或后张法预应力混凝土构件时，为保持预应力筋拉力的临时性锚固装置）和锚具（在后张法预应力混凝土构件中，为保持预应力筋的拉力并将其传递到混凝土上所用的永久性锚固装置）都是保证预应力混凝土施工安全、结构可靠的关键设备。因此，在设计、制造或选择锚具时应注意满足下列要求：受力安全可靠；预应力损失要小；构造简单、紧凑，制作方便，用钢量少；张拉锚固方便迅速，设备简单。

2. 锚具的分类

锚具的型式繁多，按其传力锚固的受力原理，可分为：

（1）依靠摩阻力锚固的锚具。如楔形锚、锥形锚和用于锚固钢绞线的 JM 锚与夹片式群锚等，都是借张拉预应力钢筋的回缩或千斤顶压，带动锥销或夹片将预应力钢筋楔紧于锥孔中而锚固的。

（2）依靠承压锚固的锚具。如镦头锚、钢筋螺纹锚等，是利用钢丝的镦粗头或钢筋螺纹承压进行锚固。

（3）依靠黏结力锚固的锚具。如先张法的预应力钢筋锚固，以及后张法固定端的钢绞线压花锚具等，都是利用预应力钢筋与混凝土之间的黏结力进行锚固的。

对于不同形式的锚具，往往需要配套使用专门的张拉设备。因此，在设计施工中，锚具与张拉设备的选择，应同时考虑。

3. 桥梁结构中几种常用的锚具

1）锥形锚

锥形锚（又称为弗式锚），主要用于钢丝束的锚固。它由锚圈和锚塞（又称锥销）两部分组成。

锥形锚是通过张拉钢束时顶压锚塞，把预应力钢丝楔紧在锚圈与锚塞之间，借助摩阻力锚固的（图 10-4）。在锚固时，利用钢丝的回缩力带动锚塞向锚圈内滑进，使钢丝被进一步楔紧。此时，锚圈承受着很大的横向（径向）张力（一般约等于钢丝束张拉力的 4 倍），故对锚圈的设计、制造应足够重视。锚具的承载力，一般不应低于钢丝束的极限拉力，或不低于钢丝束控制张拉力的 1.5 倍，可在压力机上试验确定。此外，对锚具的材质、几何尺寸，加工质量，均必须作严格的检验，以保证安全。

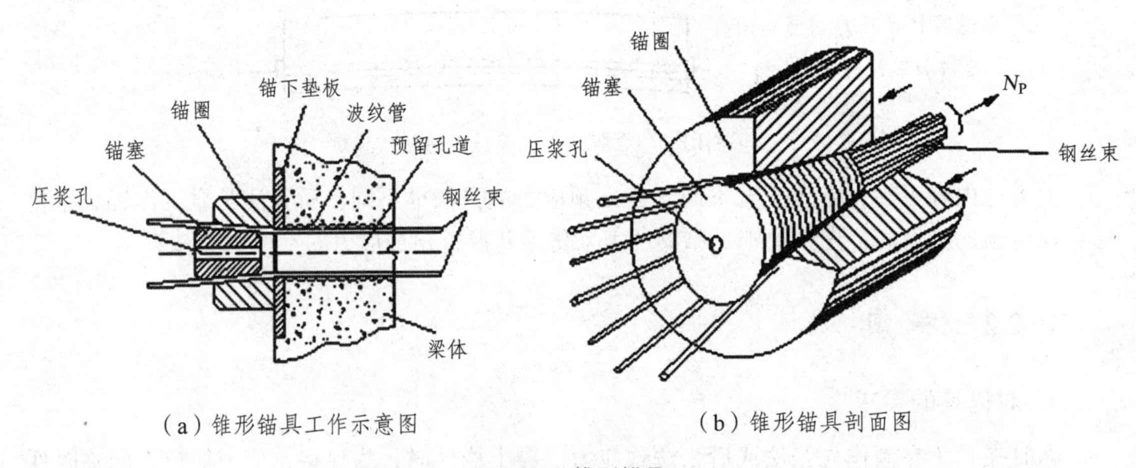

（a）锥形锚具工作示意图　　（b）锥形锚具剖面图

图 10-4　锥形锚具

在桥梁中使用的锥形锚有锚固 18 ϕ^w 5 mm 和锚固 24 ϕ^w 5 mm 的钢丝束等两种，并配用 600 kN 双作用千斤顶或 YZ85 型三作用千斤顶张拉。锚塞用 45 号优质碳素结构钢经热处理制成，其硬度一般要求为洛氏硬度 HRC55 ~ 58 单位，以便顶塞后，锚塞齿纹能稍微压入钢丝表面，而获得可靠的锚固。锚圈用 5 号或 45 号钢冷作旋制而成，不作淬火处理。

锥形锚的优点是锚固方便，锚具面积小，便于在梁体上分散布置。但锚固时钢丝的回缩量较大，应力损失较其他锚具大。同时，它不能重复张拉和接长，使预应力钢筋设计长度受到千斤顶行程的限制。为防止受震松动，必须及时给预留孔道压浆。

国外同类型的弗式锚具，已有较大改进和发展，不仅能用于锚固钢丝束，也能锚固钢绞线束，其最大锚固能力已达到 10 000 kN。

2）镦头锚

镦头锚主要用于锚固钢丝束，也可锚固直径在 14 mm 以下的预应力粗钢筋。钢丝的根数和锚具的尺寸依设计张拉力的大小选定。钢丝束镦头锚具是 1949 年由瑞士 4 名工程师研制而成的，并以他们名字的头一个字母命名为 BBRV 体系锚具。国内镦头锚有锚固 12~133 根 ϕ^{w} 5 mm 和 12~84 根 ϕ^{w} 7 mm 两种锚具系列，配套的镦头机有 LD-10 型和 LD-20 型两种型式。

镦头锚的工作原理如图 10-5 所示。先以钢丝逐一穿过锚杯的蜂窝眼，再用镦头机将钢丝端头镦粗如蘑菇形，借镦头直接承压将钢丝锚固于锚杯上。锚杯的外圆车有螺纹，穿束后，在固定端将锚圈（大螺帽）拧上，即可将钢丝束锚固于梁端。在张拉端，先将与千斤顶连接的拉杆旋入锚杯内，用千斤顶支承于梁体上进行张拉，待达到设计张拉力时，将锚圈（螺帽）拧紧，再慢慢放松千斤顶，退出拉杆，于是钢丝束的回缩力就通过锚圈、垫板，传递到梁体混凝土而获得锚固。

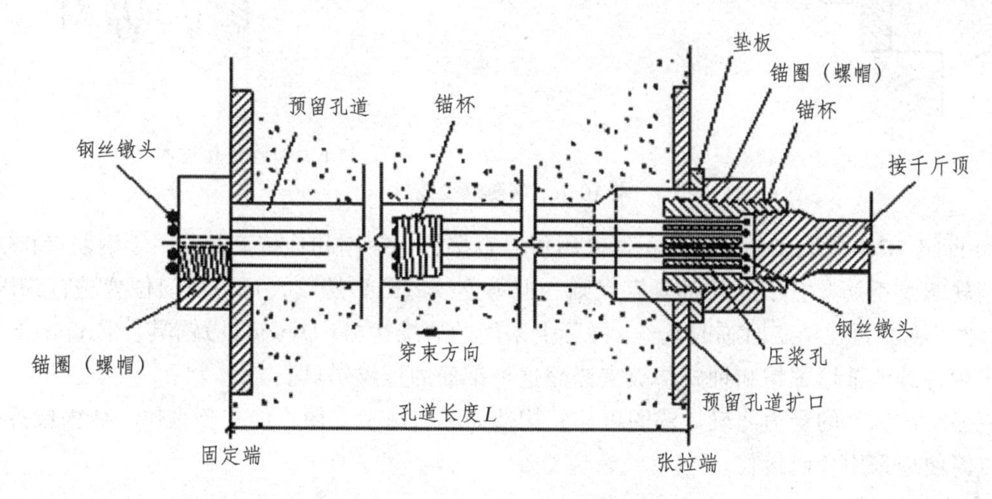

图 10-5　镦头锚锚具工作示意图

镦头锚锚固可靠，不会出现锥形锚那样的“滑丝”问题；锚固时的应力损失很小；镦头工艺操作简便迅速。但预应力钢筋张拉吨位过大，钢丝数很多，施工亦显麻烦，故大吨位镦头锚宜加大钢丝直径，由 ϕ^{s}5 mm 改为用 ϕ^{s}7 mm，或改用钢绞线夹片锚具。此外，镦头锚对钢丝的下料长度要求很精确，误差不得超过 1/300。误差过大，张拉时可能由于受力不均匀发生断丝现象。

镦头锚适于锚固直线式配束，对于较缓和的曲线预应力钢筋也可采用。目前斜拉桥中锚固斜拉索的高振幅锚具-HiAm 式冷铸镦头锚，因锚杯内填入了环氧树脂、锌粉和钢球的混合料，具有较好的抗疲劳性能。

3）钢筋螺纹锚具

当采用高强粗钢筋作为预应力钢筋时，可采用螺纹锚具固定。即借助于粗钢筋两端的螺纹，在钢筋张拉后直接拧上螺帽进行锚固，钢筋的回缩力由螺帽经支承垫板承压传递给梁体而获得预应力（图 10-6）。

螺纹锚具的制造关键在于螺纹的加工。为了避免端部螺纹削弱钢筋截面，常采用特制的钢模冷轧而成，使其阴纹压入钢筋圆周之内，而阳纹则挤到钢筋原圆周之外，这样可使平均直径与原钢筋直径相差无几（约小 2%），而且冷轧还可以提高钢筋的强度。由于螺纹系冷轧而成，故又将这种锚具称为轧丝锚。目前国内生产的轧丝锚有两种规格，可分别锚固 ϕ 25 mm 和 ϕ 32 mm 两种 Ⅳ 级圆钢筋。

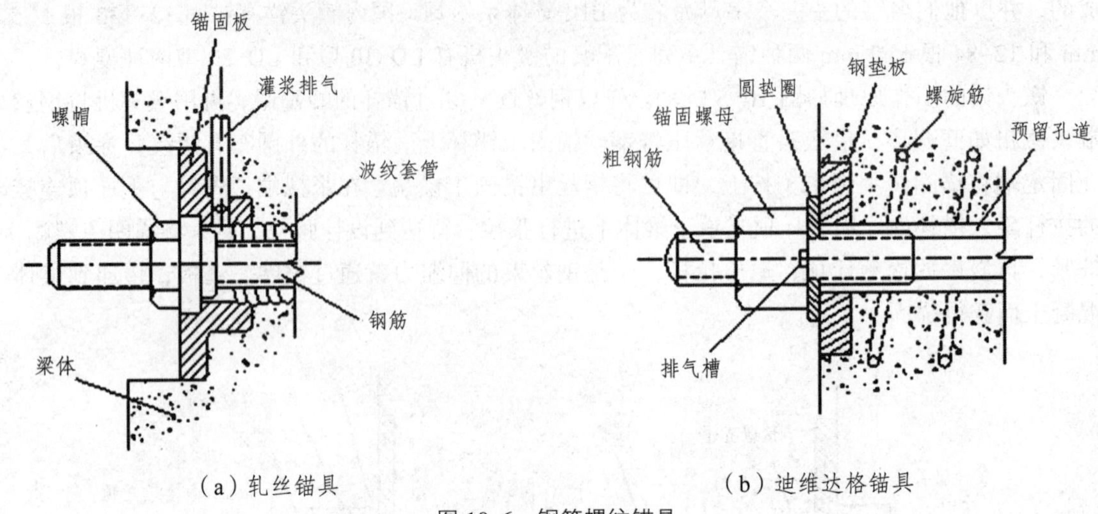

图 10-6　钢筋螺纹锚具

20 世纪 70 年代以来，国内外相继采用可以直接拧上螺帽和连接套筒（用于钢筋接长）的高强精轧螺纹钢筋，它沿通长都具有规则、但不连续的凸形螺纹，可在任何位置进行锚固和连接，故可不必再在施工时临时轧丝。国际上采用的迪维达格（Dywidag）锚具[图 10-6（b）]，就是采用特殊的锥形螺帽和钟式垫板来锚固这种钢筋的螺纹锚具。

钢筋螺纹锚具的受力明确，锚固可靠；构造简单，施工方便；能重复张拉、放松或拆卸，并可以简便地采用套筒接长。

4）夹片锚具

夹片锚具体系主要作为锚固钢绞线之用。由于钢绞线与周围接触的面积小，且强度高、硬度大，故对其锚具的锚固性能要求很高，JM 锚是我国 60 年代研制的钢绞线夹片锚具。随着钢绞线的大量使用和钢绞线强度的大幅度提高，仅 JM 锚具已难以满足要求。80 年代，除进一步改进了 JM 锚具的设计外，特别着重进行钢绞线群锚体系的研究与试制工作。中国建筑科学研究院先后研制出了 XM 锚具和 QM 锚具系列；中交公路规划设计院研制出了 YM 锚具系列；继之柳州建筑机械总厂与同济大学合作，在 QM 锚具系列的基础上又研制出了 OVM 锚具系列等。这些锚具体系都经过严格检测、鉴定后定型，锚固性能均达到国际预应力混凝土协会（FIP）标准，并已广泛地应用于桥梁、水利、房屋等各种土建结构工程中。

（1）钢绞线夹片锚。

夹片锚具的工作原理如图 10-7 所示。夹片锚由带锥孔的锚板和夹片所组成。张拉时，每个锥孔放置 1 根钢绞线，张拉后各自用夹片将孔中的该根钢绞线抱夹锚固，每个锥孔各自成为一个独立的锚固单元。每个夹片锚具一般是由多个独立锚固单元所组成，它能锚固由（1~55）根不等的 ϕ^s 15.2 mm 与 ϕ^s 12.7 mm 钢绞线所组成的预应力钢束，其最大锚固吨位可达到 11 000 kN，故夹片锚又称为大吨位钢绞线群锚体系。其特点是各根钢绞线均为单独工作，即 1 根钢绞线锚固失效也不会影响全锚，只需对失效锥孔的钢绞线进行补拉即可。但预留孔端部，因锚板锥孔布置的需要，必须扩孔，故工作锚下的一段预留孔道一般需设置成喇叭形，或配套设置专门的铸铁喇叭形锚垫板。

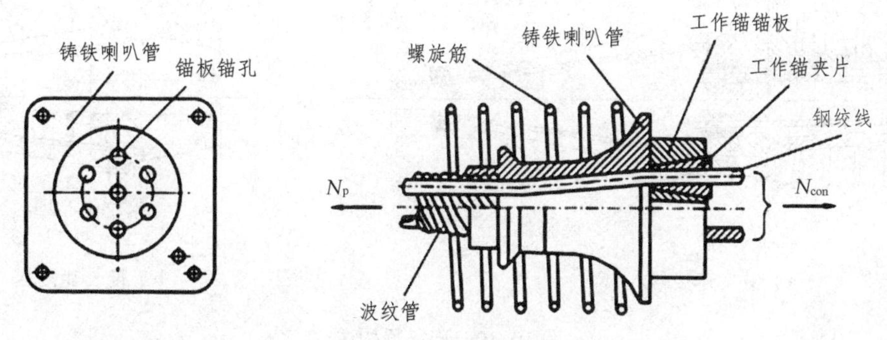

图 10-7　夹片锚具配套示意图

（2）扁型夹片锚具。

扁型夹片锚具是为适应扁薄截面构件（如桥面板梁等）预应力钢筋锚固的需要而研制的，简称扁锚。其工作原理与一般夹片锚具体系相同，只是工作锚板、锚下钢垫板和喇叭管，以及形成预留孔道的波纹管等均为扁形而已。每个扁锚一般锚固 2~5 根钢绞线，采用单根逐一张拉，施工方便。其一般符号为 BM 锚。

5）固定端锚具

采用一端张拉时，其固定端锚具，除可采用与张拉端相同的夹片锚具外，还可采用挤压锚具和压花锚具。

挤压锚具是利用压头机，将套在钢绞线端头上的软钢（一般为 45 号钢）套筒，与钢绞线一起，强行顶压通过规定的模具孔挤压而成（图 10-8）。为增加套筒与钢绞线间的摩阻力，挤压前，在钢绞线与套筒之间衬置一硬钢丝螺旋圈，以便在挤压后使硬钢丝分别压入钢绞线与套筒内壁之内。

压花锚具是用压花机将钢绞线端头压制成梨形花头的一种黏结型锚具（图 10-9），张拉前预先埋入构件混凝土中。

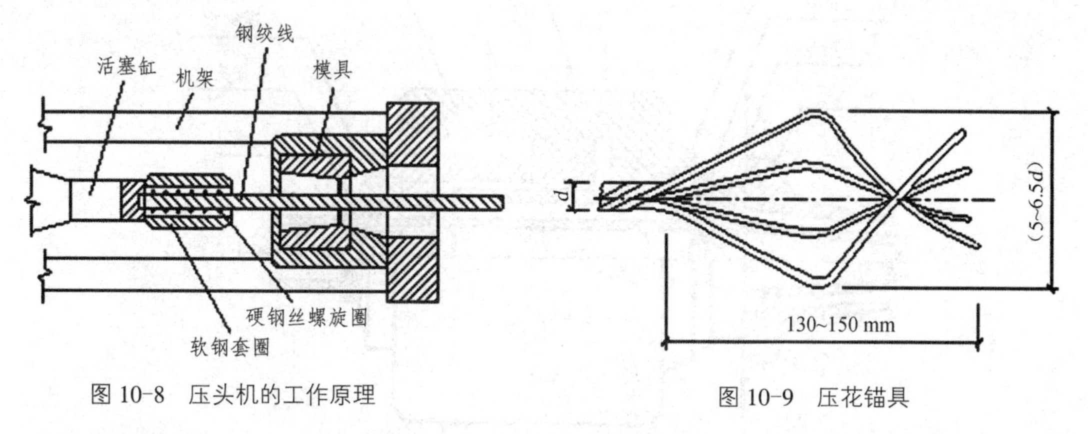

图 10-8　压头机的工作原理　　　　图 10-9　压花锚具

6）连接器

连接器有两种：钢绞线束 N_1 锚固后，用来再连接钢绞线束 N_2 的，叫锚头连接器[图 10-10（a）]；当两段未张拉的钢绞线束 N_1、N_2 需直接接长时，则可采用接长连接器[图 10-10（b）]。

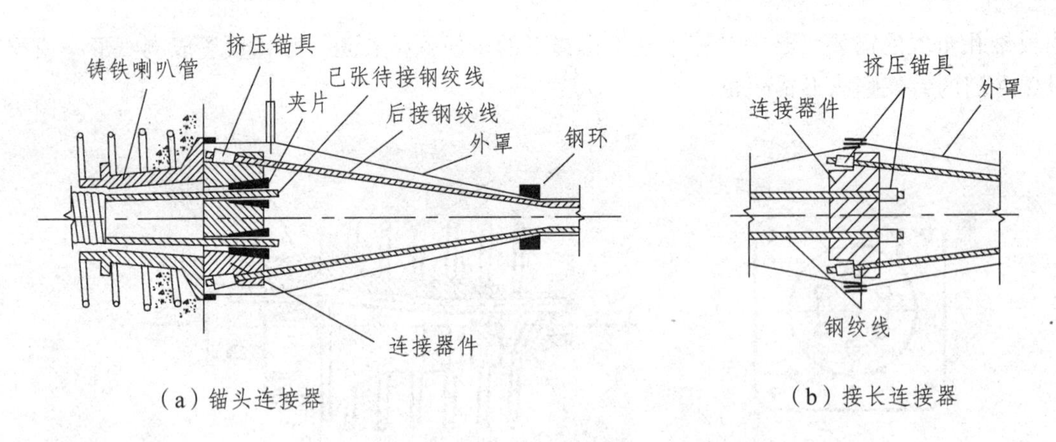

图 10-10　连接器构造

以上锚具的设计参数和锚具、锚垫板、波纹管及螺旋筋等的配套尺寸，可参阅各生产厂家的“产品介绍”选用。

应当特别指出，为保证施工与结构的安全，锚具必须按规定程序[见国家标准《预应力筋用锚具、夹具和连接器》（GB/T 14370—2007）]进行试验验收，验收合格者方可使用。工作锚具使用前，必须逐件擦洗干净，表面不得残留铁屑、泥砂、油垢及各种减摩剂，防止锚具回松和降低锚具的锚固效率。

10.2.3　千斤顶

各种锚具都必须配置相应的张拉设备，才能顺利地进行张拉、锚固。与夹片锚具配套的张拉设备，是一种大直径的穿心单作用千斤顶（图 10-11）。它常与夹片锚具配套研制。其他各种锚具也都有各自适用的张拉千斤顶，需要时可查各生产厂家的产品目录。

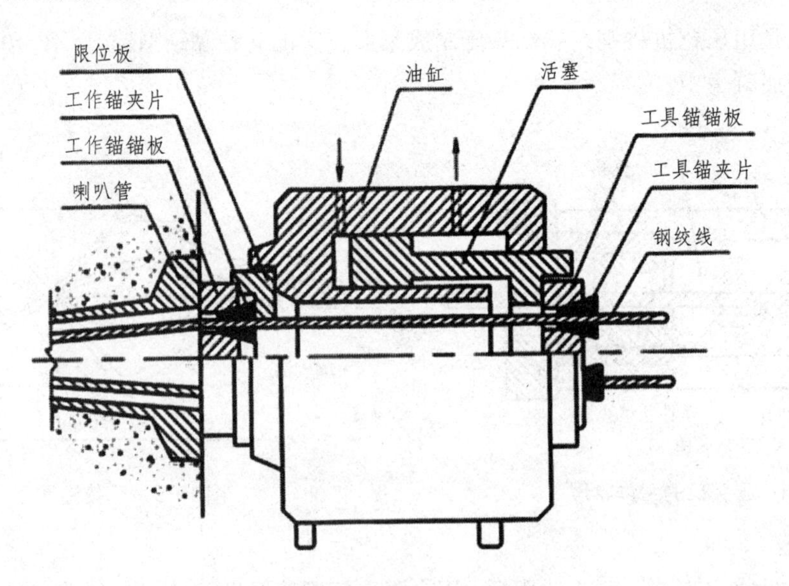

图 10-11　夹片锚张拉千斤顶安装示意图

10.2.4　预加应力的其他设备

按照施工工艺的要求，预加应力尚需有以下一些设备或配件。

1. 制孔器

预制后张法构件时，需预先留好待混凝土结硬后预应力钢筋穿入的孔道。目前，国内桥梁构件预留孔道所用的制孔器主要有抽拔橡胶管与螺旋金属波纹管。

（1）抽拔橡胶管。在钢丝网胶管内事先穿入钢筋（称芯棒），再将胶管（连同芯棒一起）放入模板内，待浇筑混凝土达到一定强度后，抽去芯棒，再拔出胶管，则预留孔道形成。

（2）螺旋金属波纹管（简称波纹管）。在浇筑混凝土之前，将波纹管按预应力钢筋设计位置，绑扎于与箍筋焊连的钢筋托架上，再浇筑混凝土，结硬后即可形成穿束的孔道。使用波纹管制孔的穿束方法，有先穿法与后穿法两种。先穿法即在浇筑混凝土之前将预应力钢筋穿入波纹管中，绑扎就位后再浇筑混凝土；后穿法即是浇筑混凝土成孔之后再穿预应力钢筋。金属波纹管是用薄钢带经卷管机压波后卷成，其质量轻，纵向弯曲性能好，径向刚度较大，连接方便，与混凝土黏结良好，与预应力钢筋的摩阻系数也小，是后张法预应力混凝土构件一种较理想的制孔器。

（3）塑料波纹管。在一些桥梁工程中已经大量采用塑料波纹管作为制孔器，这种波纹管由聚丙烯或高密度聚乙烯制成。使用时，波纹管外表面的螺旋肋与周围的混凝土具有较高的黏结力。这种塑料波纹管具有耐腐蚀性能好、孔道摩擦损失小以及有利于提高结构抗疲劳性能的优点。

2. 穿索机

在桥梁悬臂施工和尺寸较大的构件中，一般都采用后穿法穿束。对于大跨桥梁有的预应力钢筋很长，人工穿束十分吃力，故采用穿索（束）机。

穿索（束）机有两种类型：一是液压式；二是电动式，桥梁中多用前者。它一般采用单根钢绞线穿入，穿束时应在钢绞线前端套一子弹形帽子，以减小穿束阻力。穿索机由马达带动用四个托轮支承的链板，钢绞线置于链板上，并用四个与托轮相对应的压紧轮压紧，则钢绞线就可借链板的转动向前穿入构件的预留孔中。最大推力为 3 kN，最大水平传送距离可达 150 m。

3. 灌孔水泥浆及压浆机

1）水泥浆

在后张法预应力混凝土构件中，预应力钢筋张拉锚固后必须给预留孔道压注水泥浆，以免钢筋锈蚀并使预应力钢筋与梁体混凝土结合为一整体。为保证孔道内水泥浆密实，应严格控制水灰比，一般以 0.40~0.45 为宜，如加入适量的减水剂，则水灰比可减小到 0.35；水泥浆的泌水率最大不得超过 3%，拌和后 3 h 泌水率宜控制在 2%，泌水应在 24 h 内重新全部被浆吸回；另外可在水泥浆中掺入适量膨胀剂，使水泥浆在硬化过程中膨胀，但其自由膨胀率应小于 10%。所用水泥宜采用硅酸盐水泥或普通水泥，水泥强度等级不宜低于 42.5 号，水泥不得含有团块。拌和用的水不应含有对预应力筋或水泥有害的成分，每升水不得含 500 mg 以上的氯化物离子或任何一种其他有机物，可采用清洁的饮用水。水泥浆的强度应符合设计规定，无具体规定时应不低于 30 MPa（70×70×70 mm 立方体试件 28 d 龄期抗压强度标准值）。

2）压浆机

压浆机是孔道灌浆的主要设备。它主要由灰浆搅拌桶、储浆桶和压送灰浆的灰浆泵以及供水系统组成。压浆机的最大工作压力可达到约 1.50 MPa（15 个大气压），可压送的最大水平距离为 150 m，最大竖直高度为 40 m。

4. 张拉台座

采用先张法生产预应力混凝土构件时，则需设置用作张拉和临时锚固预应力钢筋的张拉台座。它因需要承受张拉预应力钢筋巨大的回缩力，设计时应保证它具有足够的强度、刚度和稳定性。批量生产时，有条件的尽量设计成长线式台座，以提高生产效率。张拉台座的台面（即预制构件的底模），为了提高产品质量，有的构件厂已采用了预应力混凝土滑动台面，可防止在使用过程中台面开裂。

10.3 预应力混凝土结构的材料

10.3.1 混凝土

1. 强度要求

用于预应力结构的混凝土，必须抗压强度高。《公路桥规》规定：预应力混凝土构件的混凝土强度等级不应低于 C40。而且，钢材强度越高，混凝土强度级别也相应要求提高。只有这样才能充分发挥高强钢材的抗拉强度，有效地减小构件截面尺寸，因而也可减轻结构自重。

预应力混凝土结构的混凝土不仅要求高强度，而且还要求能快硬、早强，以便能及早施加预应力，加快施工进度，提高设备、模板等的利用率。

混凝土的强度设计值和强度标准值见附表 1；混凝土的弹性模量见附表 2。

近年在预应力混凝土结构设计中，存在着采用高强混凝土的趋势，以使结构设计达到技术先进、经济合理、安全适用、确保质量的目的。目前所说的高强混凝土，一般系指采用水泥、砂石原料和常规工艺配制，依靠添加高效减水剂或掺加粉煤灰、磨细矿渣、*F* 矿粉或硅粉等活性矿物材料，使新拌混凝土具有良好的工作性能，并在硬化后具有高强度、高密实性的强度等级为 C50 及以上的混凝土。高强混凝土的抗渗性和抗冻性均优于普通混凝土，其力学性能与普通混凝土相比也有所不同。在使用高强混凝土材料时，所取的计算参数，应能反映高强混凝土比普通混凝土具有较小的塑性或更大的脆性等特点，以保证结构安全。

2. 收缩、徐变的影响及其计算

预应力混凝土构件除了混凝土在结硬过程中会产生收缩变形外，由于混凝土长期承受着预压应力，还要产生徐变变形。混凝土的收缩和徐变，使预应力混凝土构件缩短，因而将引起预应力钢筋中的预拉应力的下降，通常称此为预应力损失。显然，预应力钢筋的预应力损失，也相应地使混凝土中的预压应力减小。混凝土的收缩、徐变值越大，则预应力损失值就越大，对预应力混凝土结构就越不利。因此，在预应力混凝土结构的设计、施工中，应尽量减少混凝土的收缩和徐变并应尽量准确地确定混凝土的收缩变形与徐变变形值。

3. 混凝土的配制要求与措施

为了获得强度高和收缩、徐变小的混凝土，应尽可能地采用高标号水泥，减少水泥用量，降低水灰比，选用优质坚硬的骨料，并注意采取以下措施：

（1）严格控制水灰比。高强混凝土的水灰比一般宜为 0.25~0.35。为增加和易性，可掺加适量的高效减水剂。

（2）注意选用高标号水泥并宜控制水泥用量不大于 500 kg/m^3。水泥品种以硅酸盐水泥为宜，不得已需要采用矿渣水泥时，则应适当掺加早强剂，以改善其早期强度较低的缺点。火山灰水泥不适于拌制预应力混凝土，因为早期强度过低，收缩率又大。

（3）注意选用优质活性掺合料，如硅粉、*F* 矿粉等，尤其是硅粉混凝土不仅可使收缩减小，特别可使徐变显著减小。

（4）加强振捣与养护。

同时，混凝土在材料选择、拌制以及养护过程中还应考虑混凝土耐久性的要求。

10.3.2　预应力钢材

预应力混凝土构件中设置有预应力钢筋和非预应力钢筋（即普通钢筋）。普通钢筋已在第 3 章中作了介绍，这里对预应力钢筋作一简要介绍。

1. 对预应力钢筋的要求

（1）强度要高。预应力钢筋必须采用高强度钢材，这已从预应力混凝土结构本身的发展历史作了极好的说明。早在一百余年前，就有人提出了在钢筋混凝土梁中建立预应力的设想，并进行了试验。但当时采用的是普通钢筋，强度不高，经过一段时间，由于混凝土的收缩、徐变等原因，所施加的预应力丧失殆尽，使这种努力一度遭到失败。又过了约半个世纪，直到 1928 年，法国工程师 E. 弗莱西奈采用高强钢丝进行试验才获得成功，并使预应力混凝土结构有了实用的可能。这说明，不采用高强度预应力筋，就无法克服由于各种因素所造成的应力损失，也就不可能有效地建立预应力。

（2）有较好的塑性。为了保证结构物在破坏之前有较大的变形能力，必须保证预应力钢筋有足够的塑性性能。

（3）要与混凝土间有良好的黏结性能。

（4）应力松弛损失要低。与混凝土一样，钢筋在持久不变的应力作用下，也会产生随持续加荷时间延长而增加的徐变变形（又称蠕变）；在一定拉应力值和恒定温度下，钢筋长度固定不变，则钢筋中的应力将随时间延长而降低，一般称这种现象为钢筋的松弛或应力松弛。

预应力钢材今后发展的总要求就是高强度、粗直径、低松弛和耐腐蚀。

2. 预应力钢筋的种类

《公路桥规》推荐使用的预应力筋有钢绞线、消除应力钢丝和精轧螺纹钢筋。钢绞线和消除应力钢丝单向拉伸应力-应变关系曲线无明显的流幅，精轧螺纹钢筋则有明显的流幅。

1）钢绞线

钢绞线是由 2、3 或 7 根高强钢丝扭结而成并经消除内应力后的盘卷状钢丝束(图 10-12)。最常用的是由 6 根钢丝围绕一根芯丝顺一个方向扭结而成的 7 股钢绞线。芯丝直径常比外围钢丝直径大 5%~7%，以使各根钢丝紧密接触，钢丝扭矩一般为钢绞线公称直径的 12~16 倍。

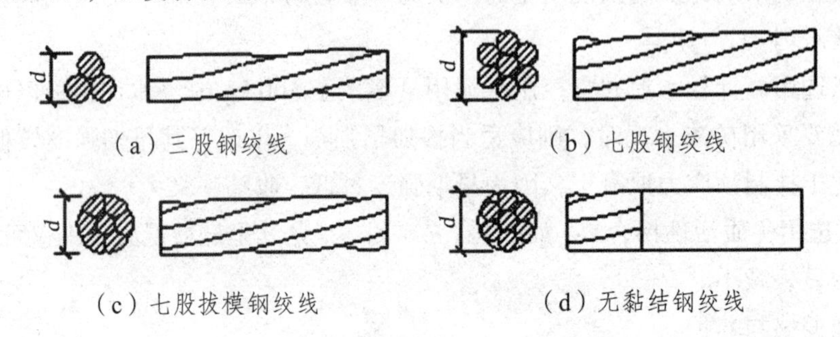

图 10-12 几种常见的预应力钢绞线

《公路桥规》根据国家标准《预应力混凝土用钢绞线》(GB/T 5224—1995)选用的钢绞线有两股钢绞线、三股钢绞线和七股钢绞线三种规格，其抗拉强度标准值为 1 470~1 960 MPa，并依松弛性能不同分成普通钢绞线和低松弛钢绞线两种。普通钢绞线工艺较简单，钢绞线绞捻而成后，仅需在 400 °C 左右的熔铅中进行回火处理；而低松弛钢绞线则需进行稳定化处理，即在 350~400°C 的温度下进行热处理的同时，还给钢绞线施加一定的拉力，使其达到兼有热处理与预拉处理的效果，不仅可以消除内应力，而且可以提高其强度，使结构紧密，切断后断头不松散，可使应力松弛损失率大大降低，伸直性好。

钢绞线具有截面集中，比较柔软、盘弯运输方便，与混凝土黏结性能良好等特点，可大大简化现场成束的工序，是一种较理想的预应力钢筋。普通钢绞线的强度与弹性模量均较单根钢丝略小，但低松弛钢绞线已有改变。据国外统计，钢绞线在预应力筋中的用量约占 75%，而钢丝与粗钢筋共约占 25%。国内使用高强度、低松弛钢绞线也已经成为主流。

英国和日本还研究生产了一种“模拔成型钢绞线”，它是在捻制成型时通过模孔拉拔而成。它可使钢丝互相挤紧成近于六边形，使钢绞线的内部空隙和外径大大减小，在相同预留孔道的条件下，可增加预拉力约 20%，且周边与锚具接触的面积增加，有利于锚固。

2）高强度钢丝

预应力混凝土结构常用的高强钢丝（图 10-13）是用优质碳素钢（含碳量为 0.7%~1.4%）轧制成盘圆经温铅浴淬火处理后，再冷拉加工而成的钢丝。对于采用冷拔工艺生产的高强钢丝，冷拔后还需经过回火矫直处理，以消除钢丝在冷拔中所存在的内部应力，提高钢丝的比例极限、屈服强度和弹性模量。《公路桥规》中采用的消除应力高强钢丝有光面钢丝、螺旋肋钢丝和刻痕钢丝。

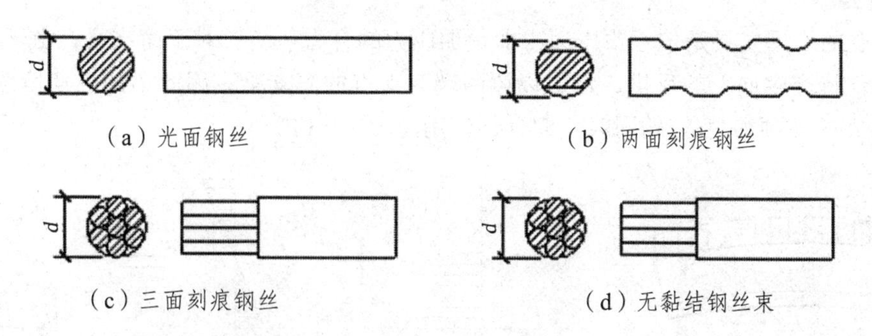

图 10-13　几种常见的预应力高强钢丝

3）精轧螺纹钢筋

精轧螺纹粗钢筋在轧制时沿钢筋纵向全部轧有规律性的螺纹肋条，可用螺丝套筒连接和螺帽锚固，因此不需要再加工螺丝，也不需要焊接。目前，这种高强钢筋仅用于中、小型预应力混凝土构件或作为箱梁的竖向、横向预应力钢筋。

《公路桥规》对预应力筋强度设计值和强度标准值的规定如附表 11；预应力钢筋的弹性模量见附表 12。

值得一提的是，近年来，非金属材料制成的预应力筋，如玻璃纤维增强塑料（GFRP）、芳纶纤维增强塑料（AFRP）及碳纤维增强塑料（CFRP）等材料制成的预应力筋已开始在处于某些特殊环境和条件下的桥梁中使用。这些材料的特点是：强度高、质量轻、抗腐蚀、抗磁性、耐疲劳、热膨胀系数与混凝土接近、弹性模量低、抗剪强度低等。目前，FRP 预应力筋以及 FRP 预应力混凝土结构的力学性能仍处于研究和试用阶段，但可以预言，FRP 预应力筋在未来将具有广阔的应用前景。

10.4　预应力混凝土受弯构件的受力阶段

预应力混凝土结构由于事先被施加了一个预加力 N_p，使其受力过程具有与普通钢筋混凝土结构不同的特点，预应力混凝土受弯构件从预加应力到承受外荷载，直至最后破坏，可分为三个主要阶段，即施工阶段、使用阶段和破坏阶段。这三个阶段又各包括若干不同的受力过程，现分别叙述如下。

10.4.1　施工阶段

预应力混凝土构件在制作、运输和安装施工中，将承受不同的荷载作用。在这一过程中，构件在预应力作用下，全截面参与工作并处于弹性工作阶段，可采用材料力学的方法并根据《公路桥规》的要求进行设计计算。计算中应注意采用构件混凝土的实际强度和相应的截面特性。如后张法构件，在孔道灌浆前应按混凝土净截面计算，孔道灌浆并结硬后则可按换算截面计算。施工阶段依构件受力条件不同，又可分为预加应力阶段和运输、安装阶段等两个阶段。

1. 预加应力阶段

预加应力阶段，是指从预加应力开始，至预加应力结束（即传力锚固）为止的受力阶段。

构件所承受的作用主要是偏心预压力（即预加应力的合力）N_p；对于简支梁，由于 N_p 的偏心作用，构件将产生向上的反拱，形成以梁两端为支点的简支梁，因此梁的一期恒载（自重荷载）G_1 也在施加预加力 N_p 的同时一起参加作用（图 10-14）。

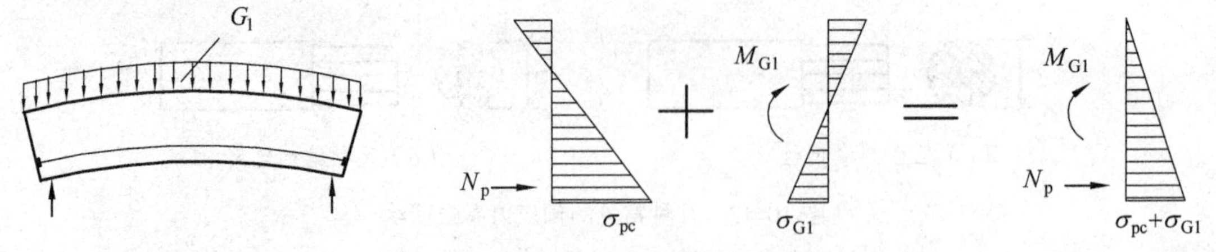

图 10-14　预加应力阶段截面应力分布

本阶段的设计计算要求是：① 受弯构件控制截面上、下缘混凝土的最大拉应力和压应力都不应超出《公路桥规》的规定值；② 控制预应力筋的最大张拉应力；③ 保证锚固区混凝土局部承压承载力大于实际承受的压力并有足够的安全度，且保证梁体不出现水平纵向裂缝。

由于各种因素的影响，预应力钢筋中的预拉应力将产生部分损失，通常把扣除应力损失后的预应力筋中实际存余的预应力称为本阶段的有效预应力 σ_{pe}。

2. 运输、安装阶段

在运输安装阶段，混凝土梁所承受的荷载仍是预加力 N_p 和梁的一期恒载。但由于引起预应力损失的因素相继增加，使 N_p 要比预加应力阶段小；同时梁的一期恒载作用应根据《公路桥规》的规定计入 1.20 或 0.85 的动力系数。构件在运输中的支点或安装时的吊点位置常与正常支承点不同，故应按梁起吊时一期恒载作用下的计算图式进行验算，特别需注意验算构件支点或吊点截面上缘混凝土的拉应力。

10.4.2　使用阶段

使用阶段是指桥梁建成营运通车整个工作阶段。构件除承受偏心预加力 N_p 和梁的一期恒载 G_1 外，还要承受桥面铺装、人行道、栏杆等后加的二期恒载 G_2 和车辆、人群等活荷载 Q。试验研究表明，在使用阶段预应力混凝土梁基本处于弹性工作阶段，因此，梁截面的正应力为偏心预加力 N_p 与以上各项荷载所产生的应力之和（图 10-15）。

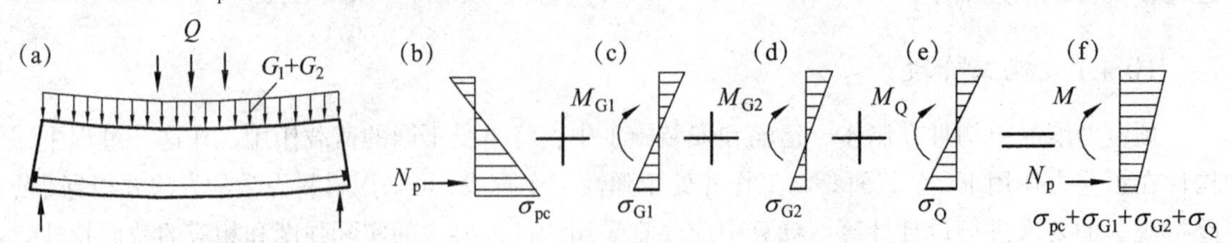

（a）荷载作用下的梁；（b）预加力 N_p 作用下的应力；（c）一期恒载 G_1 作用下的应力；
（d）二期恒载 G_2 作用下的应力；（e）活载作用下的应力；（f）各种作用所产生的应力之和

图 10-15　使用阶段各种作用下的截面应力分布

本阶段各项预应力损失将相继发生并全部完成，最后在预应力钢筋中建立相对不变的预拉应力（即扣除全部预应力损失后所存余的预应力）σ_{pe}，这即为永存预应力。显然，永存预应力要小于施工阶段的有效预应力值。根据构件受力后的特征，本阶段又可分为如下几个受力过程（图 10-16）：

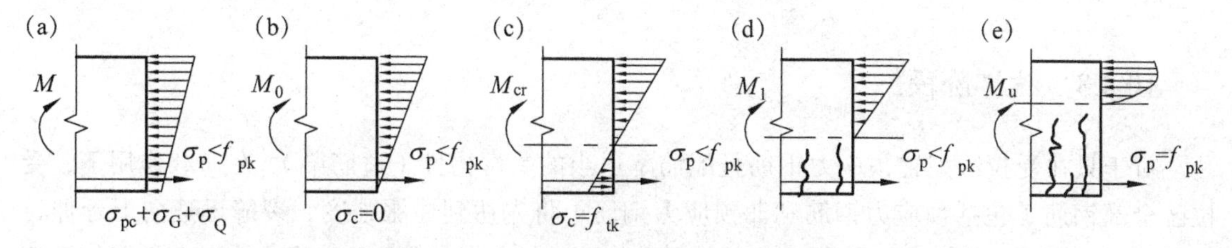

（a）使用荷载作用于梁上；（b）消压状态的应力；（c）裂缝即将出现时的截面应力；

（d）带裂缝工作时截面应力；（e）截面破坏时的应力

图 10-16　梁使用及破坏阶段的截面应力图

1. 加载至受拉边缘混凝土预压应力为零

构件仅在永存预加力 N_p（即永存预应力 σ_{pe} 的合力）作用下，其下边缘混凝土的有效预压应力为 σ_{pe}。当构件加载至某一特定荷载，其下边缘混凝土的预压应力 σ_{pe} 恰被抵消为零，此时在控制截面上所产生的弯矩 M_0 称为消压弯矩[图 10-16（b）]，则有：

$$\sigma_{pc} - M_0/W_0 = 0 \tag{10-1}$$

或写成：

$$M_0 = \sigma_{pc} \cdot W_0 \tag{10-2}$$

式中　σ_{pc}——由永存预加力 N_p 引起的梁下边缘混凝土的有效预压应力；

W_0——换算截面对受拉边的弹性抵抗矩。

一般把在 M_0 作用下控制截面上的应力状态，称为消压状态。应当注意，受弯构件在消压弯矩 M_0 和预加力 N_p 的共同作用下，只有控制截面下边缘纤维的混凝土应力为零（消压），而截面上其他点的应力都不为零（并非全截面消压）。

2. 加载至受拉区裂缝即将出现

当构件在消压后继续加载，并使受拉区混凝土应力达到抗拉极限强度 f_{tk} 时的应力状态，即称为裂缝即将出现状态[图 10-16(c)]。构件出现裂缝时的理论临界弯矩称为开裂弯矩 M_{cr}。如果把受拉区边缘混凝土应力从零增加到应力为 f_{tk} 所需的外弯矩用 $M_{cr,c}$ 表示，则 M_{cr} 为 M_0 与 $M_{cr,c}$ 之和，即

$$M_{cr} = M_0 + M_{cr,c} \tag{10-3}$$

式中　$M_{cr,c}$——相当于同截面钢筋混凝土梁的开裂弯矩。

3. 带裂缝工作

继续增大荷载，则主梁截面下缘开始开裂，裂缝向截面上缘发展，梁进入带裂缝工作阶段[图 10-16（d）]。

可以看出，在消压状态出现后，预应力混凝土梁的受力情况，就如同普通钢筋混凝土梁一

样了。但是由于预应力混凝土梁的开裂弯矩 M_{cr} 要比同截面、同材料的普通钢筋混凝土梁的开裂弯矩 $M_{cr,c}$ 大一个消压弯矩 M_0，故预应力混凝土梁在外荷载作用下裂缝的出现被大大推迟。

10.4.3 破坏阶段

对于只在受拉区配置预应力钢筋且配筋率适当的受弯构件（适筋梁），在荷载作用下，受拉区全部钢筋（包括预应力钢筋和非预应力钢筋）将先达到屈服强度，裂缝迅速向上延伸，而后受压区混凝土被压碎，构件即告破坏[图 10-16（e）]。破坏时，截面的应力状态与钢筋混凝土受弯构件相似，其计算方法也基本相同。

试验表明，在正常配筋的范围内，预应力混凝土梁的破坏弯矩主要与构件的组成材料受力性能有关，其破坏弯矩值与同条件普通钢筋混凝土梁的破坏弯矩值几乎相同，而是否在受拉区钢筋中施加预拉应力对梁的破坏弯矩的影响很小。这说明预应力混凝土结构并不能创造出超越其本身材料强度能力之外的奇迹，而只是大大改善了结构在正常使用阶段的工作性能。

10.5 预加力的计算与预应力损失的估算

设计预应力混凝土受弯构件时，需要事先根据承受外荷载的情况，估定其预加应力的大小。由于施工因素、材料性能和环境条件等的影响，钢筋中的预拉应力会逐渐减少。这种预应力钢筋的预应力随着张拉、锚固过程和时间推移而降低的现象称为预应力损失。设计中所需的钢筋预应力值，应是扣除相应阶段的应力损失后，钢筋中实际存余的预应力（有效预应力 σ_{pe}）值。如果钢筋初始张拉的预应力（一般称为张拉控制应力）为 σ_{con}，相应的应力损失值为 σ_l，则它们与有效预应力 σ_{pe} 间的关系为

$$\sigma_{pe} = \sigma_{con} - \sigma_l \tag{10-4}$$

10.5.1 钢筋的张拉控制应力

张拉控制应力 σ_{con} 是指预应力钢筋锚固前张拉钢筋的千斤顶所显示的总拉力除以预应力钢筋截面面积所求得的钢筋应力值。对于有锚圈口摩阻损失的锚具，σ_{con} 应为扣除锚圈口摩擦损失后的锚下拉应力值，故《公路桥规》特别指出，σ_{con} 为张拉钢筋的锚下控制应力。

从提高预应力钢筋的利用率来说，张拉控制应力 σ_{con} 应尽量定高些，使构件混凝土获得较大的预压应力值以提高构件的抗裂性，同时可以减少钢筋用量。但 σ_{con} 又不能定得过高，以免个别钢筋在张拉或施工过程中被拉断，而且 σ_{con} 值增高，钢筋的应力松弛损失也将增大。另外，高应力状态使构件可能出现纵向裂缝；并且过高的应力也降低了构件的延性。因此 σ_{con} 不宜定得过高，一般宜定在钢筋的比例极限以下。不同性质的预应力筋应分别确定其 σ_{con} 值，对于钢丝与钢绞线，因拉伸应力 - 应变曲线无明显的屈服台阶，其 σ_{con} 与抗拉强度标准值 f_{pk} 的比值应相应地定得低些；而精轧螺纹钢筋，一般具有较明显的屈服台阶，塑性性能较好，故其比值可相应地定得高些。《公路桥规》规定，构件预加应力时预应力钢筋在构件端部（锚下）的控制应力 σ_{con} 应符合下列规定：

对于钢丝、钢绞线

$$\sigma_{con} \leqslant 0.75 f_{pk} \quad (10\text{-}5)$$

对于精轧螺纹钢筋

$$\sigma_{con} \leqslant 0.90 f_{pk} \quad (10\text{-}6)$$

式中，f_{pk} 为预应力钢筋的抗拉强度标准值。

在实际工程中，对于仅需在短时间内保持高应力的钢筋，例如为了减少一些因素引起的应力损失，而需要进行超张拉的钢筋，可以适当提高张拉应力，但在任何情况下，钢筋的最大张拉控制应力，对于钢丝、钢绞线不应超过 $0.8f_{pk}$；对于精轧螺纹钢筋不应超过 $0.95f_{pk}$。

10.5.2　钢筋预应力损失的估算

预应力损失与施工工艺、材料性能及环境影响等有关，影响因素复杂，一般应根据试验数据确定，如无可靠试验资料，则可按《公路桥规》的规定估算。

一般情况下，可主要考虑以下六项应力损失值。但对于不同锚具、不同施工方法，可能还存在其他预应力损失，如锚圈口摩阻损失等，应根据具体情况逐项考虑其影响。

1. 预应力筋与管道壁间摩擦引起的应力损失（σ_{l1}）

后张法的预应力筋，一般由直线段和曲线段组成。张拉时，预应力筋将沿管道壁滑移而产生摩擦力[图 10-17（a）]，使钢筋中的预拉应力形成张拉端高，向构件跨中方向逐渐减小[图 10-17（b）]的情况。钢筋在任意两个截面间的应力差值，就是这两个截面间由摩擦所引起的预应力损失值。从张拉端至计算截面的摩擦应力损失值以 σ_{l1} 表示。

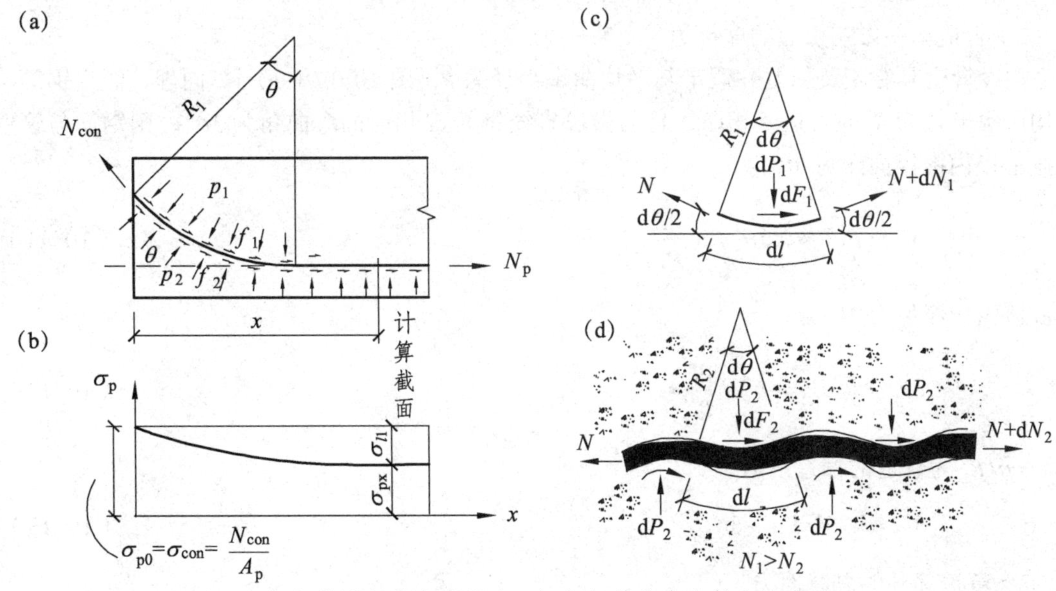

（a）管道压力和摩阻力；（b）钢筋应力沿轴线分布图；（c）弯道钢筋微段受力分析；（d）管道偏差引起的摩阻分析

图 10-17　管道摩阻引起的钢筋预应力损失计算简图

摩擦损失主要由管道的弯曲和管道位置偏差引起的。对于直线管道，由于施工中位置偏差和孔壁不光滑等原因，在钢筋张拉时，局部孔壁也将与钢筋接触从而引起摩擦损失，一般称此为管道偏差影响（或称长度影响）摩擦损失，其数值较小；对于弯曲部分的管道，除存在上述管道偏差影响之外，还存在因管道弯转，预应力筋对弯道内壁的径向压力所起的摩擦损失，将此称为弯道影响摩擦损失，其数值较大，并随钢筋弯曲角度之和的增加而增加。曲线部分摩擦损失是由以上两部分影响构成的，故要比直线部分摩擦损失大得多。

1）弯道影响引起的摩擦力

设钢筋与曲线管道内壁相贴，并取微段钢筋 $\mathrm{d}l$ 为脱离体[图 10-17c）]，其相应的弯曲角为 $\mathrm{d}\theta$，曲率半径为 R_1，则 $\mathrm{d}l = R_1\mathrm{d}\theta$。由此求得微段钢筋与弯道壁间的径向压力 $\mathrm{d}P_1$ 为

$$\mathrm{d}P_1 = p_1\mathrm{d}l = N\sin\frac{\mathrm{d}\theta}{2} + (N + \mathrm{d}N_1)\sin\frac{\mathrm{d}\theta}{2} \approx N\mathrm{d}\theta \tag{10-7}$$

钢筋与管道壁间的摩擦系数设为 μ，则微段钢筋 $\mathrm{d}l$ 的弯道影响摩擦力 $\mathrm{d}F_1$ 为

$$\mathrm{d}F_1 = f_1 \cdot \mathrm{d}l = p_1\mu\mathrm{d}l = \mu\mathrm{d}P_1 \approx \mu N\mathrm{d}\theta \tag{10-8}$$

由图 10-17（c）可得到

$$N + \mathrm{d}N_1 + \mathrm{d}F_1 = N \tag{10-9}$$

故

$$\mathrm{d}F_1 = -\mathrm{d}N_1 \approx \mu N\mathrm{d}\theta \tag{10-10}$$

式中 N——预应力筋的张拉力；

p_1——单位长度内预应力筋对弯道内壁的径向压力；

f_1——单位长度内预应力筋对弯道内壁的摩擦力（由 p_1 引起）。

2）管道偏差影响引起的摩擦力

假设管道具有正负偏差并假定其平均曲率半径为 R_2［图 10-17（d）］。同理，假定钢筋与平均曲率半径为 R_2 的管道壁相贴，且与微段直线钢筋 $\mathrm{d}l$ 相应的弯曲角为 $\mathrm{d}\theta'$，则钢筋与管壁间在 $\mathrm{d}l$ 段内的径向压力 $\mathrm{d}P_2$ 为

$$\mathrm{d}P_2 = p_2\mathrm{d}l \approx N\mathrm{d}\theta' = N\frac{\mathrm{d}l}{R_2} \tag{10-11}$$

故 $\mathrm{d}l$ 段内的摩擦力 $\mathrm{d}F_2$ 为

$$\mathrm{d}F_2 = \mu \cdot \mathrm{d}P_2 \approx \mu \cdot N\frac{\mathrm{d}l}{R_2} \tag{10-12}$$

令 $k = \mu/R_2$ 为管道的偏差系数，则

$$\mathrm{d}F_2 = k \cdot N \cdot \mathrm{d}l = -\mathrm{d}N_2 \tag{10-13}$$

3）弯道部分的总摩擦力

预应力钢筋在管道弯曲部分微段 $\mathrm{d}l$ 内的摩擦力为上述两部分之和，即

$$\mathrm{d}F = \mathrm{d}F_1 + \mathrm{d}F_2 = N \cdot (\mu\mathrm{d}\theta + k\mathrm{d}l) \tag{10-14}$$

4）钢筋计算截面处因摩擦力引起的应力损失值 σ_{l1}

由微段钢筋轴向力的平衡可得到

$$\mathrm{d}N_1 + \mathrm{d}N_2 + \mathrm{d}F_1 + \mathrm{d}F_2 = 0 \tag{10-15}$$

故
$$\mathrm{d}N = \mathrm{d}N_1 + \mathrm{d}N_2 = -\mathrm{d}F_1 - \mathrm{d}F_2 = -N(\mu \mathrm{d}\theta + k\mathrm{d}l)$$

或写成
$$\frac{\mathrm{d}N}{N} = -(\mu \mathrm{d}\theta + k\mathrm{d}l) \tag{10-16}$$

将上式两边同时积分可得到

$$\ln N = -(\mu\theta + kl) + c$$

由张拉端边界条件：$\theta = \theta_0 = 0$，$l = l_0 = 0$ 时，则 $N = N_{\mathrm{con}}$，代入上式可得到 $c = \ln N_{\mathrm{con}}$。于是

$$\ln N = -(\mu\theta + kl) + \ln N_{\mathrm{con}} \tag{10-17}$$

亦即
$$\ln \frac{N}{N_{\mathrm{con}}} = -(\mu\theta + kl)$$

故
$$N = N_{\mathrm{con}} \cdot \mathrm{e}^{-(\mu\theta + kl)} \tag{10-18}$$

为计算方便，式中 l 近似地用其在构件纵轴上的投影长度 x 代替，则上式为

$$N_x = N_{\mathrm{con}} \cdot \mathrm{e}^{-(\mu\theta + kx)} \tag{10-19}$$

式中，N_x 为距张拉端为 x 的计算截面处，钢筋实际的张拉力。

由此可求得因摩擦所引起的预应力损失值 σ_{l1} 为

$$\sigma_{l1} = \frac{N_{\mathrm{con}} - N_x}{A_{\mathrm{p}}} = \sigma_{\mathrm{con}} \left[1 - \mathrm{e}^{-(\mu\theta + kx)}\right] \tag{10-20}$$

式中　σ_{con}——锚下张拉控制应力，$\sigma_{\mathrm{con}} = N_{\mathrm{con}}/A_{\mathrm{p}}$，$N_{\mathrm{con}}$ 为钢筋锚下张拉控制力；

A_{p}——预应力钢筋的截面面积；

θ——从张拉端至计算截面间管道平面曲线的夹角[图 10-17（a）]之和，即曲线包角，按绝对值相加，单位以弧度计。如管道为竖平面内和水平面内同时弯曲的三维空间曲线管道，则 θ 可按式（10-21）计算：

$$\theta = \sqrt{\theta_{\mathrm{H}}^2 + \theta_{\mathrm{V}}^2} \tag{10-21}$$

θ_{H}、θ_{V}——在同段管道水平面内的弯曲角与竖向平面内的弯曲角；

x——从张拉端至计算截面的管道长度在构件纵轴上的投影长度；或为三维空间曲线管道的长度，以米计；

k——管道每米长度的局部偏差对摩擦的影响系数，可按附表 15 采用；

μ——钢筋与管道壁间的摩擦系数，可按附表 15 采用。

为减少摩擦损失，一般可采用如下措施：

① 采用两端张拉，以减小 θ 值及管道长度 x 值；

② 采用超张拉。对于后张法预应力钢筋，其张拉工艺按下列要求进行：

a. 对于钢绞线束。

$$0 \to 初应力(0.1 \sim 0.15\sigma_{con}) \to 1.05\sigma_{con}（持荷2\,min）\to \sigma_{con}（锚固）$$

b. 对于钢丝束。

$$0 \to 初应力(0.1 \sim 0.15\sigma_{con}) \to 1.05\sigma_{con}（持荷2\,min）\to 0 \to \sigma_{con}（锚固）$$

由于超张拉 5%~10%，使构件其他截面应力也相应提高，当张拉力回降至σ_{con}时，钢筋因要回缩而受到反向摩擦力的作用，对于简支梁来说，这个回缩影响一般不能传递到受力最大的跨中截面（或者影响很小），这样跨中截面的预加应力也就因超张拉而获得了稳定的提高。

应当注意，对于一般夹片式锚具，不宜采用超张拉工艺。因为它是一种钢筋回缩自锚式锚具，超张拉后的钢筋拉应力无法在锚固前回降至σ_{con}，一回降，钢筋就回缩，同时就会带动夹片进行锚固。这样就相当于提高了σ_{con}值，而与超张拉的意义不符。

2. 锚具变形、钢筋回缩和接缝压缩引起的应力损失（σ_{l2}）

后张法构件，当张拉结束并进行锚固时，锚具将受到巨大的压力并使锚具自身及锚下垫板压密而变形，同时有些锚具的预应力钢筋还要向内回缩；此外，拼装式构件的接缝，在锚固后也将继续被压密变形，所有这些变形都将使锚固后的预应力钢筋放松，因而引起应力损失，用σ_{l2}表示，可按下式计算：

$$\sigma_{l2} = \frac{\sum \Delta l}{l} E_{P} \tag{10-22}$$

式中 $\sum \Delta l$——张拉端锚具变形、钢筋回缩和接缝压缩值之和（mm），可根据试验确定，当无可靠资料时，按附表 16 采用；

l——张拉端至锚固端之间的距离（mm）；

E_{P}——预应力钢筋的弹性模量。

实际上，由于锚具变形所引起的钢筋回缩同样也会受到管道摩阻力的影响，这种摩阻力与钢筋张拉时的摩阻力方向相反，称之为反摩阻。式（10-22）未考虑钢筋回缩时的摩阻影响，所以σ_{l2}沿钢筋全长不变，这种计算方法只能近似适用于直线管道的情况，而对于曲线管道则与实际情况不符，应考虑摩阻影响。《公路桥规》规定：后张法预应力混凝土构件应计算由锚具变形、钢筋回缩等引起反摩阻后的预应力损失。反向摩阻的管道摩阻系数可假定与正向摩阻的相同。

图 10-18 为张拉和锚固钢筋时钢筋中的应力沿梁长方向的变化示意图。设张拉端锚下钢筋张拉控制应力σ_{con}（图 10-18 中的 A 点），由于管道摩阻力的影响，预应力钢筋的应力由梁端向跨中逐渐降低为图中 $ABCD$ 曲线。在锚固传力时，由于锚具变形引起应力损失，使梁端锚下钢筋的应力降到图 10-18 中的 A' 点，应力降低值为（$\sigma_{con} - \sigma_{l2}$），考虑反摩阻的影响，并假定反向摩阻系数与正向摩阻系数相等，钢筋应力将按图中 $A'B'CD$ 曲线变化。锚具变形损失的影响长度为 ac，两曲线间的纵距即为该截面锚具变形引起的应力损失$\sigma_{l2(x)}$。例如，在 b 处截面的锚具变形损失为$\overline{BB'}$，在交点 c 处该项损失为零。

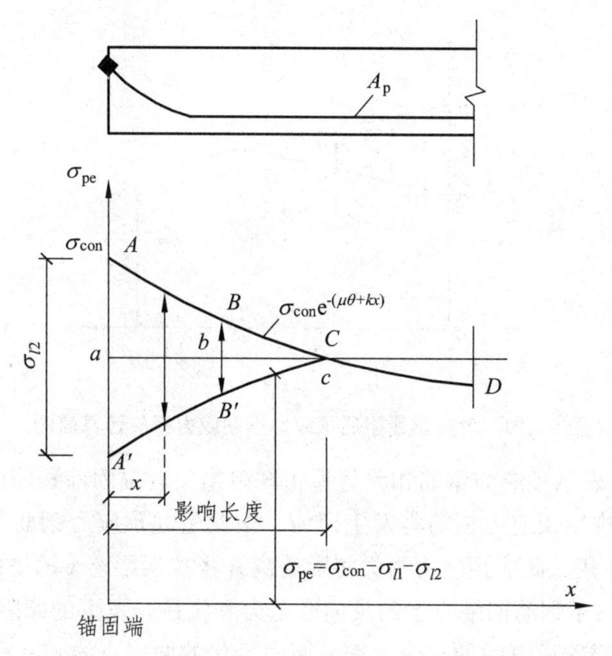

图 10-18　考虑反摩阻后钢筋预应力损失计算示意图

从张拉端 a 至 c 点的范围为回缩影响区，总回缩量 $\sum\Delta l$ 应等于其影响区内各微分段 dx 回缩应变的累计，即为

$$\sum\Delta l=\int_a^c\varepsilon\mathrm{d}x=\frac{1}{E_{\mathrm{p}}}\int_a^c\sigma_{l2(x)}\mathrm{d}x \tag{10-23}$$

所以

$$\int_a^c\sigma_{l2(x)}\mathrm{d}x=E_{\mathrm{p}}\sum\Delta l \tag{10-24}$$

式中，$\int_a^c\sigma_{l2(x)}\mathrm{d}x$ 为图形 $ABCB'A'$ 的面积，即图形 $ABca$ 面积的两倍。根据已知的 $E_{\mathrm{p}}\sum\Delta l$ 值，用试算法确定一个等于 $E_{\mathrm{p}}\sum\Delta l/2$ 的面积 $ABca$，即求得回缩影响长度 ac。在回缩影响长度 ac 内，任一截面处的锚具变形损失为以 ac 为基线的向上垂直距离的两倍。例如，b 截面处的锚具变形损失 $\sigma_{l2}=\overline{BB'}=2\overline{Bb}$ 。

应该指出，上述计算方法概念清楚，但使用时不太方便，故《公路桥规》在附录 D 中推荐了一种考虑反摩阻后预应力钢筋应力损失的简化计算方法，以下简述之。

《公路桥规》中的考虑反摩阻后的预应力损失简化计算方法假定张拉端至锚固端范围内由管道摩阻引起的预应力损失沿梁长方向均匀分配，则扣除管道摩阻损失后钢筋应力沿梁长方向的分布曲线简化为直线（图 10-19 中 caa' ）。直线 caa' 的斜率为

$$\Delta\sigma_{\mathrm{d}}=\frac{\sigma_0-\sigma_1}{l} \tag{10-25}$$

式中　$\Delta\sigma_{\mathrm{d}}$——单位长度由管道摩阻引起的预应力损失（MPa/mm）；

σ_0——张拉端锚下控制应力（MPa）；

σ_1——预应力钢筋扣除沿途管道摩阻损失后锚固端的预应力（MPa）；

l——张拉端至锚固端的之间的距离（mm）。

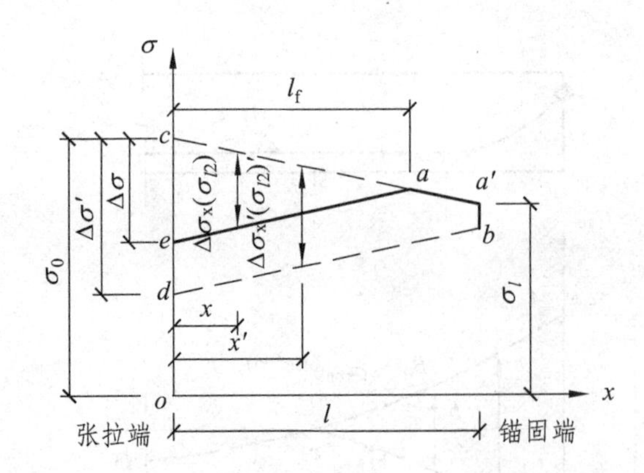

图 10-19　考虑反摩阻后预应力钢筋应力损失计算简图

图 10-19 中 caa' 表示预应力钢筋扣除管道正摩阻损失后锚固前瞬间的应力分布线，其斜率为 $\Delta\sigma_d$。锚固时张拉端预应力钢筋将发生回缩，由此引起预应力钢筋张拉端预应力损失为 $\Delta\sigma$。考虑反摩阻的作用，此项预应力损失将随着离开张拉端距离 x 的增加而逐渐减小，并假定按直线规律变化。由于钢筋回缩发生的反向摩阻力和张拉时发生的摩阻力的摩阻系数相等，因此，代表锚固前和锚固后瞬间的预应力钢筋应力变化的两根直线 caa' 和 ea 的斜率相等，但方向相反。两根直线的交点 a 至张拉端的水平距离即为反摩阻影响长度 l_f。当 $l_f < l$ 时，锚固后整根预应力钢筋的预应力变化线可用折线 eaa' 表示。确定这根折线，需要求出两个未知量，一个是张拉端预应力损失 $\Delta\sigma$，另一个是预应力钢筋回缩影响长度 l_f。

由于直线 caa' 和直线 ea 斜率相同，则 $\triangle cae$ 为等腰三角形，可将底边 $\Delta\sigma$ 通过高 l_f 和直线 ca 的斜率 $\Delta\sigma_d$ 来表示，钢筋回缩引起的张拉端预应力损失为

$$\Delta\sigma = 2\Delta\sigma_d l_f \tag{10-26}$$

钢筋总回缩量等于回缩影响长度 l_f 范围内各微分段应变的累计，并应与锚具变形值 $\sum \Delta L$ 相协调，即

$$\sum \Delta l = \int_0^{l_f} \Delta\varepsilon \mathrm{d}x = \int_0^{l_f} \frac{\Delta\sigma_x}{E_p}\mathrm{d}x = \int_0^{l_f} \frac{2\Delta\sigma_d x}{E_p}\mathrm{d}x = \frac{\Delta\sigma_d}{E_p} l_f^2 \tag{10-27}$$

上式移项可得到回缩影响长度 l_f 的计算公式为

$$l_f = \sqrt{\frac{\sum \Delta l \cdot E_p}{\Delta\sigma_d}} \tag{10-28}$$

求得回缩影响长度后，即可按不同情况计算考虑反摩阻后预应力钢筋的应力损失。

（1）当 $l_f \leqslant l$ 时，预应力钢筋离张拉端 x 处考虑反摩阻后的预拉力损失 $\Delta\sigma_x(\sigma_{l2})$ 可按下列公式计算：

$$\Delta\sigma_x(\sigma_{l2}) = \Delta\sigma \frac{l_f - x}{l_f} \tag{10-29}$$

式中　$\Delta\sigma_x(\sigma_{l2})$——离张拉端 x 处由锚具变形产生的考虑反摩阻后的预拉力损失；

$\Delta\sigma$——张拉端由锚具变形引起的考虑反摩阻后的预应力损失，按式（10-26）计算。

若 $x \geqslant l_f$，则表示该截面不受锚具变形的影响，即 $\sigma_{l2} = 0$。

（2）当 $l_f > l$ 时，预应力钢筋的全长均处于反摩阻影响长度以内，扣除管道摩阻和钢筋回

缩等损失后的预应力线以直线 db 表示（图 10-19），距张拉端 x' 处考虑反摩阻后的预拉力损失 $\Delta\sigma_x'(\sigma_{l2}')$ 可按下列公式计算：

$$\Delta\sigma_x'(\sigma_{l2}') = \Delta\sigma' - 2x'\Delta\sigma_{\mathrm{d}} \tag{10-30}$$

式中　$\Delta\sigma_x'(\sigma_{l2}')$——距张拉端 x' 处由锚具变形引起的考虑反摩阻后的预应力损失；

$\Delta\sigma'$——当 $l_{\mathrm{f}} > l$ 时，预应力钢筋考虑反摩阻后张拉端锚下的预应力损失值；其数值可按以下方法求得：令图 10-19 中的 $ca'bd$ 等腰梯形面积 $A = \sum\Delta l \cdot E_{\mathrm{p}}$，试算得到 cd，则 $\Delta\sigma' = cd$。

两端张拉（分次张拉或同时张拉）且反摩阻损失影响长度有重叠时，在重叠范围内同一截面扣除正摩阻和回缩反摩阻损失后预应力钢筋的应力可对两端分别张拉、锚固的情况，分别计算正摩阻和回缩反摩阻损失，分别将张拉端锚下控制应力减去上述应力计算结果所得较大值。

减小 σ_{l2} 值的方法：

（1）采用超张拉。

（2）注意选用 $\sum\Delta l$ 值小的锚具，对于短小构件尤为重要。

3. 钢筋与台座间的温差引起的应力损失（σ_{l3}）

此项应力损失，仅在先张法构件采用蒸汽或其他加热方法养护混凝土时才予以考虑。

假设张拉时钢筋与台座的温度均为 t_1，混凝土加热养护时的最高温度为 t_2，此时钢筋尚未与混凝土黏结，温度由 t_1 升为 t_2 后钢筋可在混凝土中自由变形，产生了一温差变形 Δl_{t}，即

$$\Delta l_{\mathrm{t}} = \alpha \cdot (t_2 - t_1) \cdot l \tag{10-31}$$

式中　α——钢筋的线膨胀系数，一般可取 $\alpha = 1\times10^{-5}$；

l——钢筋的有效长度；

t_1——张拉钢筋时，制造场地的温度（°C）；

t_2——混凝土加热养护时，已张拉钢筋的最高温度（°C）。

如果在对构件加热养护时，台座长度也能因升温而相应地伸长一个 Δl_t，则锚固于台座上的预应力钢筋的拉应力将保持不变，仍与升温之前的拉应力相同。但是，张拉台座一般埋置于土中，其长度并不会因对构件加热而伸长，而是保持原长不变，并约束预应力钢筋的伸长，这就相当于将预应力钢筋压缩了一个 Δl_{t} 长度，使其应力下降。当停止升温养护时，混凝土已与钢筋黏结在一起，钢筋和混凝土将同时随温度变化而共同伸缩，因养护升温所降低的应力已不可恢复，于是形成温差应力损失 σ_{l3}，即

$$\sigma_{l3} = \frac{\Delta l_t}{l} \cdot E_{\mathrm{p}} = \alpha(t_2 - t_1) \cdot E_{\mathrm{P}} \tag{10-32}$$

取预应力钢筋的弹性模量 $E_{\mathrm{p}} = 2\times10^5\,\mathrm{MPa}$，则有

$$\sigma_{l3} = 2(t_2 - t_1)\ \ (\mathrm{MPa}) \tag{10-33}$$

为了减小温差应力损失，一般可采用二次升温的养护方法，即第一次由常温 t_1 升温至 t_2' 进行养护。初次升温的温度一般控制在 20°C 以内，待混凝土达到一定强度（如 7.5~10 MPa）能够阻止钢筋在混凝土中自由滑移后，再将温度升至 t_2 进行养护。此时，钢筋将和混凝土一起

变形，不会因第二次升温而引起应力损失，故计算σ_{l3}的温差只是（$t_2'-t_1$），比（t_2-t_1）小很多（因为$t_2>t_2'$），所以σ_{l3}也可小多了。

如果张拉台座与被养护构件是共同受热、共同变形时，则不应计入此项应力损失。

4. 混凝土弹性压缩引起的应力损失（σ_{l4}）

当预应力混凝土构件受到预压应力而产生压缩变形时，则对于已张拉并锚固于该构件上的预应力钢筋来说，将产生一个与该预应力钢筋重心水平处混凝土同样大小的压缩应变$\varepsilon_p=\varepsilon_c$，因而也将产生预拉应力损失，这就是混凝土弹性压缩损失σ_{l4}，它与构件预加应力的方式有关。

1）先张法构件

先张法构件的预应力钢筋张拉与对混凝土施加预压应力是先后完全分开的两个工序，当预应力钢筋被放松（称为放张）对混凝土预加压力时，混凝土所产生的全部弹性压缩应变将引起预应力钢筋的应力损失，其值为

$$\sigma_{l4}=\varepsilon_p\cdot E_P=\varepsilon_c\cdot E_p=\frac{\sigma_{pc}}{E_c}\cdot E_p=\alpha_{EP}\cdot\sigma_{pc} \tag{10-34}$$

式中 α_{EP}——预应力钢筋弹性模量E_p与混凝土弹性模量E_c的比值；

σ_{pc}——在先张法构件计算截面钢筋重心处，由预加力N_{p0}产生的混凝土预压应力，可按$\sigma_{pc}=\frac{N_{p0}}{A_0}+\frac{N_{p0}e_p^2}{I_0}$计算；

N_{p0}——全部钢筋的预加力（扣除相应阶段的预应力损失）；

A_0、I_0——构件全截面的换算截面面积和换算截面惯性矩；

e_p——预应力钢筋重心至换算截面重心轴间的距离。

2）后张法构件

后张法构件预应力钢筋张拉时混凝土所产生的弹性压缩是在张拉过程中完成的，故对于一次张拉完成的后张法构件，混凝土弹性压缩不会引起应力损失。但是，由于后张法构件预应力钢筋的根数往往较多，一般是采用分批张拉锚固并且多数情况是采用逐束进行张拉锚固的。这样，当张拉后批钢筋时所产生的混凝土弹性压缩变形将使先批已张拉并锚固的预应力钢筋产生应力损失，通常称此为分批张拉应力损失，也以σ_{l4}表示。《公路桥规》规定σ_{l4}可按下式计算：

$$\sigma_{l4}=\alpha_{Ep}\sum\Delta\sigma_{pc} \tag{10-35}$$

式中 α_{Ep}——预应力钢筋弹性模量与混凝土的弹性模量的比值；

$\sum\Delta\sigma_{pc}$——在计算截面上先张拉的钢筋重心处，由后张拉各批钢筋所产生的混凝土法向应力之和。

后张法构件多为曲线配筋，钢筋在各截面的相对位置不断变化，使各截面的“$\sum\Delta\sigma_{pc}$”也不相同，要详细计算，非常麻烦。为使计算简便，对简支梁，可采用如下近似简化方法进行：

（1）取按应力计算需要控制的截面作为全梁的平均截面进行计算，其余截面不另计算，简支梁可以取$l/4$截面。

（2）假定同一截面（如 $l/4$ 截面）内的所有预应力钢筋，都集中布于其合力作用点（一般可近似为所有预应力钢筋的重心点）处，并假定各批预应力钢筋的张拉力都相等，其值等于各批钢筋张拉力的平均值。这样可以较方便地求得各批钢筋张拉时，在先批张拉钢筋重心（即假定的全部预应力钢筋重心）点处所产生的混凝土正应力为 $\Delta\sigma_{c1}$，即

$$\Delta\sigma_{pc}=\frac{N_p}{m}\left(\frac{1}{A_n}+\frac{e_{pn}\cdot y_i}{I_n}\right) \tag{10-36}$$

式中　N_p——所有预应力钢筋预加应力（扣除相应阶段的应力损失 σ_{l1} 与 σ_{l2} 后）的合力；

m——张拉预应力钢筋的总批数；

e_{pn}——预应力钢筋预加应力的合力 N_p 至净截面重心轴间的距离；

y_i——先批张拉钢筋重心（即假定的全部预应力钢筋重心）处至混凝土净截面重心轴间的距离，故 $y_i\approx e_{pn}$；

A_n、I_n——混凝土梁的净截面面积和净截面惯性矩。

由上可知，张拉各批钢筋所产生的混凝土正应力 $\Delta\sigma_{pc}$ 之和，就等于由全部（m 批）钢筋的合力 N_p 在其作用点（或全部筋束的重心点）处所产生的混凝土正应力 σ_{pc}，即

$$\sum\Delta\sigma_{pc}=m\Delta\sigma_{pc}=\sigma_{pc}$$

或写成

$$\Delta\sigma_{pc}=\sigma_{pc}/m \tag{10-37}$$

（3）为便于计算，还可进一步假定同一截面上（$l/4$ 截面）全部预应力筋重心处混凝土弹性压缩应力损失的总平均值，作为各批钢筋由混凝土弹性压缩引起的应力损失值。

因为在张拉第 i 批钢筋之后，还将张拉（$m-i$）批钢筋，故第 i 批钢筋的应力损失 $\sigma_{l4(i)}$ 应为

$$\sigma_{l4(i)}=(m-i)\cdot\alpha_{Ep}\Delta\sigma_{pc} \tag{10-38}$$

据此可知，第一批张拉的钢筋，其弹性压缩损失值最大，为 $\sigma_{l4(1)}=(m-1)\alpha_{Ep}\cdot\Delta\sigma_{pc}$；而第 m 批（最后一批）张拉的钢筋无弹性压缩应力损失，其值为 $\sigma_{l4(m)}=(m-m)\alpha_{Ep}\sigma_{pc}=0$。因此计算截面上各批钢筋弹性压缩损失平均值可按下式求得

$$\sigma_{l4}=\frac{\sigma_{l4(1)}+\sigma_{l4(m)}}{2}=\frac{m-1}{2}\alpha_{Ep}\Delta\sigma_{pc} \tag{10-39}$$

对于各批张拉预应力钢筋根数相同的情况，将式（10-37）代入式（10-39）可得到分批张拉引起的各批预应力钢筋平均应力损失为

$$\sigma_{l4}=\frac{m-1}{2m}\cdot\alpha_{Ep}\sigma_{pc} \tag{10-40}$$

式中的 σ_{pc} 为计算截面全部钢筋重心处由张拉所有预应力钢筋产生的混凝土法向应力。

5. 钢筋松弛引起的应力损失（σ_{l5}）

与混凝土一样，钢筋在持久不变的应力作用下，也会产生随持续加荷时间延长而增加的徐变变形（又称蠕变）。如果钢筋在一定拉应力值下，将其长度固定不变，则钢筋中的应力将随时间延长而降低，一般称这种现象为钢筋的松弛或应力松弛，图 10-20 为典型的预应力钢筋松弛曲线。钢筋松弛一般有如下特点：

（1）钢筋初拉应力越高，其应力松弛愈甚。

（2）钢筋松弛量的大小主要与钢筋的品质有关。例如，我国的预应力钢丝与钢绞线依其加工工艺不同而分为 I 级松弛（普通松弛）和 II 级松弛（低松弛）两种，低松弛钢筋的松弛值，一般不到前者的 1/3。

（3）钢筋松弛与时间有关。初期发展最快，第一小时内松弛最大，24 h 内可完成 50%，以后渐趋稳定，但在持续 5~8 年的试验中，仍可测到其影响。

（4）采用超张拉，即用超过设计拉应力 5%~10%的应力张拉并保持数分钟后，再回降至设计拉应力值，可使钢筋应力松弛减少 40%~60%。

（5）钢筋松弛与温度变化有关，它随温度升高而增加，这对采用蒸汽养护的预应力混凝土构件会有所影响。

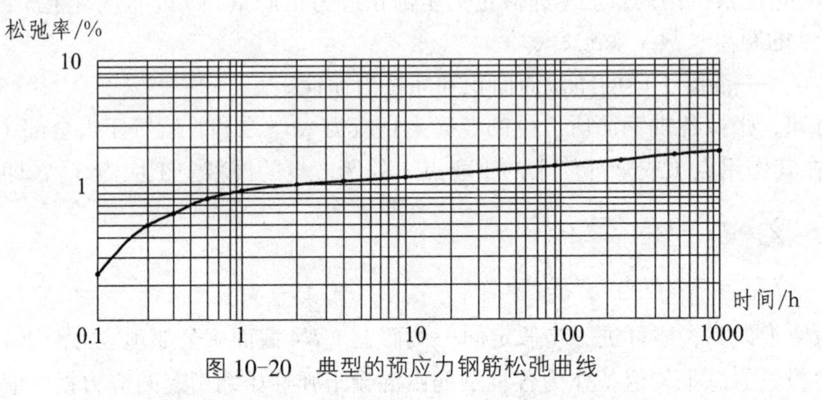

图 10-20　典型的预应力钢筋松弛曲线

试验表明：当初始应力小于钢筋极限强度的 50%时，其松弛量很小，可略去不计。一般预应力钢筋的持续拉应力多为钢筋极限强度的 60%~70%，若以此应力持续 1 000 h，对于普通松弛的钢丝、钢绞线的松弛率为 4.5%~8.0%；低松弛级钢丝、钢绞线的松弛率为 1.0%~2.5%。由钢筋松弛引起的应力损失终值，按下列规定计算：

对于精轧螺纹钢筋

一次张拉　$\sigma_{l5} = 0.05\,\sigma_{\text{con}}$ （10-41）

超张拉　$\sigma_{l5} = 0.035\,\sigma_{\text{con}}$ （10-42）

对于预应力钢丝、钢绞线

$$\sigma_{l5} = \psi \cdot \zeta \cdot \left(0.52\frac{\sigma_{pe}}{f_{pk}} - 0.26\right) \cdot \sigma_{pe} \tag{10-43}$$

式中　ψ——张拉系数，一次张拉时，$\psi = 1.0$；超张拉时，$\psi = 0.9$。

ζ——钢筋松弛系数，I 级松弛（普通松弛），$\zeta = 1.0$；II 级松弛（低松弛），$\zeta = 0.3$。

σ_{pe}——传力锚固时的钢筋应力。对后张法构件 $\sigma_{\text{pe}} = \sigma_{\text{con}} - \sigma_{l1} - \sigma_{l2} - \sigma_{l4}$；对先张法构件 $\sigma_{\text{pe}} = \sigma_{\text{con}} - \sigma_{l2}$。

《公路桥规》还规定，对碳素钢丝、钢绞线，当 $\sigma_{\text{pe}} / f_{\text{pk}} \leqslant 0.5$ 时，应力松弛损失值为零。

钢筋松弛应力损失的计算，应根据构件不同受力阶段的持荷时间进行。对于先张法构件，在预加应力（即从钢筋张拉到与混凝土黏结）阶段，一般按松弛损失值的一半计算，其余一半认为在随后的使用阶段中完成；对于后张法构件，其松弛损失值则认为全部在使用阶段中完成。若按时间计算，对于预应力钢筋为钢丝或钢绞线的情况，可自建立预应力时开始，按照 2 d 完成松弛损失终值的 50%，10 d 完成 61%，20 d 完成 74%，30 d 完成 87%，40 d 完成 100%来确定。

6. 混凝土收缩和徐变引起的应力损失（σ_{l6}）

混凝土收缩、徐变会使预应力混凝土构件缩短，因而引起应力损失。收缩与徐变的变形性能相似，影响因素也大都相同，故将混凝土收缩与徐变引起的应力损失值综合在一起进行计算。

由混凝土收缩、徐变引起的钢筋的预应力损失值可按下面介绍的方法计算。

（1）受拉区预应力钢筋的预应力损失为

$$\sigma_{l6}(t)=\frac{0.9[E_{\mathrm{P}}\varepsilon_{\mathrm{cs}}(t,t_0)+\alpha_{\mathrm{EP}}\sigma_{\mathrm{pc}}\varphi(t,t_0)]}{1+15\rho\rho_{\mathrm{ps}}} \tag{10-44}$$

式中　$\sigma_{l6}(t)$——构件受拉区全部纵向钢筋截面重心处由混凝土收缩、徐变引起的预应力损失。

σ_{pc}——构件受拉区全部纵向钢筋截面重心处由预应力（扣除相应阶段的预应力损失）和结构自重产生的混凝土法向应力（MPa）。对于简支梁，一般可取跨中截面和 $l/4$ 截面的平均值作为全梁各截面的计算值；σ_{pc} 不得大于 $0.5f'_{\mathrm{cu}}$，f'_{cu} 为预应力钢筋传力锚固时混凝土立方体抗压强度。

E_{p}——预应力钢筋的弹性模量。

α_{EP}——预应力钢筋弹性模量与混凝土弹性模量的比值。

ρ——构件受拉区全部纵向钢筋配筋率；对先张法构件，$\rho=(A_{\mathrm{p}}+A_{\mathrm{s}})/A_0$；对于后张法构件，$\rho=(A_{\mathrm{p}}+A_{\mathrm{s}})/A_{\mathrm{n}}$；其中 A_{p}、A_{s} 分别为受拉区的预应力钢筋和非预应力筋的截面面积；A_0 和 A_{n} 分别为换算截面面积和净截面面积。

ρ_{ps}——$\rho_{\mathrm{ps}}=1+\dfrac{e_{\mathrm{ps}}^2}{i^2}$。

i——截面回转半径，$i^2=I/A$。先张法构件取 $I=I_0$，$A=A_0$；后张法构件取 $I=I_{\mathrm{n}}$，$A=A_{\mathrm{n}}$；其中，I_0 和 I_{n} 分别为换算截面惯性矩和净截面惯性矩。

e_{ps}——构件受拉区预应力钢筋和非预应力钢筋截面重心至构件截面重心轴的距离；$e_{\mathrm{ps}}=(A_{\mathrm{p}}e_{\mathrm{p}}+A_{\mathrm{s}}e_{\mathrm{s}})/(A_{\mathrm{p}}+A_{\mathrm{s}})$。

e_{p}——构件受拉区预应力钢筋截面重心至构件截面重心的距离。

e_{s}——构件受拉区纵向非预应力钢筋截面重心至构件截面重心的距离。

$\varepsilon_{\mathrm{cs}}(t,t_0)$——预应力钢筋传力锚固龄期为 t_0，计算考虑的龄期为 t 时的混凝土收缩应变，其终极值 $\varepsilon_{\mathrm{cs}}(t_{\mathrm{u}},t_0)$ 可按表 10-1 取用。

$\phi(t,t_0)$——加载龄期为 t_0，计算考虑的龄期为 t 时的徐变系数，其终极值 $\phi(t_{\mathrm{u}},t_0)$ 可按表 10-1 取用。

对于受压区配置预应力钢筋 A'_{p} 和非预应力钢筋 A'_{s} 的构件，其受拉区预应力钢筋的预应力损失也可取 $A'_{\mathrm{p}}=A'_{\mathrm{s}}=0$，近似地按公式（10-44）计算。

（2）受压区配置预应力钢筋 A'_{p} 和非预应力钢筋 A'_{s} 的构件，由混凝土收缩、徐变引起构件

受压区预应力钢筋的预应力损失为

$$\sigma'_{l6}=\frac{0.9[E_p\varepsilon_{cs}(t,t_0)+\alpha_{EP}\sigma'_{pc}\phi(t,t_0)]}{1+15\rho'\rho'_{ps}} \tag{10-45}$$

式中 $\sigma'_{l6}(t)$——构件受压区全部纵向钢筋截面重心处由混凝土收缩、徐变引起的预应力损失。

σ'_{pc}——构件受压区全部纵向钢筋截面重心处由预应力（扣除相应阶段的预应力损失）和结构自重产生的混凝土法向应力（MPa）；σ'_{pc} 不得大于 $0.5f'_{cu}$；当 σ'_{pc} 为拉应力时，应取其为零。

ρ'——构件受压区全部纵向钢筋配筋率；对先张法构件，$\rho=(A'_p+A'_s)/A_0$；对于后张法构件，$\rho=(A'_p+A'_s)/A_n$；其中 A'_p、A'_s 分别为受压区的预应力钢筋和非预应力筋的截面面积。

ρ'_{ps}——$\rho'_{ps}=1+\frac{e'^2_{ps}}{i^2}$。

e'_{ps}——构件受压区预应力钢筋和非预应力钢筋截面重心至构件截面重心轴的距离；$e'_{ps}=(A'_pe'_p+A'_se'_s)/(A'_p+A'_s)$。

e'_p——构件受压区预应力钢筋截面重心至构件截面重心的距离。

e'_s——构件受压区纵向非预应力钢筋截面重心至构件截面重心的距离。

表 10-1　混凝土徐变系数终极值 $\phi(t_u,t_0)$ 和收缩应变终极值 $\varepsilon(t_u,t_0)$

大气条件			40%≤RH<70%				70%≤RH<99%			
构件理论厚/mm			（$h=2A/u$）/mm				（$h=2A/u$）/mm			
受荷时混凝土龄期度 t_0/d			100	200	300	≥600	100	200	300	≥600
项目	徐变系数终极值 $\phi(t_u,t_0)$	3	3.78	3.36	3.14	2.79	2.73	2.52	2.39	2.20
		7	3.23	2.88	2.68	2.39	2.32	2.15	2.05	1.88
		14	2.83	2.51	2.35	2.09	2.04	1.89	1.79	1.65
		28	2.48	2.20	2.06	1.83	1.79	1.65	1.58	1.44
		60	2.14	1.91	1.78	1.58	1.55	1.43	1.36	1.25
		90	1.99	1.76	1.65	1.46	1.44	1.32	1.26	1.15
	收缩应变终极值 $\varepsilon_{cs}(t_u,t_0)\times10^3$	3~7	0.50	0.45	0.38	0.25	0.30	0.26	0.23	0.15
		14	0.43	0.41	0.36	0.24	0.25	0.24	0.21	0.14
		28	0.38	0.38	0.34	0.23	0.22	0.22	0.20	0.13
		60	0.31	0.34	0.32	0.22	0.18	0.20	0.19	0.12
		90	0.27	0.32	0.30	0.21	0.16	0.19	0.18	0.12

注：① 表中 RH 代表桥梁所处环境的年平均相对湿度（%），表中数值按 40%≤RH<70%取 55%，70%≤RH<99%取 80%计算求得。

② 表中理论厚度 $h=2A/u$，A 为构件截面面积，u 为构件与大气接触的周边长度。当构件为变截面时，A 和 u 均可取其平均值。

③ 本表适用于由一般的硅酸盐类水泥或快硬水泥配制而成的混凝土。表中数值系按强度等级 C40 混凝土计算求得，对 C50 及以上混凝土，表列数值应乘以 $\sqrt{\frac{32.4}{f_{ck}}}$，式中 f_{ck} 为混凝土轴心抗压强度标准值（MPa）。

④ 本表适用于季节性变化的平均温度-20°C~+40°C。

⑤ 构件的实际传力锚固龄期、加载龄期或理论厚度为表列数值中间值时，收缩应变和徐变系数终极值可按直线内插法取值。

应当指出，混凝土收缩、徐变应力损失，与钢筋的松弛应力损失等是相互影响的，目前采用分开单独计算的方法不够完善。国际预应力混凝土协会（FIP）和国内的学者已注意到这一问题。

10.5.3　钢筋的有效预应力计算

预应力钢筋的有效预应力 σ_{pe} 的定义为预应力钢筋锚下控制应力 σ_{con} 扣除相应阶段的应力损失 σ_l 后实际存余的预拉应力值。但应力损失在各个阶段出现的项目是不同的，故应按受力阶段进行组合，然后才能确定不同受力阶段的有效预应力。

1. 预应力损失值组合

现根据应力损失出现的先后次序以及完成终值所需的时间，分先张法、后张法按两个阶段进行组合，具体见表 10-2。

表 10-2　各阶段预应力损失值的组合

预应力损失值的组合	先张法构件	后张法构件
传力锚固时的损失（第一批）σ_{lI}	$\sigma_{l2}+\sigma_{l3}+\sigma_{l4}+0.5\sigma_{l5}$	$\sigma_{l1}+\sigma_{l2}+\sigma_{l4}$
传力锚固后的损失（第二批）σ_{lII}	$0.5\sigma_{l5}+\sigma_{l6}$	$\sigma_{l5}+\sigma_{l6}$

2. 预应力钢筋的有效预应力 σ_{pe}

在预加应力阶段，预应力筋中的有效预应力为

$$\sigma_{pe}=\sigma_{pI}=\sigma_{con}-\sigma_{lI} \tag{10-46}$$

在使用阶段，预应力筋中的有效预应力，即永存预应力为

$$\sigma_{pe}=\sigma_{pII}=\sigma_{con}-(\sigma_{lI}+\sigma_{lII}) \tag{10-47}$$

10.6　预应力混凝土受弯构件承载力计算

预应力混凝土受弯构件持久状况承载力极限状态计算包括正截面承载力计算和斜截面承载力计算，作用效应组合采用基本组合。

10.6.1　正截面承载力计算

当预应力钢筋的含筋量适当时，预应力混凝土受弯构件正截面破坏形态一般为适筋梁破坏，正截面承载力计算图式中的受拉区预应力钢筋和非预应力钢筋的应力将分别取其抗拉强度设计值 f_{pd} 和 f_{sd}；受压区的混凝土应力用等效的矩形应力分布图代替实际的曲线分布图并取轴心抗压强度设计值 f_{cd}；受压区非预应力钢筋亦取其抗压强度设计值 f'_{sd}。

1. 受压区不配置钢筋的矩形截面受弯构件

对于仅在受拉区配置预应力钢筋和非预应力钢筋而受压区不配钢筋的矩形截面（包括翼缘位于受拉边的 T 形截面）受弯构件，正截面抗弯承载力的计算采用图 10-21 的计算简图。

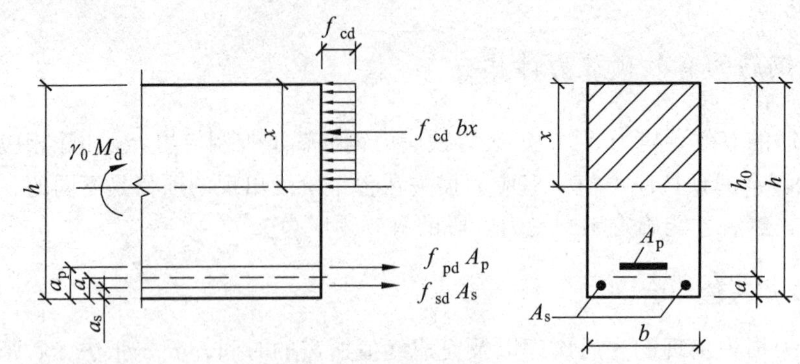

图 10-21　受压区不配置预应力钢筋的矩形截面受弯构件正截面承载力计算图

1）求受压区高度 x

由式（10-48）来求解：

$$f_{sd}A_s + f_{pd}A_p = f_{cd}bx \tag{10-48}$$

式中　A_s、f_{sd}——受拉区纵向非预应力钢筋的截面面积和抗拉强度设计值；

A_p、f_{pd}——受拉区预应力钢筋的截面面积和抗拉强度设计值；

f_{cd}——混凝土轴心抗压强度设计值。

为防止出现超筋梁及脆性破坏，预应力混凝土梁的截面受压区高度 x 应满足《公路桥规》的规定：

$$x \leqslant \xi_b h_0 \tag{10-49}$$

式中　ξ_b——预应力混凝土受弯构件相对界限受压区高度，按表 10-3 采用；

h_0——截面有效高度，$h_0 = h - a$；

h——构件全截面高度；

a——受拉区钢筋 A_s 和 A_p 的合力作用点至受拉区边缘的距离，当不配非预应力受力钢筋（即 A_s=0）时，则以 a_p 代替 a，a_p 为受拉区预应力钢筋 A_p 的合力作用点至截面最近边缘的距离。一般可以不考虑按局部受力需要和按构造要求配置的纵向非预应力钢筋截面面积。

表 10-3　预应力混凝土梁相对界限受压区高度 ξ_b

钢筋种类	混凝土强度等级			
	C50	C55、C60	C65、C70	C75、C80
钢绞线、钢丝	0.40	0.38	0.36	0.35
精轧螺纹钢筋	0.40	0.38	0.36	—

注：① 截面受拉区内配置不同种类钢筋的受弯构件，其 ξ_b 值应选用相应于各种钢筋的较小者。

② $\xi_b = x_b/h_0$，x_b 为纵向受拉钢筋和受压区混凝土同时达到其强度设计值时的受压区高度。

表 10-3 中采用的钢丝和钢绞线为预应力钢筋时相对界限受压区高度 $\xi_b(x_b/h_0)$ 按下式计算确定：

$$\xi_b = \frac{\beta}{1+\dfrac{0.002}{\varepsilon_{cu}}+\dfrac{f_{pd}-\sigma_{p0}}{\varepsilon_{cu}E_p}} \tag{10-50}$$

式中　β——受压区矩形应力块高度 x 与中和轴高度（实际受压区高度）x_0 之比值，它随混凝土强度等级的提高而降低，《公路桥规》中规定的取值详见表 4-1；

σ_{p0}——受拉区纵向预应力钢筋重心处混凝土预压应力为零时的预应力钢筋的应力；

ε_{cu}——受压边缘混凝土的极限压应变，《公路桥规》中规定的取值详见表 4-1。

2）正截面承载力计算

求得截面受压区高度 x 值后，可得正截面抗弯承载力并应满足：

$$\gamma_0 M_d \leqslant M_u = f_{cd}bx\left(h_0-\frac{x}{2}\right) \tag{10-51}$$

式中，M_d 为弯矩组合设计值，γ_0 为桥梁结构重要性系数，按表 2-1 取值；其余符号意义与式（10-48）相同。

2. 受压区配置预应力钢筋和非预应力钢筋的矩形截面受弯构件

受压区配置预应力钢筋的矩形截面（包括翼缘位于受拉边的 T 形截面）构件，抗弯承载力的计算与普通钢筋混凝土双筋矩形截面构件的抗弯承载力计算相似。

预应力混凝土梁破坏时，受压区预应力钢筋 A_p' 的应力可能是拉应力，也可能是压应力，因而将其应力称为计算应力 σ_{pa}'。当 σ_{pa}' 为压应力时，其值也较小，一般达不到钢筋 A_p' 的抗压设计强度 $f_{pd}'=\varepsilon_c\cdot E_p'=0.002E_p'$。$\sigma_{pa}'$ 值主要决定于 A_p' 中预应力的大小。

构件在承受外荷载前，钢筋 A_p' 中已存在有效预拉应力 σ_p'（扣除全部预应力损失），钢筋 A_p' 重心水平处的混凝土有效预压应力为 σ_c'，相应的混凝土压应变为 σ_c'/E_c；在构件破坏时，受压区混凝土应力为 f_{cd}，相应的压应变增加至 ε_c。因此构件从开始受荷载作用到破坏的过程中，A_p' 重心水平处的混凝土压应变增量也即钢筋 A_p' 的压应变增量为（$\varepsilon_c-\sigma_c'/E_c$），也相当于在钢筋 A_p' 中增加了一个压应力 E_p'（$\varepsilon_c-\sigma_c'/E_c$），将此与 A_p' 中的预拉应力 σ_p' 相叠加可求得 σ_{pa}'。设压应力为正号，拉应力为负号，则有：

$$\sigma_{pa}' = E_p'(\varepsilon_c-\sigma_c'/E_c)-\sigma_p' = f_{pd}'-\alpha_{Ep}'\sigma_c'-\sigma_p' \tag{10-52}$$

或写成

$$\sigma_{pa}' = f_{pd}'-(\alpha_{Ep}'\sigma_c'+\sigma_p') = f_{pd}'-\sigma_{p0}' \tag{10-53}$$

式中　σ_{p0}'——钢筋 A_p' 当其重心水平处混凝土应力为零时的有效预应力（扣除不包括混凝土弹性压缩在内的全部预应力损失）；对先张法构件，$\sigma_{p0}'=\sigma_{con}'-\sigma_l'+\sigma_{l4}'$；对后张法构件，$\sigma_{p0}'=\sigma_{con}'-\sigma_l'+\alpha_{Ep}'\sigma_{pc}'$，此处，$\sigma_{con}'$ 为受压区预应力钢筋的控制应力；σ_l'

为受压区预应力钢筋的全部预应力损失；σ'_{l4} 为先张法构件受压区弹性压缩损失；σ'_{pc} 为受压区预应力钢筋重心处由预应力产生的混凝土法向压应力。

α'_{Ep}——受压区预应力钢筋与混凝土的弹性模量之比。

由上可知，建立式（10-52）的前提条件是构件破坏时，A'_p 重心处混凝土应变达到 $\varepsilon_c = 0.002$。

在明确了破坏阶段各项应力值后，则可得到计算简图（图 10-22），仿照普通钢筋混凝土双筋截面受弯构件，由静力平衡方程可计算预应力混凝土受弯构件正截面承载力。

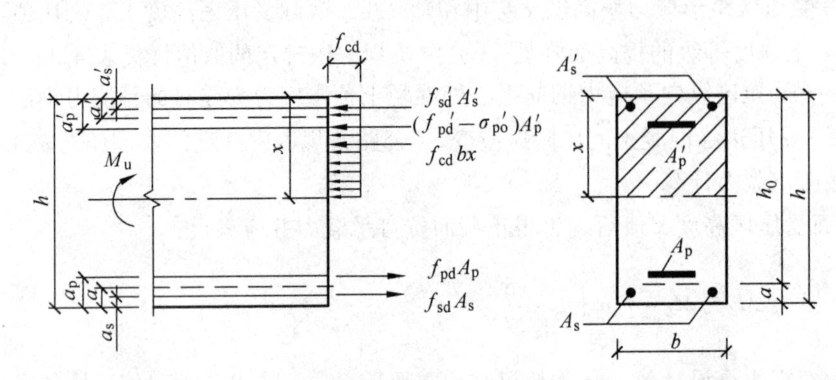

图 10-22　受压区配置预应力钢筋的矩形截面受弯构件正截面承载力计算图

1）求受压区高度 x

由式（10-54）来求解：

$$f_{sd}A_s + f_{pd}A_p = f_{cd}bx + f'_{sd}A'_s + (f'_{pd} - \sigma'_{p0})A'_p \tag{10-54}$$

式中：A'_p 和 f'_{pd} 分别为受压区预应力钢筋的截面面积和抗压强度设计值，其余符号意义同前。

计算所得的受压区高度 x，也应满足《公路桥规》的规定

$$x \leqslant \xi_b h_0 \tag{10-55}$$

当受压区预应力钢筋受压，即 $(f'_{pd} - \sigma'_{p0}) < 0$ 时，应满足

$$x \geqslant 2a'_s \tag{10-56a}$$

当受压区预应力钢筋受拉，即 $(f'_{pd} - \sigma'_{p0}) < 0$ 时，应满足

$$x \geqslant 2a'_s \tag{10-56b}$$

式中　a'——受压区钢筋 A'_s 和 A'_p 的合力作用点至截面最近边缘的距离；当预应力钢筋 A'_p 中的应力为拉应力时，则以 a'_s 代替 a'；

a'_p——钢筋 A'_p 的合力作用点至截面最近边缘的距离。

其余符号意义同前。

为防止构件的脆性破坏，必须满足条件式（10-55），而条件式（10-56）则是为了保证在构件破坏时，钢筋 A'_s 的应力达到 f'_{sd}；同时也是保证前述式（10-52）或式（10-53）成立的必要条件。

2）正截面承载力计算

由式（10-54）求得截面受压区高度 x 后，可得到正截面抗弯承载力并应满足：

$$\gamma_0 M_d \leqslant f_{cd} bx\left(h_0 - \frac{x}{2}\right) + f'_{sd} A'_s (h_0 - a'_s) + (f'_{pd} - \sigma'_{p0}) A'_p (h_0 - a'_p) \tag{10-57}$$

由承载力计算式可以看出，构件的承载力与受拉区钢筋是否施加预应力无关，但对受压区钢筋 A'_p 施加预应力后，式（10-57）等号右边末项的钢筋应力 f'_{pd} 下降为 σ'_{pa}（或为拉应力），将比 A'_p 筋不加预应力时的构件承载力有所降低，同时，使用阶段的抗裂性也有所降低。因此，只有在受压区确有需要设置预应力钢筋 A'_p 时，才予以设置。

3. T 形截面受弯构件

同普通钢筋混凝土梁一样，先按下列条件判断属于哪一类 T 形截面。

截面复核时：

$$f_{sd} A_s + f_{pd} A_p \leqslant f_{cd} b'_f h'_f + f'_{sd} A'_s + (f'_{pd} - \sigma'_{po}) A'_p \tag{10-58}$$

截面设计时：

$$\gamma_0 M_d \leqslant f_{cd} b'_f h'_f (h_0 - h'_f/2) + f'_{sd} A'_s (h_0 - a'_s) + (f'_{pd} - \sigma'_{p0}) A'_p (h_0 - a'_p) \tag{10-59}$$

当符合上述条件时为第一类 T 形截面（中和轴在翼缘内），可按宽度为 b'_f 的矩形截面计算［图 10-23（a）］。

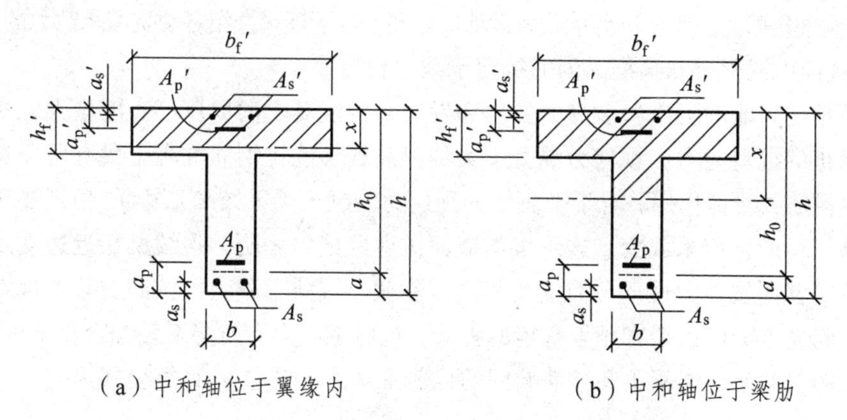

（a）中和轴位于翼缘内　　（b）中和轴位于梁肋

图 10-23　T 形截面预应力梁受弯构件中和轴位置图

当不符合上述条件时，表明中性轴通过梁肋，为第二类 T 形截面，计算时需考虑梁肋受压区混凝土的工作[图 10-23（b）]。

1）求受压区高度 x

$$f_{sd} A_s + f_{pd} A_p = f_{cd}[bx + (b'_f - b) h'_f] + f'_{sd} A'_s + (f'_{pd} - \sigma'_{po}) A'_p \tag{10-60}$$

2）承载力计算

$$\begin{aligned}\gamma_0 M_d \leqslant\ & f_{cd}[bx(h_0 - x/2) + (b'_f - b) h'_f (h_0 - h'_f/2)] + \\ & f'_{sd} A'_s (h_0 - a'_s) + (f'_{pd} - \sigma'_{p0}) A'_p (h_0 - a'_p)\end{aligned} \tag{10-61}$$

适用条件与矩形截面一样。计算步骤与非预应力混凝土梁类似。

以上公式也适用于工字形截面、Π 形截面等情况。

10.6.2　斜截面承载力计算

1. 斜截面抗剪承载力计算

对配置箍筋和弯起预应力钢筋的矩形、T 形和 I 形截面的预应力混凝土受弯构件，斜截面抗剪承载力计算的基本表达式为

$$\gamma_0 V_d \leqslant V_{cs} + V_{pb} \tag{10-62}$$

式中　V_d——斜截面受压端正截面上由作用（或荷载）产生的最大剪力组合设计值（kN）；

V_{cs}——斜截面内混凝土和箍筋共同的抗剪承载力设计值（kN）；

V_{pb}——与斜截面相交的预应力弯起钢筋抗剪承载力设计值（kN）。

对预应力混凝土连续梁等超静定结构，作用（或荷载）效应取 $V_d = \gamma_0 S + \gamma_p S_p$，并考虑由预应力引起的次剪力 V_{p2}；其中 S 为作用（或荷载）效应（汽车荷载计入冲击系数）的组合设计值，S_p 为预应力（扣除全部预应力损失）引起的次效应；γ_p 为预应力的荷载分项系数，当预应力效应对结构有利时，取 $\gamma_p = 0.9$；对结构不利时，取 $\gamma_p = 1.2$。

对于箱形截面受弯构件的斜截面抗剪承载力的验算，也可参照式（10-62）进行。式（10-62）右边为受弯构件斜截面上各项抗剪承载力设计值之和，以下逐一介绍各项抗剪承载力的计算方法。

1）斜截面内混凝土和箍筋共同的抗剪承载力设计值（V_{cs}）

构件的预应力能够阻滞斜裂缝的发生和发展，使混凝土的剪压区高度增大，从而提高了混凝土所承担的抗剪能力；预应力混凝土梁的斜裂缝长度比钢筋混凝土梁有所增长进而增加了斜裂缝内箍筋的抗剪作用；对于带翼缘的预应力混凝土梁（如 T 形梁），由于受压翼缘的存在，也提高了梁的抗剪承载力。连续梁斜截面抗剪的试验表明，连续梁靠近边支点梁段，其混凝土和箍筋共同抗剪的性质与简支梁相同，斜截面抗剪承载力可按简支梁的规定计算，连续梁靠近中间支点梁段，则有异号弯矩的影响，抗剪承载力有所降低。综合以上因素，《公路桥规》采用的斜截面内混凝土和箍筋共同的抗剪承载力（V_{cs}）的计算公式为

$$V_{cs} = \alpha_1 \alpha_2 \alpha_3 0.45 \times 10^{-3} b h_0 \sqrt{(2 + 0.6p)\sqrt{f_{cu,k}}\,\rho_{sv} f_{sv}} \text{（kN）} \tag{10-63}$$

式中　α_2——预应力提高系数。对预应力混凝土受弯构件，α_2=1.25，但当由钢筋合力引起的截面弯矩与外弯矩的方向相同时，或允许出现裂缝的预应力混凝土受弯构件，取 α_2=1.0。

p——斜截面内纵向受拉钢筋的计算配筋率。$p = 100\rho$，$\rho = (A_p + A_{pb} + A_s)/bh_0$；当 $p > 2.5$ 时，取 p=2.5。

式中其他符号的意义详见式（5-5）。

式中的 ρ_{sv} 为斜截面内箍筋配筋率，$\rho_{sv} = A_{sv}/S_v b$。在实际工程中，预应力混凝土箱梁也有采用腹板内设置竖向预应力钢筋（箍筋）的情况，这时 ρ_{sv} 应换为竖向预应力钢筋（箍筋）

的配筋率 ρ_{pv}；S_v 为斜截面内竖向预应力钢筋（箍筋）的间距（mm）；f_{sv} 为竖向预应力钢筋（箍筋）抗拉强度设计值；A_{sv} 为斜截面内配置在同一截面的竖向预应力钢筋（箍筋）截面面积。

2）预应力弯起钢筋的抗剪承载力设计值（V_{sb}）

预应力弯起钢筋的斜截面抗剪承载力计算按以下公式进行：

$$V_{pb} = 0.75\times10^{-3} f_{pd}\sum A_{pb}\sin\theta_p \text{（kN）} \tag{10-64}$$

式中　θ_p——预应力弯起钢筋（在斜截面受压端正截面处）的切线与水平线的夹角；

A_{pb}——斜截面内在同一弯起平面的预应力弯起钢筋的截面面积（mm^2）；

f_{pd}——预应力钢筋抗拉强度设计值；

预应力混凝土受弯构件抗剪承载力计算，所需满足的公式上、下限值与普通钢筋混凝土受弯构件相同，详见第 4 章。

2. 斜截面抗弯承载力计算

根据斜截面的受弯破坏形态，仍取斜截面以左部分为脱离体（图 10-24），并以受压区混凝土合力作用点 O（转动铰）为中心取矩，由 $\sum M_0 = 0$，得到矩形、T 形和 I 形截面的受弯构件斜截面抗弯承载力计算公式为

$$\gamma_0 M_d \leqslant f_{sd}A_sZ_s + f_{pd}A_pZ_p + \sum f_{pd}A_{pb}Z_{pb} + \sum f_{sv}A_{sv}Z_{sv} \tag{10-65}$$

式中　M_d——斜截面受压端正截面的最大弯矩组合设计值；

Z_s、Z_p——纵向普通受拉钢筋合力点、纵向预应力受拉钢筋合力点至受压区中心点 O 的距离；

Z_{pb}——与斜截面相交的同一弯起平面内预应力弯起钢筋合力点至受压区中心点 O 的距离；

Z_{sv}——与斜截面相交的同一平面内箍筋合力点至斜截面受压端的水平距离。

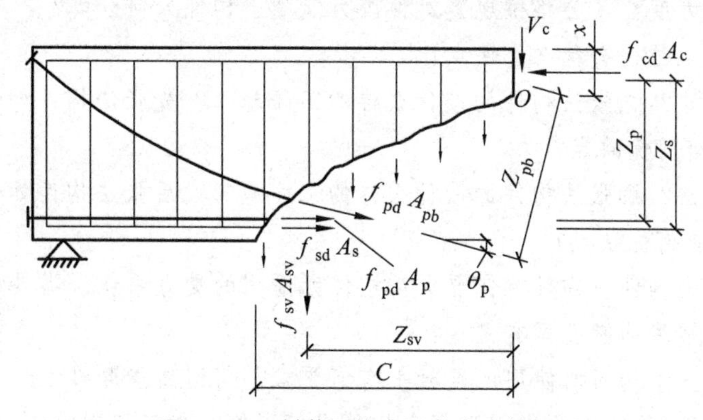

图 10-24　斜截面抗弯承载力计算图

计算斜截面抗弯承载力时，其最不利斜截面的位置，需选在预应力钢筋数量变少、箍筋截面与间距的变化处，以及构件混凝土截面腹板厚度的变化处等进行。但其斜截面的水平投影长度 C，仍需自下而上，按不同倾斜角度试算确定。最不利的斜截面水平投影长度按下列公式试算确定：

$$\gamma_0 V_d = \sum f_{pd} A_{pb} \sin\theta_p + \sum f_{sv} A_{sv} \quad (10\text{-}66)$$

假设最不利斜截面与水平方向的夹角为α，水平投影长度为 C，则该斜截面上箍筋截面积为$\sum A_{sv} = A_{sv} \cdot C/S_v$，代入式（10-66）可得到最不利水平投影长度 C 的表达式为

$$C = \frac{\gamma_0 V_d - \sum f_{pd} A_{pb} \sin\theta_p}{f_{sv} \cdot A_{sv}/S_v} \quad (10\text{-}67)$$

式中　V_d——斜截面受压端正截面相应于最大弯矩组合设计值的剪力组合设计值；

S_v——箍筋间距（mm）。

其余符号意义同前。

水平投影长度 C 确定后，尚应确定受压区合力作用点的位置 O，以便确定各力臂的长度。由斜截面的受力平衡条件$\sum H = 0$，可得到

$$\sum f_{pd} A_{pb} \cos\theta_p + f_{sd} A_s + f_{pd} A_p = f_{cd} A_c \quad (10\text{-}68)$$

由此可求出混凝土截面受压区的面积 A_c。因 A_c 是受压区高度 x 的函数，故截面型式确定后，斜截面受压区高度 x 也就不难求得，受压区合力作用点的位置也随之可以确定。

预应力混凝土梁斜截面抗弯承载力的计算比较麻烦，因此也可以同普通钢筋混凝土受弯构件一样，用构造措施来加以保证，具体要求可参照钢筋混凝土梁的有关内容。

复习思考题

1. 何谓预应力混凝土？为什么要对构件施加预应力？其主要优点是什么？其基本原理是什么？

2. 什么是预应力度？《公路桥规》对预应力混凝土构件如何分类？

3. 预应力混凝土结构有什么优缺点？

4. 什么是先张法？先张法构件的按什么样的工序施工？先张法构件如何实现预应力筋的锚固？先张法构件有何优缺点？

5. 什么是后张法？后张法构件的按什么样的工序施工？后张法构件如何实现预应力筋的锚固？后张法构件有何优缺点？

6. 预应力混凝土构件对锚具有何要求？按传力锚固的受力原理，锚具如何分类？

7. 公路桥梁中常用的制孔器有哪些？

8. 预应力混凝土结构对所使用的混凝土有何要求？何谓高强混凝土？

9. 混凝土的收缩、徐变对预应力混凝土构件有何影响？如何配制收缩、徐变小的混凝土？

10. 什么是混凝土的线性徐变？什么是混凝土的非线性徐变？影响徐变的主要因素有哪些？

11. 预应力混凝土结构对所使用的预应力钢筋有何要求？公路桥梁中常用的预应力钢筋有哪些？

12. 预应力混凝土受弯构件在施工阶段和使用阶段的受力有何特点？

13. 预应力混凝土梁的优越性是什么？决定预应力混凝土梁破坏弯矩的主要因素是什么？

14. 何谓预应力损失？何谓张拉控制应力？张拉控制应力的高低对构件有何影响？

15.《公路桥规》中考虑的预应力损失主要有哪些？引起各项预应力损失的主要原因是什么？如何减小各项预应力损失？

16. 何谓预应力钢筋的有效预应力？对先张法、后张法构件，其各阶段的预应力损失应如何组合？

参考文献

[1] 叶见曙. 结构设计原理. 4 版. 北京：人民交通出版社, 2018.

[2] 杜建华, 王海彦. 混凝土结构设计原理. 北京：中国铁道出版社, 2014.

[3] 李乔. 混凝土结构设计原理. 3 版. 北京：中国铁道出版社, 2013.

[4] 胡兴福. 结构设计原理. 北京：机械工业出版社, 2010.

[5] 江见鲸, 陆新征, 江波. 钢筋混凝土基本构件设计. 北京：清华大学出版社, 2006.

[6] 张誉. 混凝土结构基本原理. 北京：中国建筑工业出版社, 2000.

[7] 中华人民共和国国家标准. 公路工程结构可靠性设计统一标准（JTG 2120—2020）. 北京：人民交通出版社, 2020.

[8] 中华人民共和国行业标准. 公路工程技术标准（JTG B01—2014）. 北京：人民交通出版社, 2014.

[9] 中华人民共和国行业标准. 公路桥涵设计通用规范（JTG D60—2015）. 北京：人民交通出版社, 2015.

[10] 中华人民共和国行业标准. 公路钢筋混凝土及预应力混凝土桥涵设计规范（JTG 3362—2018）. 北京：人民交通出版社, 2012.

[11] 中华人民共和国行业标准. 公路桥涵施工技术规范（JTG F50—2011）. 北京：人民交通出版社, 2011.

[12] 中华人民共和国国家标准. 铁路工程结构可靠性设计统一标准（GB 50216—2019）. 北京：中国计划出版社, 2019.

[13] 中华人民共和国国家标准. 铁路桥涵混凝土结构设计规范（TB 10092—2017）. 北京：国家铁路局发布, 2017.

[14] 中华人民共和国国家标准. 铁路桥涵设计规范（极限状态法）（Q/CR 9300—2018）. 北京：中国铁道出版社, 2018.

附　录

附表 1　混凝土强度标准值和设计值（MPa）

强度种类		符号	混凝土强度等级											
			C25	C30	C35	C40	C45	C50	C55	C60	C65	C70	C75	C80
标准值	轴心抗压	f_{ck}	16.7	20.1	23.4	26.8	29.6	32.4	35.5	38.5	41.5	44.5	47.4	50.2
	轴心抗拉	f_{tk}	1.78	2.01	2.20	2.40	2.51	2.65	2.74	2.85	2.93	3.00	3.05	3.10
设计值	轴心抗压	f_{cd}	11.5	13.8	16.1	18.4	20.5	22.4	24.4	26.5	28.5	30.5	32.4	34.6
	轴心抗拉	f_{td}	1.23	1.39	1.52	1.65	1.74	1.83	1.89	1.96	2.02	2.07	2.10	2.14

注：计算现浇钢筋混凝土轴心受压和偏心受压构件时，如截面的长边或直径小于 300mm，表中混凝土强度设计值应乘以系数 0.8，当构件质量（混凝土成型、截面和轴线尺寸等）确有保证时，可不受此限。

附表 2　混凝土的弹性模量（$\times10^4$MPa）

混凝土强度等级	C25	C30	C35	C40	C45	C50	C55	C60	C65	C70	C75	C80
E_c	2.80	3.00	3.15	3.25	3.35	3.45	3.55	3.60	3.65	3.70	3.75	3.80

注：① 混凝土剪切变形模量 Gc 按表中数值的 0.4 倍采用；

② 对高强混凝土，当采用引气剂及较高砂率的泵送混凝土且无实测数据时，表中 C50~C80 的 Ec 值应乘折减系数 0.95。

附表 3　普通钢筋强度标准值和设计值（MPa）

钢筋种类	直径 d/mm	符号	抗拉强度标准值 f_{sk}	抗拉强度设计值 f_{sd}	抗压强度设计值 f'_{sd}
HPB300	6~22	Φ	300	250	250
HRB400	6~50	Φ	400	330	330
RRB400	6~50	$Φ^{F}$	400	330	330
HRBF400	6~50	$Φ^{R}$	400	330	330
HRB500	6~50	Φ	500	415	415

注：①表中 d 系指国家标准中的钢筋公称直径；

②构件中有不同种类钢筋时，每种钢筋应采用各自的强度设计值。

附表 4　普通钢筋的弹性模量（$\times10^5$MPa）

钢筋种类	弹性模量 E_s
HPB300	2.1
HRB400、RRB400、HRBF400、HRB500	2.0

附表 5　钢筋混凝土受弯构件单筋矩形截面承载力计算用表

ξ	A_0	ζ_0	ξ	A_0	ζ_0
0.01	0.010	0.995	0.34	0.282	0.830
0.02	0.020	0.990	0.35	0.289	0.825
0.03	0.030	0.985	0.36	0.295	0.820
0.04	0.039	0.980	0.37	0.302	0.815
0.05	0.049	0.975	0.38	0.308	0.810
0.06	0.058	0.970	0.39	0.314	0.805
0.07	0.068	0.965	0.4	0.320	0.800
0.08	0.077	0.960	0.41	0.326	0.795
0.09	0.086	0.955	0.42	0.332	0.790
0.1	0.095	0.950	0.43	0.338	0.785
0.11	0.104	0.945	0.44	0.343	0.780
0.12	0.113	0.940	0.45	0.349	0.775
0.13	0.122	0.935	0.46	0.354	0.770
0.14	0.130	0.930	0.47	0.360	0.765
0.15	0.139	0.925	0.48	0.365	0.760
0.16	0.147	0.920	0.49	0.370	0.755
0.17	0.156	0.915	0.5	0.375	0.750
0.18	0.164	0.910	0.51	0.380	0.745
0.19	0.172	0.905	0.52	0.385	0.740
0.2	0.180	0.900	0.53	0.390	0.735
0.21	0.188	0.895	0.54	0.394	0.730
0.22	0.196	0.890	0.55	0.399	0.725
0.23	0.204	0.885	0.56	0.403	0.720
0.24	0.211	0.880	0.57	0.408	0.715
0.25	0.219	0.875	0.58	0.412	0.710
0.26	0.226	0.870	0.59	0.416	0.705
0.27	0.234	0.865	0.6	0.420	0.700
0.28	0.241	0.860	0.61	0.424	0.695
0.29	0.248	0.855	0.62	0.428	0.690
0.3	0.255	0.850	0.63	0.432	0.685
0.31	0.262	0.845	0.64	0.435	0.680
0.32	0.269	0.840	0.65	0.439	0.675
0.33	0.276	0.835			

附表 6　普通钢筋截面面积、重量表

公称直径 /mm	在下列钢筋根数时的截面面积/mm²									重量 /(kg/m)	带肋钢筋	
	1	2	3	4	5	6	7	8	9		计算直径 /mm	外径 /mm
6	28.3	57	85	113	141	170	198	226	254	0.222	6	7.0
8	50.3	101	151	201	251	302	352	402	452	0.395	8	9.3

续表

公称直径/mm	在下列钢筋根数时的截面面积/mm²									重量/(kg/m)	带肋钢筋	
	1	2	3	4	5	6	7	8	9		计算直径/mm	外径/mm
10	78.5	157	236	314	393	471	550	628	707	0.617	10	11.6
12	113.1	226	339	452	566	679	792	905	1018	0.888	12	13.9
14	153.9	308	462	616	770	924	1078	1232	1385	1.21	14	16.2
16	201.1	402	603	804	1005	1206	1407	1608	1810	1.58	16	18.4
18	254.5	509	763	1018	1272	1527	1781	2036	2290	2.00	18	20.5
20	314.2	628	942	1256	1570	1884	2200	2513	2827	2.47	20	22.7
22	380.1	760	1140	1520	1900	2281	2661	3041	3421	2.98	22	25.1
25	490.9	982	1473	1964	2454	2945	3436	3927	4418	3.85	25	28.4
28	615.8	1232	1847	2463	3079	3695	4310	4926	5542	4.83	28	31.6
32	804.2	1608	2413	3217	4021	4826	5630	6434	7238	6.31	32	35.8

附表 7　在钢筋间距一定时板每米宽度内钢筋截面积

钢筋间距	钢筋直径/mm									
	6	8	10	12	14	16	18	20	22	25
70	404	718	1122	1616	2199	2872	3635	4488	5430	7012
75	377	670	1047	1508	2052	2681	3393	4189	5068	6545
80	353	628	982	1414	1924	2513	3181	3927	4752	6136
85	333	591	924	1331	1811	2365	2994	3696	4472	5775
90	314	558	873	1257	1710	2234	2827	3491	4224	5454
95	298	529	827	1190	1620	2116	2679	3307	4001	5167
100	283	503	785	1131	1539	2011	2545	3142	3801	4909
105	269	479	748	1077	1466	1915	2423	2992	3620	4675
110	257	457	714	1028	1399	1828	2313	2856	3456	4462
115	246	437	683	983	1339	1748	2213	2732	3305	4268
120	236	419	654	942	1283	1675	2121	2618	3168	4090
125	226	402	628	905	1231	1608	2036	2513	3041	3927
130	217	387	604	870	1184	1547	1957	2417	2924	3776
135	209	372	582	838	1140	1489	1885	2327	2816	3636
140	202	359	561	808	1100	1436	1818	2244	2715	3506
145	195	347	542	780	1062	1387	1755	2167	2622	3385
150	188	335	524	754	1026	1340	1696	2094	2534	3272
155	182	324	507	730	993	1297	1642	2027	2452	3167
160	177	314	491	707	962	1257	1590	1963	2376	3068
165	171	305	476	685	933	1219	1542	1904	2304	2975
170	166	296	462	665	905	1183	1497	1848	2236	2887

续表

钢筋间距	钢筋直径/mm									
	6	8	10	12	14	16	18	20	22	25
175	162	287	449	646	880	1149	1454	1795	2172	2805
180	157	279	436	628	855	1117	1414	1745	2112	2727
185	153	272	425	611	832	1087	1375	1698	2055	2653
190	149	265	413	595	810	1058	1339	1653	2001	2583
195	145	258	403	580	789	1031	1305	1611	1949	2517
200	141	251	393	565	770	1005	1272	1571	1901	2454

附表 8　普通钢筋和预应力直线形钢筋混凝土保护层最小厚度 c_{min}（mm）

构件类别	梁、板、塔、拱圈		墩台身		承台、基础	
设计使用年限（年）	100	50、30	100	50、30	100	50、30
Ⅰ类——一般环境	20	20	25	20	40	40
Ⅱ类——冻融环境	30	25	35	30	45	40
Ⅲ类——海洋氯化物环境	35	30	45	40	65	60
Ⅳ类——除冰盐等其他氯化物环境	30	25	35	30	45	40
Ⅴ类——盐结晶环境	30	25	40	35	45	40
Ⅵ类——化学腐蚀环境	35	30	40	35	60	55
Ⅶ类——腐蚀环境	35	30	45	40	65	60

注：① 表中混凝土保护层最小厚度 c_{min} 数值（单位：mm）是按照耐久性要求的构件最低混凝土强度等级及钢筋和混凝土表面无特殊防腐措施确定的。

② 对于工厂预制的混凝土构件，其最小保护层厚度可将表中相应数值减小 5mm，但不得小于 20mm。

③ 表中承台和基础的最小保护层厚度，针对的是基坑底无垫层或侧面无模板的情况；对于有垫层或有模板的情况，最小保护层厚度可将表中相应数值减小 20mm，但不得小于 30mm。

附表 9　钢筋混凝土构件中纵向受力钢筋的最小配筋率（%）

受力类型		最小配筋百分率
轴心受压构件、偏心受压构件	全部纵向钢筋	0.5
轴心受压构件、偏心受压构件	一侧纵向钢筋	0.2
受弯构件、偏心受拉构件及轴心受拉构件的一侧受拉钢筋		0.2 和 $45f_{td}/f_{sd}$ 中较大值
受扭构件纵向受力钢筋		$0.08f_{cd}/f_{sd}$（纯扭时）， 0.08（$2\beta t-1$）f_{cd}/f_{sd}（剪扭时）)

注：① 受压构件全部纵向钢筋最小配筋百分率，当混凝土强度等级为 C50 及以上时不应小于 0.6;

② 当大偏心受拉构件的受压区配置按计算需要的受压钢筋时，其最小配筋百分率不应小于 0.2;

③ 轴心受压构件、偏心受压构件全部纵向钢筋的配筋率和一侧纵向钢筋(包括大偏心受拉构件的受压钢筋)的配筋百分率应按构件的毛截面面积计算；轴心受拉构件及小偏心受拉构件一侧受拉钢筋的配筋百分率应按构件毛截面面积计算；受弯构件、大偏心受拉构件的一侧受拉钢筋的配筋百分率为 $100A_s/b_{h0}$，其中 A_s 为受拉钢筋截面积，b 为腹板宽度(箱形截面为各腹板宽度之和)，h_0 为有效高度；

④ 当钢筋沿构件截面周边布置时，“一侧的受压钢筋”或“一侧的受拉钢筋”是指受力方向两个对边中的-边布置的纵向钢筋；

⑤ 对受扭构件，其纵向受力钢筋的最小配筋率为 $A_{st,min}/bh$，$A_{st,min}$ 为纯扭构件全部纵向钢筋最小截面积，h 为矩形截面基本单元长边长度，b 为短边长度，f_{sd} 为抗扭纵筋抗拉强度设计值。

附表 10　钢筋混凝土轴心受压构件的稳定系数 φ

l_0/b	≤8	10	12	14	16	18	20	22	24	26	28
l_0/d	≤7	8.5	10.5	12	14	15.5	17	19	21	22.5	24
l_0/r	≤28	35	42	48	55	62	69	76	83	90	97
φ	1.0	0.98	0.95	0.92	0.87	0.81	0.75	0.70	0.65	0.60	0.56
l_0/b	30	32	34	36	38	40	42	44	46	48	50
l_0/d	26	28	29.5	31	33	34.5	36.5	38	40	41.5	43
l_0/r	104	111	118	125	132	139	146	153	160	167	174
φ	0.52	0.48	0.44	0.40	0.36	0.32	0.29	0.26	0.23	0.21	0.19

注：① 表中为 l_0 为构件计算长度；b 为矩形截面短边尺寸，d 为圆形截面直径，r 为截面最小回转半径；
② 构件计算长度 l_0，当构件两端固定时为 $0.5l$；当一端固定一端为不移动的铰时为 $0.7l$；当两端均为不移动的铰时为 l；当一端固定一端自由时为 $2l$；l 为构件支点间长度。

附表 11　圆形截面钢筋混凝土偏压构件正截面抗压承载力计算系数

ξ	A	B	C	D	ξ	A	B	C	D
0.20	0.324 4	0.262 8	−1.529 6	1.421 6	0.42	0.9268	0.5620	−0.3798	1.8943
0.21	0.3481	0.2787	−1.4676	1.4623	0.43	0.9571	0.5717	−0.3323	1.8996
0.22	0.3723	0.2945	−1.4074	1.5004	0.44	0.9876	0.5810	−0.2850	1.9036
0.23	0.3969	0.3103	−1.3486	1.5361	0.45	1.0182	0.5898	−0.2377	1.9065
0.24	0.4219	0.3259	−1.2911	1.5697	0.46	1.0496	0.5982	−0.1903	1.9081
0.25	0.4473	0.3413	−1.2348	1.6012	0.47	1.0799	0.6061	−0.1429	1.9084
0.26	0.4731	0.3566	−1.1796	1.6307	0.48	1.1110	0.6136	−0.0954	1.9075
0.27	0.4992	0.3717	−1.1254	1.6584	0.49	1.1422	0.6206	−0.0478	1.9053
0.28	0.5258	0.3865	−1.0720	1.6843	0.50	1.1735	0.6271	0.0000	1.9018
0.29	0.5526	0.4011	−1.0194	1.7086	0.51	1.2049	0.6331	0.0480	1.8971
0.30	0.5798	0.4155	−0.9675	1.7313	0.52	1.2364	0.6386	0.0963	1.8909
0.31	0.6073	0.4295	−0.9163	1.7524	0.53	1.2680	0.6437	0.1450	1.8834
0.32	0.6351	0.4433	−0.8656	1.7721	0.54	1.2996	0.6483	0.1941	1.8744
0.33	0.6631	0.4568	−0.8154	1.7903	0.55	1.3314	0.6523	0.2436	1.8639
0.34	0.6915	0.4699	−0.7657	1.8071	0.56	1.3632	0.6559	0.2937	1.8519
0.35	0.7201	0.4828	−0.7165	1.8225	0.57	1.3950	0.6589	0.3444	1.8381
0.36	0.7489	0.4952	−0.6676	1.8366	0.58	1.4269	0.6615	0.3960	1.8226
0.37	0.7780	0.5073	−0.6190	1.8494	0.59	1.4589	0.6635	0.4485	1.8052
0.38	0.8074	0.5191	−0.5707	1.8609	0.60	1.4908	0.6651	0.5021	1.7856
0.39	0.8369	0.5304	−0.5227	1.8711	0.61	1.5228	0.6661	0.5571	1.7636
0.40	0.8667	0.5414	−0.4749	1.8801	0.62	1.5548	0.6666	0.6139	1.7387
0.41	0.8966	0.5519	−0.4273	1.8878	0.63	1.5868	0.6666	0.6734	1.7103

续表

ξ	A	B	C	D	ξ	A	B	C	D
0.64	1.618 8	0.666 1	0.737 3	1.676 3	1.00	2.6943	0.3413	2.3082	0.6692
0.65	1.6508	0.6651	0.8080	1.6343	1.01	2.7112	0.3311	2.3333	0.6513
0.66	1.6827	0.6635	0.8766	1.5933	1.02	2.7277	0.3209	2.3578	0.6337
0.67	1.7147	0.6615	0.9430	1.5534	1.03	2.7440	0.3108	2.3817	0.6165
0.68	1.7466	0.6589	1.0071	1.5146	1.04	2.7598	0.3006	2.4049	0.5997
0.69	1.7784	0.6559	1.0692	1.4769	1.05	2.7754	0.2906	2.4276	0.5832
0.70	1.8102	0.6523	1.1294	1.4402	1.06	2.7906	0.2806	1.4497	0.5670
0.71	1.8420	0.6483	1.1876	1.4045	1.07	2.8054	0.2707	2.4713	0.5512
0.72	1.8736	0.6437	1.2440	1.3697	1.08	2.820 0	0.260 9	2.492 4	0.535 6
0.73	1.9052	0.6386	1.2987	1.3358	1.09	2.8341	0.2511	2.5129	0.5204
0.74	1.9367	0.6331	1.3517	1.3028	1.10	2.8480	0.2415	2.5330	0.5055
0.75	1.9681	0.6271	1.4030	1.2706	1.11	2.8615	0.2319	2.5525	0.4908
0.76	1.9994	0.6206	1.4529	1.2392	1.12	2.8747	0.2225	2.5716	0.4765
0.77	2.0306	0.6136	1.5013	1.2086	1.13	2.8876	0.2132	2.5902	0.4624
0.78	2.0617	0.6061	1.5482	1.1787	1.14	2.9001	0.2040	2.6084	0.4486
0.79	2.0926	0.5982	1.5938	1.1496	1.15	2.9123	0.1949	2.6261	0.4351
0.80	2.1234	0.5898	1.6381	1.1212	1.16	2.9242	0.1860	2.6434	0.4219
0.81	2.1540	0.5810	1.6811	1.0934	1.17	2.9357	0.1772	2.6603	0.4089
0.82	2.1845	0.5717	1.7228	0.0663	1.18	2.9469	0.1685	2.6767	0.3961
0.83	2.2148	0.5620	1.7635	0.0398	1.19	2.9578	0.1600	2.6928	0.3836
0.84	2.2450	0.5519	1.8029	0.0139	1.20	2.9684	0.1517	2.7085	0.3714
0.85	2.2749	0.5414	1.8413	0.9886	1.21	2.9787	0.1435	2.7238	0.3594
0.86	2.3047	0.5304	1.8786	0.9639	1.22	2.9886	0.1355	2.7387	0.3476
0.87	2.3342	0.5191	1.9149	0.9397	1.23	2.9982	0.1277	2.7532	0.3361
0.88	2.3636	0.5073	1.9503	0.9161	1.24	3.0075	0.1201	2.7675	0.3248
0.89	2.3927	0.4952	1.9846	0.8930	1.25	3.0165	0.1126	2.7813	0.3137
0.90	2.4215	0.4828	2.0181	0.8704	1.26	3.0252	0.1053	2.7948	0.3028
0.91	2.4501	0.4699	0.0507	0.8483	1.27	3.0336	0.0982	2.8080	0.2922
0.92	2.4785	0.4568	2.0824	0.8266	1.28	3.0417	0.0914	2.8209	0.2818
0.93	2.5065	0.4433	2.1132	0.8055	1.29	3.0495	0.0847	2.8335	0.2715
0.94	2.5343	0.4295	2.1433	0.7847	1.30	3.0569	0.0782	2.8457	0.2615
0.95	2.5618	0.4155	2.1726	0.7645	1.31	3.0641	0.0719	2.8576	0.2517
0.96	2.5890	0.4011	2.2012	0.7446	1.32	3.0709	0.0659	2.8693	0.2421
0.97	2.6158	0.3865	2.2290	0.7251	1.33	3.0775	0.6000	2.8806	0.2327
0.98	2.6424	0.3717	2.2561	0.7061	1.34	3.0837	0.0544	2.8917	0.2235
0.99	2.6685	0.3566	2.2825	0.6874	1.35	3.0897	0.0490	2.9024	0.2145

续表

ξ	A	B	C	D	ξ	A	B	C	D
1.36	3.0594	0.0439	2.9129	0.2057	1.44	3.1299	0.0115	2.9876	0.1417
1.37	3.1007	0.0389	2.9232	0.1970	1.45	3.1328	0.0086	2.9958	0.1345
1.38	3.1058	0.0343	2.9331	0.1886	1.46	3.1354	0.0061	3.0038	0.1275
1.39	3.1106	0.0298	2.9428	0.1803	1.47	3.1376	0.0039	3.0115	0.1206
1.40	3.1150	0.0256	2.9523	0.1722	1.48	3.1395	0.0021	3.0191	0.1140
1.41	3.1192	0.0217	2.9615	0.1643	1.49	3.1408	0.0007	3.0264	0.1075
1.42	3.1231	0.0180	2.9704	0.1566	1.50	3.1416	0.0000	3.0334	0.1011
1.43	3.1266	0.0146	2.9791	0.1491	1.51	3.1416	0.0000	3.0403	0.0950

附表 12-1　预应力钢筋抗拉强度标准值（MPa）

钢筋种类		符号	公称直径 d/mm	抗拉强度标准值 f_{pk}
钢绞线	1×7（7 股）	ϕ^S	9.5、12.7、15.2、17.8	1 720、1 860、1960
			21.6	1 860
消除应力钢丝	光面 螺旋肋	ϕ^P ϕ^H	5	1 570、1 770、1 860
			7	1 570
			9	1 470、1 570
精轧螺纹钢筋		ϕ^T	18、25、32、40、50	785、930、1080

附表 12-2　预应力钢筋抗拉、抗压强度设计值（MPa）

钢筋种类	抗拉强度标准值 f_{pk}	抗拉强度设计值 f_{pd}	抗压强度设计值 f'_{pd}
钢绞线 1×7（7 股）	1 720	1 170	390
	1 860	1 260	
	1960	1330	
消除应力钢丝	1 470	1 000	410
	1 570	1 070	
	1 770	1 200	
	1860	1260	
精轧螺纹钢筋	785	650	400
	930	770	
	1080	890	

附表 13　预应力钢筋的弹性模量（$\times10^5$ MPa）

预应力钢筋种类	E_p
精轧螺纹钢筋	2.0
消除应力钢丝	2.05
钢绞线	1.95

附表 14　预应力钢筋公称直径、公称截面面积和公称质量

预应力钢筋种类	公称直径/mm	公称截面面积/mm^2	公称质量/（kg/m）
1×7 钢绞线	9.5	54.8	0.432
	12.7	98.7	0.774
	15.2	139.0	1.101
	17.8	191.0	1.500
	21.6	285.0	2.237
消除应力钢丝	5	19.63	0.154
	7	38.48	0.302
	9	63.62	0.499
精轧螺纹钢筋	18	254.5	2.11
	25	490.9	4.10
	32	804.2	6.65
	40	1256.6	10.34
	50	1963.5	16.28

附表 15　系数 k 和 μ 值

管道成型方式	k	μ	
		钢绞线、钢丝束	精轧螺纹钢筋
预埋金属波纹管	0.0015	0.20~0.25	0.50
预埋塑料波纹管	0.0015	0.14~0.17	—
预埋铁皮管	0.0030	0.35	0.40
预埋钢管	0.0010	0.25	—
抽芯成型	0.0015	0.55	0.60

附表 16　锚具变形、钢筋回缩和接缝压缩缝（mm）

锚具、接缝类型		Δl
钢丝束的钢制锥形锚具		6
夹片式锚具	有顶压时	4
	无顶压时	6
带螺帽锚具的螺帽缝隙		1
镦头夹具		1
每块后加垫板的缝隙		1
水泥砂浆接缝		1
环氧树脂接缝		1